普通高等学校数据科学与大数据技术专业精品教材·高级大数据人才培养丛书

数据挖掘（第2版）

丛书主编：刘　鹏
主　　编：王朝霞
副主编：宁亚辉　杨慧娟　曹　洁

U0192622

电子工业出版社
Publishing House of Electronics Industry
北京·BEIJING

内 容 简 介

本书是《数据挖掘》的第 2 版，系统地介绍了数据挖掘的理论、方法与应用，包括数据特征分析及预处理、经典数据挖掘算法（分类、回归、聚类、关联规则和集成学习等）、大数据新常态下催生的数据分析方法（推荐系统、链接分析与网页排序、互联网信息抽取、日志挖掘与查询分析等）。在此基础上，除第 1 章外，每章均有基于 Python 语言的实例应用。另外，本书配套的 PPT 可在华信教育资源网下载。

本书可以作为高等院校数据科学与大数据技术专业相关课程的教材，以及计算机、软件工程等专业的教材或参考书。高职高专学校相关专业也可选用部分内容开展教学。

图书在版编目（CIP）数据

数据挖掘 / 王朝霞主编. —2 版. —北京：电子工业出版社，2023.5
（高级大数据人才培养丛书）
ISBN 978-7-121-45502-5

Ⅰ．①数… Ⅱ．①王… Ⅲ．①数据采集 Ⅳ．①TP274
中国国家版本馆 CIP 数据核字（2023）第 074451 号

责任编辑：米俊萍　　　　特约编辑：田学清
印　　刷：北京虎彩文化传播有限公司
装　　订：北京虎彩文化传播有限公司
出版发行：电子工业出版社
　　　　　北京市海淀区万寿路 173 信箱　　　　邮编：100036
开　　本：787×1 092　　1/16　　印张：19.75　　字数：480 千字
版　　次：2018 年 3 月第 1 版
　　　　　2023 年 5 月第 2 版
印　　次：2024 年 7 月第 4 次印刷
定　　价：88.00 元

凡所购买电子工业出版社图书有缺损问题，请向购买书店调换。若书店售缺，请与本社发行部联系，联系及邮购电话：（010）88254888，88258888。

质量投诉请发邮件至 zlts@phei.com.cn，盗版侵权举报请发邮件至 dbqq@phei.com.cn。
本书咨询联系方式：mijp@phei.com.cn，（010）88254759。

编委会

丛书主编：刘　鹏

主　　编：王朝霞

副 主 编：宁亚辉　杨慧娟　曹　洁

编　　委：王振飞　李　伦　周　钢　王伟嘉

总　序

　　短短几年间，大数据的发展速度一日千里，快速实现了从概念到落地的进程，直接带动了相关产业的井喷式发展。全球研究机构统计数据显示，大数据产业将迎来发展黄金期：根据 IDC 数据，2020—2024 年全球大数据市场规模在五年内约实现 10.4% 的复合增长率，预计 2024 年全球大数据市场规模约为 2983 亿美元。

　　数据采集、数据存储、数据挖掘、数据分析等大数据技术在越来越多的行业中得到了应用，随之而来的就是大数据人才问题。麦肯锡预测，每年数据科学专业的应届毕业生将增加 7%，然而仅高质量项目对专业数据科学家的需求每年就会增加 12%，供不应求。根据相关报道，未来 3~5 年，中国需要 180 万数据人才，但目前只有约 30 万人，人才缺口近 150 万人。

　　以贵州大学为例，其首届大数据专业研究生就业率达到 100%，可以说被"一抢而空"。急切的人才需求直接催热了大数据专业，教育部正式设立"数据科学与大数据技术"本科专业。

　　不过，就目前而言，在大数据人才培养和大数据课程建设方面，大部分高校仍然处于起步阶段，需要探索的问题还很多。首先，懂大数据的老师较少，院校缺"人"；其次，尚未形成完善的大数据人才培养和课程体系，院校缺"机制"；再次，大数据实验需要为每个学生提供集群计算机，院校缺"机器"；最后，院校没有海量数据，开展大数据教学科研工作缺"原材料"。

　　其实，早在网格计算和云计算兴起时，我国科技工作者就曾遇到过类似的挑战，我有幸参与了这些问题的解决过程。为了解决网格计算问题，我在清华大学读博期间，于 2001 年创办了中国网格信息中转站网站，每天花几个小时收集有价值的资料并分享给学术界，此后我也多次筹办和主持全国性的网格计算学术会议，进行信息传递与知识分享。2002 年，我与其他专家合作完成的《网格计算》教材也正式面世。

　　2008 年，当云计算开始萌芽之时，我创办了中国云计算网站（chinacloud.cn）（目前更名为"云计算世界"）；2010 年，我编写了《云计算》；2011 年和 2015 年，我分别修订了《云计算》第 2 版和第 3 版，对每一版都花费了大量成本制作并免费分享对应的教学 PPT。目前，《云计算》一书已成为国内高校优先选择的优秀教材。2010—2014 年，该书在中国知网公布的高被引图书名单中，位居自动化和计算机领域第一位。

除了资料分享，2010 年，我们在南京组织了全国高校云计算师资培训班，培养了国内第一批云计算老师，并通过与华为、中兴、奇虎 360 等知名企业合作，输出云计算技术，培养云计算研发人才。这些工作获得了大家的认可与好评，此后我也担任了工业和信息化部云计算研究中心专家、中国云计算专家委员会云存储组组长、第 45 届世界技能大赛中国区云计算选拔赛裁判长/专家指导组组长、中国信息协会教育分会人工智能教育专家委员会主任、教育部全国普通高校毕业生就业创业指导委员会委员等。

近年来，面对日益突出的大数据发展难题，我们也正在尝试使用此前类似的办法应对这些挑战。为了解决大数据技术资料缺乏和交流不够通透的问题，我于 2013 年创办了中国大数据网站（thebigdata.cn）（目前更名为"大数据世界"），投入了大量的人力进行日常维护。

为了解决大数据师资匮乏的问题，我们面向全国院校陆续举办多期大数据师资培训班，致力于解决"缺人"的问题。至今，我们已举办上百场线上线下培训，并入选"教育部第四批职业教育培训评价组织"，被教育部学校规划建设发展中心认定为"大数据与人工智能智慧学习工场"，被工业和信息化部教育与考试中心授权为"工业和信息化人才培养工程培训基地"。

此外，我们开发的云计算、大数据、人工智能实验实训平台被多个赛事选为竞赛平台，也为越来越多的高校教学科研带去便捷。其中，大数据实验平台致力于帮助解决大数据实验"缺机器"与"缺原材料"的问题。2016 年，我带领"云创大数据"的研发人员应用 Docker 容器技术，成功开发了 BDRack 大数据实验一体机，它打破了虚拟化技术的性能瓶颈，可虚拟出 Hadoop 集群、Spark 集群、Storm 集群等，自带实验所需数据，并配备了详细的实验手册、PPT 和实验过程视频，可开展大数据管理、大数据挖掘等各类实验，并可进行精确营销、信用分析等多种实战演练。

在大数据教学中，本科院校的实践教学应更具系统性，偏向新技术应用，且对工程实践能力要求更高；而高职高专院校更偏向技术性和技能训练，理论以够用为主，学生将主要从事数据清洗和运维方面的工作。基于此，我们联合多所院校的专家有针对性地准备了"高级大数据人才培养丛书"和"大数据应用人才培养丛书"两套大数据教材，帮助解决"机制"欠缺的问题。

此外，与教材配套的 PPT 和其他资料也将继续在"大数据世界"和"云计算世界"等网站免费提供。同时，智能硬件大数据免费托管平台——万物云（wanwuyun.com）和环境大数据开放平台——环境云（envicloud.cn），使资源与数据唾手可得，让大数据学习变得更加轻松。

在此，特别感谢我的硕士生导师谢希仁教授和博士生导师李三立院士。谢希仁教授所著的《计算机网络》已经更新到第 8 版，与时俱进且日臻完善，时时提醒学生要以这样的标准来写书。李三立院士是留苏博士，为我国计算机事业做出了杰出贡献，曾任国家攀登计划项目首席科学家。他严谨治学，带出了一大批杰出的学生。

本丛书是集体智慧的结晶，在此谨向付出辛勤劳动的各位作者致敬！书中难免会有不当之处，请读者不吝赐教。

我的邮箱：gloud@126.com。

微信公众号：刘鹏看未来（lpoutlook）。

刘　鹏

2023 年 5 月

第 2 版前言

作为高级大数据人才培养丛书之一，本书第 1 版在电子工业出版社的支持下于 2018年 3 月顺利出版，发行 8000 余册，被近 20 所高校选用作为相关专业教材。

在第 1 版教材使用过程中，我们接到许多有益的反馈；同时，信息技术突飞猛进，数据挖掘新技术层出不穷，广大读者迫切要求新版教材能敏锐捕捉时代技术特征、与时俱进。因此，从 2021 年下半年开始，我们开始着手第 2 版教材的编写工作。经过不懈努力，现在《数据挖掘（第 2 版）》面世了。第 2 版教材仍遵循第 1 版教材编写时的指导思想：理论与应用相呼应，基础与发展相配合，局部与全局整体联动。在保留第 1 版教材特色和风格的基础上，第 2 版教材还吸收了近年来数据挖掘方面的新知识、新内容。对数据特征分析及预处理、分类、回归、聚类、关联规则和推荐系统等方面的知识进行了扩展，增加了集成学习的知识。同时，进一步强调实践能力，除第 1 章外，其余章节均给出了大量编程实现案例，编程语言统一为 Python。

一些同志参与了第 1 版教材的编写工作，第 2 版教材部分地继承了他们的成果，在此感谢他们的贡献。他们是施建强、陈建彪、张卫明、袁晓东等。

第 2 版教材由王朝霞主编。第 1 章由王伟嘉编写；第 2 章由宁亚辉编写；第 3 章由王振飞编写；第 4 章由李伦编写；第 5 章由曹洁编写；第 6 章、第 8 章由王朝霞编写；第 7 章由周钢编写；第 9 章由杨慧娟编写。王朝霞、宁亚辉和王伟嘉负责统稿工作。

由于作者水平有限，书中难免存在一些不足，敬请读者批评指正。

王朝霞
于陆军勤务学院

第 1 版前言

21 世纪初，人类迈入大数据时代，各行各业拥抱大数据，希冀借大数据挖掘与分析来促进产业升级与变革。因此，大数据人才的需求呈现井喷之势。

中国云计算专家咨询委员会秘书长刘鹏教授顺势而为，周密思考，提出高级大数据人才培养课程体系，并邀请全国上百家高校中从事一线教学科研任务的教师一起，编撰高级大数据人才培养丛书。本书即该套丛书之一。

本书的定位是大数据挖掘技术与应用。以"让学习变得轻松"为根本出发点，本书努力回答：数据挖掘是什么？发展如何？经典的数据挖掘算法有哪些？大数据环境下数据挖掘有哪些新特点和新延展？如何分析实际问题，如何应用？本书编写的指导思想有三：一是理论与应用相呼应。从数据挖掘算法理论与方法、工具和应用两方面进行阐述，既注重理论，同时贴近实战，希望学习者既能很快将理论应用于实际领域的数据分析中，也具备厚积薄发的能力。二是基础与发展相配合。大数据新常态下经典数据挖掘的基本原理仍然适用，不同之处在于，根据现有分布式、并行环境，对原有算法进行优化。本书循序渐进地介绍经典数据挖掘算法，以及大数据环境下数据挖掘算法的新特点和新延展，有助于学习者全面掌握数据挖掘理论。三是局部与全局整体联动。本书属于高级大数据人才培养丛书系列教材，因此，在本书内容组织上，需要考虑与丛书其他教材的关系，既紧密联系又自成一体，共同组成高级大数据人才培养课程体系。

基于上述指导思想，本书内容分为 4 部分：一是概念与基础，见第 1 章绪论和第 2 章；二是经典的数据挖掘算法，见第 3 章分类、第 4 章回归、第 5 章聚类和第 6 章关联规则；三是大数据挖掘技术，其中，第 7 章重点介绍了大数据环境下经典数据挖掘算法的优化与改进，第 8 章介绍了推荐系统的理论与方法，第 9 章则对链接分析与网页排序、互联网信息抽取、日志挖掘与查询分析等技术进行了介绍；四是常用数据挖掘工具（包），见附录 A 和附录 B。

本书成稿过程中得到丛书主编刘鹏教授和金陵科技学院张燕副院长的大力支持，在书稿提纲和内容组织上提出了诸多建设性意见。同时，两轮审稿评审专家对本书给予了全面指导和帮助，在此一并致谢。

当前，大数据挖掘技术仍处在高速发展的历史阶段，其概念内涵、技术方法、应用模式还在不断创新演化之中，由于时间和作者水平所限，本书还存在缺点和不足，欢迎大家不吝赐教。

王朝霞

于陆军勤务学院

目　录

第1章　绪论 ……………………………………………………………………………… 1

1.1　数据挖掘的基本概念 ……………………………………………………………… 1

　　1.1.1　数据挖掘的概念 …………………………………………………………… 1

　　1.1.2　大数据环境下的数据挖掘 ………………………………………………… 2

　　1.1.3　数据挖掘的特性 …………………………………………………………… 3

　　1.1.4　数据挖掘的任务和功能 …………………………………………………… 3

　　1.1.5　数据挖掘的对象 …………………………………………………………… 4

　　1.1.6　数据挖掘的过程 …………………………………………………………… 5

1.2　数据挖掘的起源及发展 …………………………………………………………… 6

1.3　数据挖掘的常用工具 ……………………………………………………………… 9

　　1.3.1　商用工具 …………………………………………………………………… 9

　　1.3.2　开源工具 …………………………………………………………………… 10

1.4　数据挖掘的应用 …………………………………………………………………… 12

习题 ……………………………………………………………………………………… 15

参考文献 ………………………………………………………………………………… 16

第2章　数据特征分析及预处理 …………………………………………………… 17

2.1　数据类型 …………………………………………………………………………… 17

　　2.1.1　属性与度量 ………………………………………………………………… 17

　　2.1.2　数据集的类型 ……………………………………………………………… 18

2.2　数据特征分析 ……………………………………………………………………… 19

　　2.2.1　描述数据集中趋势的度量 ………………………………………………… 19

　　2.2.2　描述数据离散程度的度量 ………………………………………………… 21

　　2.2.3　数据相关性分析 …………………………………………………………… 24

2.3　数据预处理 ………………………………………………………………………… 28

　　2.3.1　数据清洗 …………………………………………………………………… 28

　　2.3.2　数据集成 …………………………………………………………………… 34

　　2.3.3　数据规范化 ………………………………………………………………… 34

　　2.3.4　数据规约 …………………………………………………………………… 38

　　2.3.5　数据离散化 ………………………………………………………………… 45

2.4 数据的相似性 47
　　2.4.1 数值属性的相似性度量 47
　　2.4.2 标称属性的相似性度量 49
　　2.4.3 组合异种属性的相似性度量 50
　　2.4.4 文本的相似性度量 52
　　2.4.5 离散序列的相似性度量 53
习题 55
参考文献 56

第 3 章 分类 57
3.1 分类概述 58
　　3.1.1 分类的基本概念 58
　　3.1.2 分类的过程 58
　　3.1.3 分类器性能的评估方法 59
3.2 决策树 61
　　3.2.1 决策树的基本概念 62
　　3.2.2 决策树的用途和特性 62
　　3.2.3 决策树的工作原理 63
　　3.2.4 决策树的构建步骤 64
　　3.2.5 决策树算法原理 65
3.3 贝叶斯分类 76
　　3.3.1 贝叶斯定理 76
　　3.3.2 朴素贝叶斯分类 77
　　3.3.3 贝叶斯分析 80
　　3.3.4 贝叶斯决策 80
　　3.3.5 贝叶斯估计 81
3.4 支持向量机 81
　　3.4.1 支持向量机的主要思想 82
　　3.4.2 支持向量机的基础理论 82
　　3.4.3 支持向量机的原理 87
3.5 实战：Python 支持向量机分类 92
习题 95
参考文献 95

第 4 章 回归 98
4.1 回归的基本概念 99
　　4.1.1 回归分析的定义 99
　　4.1.2 回归分析的步骤 99
　　4.1.3 回归分析要注意的问题 100

4.2 一元回归分析 100
    4.2.1 一元回归分析的模型设定 100
    4.2.2 回归参数的最小二乘估计 102
    4.2.3 基本假设下 OLS 估计的统计性质 104
    4.2.4 误差方差估计 105
    4.2.5 回归系数检验（t 检验）..106
    4.2.6 拟合优度和模型检验（F 检验）..107
4.3 多元线性回归分析 108
    4.3.1 多元线性回归模型 108
    4.3.2 多元线性回归模型的假定 110
    4.3.3 多元线性回归模型的参数估计 110
    4.3.4 显著性检验 112
    4.3.5 回归变量的选择与逐步回归 114
4.4 逻辑回归分析 116
    4.4.1 逻辑回归模型 116
    4.4.2 logit 变换 117
    4.4.3 估计回归系数 118
    4.4.4 Logistic 分布 118
    4.4.5 列联表的 Logistic 回归模型 119
4.5 其他回归分析 120
    4.5.1 多项式回归 120
    4.5.2 逐步回归 120
    4.5.3 岭回归 120
    4.5.4 套索回归 121
    4.5.5 弹性网络 122
4.6 实战：获得最大有效率时的药物用量 122
习题 127
参考文献 128

第5章 聚类 129
5.1 聚类基本概念 129
5.2 划分聚类方法 131
    5.2.1 k-平均算法 132
    5.2.2 k-中心点算法 134
5.3 层次聚类方法 137
    5.3.1 层次聚类方法的分类 137
    5.3.2 BIRCH 算法 141
5.4 密度聚类方法 144

5.5 实战：Python 聚类分析 ··· 147

5.5.1 Python 实现 k-平均划分聚类 ··· 147

5.5.2 Python 实现 BIRCH 层次聚类 ·· 150

5.5.3 Python 实现 DBSCAN 密度聚类 ··· 152

习题 ··· 153

参考文献 ·· 154

第 6 章　关联规则 ··· 155

6.1 基本概念 ··· 155

6.1.1 啤酒与尿布的经典案例 ·· 155

6.1.2 关联规则的概念 ··· 155

6.1.3 频繁项集的产生 ··· 159

6.2 Apriori 算法：通过限制候选产生发现频繁项集 ·························· 160

6.2.1 Apriori 算法的频繁项集产生 ··· 160

6.2.2 Apriori 算法描述 ·· 162

6.3 FP-growth 算法 ··· 164

6.3.1 构造 FP 树 ·· 165

6.3.2 挖掘 FP 树 ·· 167

6.3.3 FP-growth 算法 ··· 169

6.4 其他关联规则算法 ·· 170

6.4.1 约束性关联规则 ··· 170

6.4.2 增量式关联规则 ··· 171

6.4.3 多层关联规则 ··· 172

6.5 实战：购物篮关联规则挖掘 ·· 174

6.5.1 背景与挖掘目标 ··· 174

6.5.2 分析方法与过程 ··· 174

6.5.3 总结 ·· 176

习题 ··· 177

参考文献 ·· 177

第 7 章　集成学习 ··· 180

7.1 集成学习的概念 ·· 180

7.1.1 集成学习的构建 ··· 180

7.1.2 集成学习的优势 ··· 181

7.2 Bagging 算法与随机森林算法 ·· 183

7.2.1 Bagging 算法基本思想 ·· 183

7.2.2 Bagging 算法流程 ·· 185

7.2.3 随机森林算法 ··· 185

7.3 Boosting 算法 187
　7.3.1 Boosting 算法流程 187
　7.3.2 Boosting 系列算法 188
7.4 结合策略 189
　7.4.1 投票方法 189
　7.4.2 叠加方法 190
7.5 多样性 190
　7.5.1 多样性的概念 190
　7.5.2 多样性的作用 191
　7.5.3 多样性的度量 192
　7.5.4 多样性的构建 195
7.6 实战案例 196
　7.6.1 鸢尾花数据集 197
　7.6.2 集成学习算法 198
　7.6.3 集成学习在鸢尾花数据集上的应用 200
7.7 本章小结 205
习题 205
参考文献 205

第 8 章 推荐系统 ·· 206
8.1 推荐系统概述 206
　8.1.1 什么是推荐系统 206
　8.1.2 推荐系统评测指标 207
　8.1.3 推荐系统中的冷启动 210
8.2 基于内容的推荐 213
　8.2.1 物品表示 214
　8.2.2 物品相似度 217
　8.2.3 用户对物品的评分 218
　8.2.4 基于向量空间模型的推荐 218
8.3 协同过滤推荐 222
　8.3.1 协同过滤的基本概念 222
　8.3.2 基于用户的协同过滤 226
　8.3.3 基于物品的协同过滤 228
　8.3.4 隐语义模型和矩阵因子分解模型 230
8.4 基于标签的推荐 237
　8.4.1 数据标注与关键词提取 238
　8.4.2 标签分类 239
　8.4.3 基于标签的推荐系统原理 240

8.5　实战：搭建一个电影推荐系统 243
　　8.5.1　数据准备与导入 243
　　8.5.2　电影热度值计算 244
　　8.5.3　电影相似度计算 244
　　8.5.4　指定标签下的电影统计 248
习题 250
参考文献 250

第 9 章　互联网数据挖掘 253

9.1　链接分析与网页排序 253
　　9.1.1　PageRank 253
　　9.1.2　PageRank 的快速计算 259
　　9.1.3　面向主题的 PageRank 260
　　9.1.4　时间序列分析 260
　　9.1.5　排序背后的机理探讨 262
　　9.1.6　重新思考时间序列 263
9.2　互联网信息抽取 264
　　9.2.1　互联网信息深度挖掘概述 264
　　9.2.2　典型应用模型构建 264
　　9.2.3　挖掘、存储与网络技术分析 265
　　9.2.4　数据信息采集管理 266
　　9.2.5　信息抽取方法与知识发现 267
　　9.2.6　智能决策 269
　　9.2.7　行业案例研究 270
9.3　日志挖掘与查询分析 272
　　9.3.1　互联网日志分析概述 272
　　9.3.2　挖掘分析技术方法 274
　　9.3.3　工具比较 275
　　9.3.4　海量数据挖掘过程展现与分析 276
　　9.3.5　行业应用举例 277
9.4　Python 实战案例 280
　　9.4.1　PageRank Python 实现 280
　　9.4.2　跨境电商运营潜在市场选择 282
　　9.4.3　天池"双 11"日志数据挖掘示例 286
习题 290
参考文献 290

附录 A　大数据和人工智能实验环境 292

第 1 章　绪论

　　计算机技术、数据库技术和传感器技术的飞速发展，使人们获取数据和存储数据变得越来越容易。社会信息化水平的不断提高和数据库应用的日益普及，使人类积累的数据量正在以指数方式增长。与日趋成熟的数据管理技术和软件工具相比，数据分析技术和软件工具所提供的功能，却无法有效地为决策者提供其决策支持所需的有效知识，从而形成了一种"丰富的数据，贫乏的知识"的现象。为有效地解决这一问题，自 20 世纪 80 年代开始，数据挖掘技术逐步发展起来，人们迫切希望能对海量数据进行更加深入的分析，发现并提取隐藏在其中的有价值信息，以便更好地利用这些数据。数据挖掘技术的迅速发展，得益于目前全世界所拥有的巨大数据资源，以及对其中有价值的信息和知识的巨大需求。在这种背景下，数据挖掘的理论和方法获得了飞速发展，其技术和工具已经广泛应用到互联网、金融、电商、管理、生产、决策等各个领域。

1.1　数据挖掘的基本概念

1.1.1　数据挖掘的概念

　　数据挖掘（Data Mining，DM）是指从大量的、有噪声的、不完全的、模糊和随机的数据中，提取出隐含在其中的、人们事先不知道的、具有潜在利用价值的信息和知识的过程[1]。这个定义包括几层含义：数据源必须是真实的、大量的、含噪声的；发现的是用户感兴趣的知识；发现的知识要可接受、可理解、可运用；并不要求它是放之四海皆准的知识，仅支持特定的发现问题；所提取到的知识的表示形式可以是概念、规律、规则与模式等。数据挖掘能够对将来的趋势和行为进行预测，从而帮助决策者做出科学和合理的决策。例如，通过对公司数据库系统的分析，数据挖掘可以回答类似"哪些客户最有可能购买我们公司的什么产品""客户有哪些常见的消费模式和消费习惯"等问题。

　　与数据挖掘相似的概念是知识发现（Knowledge Discovery in Databases，KDD），知识发现是指用数据库管理系统来存储数据、用机器学习方法来分析数据，挖掘大量数据背后隐藏的知识的过程。数据挖掘是整个知识发现流程中的一个具体步骤，也是知识发现过程中最重要的核心步骤。

　　数据挖掘是一个交叉学科，涉及数据库、人工智能、统计学、机器学习、模式识别、高性能计算、知识工程、神经网络、信息检索、信息的可视化等众多领域，其中数据库、机器学习、统计学对数据挖掘的影响最大，数据库为数据挖掘提供数据管理和存储技术，机器学习和统计学为数据挖掘提供数据分析技术。数据挖掘所采用的算法，一部分是机器学习的理论和方法，如神经网络、决策树等；另一部分是基于统计学习理论，如支持向量机、分类回归树和关联分析等。但传统的机器学习算法的处理对象不是海量数据，因此数据挖掘要将机器学习算法用于海量数据中的知识发现，需要对算法进行改造，使得算法的时空效率达到实用条件。

1.1.2 大数据环境下的数据挖掘

继互联网、物联网、云计算的不断发展及智能终端的普及，海量复杂多样的数据呈现出爆发式的增长，标志着"大数据"时代的到来。作为重要的生产因素，大数据已成为蕴含巨大潜在价值的战略资产，推动着产业升级和崛起，影响着科学思维与研究方法的变革。然而，大数据在依托其丰富的资源储备和借助强大的计算技术发挥优势的同时，也带来了极大的挑战。海量、动态及不确定的数据使得传统数据处理系统面临存储和计算瓶颈，同时，就如何从复杂的大数据中实时快速地挖掘出有价值的信息和知识，传统的数据挖掘技术自身受限的功能已无法满足用户的需求。因此，大数据环境下需要一种适用技术，即"大数据挖掘"，来应对面临的挑战[2]。

大数据挖掘是指从体量巨大、类型多样、动态快速流转及价值密度低的大数据中挖掘有巨大潜在价值的信息和知识，并以服务的形式提供给用户。与传统数据挖掘相比，大数据挖掘同样是以挖掘有价值的信息和知识为目的，然而就技术发展背景、所面临的数据环境及挖掘的广度和深度而言，两者存在很多差异。

1. 技术背景差异

传统数据挖掘在数据库、数据仓库及互联网发展等背景下，实现了从独立、横向到纵向数据挖掘的发展。而大数据挖掘在大数据背景下得益于云计算、物联网、移动智能终端等技术的产生与发展，具备了充实环境技术条件，基于云计算等相关技术集成，实现了海量数据的挖掘。

2. 处理对象的差异

传统数据挖掘的数据来源主要以某个特定范围的管理信息系统被动数据的产生为主，外加少数的 Web 信息系统中由用户产生的主动数据；数据类型以结构化数据为主，外加少量的半结构化数据或非结构化数据。相比于传统数据挖掘，大数据挖掘的数据来源更广、体量更巨大、类型更复杂；采集方式不再局限于被动，采集范围更全面，吞吐量更高，处理实时且快速，但由于对数据的精确度要求不高，所以数据的冗余度和不确定性较高。

3. 挖掘程度差异

大数据挖掘与传统数据挖掘处理分析数据的广度、深度也存在差异。在复杂类型、结构及模式的数据交错融合时，大数据挖掘能利用云平台集成多种计算模式与挖掘算法对庞杂的数据进行实时处理与多维分析，其处理数据的范围更广，挖掘分析更加全面深入。

总体而言，大数据挖掘在大数据环境下，以大数据为来源，依托云计算及大数据相关技术的支撑，利用挖掘工具发现潜在的、有价值的信息和知识，并将结果以云服务的方式提供给用户。

1.1.3 数据挖掘的特性

在大数据时代，数据的产生和收集是基础，数据挖掘是关键，即数据挖掘是大数据中最关键、最有价值的工作。数据挖掘可以用以下 3 个特性概括[3]。

1. 应用性

数据挖掘是理论算法和应用实践的完美结合。数据挖掘源于实际生产生活中应用的需求，挖掘的数据来自具体应用，同时通过数据挖掘发现的知识又要运用到实践中，辅助实际决策。所以，数据挖掘来自应用实践，同时服务于应用实践。

2. 工程性

数据挖掘是一个由多个步骤组成的工程化过程。数据挖掘的应用特性决定了数据挖掘不仅是算法分析和应用，还是一个包含数据准备和管理、数据预处理和转换、挖掘算法开发和应用、结果展示和验证，以及知识积累和使用的完整过程。而且在实际应用中，典型的数据挖掘过程还是一个交互和循环的过程。

3. 集合性

数据挖掘是多种功能的集合。常用的数据挖掘功能包括数据探索分析、关联规则挖掘、时间序列模式挖掘、分类预测、聚类分析、异常检测、数据可视化和链接分析等。一个具体的应用案例往往涉及多个不同的功能。不同的功能通常有不同的理论和技术基础，而且每个功能都有不同的算法支撑。

总而言之，数据挖掘源于实践中的实际应用需求，用具体的应用数据作为驱动，以算法、工具和平台作为支撑，最终将发现的知识和信息用到实践中，从而提供量化、合理、可行、能够产生巨大价值的信息。

1.1.4 数据挖掘的任务和功能

数据挖掘的任务主要分为描述性任务和预测性任务[4,5]。描述性任务刻画目标数据中数据的一般性质，如通过客户行为特征，将客户进行不同类型的聚类划分。预测性任务在当前数据上进行归纳，以便做出预测。例如，通过一个消费者的消费情况判断是否会成为自己的重要客户。

常见的数据挖掘功能包括分类、聚类、关联分析、数据总结、离群点分析和预测等，其中聚类、关联分析、数据总结、离群点分析是描述性任务，分类和预测是预测性任务。

1. 分类

分类是一种重要的数据分析形式，它找出描述和区分数据类型或概念的模型。这种模型称为分类器，用于预测分类的类标号。它是一种监督学习，即分类器的学习是在被告知每个训练元组属于哪个类的"监督"下进行的。

常见的分类模型包括分类规则、决策树和神经网络。

2．聚类

聚类是一个把数据对象划分成子集的过程，每个子集是一个簇。数据对象根据最大化类内相似性、最小化类间相似性的原则进行聚类。它是一种无监督学习，因为没有提供类标号信息。

3．关联分析

若两个或多个变量的特征值之间存在某种相关性，则称为关联。关联规则反映了事物之间的依赖性或关联性。关联分析是指查找和分析出事物与事物之间潜藏的关系规律。

4．数据总结

对数据进行浓缩，给出它的紧凑性描述。数据描述就是对某类对象的内涵进行描述，并概括这类对象的有关特征。

5．离群点分析

数据集中可能包含一些数据对象，它们与数据的一般行为或模型不一致。这些数据对象是离群点。大部分的数据挖掘方法将离群点视为噪声而丢弃。但是，在某些应用（如欺诈检测）中，罕见事件更让人感兴趣，称为离群点分析。

6．预测

通过对样本数据的输入值和输出值的关联性学习，得到预测模型，再利用该模型对未来的输入值进行输出值预测。

1.1.5 数据挖掘的对象

数据挖掘是一种通用技术，数据挖掘的对象[6]可以是任何类型的数据。数据可以分为结构化数据、半结构化数据和非结构化数据。在数据挖掘的应用中，数据最基本的形式是结构化数据，即数据库数据、数据仓库数据和事务数据，但是目前数据挖掘有向处理非结构化数据发展的趋势，非结构化数据包括序列数据、图或网络数据、空间数据、文本和多媒体数据、万维网数据等。

1．数据库数据

数据库（DB）是依照某种数据模型组织起来，并存放于外部存储器中的数据集合。

数据库管理系统（DBMS）是一种操纵和管理数据库的大型系统软件，用于建立、使用和维护数据库。

关系数据库是当前数据库技术的主流。在一个给定的应用领域中，所有实体及实体之间联系的集合构成一个关系数据库。关系数据库是表的集合，每个表都包含一组属性（字段）和元组（记录）。

当数据挖掘用关系数据库作为数据源时，可以从数据库中直接查询数据挖掘需要的数据，或者对查询的结果数据进行筛选、转换和汇总等操作以得到数据挖掘需要的数据。关系数据库是数据挖掘中最常见、最丰富的信息源，因此它是数据挖掘研究的一种主要数据形式。

2．数据仓库

数据仓库是一个面向主题、集成性、稳定性和时变性的数据集合系统，用于支持管理人员的决策。数据仓库通过数据清理、数据变换、数据集成、数据装入和定期数据刷新来构造。为便于决策，数据仓库中的数据围绕主题（如顾客、商品）组织。数据存储从时间的角度提供信息，并且通常是汇总的。数据仓库用称为数据立方体的多维数据结构建模。

数据仓库是数据挖掘的最佳数据源，因为在构建数据仓库的过程中，按照分析的主题已经进行了数据清洗、数据集成和数据转换等处理，如果数据在导入数据仓库时已做过预处理，那么数据挖掘时就没有必要再进行预处理了。

3．事务数据

事务是计算机系统完成的一次交易，如顾客的一次购物、一次航班订票。事务数据库的每个记录代表一个事务。一个事务包含唯一的事务标识号，以及一个组成事务的项的列表。

4．其他类型数据

对于非结构化数据的表述方式，不存在统一的结构模型。各种文档、图片、视频和音频等都属于非结构化数据，非结构化数据在互联网上的信息内容中占据了很大的比例。随着"互联网+"战略的实施，将有越来越多的非结构化数据产生。目前，结构化数据分析挖掘技术已经形成了相对比较成熟的技术体系，而非结构化数据中没有限定结构形式，表示灵活，蕴含信息丰富，所以非结构化数据挖掘的挑战更大。因此，在未来的数据分析挖掘中，非结构化数据处理将变得更加重要。

非结构化数据在很多应用中都有显现，如时间相关或序列数据（如历史记录、股票交易数据、时间序列和生物学序列数据）、数据流（如视频监控和传感器数据，它们连续播送）、空间数据（如地图）、工程设计数据（如建筑数据、系统部件或集成电路）、超文本和多媒体数据（包括文本、图像、视频和音频数据）、图和网状数据（如社会和信息网络）和万维网（包括互联网提供的矩形、广泛分布的信息存储库）。

在现代数据挖掘中，数据源往往同时包含多个数据类型。一方面，异构数据的数据源可以相互提升和加强，挖掘复杂对象的多个数据源会有更有价值的发现；另一方面，异构数据源的数据清理和数据集成比较困难，增加了挖掘工作的难度。

1.1.6　数据挖掘的过程

1999 年，欧盟创建了跨行业的数据挖掘标准流程，即 CRISP-DM（Cross Industry Standard Process for Data Mining），提供了一个数据挖掘生命周期的全面评述，包括业务理解、数据理解、数据准备、数据建模、模型评估和部署 6 个阶段[7]，如图 1-1 所示。

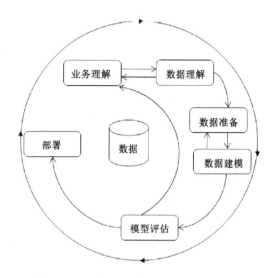

图 1-1   CRISP-DM 数据挖掘过程示意图

第 1 阶段：业务理解，主要任务是深刻理解业务需求，在需求的基础上制订数据挖掘的目标和实现目标的计划。

第 2 阶段：数据理解，主要任务是收集数据、熟悉数据、识别数据的质量问题，并探索引起兴趣的子集。

第 3 阶段：数据准备，从收集来的数据集中选择必要的属性（因素），并按关联关系将它们连接成一个数据集，进行数据清洗，即空值和异常值处理、离群值剔除和数据标准化等。

第 4 阶段：数据建模，选择应用不同的数据挖掘技术，并确定模型最佳的参数。如果通过初步分析发现模型的效果不太满意，那么要再跳回数据准备阶段，甚至数据理解阶段。

第 5 阶段：模型评估，对建立的模型进行可靠性评估和合理性解释，未经过评估的模型不能直接去应用。彻底地评估模型，检查构造模型的步骤，确保模型可以完成业务目标。如果评估结果没有达到预想的业务目标，那么要再跳回业务理解阶段。

第 6 阶段：部署，根据评估后认为合理的模型，制定将其应用于实际工作的策略，形成应用部署报告。

1.2   数据挖掘的起源及发展

1. 数据挖掘的起源

数据挖掘技术出现于 20 世纪 80 年代末，是在多门学科发展的基础上发展起来的。随着数据库技术的发展应用，数据不断积累膨胀，简单的查询和统计已无法满足企业的商业需求，急需一些革命性的技术挖掘数据背后的信息。与此同时，计算机领域的人工智能（Artificial Intelligence，AI）也取得了巨大进展，进入了机器学习阶段。因此，人们将两者结合，用数据库管理系统存储数据，用计算机分析数据，并尝试挖掘数据背后的信息，这两者的结合促生了一门新的学科，即数据挖掘[8]。

1989 年 8 月，美国底特律市召开第十一届国际联合人工智能学术会议，首次提到"知识发现"这一概念；1993 年，电气电子工程师学会（IEEE）的知识与数据工程（Knowledge and Data Engineering）会刊出版 KDD 技术专刊，发表的论文和摘要体现了当时 KDD 的最新研究成果和动态。1995 年，加拿大蒙特利尔召开首届"知识发现和数据挖掘"国际学术会议，首次提出"数据挖掘"这一学科名称，并把数据挖掘技术分为科研领域的知识发现与工程领域的数据挖掘，之后每年召开一次，经过十几年的努力，人们对数据挖掘技术的研究已经取得了丰硕的成果。

2．数据挖掘的研究热点

数据挖掘的研究热点[9]主要包括以下几个方面。

1）多媒体数据挖掘

多媒体数据包括图形、图像、文本、文档、超文本、声音、视频和音频数据等。随着信息技术的进步，人们所接触的数据形式越来越丰富，多媒体数据的大量涌现，形成了很多海量的多媒体数据库。很多数据都是非结构化的，所以首先要将这些数据转化为结构化数据，研究者提出了多媒体数据挖掘的系统原型 MDMP，主要过程是将多媒体数据的建模、表示、存储和检索等多媒体数据库技术与数据挖掘技术结合在一起，采用多媒体图像数据的相似性搜索、多维分析、关联规则挖掘、分类与聚类分析等挖掘方法。

2）时序数据挖掘

时序数据挖掘是指通过研究数据的时间特性，深入发掘事物演变机制，揭示其内在规律。成为获得知识的有效途径，时序数据挖掘技术的关键是要寻找一种合适的序列表示方式，根据点距离和关键点建立时序序列是常用的方法。时序数据挖掘的主要技术有趋势分析与相似搜索，在宏观经济预测领域、市场营销、客流量分析、股票价格波动等众多领域得到了应用。在专利数据挖掘领域，专利的编号、年份等信息可以利用时序数据挖掘技术进行检索分析。

3）Web 数据挖掘

随着网络技术的快速普及和飞速发展，在网络上可获得数量庞大的信息。但通过这种方式获得的数据普遍都具有量大、分布广泛、全球性多样和动态变化的特点。面对如此大量的网络数据，如何在这样全球化的、大的数据集合中发现有用信息已经成为 Web 数据挖掘研究的热点。

4）文本数据挖掘

文本数据挖掘被定义为从文本中挖掘出有意义的知识方法和技术。文本数据挖掘根据知识类型的不同，可以分为文本总结、文本分类、分布分析和趋势分析。

（1）文本总结。文本总结就是从文本中抽取一些关键信息，对文本内容进行概括，这样用户不需要阅读文本的全文就可以大致了解文本中所涉及的内容。

（2）文本分类。文本分类指的是根据带有特定关键信息的样文和样文中的关键信息对数量庞大的文本进行分类，通过限制检索范围的方法使得检索更加精确。

（3）分布分析和趋势分析。分布分析和趋势分析就是对文本某一特定方面，得到数据在历史时期和现在的情况，并根据此情况分析出未来的发展趋势。

3. 数据挖掘的挑战

在大数据背景下数据挖掘要面临的挑战主要表现在以下几个方面[4,10]。

（1）数据类型的多样性：不同的应用、系统和终端，由于标准的差异性，会产生不同结构的数据，其中包括结构化数据、半结构化数据和非结构化数据，对这些异构化数据的抽取与集成将成为一大挑战。

（2）数据挖掘分析模型的重构：在大数据背景下，要实现用低成本和可扩展的方式处理大数据，就需要对 IT 架构进行重构，开发和使用先进的软件平台和算法。Hadoop 是目前最为流行的大数据处理平台之一，围绕 Hadoop 平台应用也已开展大量工作。目前，尽管计算机智能化有了很大进步，但还只是针对小规模、有结构或者类结构的数据进行分析，对于深层次的数据挖掘，现有数据挖掘算法在不同行业中还难以通用。

（3）清洗粒度大小不易把握：普适终端所处地理位置具有复杂性，因此其产生的数据具有很多噪声。在进行数据清洗时，不易把握清洗粒度。粒度太大，残留的噪声会干扰有价值的信息；粒度太小，可能会遗失有价值的信息。

（4）数据开放与隐私的权衡：互联网的交互性，使得人们在不同位置产生的数据足迹得到积累和关联，从而增加了隐私暴露的概率，且这种隐性的数据暴露往往是无法控制和预知的。随着数据挖掘工具和电子产品的日益普及，如何在推动数据全面开放、应用和共享的同时，有效地保护公民和企业的隐私、逐步加强隐私立法，将是数据挖掘要面对的一个重要问题。

4. 数据挖掘的发展趋势

数据挖掘的发展趋势[11]如下。

（1）数据挖掘语言的标准化描述：标准的数据挖掘语言将有助于数据挖掘的系统化开发，改进多个数据挖掘系统和功能间的互操作，促进其在企业和社会中的使用。

（2）数据挖掘过程的可视化方法：可视化要求已经成为数据挖掘系统中必不可少的技术，可以在发现知识的过程中进行很好的人机交互。数据的可视化起到了推动人们主动进行知识发现的作用。

（3）与特定数据存储类型的适应问题：根据不同数据存储类型的特点，进行针对性的研究是目前流行及将来一段时间必须面对的问题。

（4）网络与分布式环境下的数据挖掘问题：随着互联网的不断发展，网络资源日渐丰富，这就需要分散的技术人员各自独立地处理分离数据库的工作方式应是可协作的。因此，考虑适应分布式与网络环境的工具、技术及系统将是数据挖掘中极为重要的子领域。

（5）应用的探索：随着数据挖掘的日益普遍，其应用范围也日趋扩大，如生物医学、电信业、零售业等领域。由于数据挖掘在处理特定应用问题时存在局限性，因此目前的研究趋势是开发针对特定应用的数据挖掘系统。

（6）数据挖掘与数据库系统和 Web 数据库系统的集成：数据库系统和以 Web 查询接口方式访问数据库资源的 Web 数据库系统已经成为信息处理系统的主流。通常来说，数据存储在数据库系统和 Web 数据库系统中，并在此之上进行数据挖掘和应用。

1.3　数据挖掘的常用工具

由于数据挖掘技术在各领域产生的巨大商业价值，一些著名的大学和国际知名公司纷纷投入数据挖掘工具的研发中，开发出很多优秀的数据挖掘工具。数据挖掘工具[12]可分为商用工具和开源工具。

1.3.1　商用工具

商用工具主要由商用的开发商提供，通过市场销售，并提供相关服务。商用工具不仅提供易用的可视化界面，还集成数据处理、建模、评估等一整套功能，并支持常用的数据挖掘算法。与开源工具相比，商用工具功能更强大，软件性能更成熟和稳定。主流的商用工具有 SAS Enterprise Miner、Clementine、Intelligent Miner 等，这些工具在各行业的数据统计和数据挖掘工作中得到了广泛的应用。

1．SAS Enterprise Miner

SAS Enterprise Miner 是一种通用的数据挖掘工具，按照 SAS 定义的数据挖掘方法——SEMMA 方法，即抽样（Sample）、探索（Explore）、修改（Modify）、建模（Model）、评价（Assess）的方式进行数据挖掘。它把统计分析系统和图形用户界面（GUI）集成起来，为用户提供了用于建模的图形化流程处理环境，可利用具有明确代表意义的图形化模块将数据挖掘的工具单元组成一个处理流程图，并以此来组织数据挖掘过程。图形化的界面、可视化的操作，使统计学无经验的用户也可以理解和使用它；但对于有经验的专家，它也可让用户精细地调整分析处理过程。它支持并提供一组常用的数据挖掘算法，包括决策树、神经网络、回归、关联、聚类等，还支持文本挖掘。

2．Clementine

Clementine 是 SPSS 公司开发的数据挖掘工具，支持整个数据挖掘过程，即从数据获取、转化、建模、评估到最终部署的全部过程，还支持数据挖掘的行业标准 CRISP-DM。

Clementine 结合了多种图形使用接口的分析技术，不仅具有分析功能，还能够提供可使用的、简单的、可视化程序环境。Clementine 资料读取能力强大，支持多种数据源的读取，而且为用户提供大量的人工智能、统计分析的模型（神经网络、聚类分析、关联分析、因子分析等）。Clementine 是采用客户/服务器架构的产品，既可以单机运行，也可以连接网络上的 Clementine Server。

Clementine 的设计思想是用简单的方式进行数据挖掘，尽量屏蔽数据挖掘算法的复杂性及软件操作的烦琐性，使数据挖掘人员将更多的精力放在使用先进的挖掘技术解决商业问题而不是放在操作软件本身。

3．Intelligent Miner

IBM 的 Intelligent Miner 包含广泛的数据挖掘技术及算法，可容纳相当大的数据量且有强大的计算能力。它在 IBM SP 的并行处理计算机系统上执行效率最高，也可以在

IBM 或非 IBM 平台上执行。丰富的 API 可用来开发数据挖掘应用软件，可通过 C 函数库来存取所有数据挖掘引擎和操作函数。它包含多种统计方法和挖掘算法，可以进行线性回归、因子分析、主变量分析、分类、分群、关联、相似序列、序列模式、预测等。

Intelligent Miner 包括分析软件工具 Intelligent Miner for Data 和 Intelligent Miner for Text，不仅可以寻找传统文件、数据库、数据仓库和数据中心中的隐含信息，还允许企业从文本信息中获取有价值的客户信息。

4．QUEST

QUEST 是 IBM 公司 Almaden 研究中心开发的一个多任务数据挖掘系统，该系统提供了高效的数据开采基本构件，可用于新一代决策支持系统的应用开发。

QUEST 提供了专门在大型数据库上进行各种开采的功能，包括关联规则发现、序列模式发现、时间序列聚类、决策树分类、递增式主动开采等。各种开采算法可适用于任意大小的数据库，并具有近似线性的计算复杂度。

1.3.2　开源工具

开源工具，意为向公众开放源代码的软件工具，其最大的优势在于免费。研制开源软件的技术人员相信软件应该是开放的，让任何有能力的人参与并共同完善软件，能集思广益，并使得软件更新速度更快。除了商业数据挖掘软件，市场上也出现了一批优秀的开源数据挖掘软件，它们在数据挖掘方面同样具有自己的特点和优势。相对于商业工具，开源工具更容易学习和掌握，缺乏数理统计知识的人也能使用。

1．R

R 是用于统计分析和图形化的计算机语言及分析工具，提供了丰富的统计分析和数据挖掘功能，其核心模块是用 C、C++和 Fortran 编写的。为了便于使用，它提供了一种脚本语言，即 R 语言。R 语言以 S 语言环境为基础。R[13]支持一系列分析技术，包括统计检验、预测建模、数据可视化等。在 CRAN 上可以找到众多开源的扩展包。

R 是一套完整的数据处理、计算和制图软件系统，其功能包括：数据存储和处理系统；数组运算工具（向量、矩阵运算方面的功能尤其强大）；完整连贯的统计分析工具；优秀的统计制图功能；简便且强大的编程语言；可操纵数据的输入和输出，可实现分支、循环，用户可自定义功能。R 的思想是：它可以提供一些集成的统计工具，但更主要的是它提供各种数学计算、统计计算的函数，从而让使用者能灵活机动地进行数据分析，甚至创造出符合需要的新的统计计算方法。

2．Python

Python 是一种功能强大的、开源的、解释性的、面向对象计算机的编程语言，内建有各种高级数据结构，支持模块和包，支持多种平台并可扩展。Python 语言简洁、易学习、易阅读，能降低程序的维护费用，已经成为很多用户欢迎的、用途广泛的语言。

Python 是人工智能研究领域中一个非常重要的工具，提供 sklearn 第三方程序库，对一些常用的机器学习方法进行了封装，只需要调用 sklearn 模块中的函数就可以实现大多数机器学习任务，包括分类、回归、聚类、数据降维、数据预处理等。

Python 在科学计算和数据分析领域占据着越来越重要的地位，提供了 NumPy、SciPy、Matplotlib 和 Pandas 等众多第三方程序库，只需要调用以上程序库中的函数就可以实现大多数数据分析和数据计算功能，以及实现数据可视化。相对于 R 语言，Python 语言更平易近人，它能完成数据统计、分析、可视化等任务，满足几乎所有数据挖掘下所需要的数据处理、统计模型和图表绘制等功能需求。

3. WEKA

WEKA（Waikato Environment for Knowledge Analysis，怀卡托智能分析环境）是一款免费的、非商业化的数据挖掘软件，是基于 Java 环境下开源的机器学习和数据挖掘软件。WEKA 作为一个公开的数据挖掘工作平台，集成大量能承担数据挖掘任务的机器学习算法，包括对数据进行预处理、分类、回归、聚类、关联规则，以及交互式界面上的可视化。

WEKA 可能是名气最大的开源机器学习和数据挖掘软件。高级用户可以通过 Java 编程和命令行来调用其分析组件，同时它也为普通用户提供了图形化界面。使用 WEKA 可以轻松地进行数据挖掘，可以在数据集上进行数据预处理和运用数据挖掘算法。

WEKA 的灵活性和可扩展性很好，允许开发和扩展新的挖掘算法。WEKA 提供了文档全面的 Java 函数和类库，非常适合扩展。当然，首先需要充分了解 WEKA 的架构，并掌握 Java 编程技术。

4. RapidMiner

RapidMiner 原名 YALE（Yet Another Learning Environment），是用于数据挖掘、机器学习、商业预测分析的开源计算环境。它提供了图形用户界面，采用了类似 Windows 资源管理器中的树状结构来组织分析组件，树上每个节点表示不同的运算符。YALE 提供了大量的运算符，包括数据处理、变换、探索、建模、评估等各个环节。这些算子由详细的 XML 文件进行记录，并通过图形用户界面表现出来。

RapidMiner 提供的数据挖掘和机器学习程序包括数据加载和转换（ETL）、数据预处理和可视化、建模、评估和部署。数据挖掘的流程以 XML 文件加以描述，并通过图形用户界面显示出来。

RapidMiner 是由 Java 编程语言编写的，集成了 WEKA 的学习器和评估方法，并可以与 R 语言进行协同工作。

5. Mahout

Mahout 是 Apache Software Foundation（ASF）旗下的一个开源项目，在机器学习领域提供了一些可扩展的经典算法的实现和数据挖掘的程序库。它可以实现很多功能，包括聚类、分类、推荐过滤、频繁子项挖掘等。Mahout 的算法既可以在单机上运行，也可以在 Hadoop 平台上运行。Mahout 通过将机器学习算法建于 MapReduce 并行计算模型之上，并将算法的输入、输出和中间结果构建于 HDFS 分布式文件系统之上，使得 Mahout 具有高吞吐、高并发、高可靠性的特点，这就保证了其适合于大规模数据的机器学习。目前，Mahout 已经停止接受新的 MapReduce 算法，改为支持基于 Spark 和

H₂O 平台的算法。Mahout 实现的机器学习算法包括聚类算法、分类算法、关联规则挖掘、回归、降维、进化算法、过滤、向量相似度计算等。

6. Spark MLlib

Spark 是一个开源集群运算框架，最初是由加州大学伯克利分校 AMPLab 实验室所开发的。Spark 和 MapReduce 同为主流大数据处理系统，但它使用了内存内运算技术，比 MapReduce 程序运行性能要好 10～100 倍，且编程更为方便，支持 SQL 查询、流式查询，自带机器学习算法实现库 MLlib，提供 Java、Scala、Python、R 等多种语言的 API 接口，并且兼容 HBase、HDFS 等 Hadoop 数据源，使得原来基于 Hadoop 的大数据应用系统可以很容易地迁移到 Spark 上，从而受到广大开发者的热捧。

MLlib（Machine Learning lib）是 Spark 中的一个可扩展的机器学习库，由通用的学习算法和工具组成，包括分类、线性回归、聚类、协同过滤、梯度下降及底层优化原语。MLlib 专为在集群上并行运行而设计，只包含能够在集群上运行良好的并行算法，因此 MLlib 中的每个算法都适用于大规模数据集。

1.4 数据挖掘的应用

数据挖掘技术从诞生开始就是面向应用的，尤其是在电信、金融、保险、交通、零售（如超市）、生物医学、地震预测、工业产品设计等领域。例如，加拿大西蒙弗雷泽大学研究组根据加拿大 BC 电信公司拥有的十多年的客户数据，总结、分析并提出新的电话收费和管理办法，制定了既有利于公司又有利于客户的优惠政策；美国著名的 NBA 教练利用 IBM 公司提供的数据挖掘工具 Advanced Scout 临场决定替换队员。数据挖掘能解决的典型商业问题包括客户关系管理、数据库营销、客户群体细分、交叉销售等市场分析行为，以及客户流失性分析、客户信用记分及欺诈发现等。下面列举几个经典的数据挖掘应用场景。

1. 数据挖掘在电信业中的应用

随着 5G 时代的到来，电信业发展面临前所未有的机遇和挑战，客户服务的质量是关系电信运营商发展的主要因素[14]。数据挖掘广泛应用于国内电信行业中，对企业日常经营数据进行数据分析与挖掘，从海量数据中寻找数据之间的关系或模式。挖掘内容包括客户细分、消费层次变动、客户流失分析、业务预测、客户生命周期价值分析等，为公司决策者提供可靠的决策依据。

（1）客户细分。客户细分就是将客户划分为不同的群体，采用数据挖掘中的聚类和分类算法对数据集进行划分，使划分出来的每个群体都具有自己的特征，从而使企业可以根据客户群体的不同特征为客户提供差异化和个性化的服务。通过对目标客户群体和客户实际需求等方面的深入理解，企业可以制定适宜的营销策略、广告策略、促销策略等来更好地服务客户，增加企业的语音业务和各项增值业务的收入。例如，中国移动针对不同客户群体推出全球通、神州行和动感地带三大客户品牌。全球通的资费标准最高，主要针对高端客户，如经常出差的商务人士；神州行适合低端预付费客户；动感地带适合年轻群体，在短信包月方面有很大优势，同时还提供多种迎合年轻人喜好的定制服务。

（2）客户流失分析。客户流失分析是一种预测流失客户的重要技术，它通过预测可能流失的客户，帮助公司针对这些客户制定一些挽留策略，如降价或提供特殊服务以吸引客户留下。决策树是常用的一种分类预测方法，建立实用模型预测现有哪些客户具有流失倾向。

（3）产品交叉和提升销售。产品交叉和提升销售是电信企业推广新产品和服务的有效途径，主要采用数据挖掘中的频繁模式挖掘方法。交叉销售是指根据客户早先的购买信息，发现客户的多种潜在需求，并推荐销售多种相关的产品或服务。提升销售是指销售人员通过对客户需求的深度挖掘和对客户工作环境的深度理解，向客户推荐价值更高的产品，从而更好地满足客户的需求，以求达到双赢的目的。

2. 数据挖掘在电子商务中的应用

电子商务是指在互联网上进行的商务活动，不仅包括通过互联网买卖产品和提供服务，还包括企业内部和企业间的商务活动，把买家、卖家、厂家和合作伙伴在互联网上利用互联网技术和现有的系统结合起来开展的业务[15,16]。国内有名的电子商务平台有淘宝、京东、苏宁易购等。电子商务平台的管理者主要关注的信息是客户对商品的关注点、客户购物的偏好，以及客户的购买能力等。对电子商务而言，首先，挖掘出潜在客户。服务器日志完整记录客户的历史访问痕迹，通过数据挖掘技术，电子商务平台的管理者能获取客户的偏好和潜在的需求，从而向客户推荐其有兴趣的、可能购买的商品，并推出相应的优惠政策和促销手段，增加客户的购买率。其次，对具有相似浏览行为的客户进行分组，提取组中客户的共同特征，从而实现客户的聚类，通过将同一类客户中的某些客户的历史浏览、购买数据推荐给其他客户，帮助电子商务平台的管理者更好地了解自己的客户，预测他们的购物需求。例如，在淘宝购物车中，有根据客户的最近浏览推荐类似产品的功能。最后，针对不同的客户在网页页面上提供个性化的服务，对网站页面进行优化并完善网站页面设计，将客户可能感兴趣的内容放在显眼的位置，吸引客户的目光，延长他们在网站上的驻留时间及提高再次访问的概率。此外，由于电子商务平台的数据较为集中，数据量足够大，数据种类较多，因此未来电商数据应用将有更多的想象空间，包括预测流行趋势、消费趋势、地域消费特点、客户消费习惯、各种消费行为的相关度、消费热点、影响消费的重要因素等。依托数据分析，电商的消费报告将有利于品牌公司产品设计、生产企业的库存管理和计划生产、物流企业的资源配置、生产资料提供方产能安排等，能实现社会精细化大生产，有利于精细化社会的出现。

3. 数据挖掘在信息安全中的应用

在网络带给人们便利的同时，网络安全问题越来越突出。数据挖掘技术的兴起为入侵检测、安全审计、恶意代码/邮件检测等领域的研究工作提供了强有力的支持[17,18]。

（1）入侵检测。入侵检测实际上是一个分类问题，也就是将一个事件归为正常或者异常的问题。传统的入侵检测采用特征检测的方法，由安全专家预先定义出一系列特征模式来识别入侵。这种方法的缺陷是不能自适应地识别出新型攻击。基于数据挖掘的入侵检测利用数据挖掘中的分类、关联分析、序列模式挖掘等方法，对安全事件数据进行智能化的分析处理，通过提取数据本身存在的规律性，帮助系统生成入侵检测规则及建立异常检测模型，能最大限度地降低在处理安全审计数据时对先验知识的要求，及时发现攻击，并能使系统检测出之前从未出现过的攻击方法。

（2）安全审计。安全审计就是对有关操作系统、系统服务和应用、用户活动及网络行为所产生的一系列安全事件进行记录和分析的过程。安全审计系统通过综合运用数据挖掘技术中的关联、序列、分类、聚类等技术，可以实时审计分析局域网内的 HF 防火墙、IDS 入侵检测系统、系统保护系统等安全产品产生的日志，能够实时或事后审计网络安全状态，为网络安全管理人员提供一种全面审计和检查当前系统运行状态的有效手段，使管理人员从中发现问题，从而采取一定的补救和惩罚措施。

（3）恶意代码和恶意邮件检测。在恶意代码研究中，最经典的是"特征码"检测技术，但是特征码检测技术的弱点是只能检测已知的恶意代码，对于新出现的恶意代码无能为力。利用数据挖掘技术，可以有效提高恶意代码检测的质量和效率，首先，收集大量恶意代码，形成恶意代码库，在大量的恶意代码中加入一些正常代码，将代码分为训练集和测试集。然后，利用各种算法对训练样本进行训练，使其能正确识别恶意代码和正常代码。最后，用测试集对其训练效果进行评估。经此处理后的恶意代码检测能取得较为理想的效果。

4．数据挖掘在银行业的应用

由于银行业中的数据相对比较完整，质量较高，因此数据挖掘在银行业中的应用相对比较成熟，也取得了较好的社会效益和经济效益[19]。运用数据挖掘技术，分析存款变化情况，预测存款增减的趋势，采取相应的组织存款战略，调整产业结构，加速资金周转，降低成本费用，提高信贷工作管理水平。

（1）优化客户服务。分析现有客户和潜在客户的相关需求、消费模式、发展机会、运行风险和成本，及时准确地制定应用措施，并细分客户，针对不同层次客户制定个性化的服务策略及产品优惠组合，不断维护和拓展客户群。同时，优化银行内部的资源配置，提高银行的运作效率，发现和把握更多的创收机遇，从而获得更大的经济效益。

（2）信贷风险评估。为避免和减少信用风险，银行在贷款决策前，应该分析客户的历史信贷记录，评价客户的还款能力和信誉度。数据挖掘技术能科学地强化对信贷客户的信用评估、风险度测定、贷款方式的选择和信贷风险权重的管理，从而有效地防范和控制贷款风险。同时，对不良贷款进行严密监控，增加信贷资金分析和分类的频率，提高信贷决策水平和市场应变能力。

（3）欺诈检测。采用孤立点分析和聚类分析，侦查异常的信用卡使用情况，确定异常的客户消费行为。根据历史统计数据，评定信贷分析客户的特征和背景，预防有可能造成风险损失的客户。通过建立信用欺诈模型，帮助银行发现具有潜在欺诈性的事件，开展欺诈侦查和其他金融犯罪的行为分析，预防和控制资金非法流失。

5．数据挖掘在医疗卫生领域的应用

医疗卫生领域存在着大量的数据[20,21]，包括大量关于患者的病史、诊断、检验和治

疗的临床信息，以及药品管理信息、医院管理信息等。这些激增的数据背后隐藏着许多重要的信息，如何从浩瀚的数据海洋中挖掘出有用的信息，是目前急需解决的问题。这对卫生医疗机构及时准确预测疾病、医生进行正确的诊断和治疗，以及促进人类健康都具有积极作用。

1）疾病预测与预防

数据挖掘技术的运用为疾病预测与预防提供了全新、高效的预测工具，有效地控制了流感等传染性疾病的传播。Google 通过对美国人每天利用搜索引擎检索的搜索词条进行数据挖掘，在处理了 4.5 亿个不同的数字模型后，基于其中 45 个检索词组合建立的数学模型准确预测了甲型 H1N1 流感。Google 的预测与疾控中心监测到的数据相关性高达 97%，且 Google 的判断比疾控中心更及时。百度通过大数据积累和智能分析，于 2014 年 6 月推出了一款疾病预测产品。目前，该产品提供流感、肝炎、肺结核和性病 4 种疾病的未来趋势预测，并对监测到的数据每周进行一次更新，为政府和有关疾控部门提供了疾病早期预警。

2）个性化健康预测

利用数据挖掘技术与方法，可将传统的健康数据与其他来源的个人数据联系起来，进行个性化健康预测。人的行为本身蕴藏了海量的健康信息，通过智能穿戴设备来记录、收集有关个人饮食、睡眠、血压、心率、心理、呼吸等数据，对其进行分析、处理后可以得出个人的身体健康状况，并实现对可能发生的疾病的预警。

3）数据挖掘在疾病诊断中的应用

正确的诊断对于指导患者的用药和康复是非常重要的。在临床中有些疾病错综复杂，数据挖掘的有关分类分析可以有助于疾病的诊断。主要技术有粗糙集理论、人工神经网络、模糊逻辑分析等。

4）数据挖掘在疾病相关因素分析中的应用

在病案信息库中有大量关于患者的病情和患者的个人信息，包括年龄、性别、居住地、职业、生活情况等。对数据库中的信息进行关联规则分析，可以发现有意义的关系及模式。某种疾病的预后相关因素分析可以用于指导临床治疗。

习题

1．什么是数据挖掘？
2．数据挖掘、统计学和机器学习之间的关系是什么？
3．什么是物联网、云计算？请说明它们与大数据的关系。
4．查阅资料，说明在大数据背景下，数据挖掘面临哪些挑战，以及如何解决。
5．什么是数据仓库？数据仓库与数据库有何不同？
6．数据挖掘有哪些常用的工具？

参考文献

[1] 刘鹏，张燕，张重生，等. 大数据[M]. 北京：电子工业出版社，2017.

[2] 邓仲华，刘伟伟，陆颖隽. 基于云计算的大数据挖掘内涵及解决方案研究[J]. 情报理论与实践，2015，38（7）：103-108.

[3] 李涛，曾春秋，周武柏，等. 大数据时代的数据挖掘——从应用的角度看大数据挖掘[J]. 大数据，2015，1（4）：57-80.

[4] JIAWEI H，MICHELINE K，JIAN P. 数据挖掘概念与技术[M]. 3 版. 范明，孟小峰，译. 北京：机械工业出版社，2016.

[5] 王国胤，刘群. 大数据挖掘及应用[M]. 北京：清华大学出版社，2017.

[6] 孙家泽，王曙燕. 数据挖掘算法与应用（Python 实现）[M]. 北京：清华大学出版社，2020.

[7] 西安美林电子有限责任公司. 大话数据挖掘[M]. 北京：清华大学出版社，2013.

[8] 卢辉. 数据挖掘与数据化运营实战[M]. 北京：机械工业出版社，2013.

[9] 刘帅，蒋贵凰. 数据挖掘的现状及发展趋势研究分析[J]. 现代商业，2015（33）：30-31.

[10] 深圳国泰安教育技术股份有限公司大数据事业部群，中科院深圳先进技术研究院. 大数据导论：关键技术与行业应用最佳实践[M]. 北京：清华大学出版社，2015.

[11] 王惠中，彭安群. 数据挖掘研究现状及发展趋势[J]. 工矿自动化，2011（2）：29-32.

[12] 黄文，王正林. 数据挖掘：R 语言实战[M]. 北京：电子工业出版社，2014.

[13] 张良均，杨海宏. Python 与数据挖掘[M]. 北京：机械工业出版社，2016.

[14] 王腾蛟，林子雨. 数据挖掘在电信领域客户行为分析中的应用[J]. 电信技术，2008（1）：22-25.

[15] 陆垂伟. 电子商务中数据挖掘技术的研究与应用[J]. 商场现代化，2006（4）：87-88.

[16] 于悦. 数据挖掘在电子商务的应用[J]. 经济研究导刊，2016（29）：153-154.

[17] 柴文光，周宁. 网络信息安全防范与 Web 数据挖掘技术的整合研究[J]. 情报理论与实践，2009（3）：97-101.

[18] 郑卓远，周娅. 数据挖掘对信息安全的影响[J]. 现代计算机，2008（3）：36-39.

[19] 黄解军，万幼川，潘和平. 银行客户关系管理与数据挖掘的应用[J]. 计算机工程与设计，2003，24（7）：66-69.

[20] 卢耀勤，马雪娇. 数据挖掘在公共卫生领域的研究现状[J]. 医学动物防制，2017（10）：1064-1067.

[21] 黄高明. 数据挖掘及其在医疗卫生领域中的应用[J]. 广西医学，2006（2）：161-164.

第2章　数据特征分析及预处理

数据是数据挖掘的目标对象和原始资源,对数据挖掘的最终结果起着决定性的作用。现实世界中的数据是多种多样的,具有不同的特征,这就要求数据的存储采用合适的数据类型,并且数据挖掘算法的适用性会受到具体的数据类型限制。另外,原始数据通常存在噪声、不一致、部分数据缺失等问题,为了达到较好的挖掘结果,有必要对这些数据进行预处理加工,从而提高数据的质量。本章将介绍数据类型、数据特征分析、数据预处理、数据的相似性等相关基础知识。

2.1　数据类型

数据挖掘中的数据集是由数据对象构成的集合。数据对象有多种称谓,如记录、模式、样本、案例等。数据对象有多个属性描述基本特征。了解常见数据类型[1]有助于描述数据内部特征、规律和趋势等信息,满足模型构建的要求。

2.1.1　属性与度量

属性是数据对象的性质或特性,属性又可称为特征。每个数据对象用一组属性描述,数据集用结构化数据表表示,其中列是存放在表中的对象的属性,行代表一个对象实例,表中单元格是实例对应属性的属性值。图 2-1 使用鸢尾花数据集来解释对象和属性的基本概念。

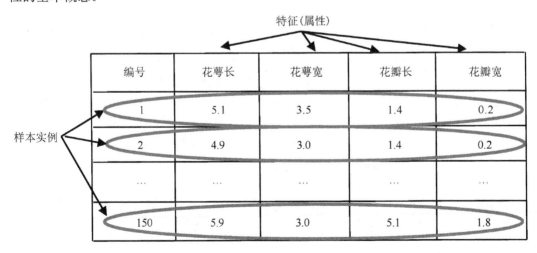

图 2-1　鸢尾花样本和特征的表示

属性的度量是指在样本数据采集过程中,对样本具体属性的测量标度值进行记录。

例如，天气状况｛晴天，多云，阵雨，阴天，小雪｝；温度（摄氏度）｛24.4，12.2，70.8，69.3｝；商品的销售数量（件）｛300，223，126，408，625｝等。

需要注意的是，属性测量值与属性值的意义并不是完全对等的，如数学上的 24.4 是 12.2 的 2 倍，但作为温度值 24.4℃并不代表比 12.℃2 温暖 2 倍。天气属性值中"晴天"和"多云"也可以用不同的数字来表示，它们没有前后次序关系，也不能进行加减运算，只在测试相等或不等时才有意义。在数据挖掘中知道属性的类型可以避免使用错误的统计操作。

我们可以通过以下 4 种基本操作来确定属性的类型。

（1）相异性：＝和≠。

（2）序：≤、≥、＜和＞。

（3）加法：+和-。

（4）乘法：*和/。

按照上面的属性测量值可使用的基本操作，属性值可以大致分为标称、序数、二元、区间、比率 5 种类型，如表 2-1 所示。

表 2-1　属性的基本类型

属性类别		描述	特点	例子
分类的（定性的）	标称	类型的名称或编号（＝、≠）	类似标签，数字或符号只用来对物体进行识别和分类，取值往往是枚举	鱼的种类{草鱼，鲢鱼，黑鱼}
	序数	值有大小或前后关系（＜、＞）	包含标称属性的全部特征，还反映对象之间的等级和顺序	气温{炎热，温暖，冷}、成绩{优，良，中，差}
	二元	只有两个类别或状态（＝、≠）	只有"是"和"非"两个属性类别的标称	抽烟{0, 1}，其中 1 表示"是"，0 表示"非"
数值的（定量的）	区间	有序，可加减不可乘除（-、＋）	区间属性包含序数属性提供的一切信息，且可以比较对象间的差别	摄氏温度，日期，用户满意度
	比率	有自然零值，可以进行任何数学运算（*、/）	除了具有区间属性的所有特征，由于存在绝对零点，还可以进行比率运算，也是应用最广泛的一类数值属性	年龄，长度，质量

二元属性根据两种状态是否具有同等价值并且携带相同的权重，可以分为对称的二元属性和非对称的二元属性。如果两种状态哪一个用 0 或 1 编码并无偏好，那么就属于对称的二元属性；如果一个状态出现的概率要远低于另一个状态出现的概率，代表重要的事件发生，那么就属于非对称的二元属性，如病理化验的阳性和阴性。

2.1.2　数据集的类型

数据集的类型是从集合整体上分析数据的类型。本书从数据对象之间的结构关系角度进行划分，比较常见的有记录数据、有序数据、图形数据。

1．记录数据

记录数据是最常见的数据集类型，如一个普通的 Excel 文件或一个关系数据库中的表。数据集是一个二维表格，其中表中的行代表记录，列代表属性。记录之间没有明显的联系，包括位置关系和依赖关系等。数据集中的数据对象可以完全独立地使用，也可以从数据集中随机抽取一部分数据对象进行挖掘建模，另一部分数据对象用于测试评估。

2．有序数据

数据对象之间存在时间或空间上的顺序关系，称为有序数据。有序数据有两种类型：时序数据和序列数据。

（1）时序数据一般是由硬件设备或系统监控软件连续采集形成的。例如，股票价格波动信息，医疗仪器监视患者的心跳、血压、呼吸数值，环境传感器连续记录的温度、湿度数值等，在数据挖掘任务中需要考虑这些数值在时间上的前后关系。

时序数据包含两类属性：一类是表示时间或地理空间的上下文属性，如时间戳或地理坐标；另一类是在上下文属性每个参照点上对应的行为属性，如采集到的温度、湿度等。需要说明的是，这两类属性数据需要关联起来使用才有意义。

（2）序列数据与时序数据类似，但不包含时间信息。例如，自动化诊断系统会产生包含可用来描述故障信息的离散数据序列；用户上网购物会产生鼠标单击网页的超链接、登录系统、付款结账等操作指令序列，这些信息可以用来挖掘用户的上网习惯。

3．图形数据

如果数据对象之间存在显式或隐式的联系，相互之间有一定的复杂依赖关系，构成图形或网状结构，我们把这种数据集称为图形数据。

考虑互联网中网页与网页之间存在超链接，可以把网页看作图中的节点，把它们之间的连接看作图中的边，搜索引擎就是利用网络爬虫不断沿着网页中的超链接进行搜索的。类似的还有社交信息，社交软件用户可以看作节点，用户之间的联系可以看作边。

2.2　数据特征分析

2.2.1　描述数据集中趋势的度量

数据集中趋势[2]（Central Tendency）描述是寻找反映事物特征的数据集合的代表值或中心值，这个代表值或中心值可以很好地反映事物目前所处的位置和发展水平，通过对事物集中趋势指标的多次测量和比较，还能够说明事物的发展和变化趋势。国家的人均 GDP 就是一个集中趋势指标，虽然每个人对国家的 GDP 贡献度不一样，但是人均 GDP 能够代表每个人对国家 GDP 的平均贡献度，从而反映一个国家的经济发展水平。下面介绍几种常用的表示数据集中趋势的度量。

1．算术平均值

算术平均值（Arithmetic Mean）是最常用的数据集中趋势指标，就是数据集合中所有数值的和除以数值个数，定义如下：

$$\bar{x} = \frac{1}{n}\sum_{i}^{n} x_i \tag{2.1}$$

算术平均值是应用最广泛的数据集中趋势指标，受样本数据波动的影响最小，具有一定的稳定性，但是也有明显的缺陷：当数据集合中有极大值或极小值存在时，会对算术平均值产生很大的影响，其计算结果会掩盖数据集合的真实特征，这时算术平均值就失去了代表性。例如，统计全班同学的成绩平均值，班里几个同学未能参加考试，成绩为 0 分，这几个 0 分会拉低全班同学的平均成绩。因此，需要引入更多描述数据集中趋势的度量方法。

2．众数

数据集合中出现次数最多的数值被称为众数（Mode），当某个数值的数据较大并且集中趋势比较明显时，众数更适合作为描述数据代表性水平的度量。众数对定类数据、定序数据、定距数据和定比数据都适用，都能表示由它们组成的数据集合的数据集中趋势。

一个数据集合中，可能有一个或多个众数，也可能没有众数。如果在一个数据集合中，只有一个数值出现的次数最多，那么这个数值就是该数据集合的众数；如果有两个或多个数值出现的次数并列最多，那么这两个或多个数值都是该数据集合的众数；如果数据集合中所有数值出现的次数相同，那么该数据集合没有众数。例如，鞋厂生产鞋子，不能按照所有人的平均尺寸作为生产尺寸，更好的方式是按照众数作为生产尺寸，这样可以满足大多数人的需求。众数的应用场景很多，如饮料企业关心哪种"口味"的饮料销量最高、超市老板关心哪种"商品"的销量最多等。

3．中位数

中位数（Median）就是数据序列中排在最中间的数据。对于数据集合$(x_1, x_2, \cdots, x_n)$，将所有数值按照它们的大小，从高到低或从低到高进行排序，如果数据集合包含的数值个数是奇数，那么排在最中间的数值就是该数据集合的中位数；如果数据集合包含的数值个数是偶数，那么取最中间两个数值的算术平均值作为中位数。

与算术平均值相比，中位数的优势在于不受数据集合中个别极端值的影响，能表现出稳定的特点。这一特点使其在数据集合的数值分布有较大偏斜时，能够保持数据集合特征的代表性，因此，中位数常被用来度量具有偏斜性质的数据集合的集中趋势。

4．k 百分位数

在一组数据从小到大排序，并计算相应的累计百分比时，处于 $k\%$ 位置的值称为 k 百分位数（Percentile）。k 百分位数是这样一个值，它使得至少有 $k\%$ 的数据项小于或等于这个值，且至少有$(100-k)\%$的数据项大于或等于这个值。前面介绍的中位数就是 50 百分位数。

求 k 百分位数的步骤如下。

第 1 步：以递增顺序排列原始数据（从小到大排列）。

第 2 步：计算指数 $i=1+(n-1)\times k\%$（n 是数据个数）。

第 3 步：i 是数据序列中 k 百分位数据的位置。

k 百分位数是用于衡量数据位置的量度，但它所衡量的不一定是中心位置。k 百分位数提供了有关各数据项如何在最小值与最大值之间分布的信息。

【例 2-1】有一组数据：3，13，7，5，21，23，39，23，40，23，14，12，56，23，29，求这组数

据的 50 百分位数（也就是中位数）。

① 排序后为 3, 5, 7, 12, 13, 14, 21, 23, 23, 23, 23, 29, 39, 40, 56。

② 计算 50 百分位数的位置：

1+(15-1)×50%=8

第 8 个数据（23）是 50 百分位数的位置。

程序实现：用 Python 计算数列的百分位数。

```python
import numpy as np
data=[3,13,7,5,21,23,39,23,40,23,14,12,56,23,29]
d=np.array(data)
k=50
dk=np.percentile(d,k) #dk 为 k 百分位数
Nd=d.shape[0]
i=1+(Nd-1)*k/100.0 #i 是 k 百分位数的位置
print(i,dk)
```

运行结果：

8.0,23.0

2.2.2　描述数据离散程度的度量

数据离散程度（Dispersion）的度量是指在一个数据集合中，各个数据偏离中心点的程度，是对数据间的差异状况进行的描述分析。

1. 极差

极差（Range）是指在某个数值属性上的最大值和最小值之差。例如，例 2-1 中数列的最大值和最小值之差是 56-3=53，53 为这个属性值上的极差。

极差能体现一组数据波动的范围。极差越大，离散程度越大；但是极差未能利用全部测量值的信息，不能细致地反映测量值彼此相符合的程度，易受极端值的影响。

2. 四分位极差

前面学习过的 50 百分位数（中位数）是指用中位数（IQR）把数据分布分成高低两半。这里的四分位数指的是有三个分位点把数据分布分成四个相等的部分。第一个分位点是 25 百分位数，记作 Q_1；第二个分位点是 50 百分位数，记作 Q_2；第三个分位点是 75 百分位数，记作 Q_3。

四分位极差记作 IQR，IQR=Q_3-Q_1。

经验公式：超过 Q_3+1.5×IQR 或者低于 Q_1-1.5×IQR 的数据，可能是离群点。

【例 2-2】已知例 2-1 中的 15 个数：3, 5, 7, 12, 13, 14, 21, 23, 23, 23, 23, 29, 39, 40, 56，求 IQR。

25 百分位位置是 4，25 百分位数 Q_1=12。

75 百分位位置是 12，75 百分位数 Q_3=29。

IQR=29-12=17。

根据经验公式计算可得离群点是 56。

3．五数概括与箱图

因为 Q_1、Q_2（Median）和 Q_3 并不包含数据序列的两个端点信息，因此，为了数据分布形状更完整地概括，可以同时给出两个端点信息，也就是最小值（Minimum）和最大值（Maximum），称为五数概括。分布的五数概括包括：内限内最小值、Q_1、中位数、Q_3 和内限内最大值。

一般在五数箱图中内限内最小值不小于 $Q_1-1.5\times IQR$，内限内最大值不大于 $Q_3+1.5\times IRQ$。在内限内最小值到内限内最大值范围以外的数据称为离群点。

【例 2-3】已知例 2-1 中的 15 个数：3, 5, 7, 12, 13, 14, 21, 23, 23, 23, 23, 29, 39, 40, 56，使用箱图来直观展示五数概括，如图 2-2 所示。

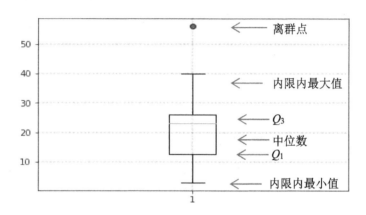

图 2-2　箱图

此例中内限内最大值是 40，内限内最小值是 3，离群点是 56。

程序实现：

```python
import matplotlib.pyplot as plt
data=[3,13,7,5,21,23,39,23,40,23,14,12,56,23,29]
labels = ['Label']
flierprops = {'marker':'o','markerfacecolor':'red','color':'black'}
plt.grid(True, linestyle = "-.", color = "black", linewidth = "0.4")
plt.boxplot(data,notch=False,flierprops=flierprops)
plt.show()
```

4．方差和标准差

方差和标准差都是数据散布度量，它们指出了数据分布的散布程度。

方差 σ^2 的计算公式如下：

$$\sigma^2 = \frac{1}{n-1}\sum_{i=1}^{n}\left(x_i-\bar{x}\right)^2 \tag{2.2}$$

标准差 σ 是 σ^2 的开方。

方差大表示观测的数据两极分化大，方差小表示观测的数据比较靠近平均值。例如，两个班级中，A 班级的成绩方差大，B 班级学生的学习的成绩方差小，则说明 A 班级学生的学习成绩比较离散，适合分层教学；B 班级学生的学习成绩比较集中，不适合分层教学。

方差和标准差适用于衡量相同量纲的数据集合或者样本相同属性之间的离散程度，如同年级不同班级成绩的比较、同年龄阶段男孩和女孩身高的比较等。但对于不同量纲和对象的不同属性之间的方差统计是没有意义的。离散系数可以解决这个问题。

5. 离散系数

离散系数又称变异系数，是统计学中的指标。离散系数是度量数据离散程度的相对统计量，主要用于比较不同样本数据的离散程度。当进行两个或多个数据集合离散程度的比较时，在平均值相当的情况下，可以用标准差来判断离散程度；但是在平均值相差很大的情况下，用离散系数判断离散程度。

离散系数用符号 C_v 表示，计算公式如下：

$$C_v = \frac{\sigma}{\bar{x}} \tag{2.3}$$

式中，σ 是样本标准差；$\bar{x}$ 是样本平均值。

离散系数大，说明数据的离散程度大；离散系数小，说明数据的离散程度小。

【例 2-4】甲、乙两名运动员都是中等水平，各连续打靶 8 次，请问哪名运动员发挥稳定？

甲、乙两名运动员连续打靶 8 次的记录按照先后顺序排列如下：

甲运动员：[8, 9, 8, 9, 9, 8, 10, 10]

乙运动员：[10, 6, 8, 10, 8, 9, 9, 10]

通过计算，得到了甲、乙两名运动员的平均值、标准差和离散系数，如表 2-2 所示。

表 2-2　甲、乙两名运动员的平均值、标准差和离散系数

名称	甲	乙
平均值	8.875	8.75
标准差	0.78	1.30
离散系数	0.088	0.148

通过统计结果可以看到，甲、乙两名运动员的平均值相当，但是甲运动员的标准差和离散系数都比乙运动员的小，说明甲运动员的成绩更稳定。在平均值相当的情况下，标准差也可以比较两组数据的离散程度。

【例 2-5】统计同一班级中 15 名高中生和同一班级中 15 名小学生的体重，数据如下：

高中生：[60, 68, 51, 58, 56, 50, 67, 70, 60, 54, 45, 67, 65, 63, 71]

小学生：[40, 33, 30, 29, 28, 45, 34, 36, 41, 39, 38, 36, 36, 37, 30]

通过计算，得到了高中生和小学生体重的平均值、标准差和离散系数，如表 2-3 所示。

表 2-3　高中生和小学生体重的平均值、标准差和离散系数

名称	高中生	小学生
平均值	60.33	35.47

名称	高中生	小学生
标准差	7.92	4.85
离散系数	0.1312	0.1368

从这个统计数据结果可以看到，高中生体重和小学生体重的平均值相差很大，标准差不能作为比较高中生体重和小学生体重离散性的衡量参数。这时用离散系数来作为衡量参数是比较合理的，通过比较，说明小学生体重离散性更大些。

程序实现：

```
import numpy as np
H_Sch= np.array([60,68,51,58,56,50,67,70,60,54,45,67,65,63,71])
S_Sch= np.array([40,33,30,29,28,45,34,36,41,39,38,36,36,37,30])
print ('高中组标准差:%.2f \n 小学组标准差:%.2f
        % (np.std(H_Sch, ddof=1), np.std(S_Sch, ddof=1)))
print ('高中组平均值:%.2f \n 小学组平均值:%.2f
        % (np.mean(H_Sch), np.mean(S_Sch)))
print ('高中组离散系数:%.4f \n  小学组离散系数:%.4f
        % ((np.std(H_Sch, ddof=1) / np.mean(H_Sch),
            np.std(S_Sch, ddof=1) / np.mean(S_Sch))))
```

2.2.3 数据相关性分析

1. 标称数据的卡方检验

对于离散数据，我们可以使用卡方检验来做类似计算。假设两个属性分别为 A 和 B，卡方检验用符号 χ^2 表示，计算公式如下：

$$\chi^2 = \sum_{i=1}^{N_a}\sum_{j=1}^{N_b}\frac{\left(O_{ij}-E_{ij}\right)^2}{E_{ij}} \tag{2.4}$$

式中，O_{ij} 表示 A 和 B 属性的配对值（A_i,B_j）的实际观测值；E_{ij} 表示 A 和 B 属性的配对值（A_i,B_j）的理论值，卡方检验说明了理论值和实际观测值的偏差程度。卡方值越大，偏差越大；卡方值越小，偏差越小；卡方值为 0，则理论值和实际观测值完全符合。

【例 2-6】我们要观察性别和网上购物有没有关系。对 987 名顾客进行调查，结果如表 2-4 所示。那么，怎么判断线上买不买生鲜与性别有没有关联呢？

表 2-4　性别与网上购物关系表

是否线上买生鲜	男	女	总计
线上不买生鲜	434	102	536
线上买生鲜	206	245	451
总计	640	347	987

表 2-4 中数据是实际观测值，通过这个值，我们发现 $\frac{536}{987}$ 的人不在线上买生鲜，

$\dfrac{451}{987}$ 的人会在线上买生鲜，按照这个比例，我们可以算出（男，线上不买生鲜）的理论值是 $640 \times \dfrac{536}{987}$，依次算出（男，线上买生鲜）、（女，线上不买生鲜）、（女，线上买生鲜）的理论值，我们还可以得到理论值，如表 2-5 所示。

表 2-5　数据统计表

是否线上买生鲜	男	女	总计
线上不买生鲜	348	188	536
线上买生鲜	292	159	451
总计	640	347	987

判断线上买不买生鲜与性别相关性的步骤如下。

（1）求出卡方值。

根据前面得到的实际观测值和理论值，可得：

$$\chi^2 = (434-348)^2/348 + (102-188)^2/188 + (206-292)^2/292 + (245-159)^2/159 \approx 132.44$$

（2）求自由度，即(行数-1)×(列数-1)=(2-1)×(2-1)=1。

（3）此例置信度确定为 90%，查找卡方分布表获得置信度为 90% 的卡方值是 2.706，因为 132.44 远远大于 2.706，所以，性别和线上购买生鲜两者之间是强关联的。

程序实现：

```
import numpy as np
from scipy.stats import chi2_contingency
from scipy.stats import chi2
observed = np.array([[434, 102], [206, 245]])
stat,f,dof,expected = chi2_contingency(observed)
print ("卡方值:",stat)
print ("自由度:",dof)
print ("理论值:\n",expected)
prob=0.90 #选取 90%置信度
critical=chi2.ppf(prob,dof) #计算临界阈值
print("置信度:",prob)
print("置信度标准:",critical)
if abs(stat)>=critical:
    print("两个属性之间相互依赖")
else:
    print("两个属性之间相互独立")
```

运行结果：

```
卡方值:132.284508806
自由度: 1
理论值:
 [[ 347.55825735   188.44174265]
 [ 292.44174265   158.55825735]]
```

置信度:0.9
置信度标准:2.7055434541
两个属性之间相互依赖

2．数值数据的协方差

$$\mathrm{Cov}(X,Y)=\frac{\sum_{i=1}^{n}\left(x_i-\overline{x}\right)\left(y_i-\overline{y}\right)}{n-1} \tag{2.5}$$

式中，X 和 Y 为两个不同的属性集；X_i 和 Y_i 分别是 X 和 Y 属性对应的属性值；$\overline{x}$ 和 $\overline{y}$ 分别是 X 和 Y 属性值的平均值。假设协方差结果为 C，C 的取值范围为 $-1\leqslant C\leqslant 1$。

若 $\mathrm{Cov}(X,Y)>0$，则表明属性 X 和属性 Y 之间存在正线性相关关系，数据变化是同向的；若 $\mathrm{Cov}(X,Y)<0$，则表明属性 X 和属性 Y 之间存在负线性相关关系，数据变化是负向的；若 $\mathrm{Cov}(X,Y)=0$，则表明二者之间不存在线性相关关系，但并不排除存在非线性相关性。

因此，协方差的正负代表了两个属性之间相关性的方向，而协方差的绝对值代表了它们相互关系的强弱。

【例 2-7】图 2-3 是商品销售量与温度数据散点图。

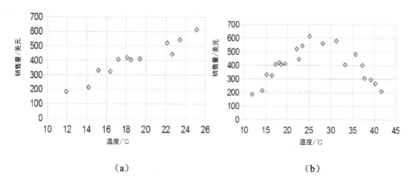

（a）　　　　　　　　（b）

图 2-3　商品销售量与温度数据散点图

在图 2-3（a）中（销售量，温度）协方差是大于 0 的，说明这两个属性是正相关的。但是在图 2-3（b）中（销售量，温度）协方差是等于 0 的，按照协方差规律，这两个属性是不相关的。显然根据数据分布情况，这两个属性是相关的，先是正相关，超过一定温度后呈现负相关，所以图 2-3（b）显示的两个属性之间是存在非线性相关的，此时，用协方差结果来评判是不客观的。

所以，协方差只是针对线性相关有效，当协方差为 0 时有可能也存在非线性相关。

3．数值数据的相关系数

协方差的大小与属性的取值范围和量纲都有关系，造成不同的属性对之间的协方差难以进行横向比较。为了解决这个问题，把协方差归一化，就得到了样本相关系数，用 $r(X,Y)$ 表示，计算如下：

$$r(X,Y) = \frac{\mathrm{Cov}(X,Y)}{\sigma_X \sigma_Y} = \frac{\sum_{i=1}^{N}\left(x_i - \overline{x}\right)\left(y_i - \overline{y}\right)}{\sigma_X \sigma_Y} \tag{2.6}$$

式中，X 和 Y 为两个属性；N 为元组的个数；x_i 和 y_i 为第 i 个元组中 x 和 y 对应的值，$\overline{x}$ 和 $\overline{y}$ 为它们的平均值；σ_X 和 σ_Y 为 X 和 Y 的标准差。

如果 $r(X,Y)$ 取值在 -1 与 1 之间，且 $r(X,Y)>0$，表示正相关，值越大，相关性越大。相反，如果 $r(X,Y)<0$，表示负相关。

【例 2-8】冰淇淋销售量和温度的统计数据如图 2-4 中左侧的表格所示，图 2-4 右侧是数据分布散点图，用 Python 程序计算销售量和温度两个属性的协方差和相关系数。

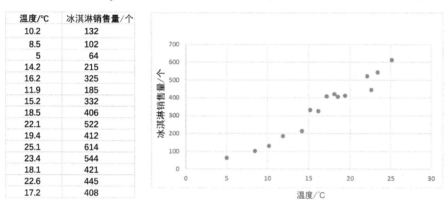

图 2-4　冰淇淋销售量和温度的统计数据

程序实现：

```
import numpy as np
x = np.array([10.2,8.5,5,14.2,16.2,11.9,15.2,18.5,22.1,19.4,25.1,23.4,18.1,22.6,17.2])
y = np.array([132,102,64,215,325,185,332,406,522,412,614,544,421,445,408])
#计算平均值
mx = x.mean()
my = y.mean()
#计算标准差
stdx = x.std()
stdy = y.std()
#计算协方差矩阵
covxy = np.cov(x, y)
print("协方差矩阵:\n",covxy)
#相关系数矩阵
coefxy = np.corrcoef(x, y)
print("相关系数矩阵:\n",coefxy)
```

运行结果：

```
协方差矩阵:
 [[    33.55495238      953.23714286]
 [   953.23714286    28395.74285714]]
```

相关系数矩阵：
[[1.   0.97655347]
 [0.97655347   1.   ]]

由运行结果显示，$\text{Cov}(X,Y)=\text{Cov}(Y,X)\approx953.2371$，$r(X,Y)=r(Y,X)\approx0.9766$，无论协方差还是相关系数，其值都是大于 0 的，说明温度和冰淇淋销售量两者之间存在正相关，但是相关系数是 0.9766，是接近 1 的，更能说明温度和冰淇淋销售量两者之间是存在很强的正相关性的。读者也可以手动计算协方差和相关系数进行验证。

2.3 数据预处理

数据挖掘工作始终是以数据为中心开展的，分类、聚类、回归、关联分析及可视化等工作的顺利进行完全是建立在良好的输入数据的基础之上的。而现实世界的数据规模越来越大，会出现很多如数据不完整、噪声、数据不一致等数据质量问题，这类数据称为"脏数据"。软件开发行业有句格言："Garbage-In-Garbage-Out"这句话同样适用于数据科学，数据中存在的不一致及噪声，对很多数据挖掘算法影响较大，甚至会"挖掘"出错误的知识。所以，在执行挖掘算法之前，首先要对数据进行一些移植、清洗、切片、转换等预处理工作。

跨行业数据挖掘标准流程（简称 CRISP-DM）指出：在一个数据挖掘项目中，50%～70%的时间和努力都用在了数据预处理阶段。没有高质量的数据，就没有高质量的挖掘结果。数据预处理为后续数据挖掘算法提供了干净、准确、更有针对性的数据，从而减少了挖掘过程中的数据处理量，提高了挖掘效率、知识发现的起点和知识的准确度[3]。

2.3.1 数据清洗

人工输入错误或仪器设备测量精度，以及数据收集过程机制缺陷等方面的原因都会造成收集的数据存在质量问题，这些问题主要包括测量误差、数据收集错误、噪声、离群点、缺失值、不一致值、重复数据等。数据清洗阶段的主要任务就是通过处理缺失值、平滑噪声数据等手段清洗数据。

1．处理缺失值

数据的收集过程很难做到数据全部完整。例如，数据库中表格的列值不会全部强制不为空类型；问卷调查对象不想回答某些选项或不知道如何回答；设备异常；对数据改变没有日志记载。处理缺失值的方法有以下 3 种。

（1）忽略元组：也就是将含有缺失属性值的对象（元组，记录）直接删除，从而得到一个完备的信息表。这种方法在缺失属性对象相对于整个数据集所占比例较小时比较适用，特别是在分类任务中缺少类别标号属性时常采用。如果数据集中有较高比例的数据对象存在缺失值问题，那么这种方法失效。在样本资源比较少的挖掘任务中，删除宝贵的数据对象会严重影响挖掘结果的正确性。

（2）数据补齐：使用一定的值对缺失属性进行填充补齐，从而使信息表完备化。数据补齐的具体实行方法较多。

① 人工填写：需要用户非常了解数据相关信息，并且数据量大时，这种方法效率太低。

② 特殊值填充：将所有空值使用一个特殊值（如"unknown"）进行填充，这种方法可能导致严重的数据偏离。

③ 平均值填充：如果属性是数值型的，可以采用所有对象属性的平均值来填充，对于倾斜分布情况也可以采用中位数来填充；如果属性是非数值型的，可以采用出现频率最高的值来填充。

④ 使用最有可能的值填充：采用基于推断的方法填充缺失值。例如，可以使用包含空值对象周围与其相似的对象值对其进行填充；也可以建立回归模型，对缺失属性值进行估计；还可以使用贝叶斯模型推理或决策树归纳确定。

（3）不处理：有很多数据挖掘方法在属性值缺失方面具有良好的稳健性，直接在包含空值的数据上进行数据挖掘。这类方法包括贝叶斯网络和人工神经网络等。

【例 2-9】学生成绩如表 2-6 所示，请对其中的缺失值进行处理。

表 2-6 学生成绩

学号	姓名	性别	英语	高等数据	军训	大学物理	计算机
20210010100	胡建	男	76	78	77	40	45
20210010101	胡成	女	66	91	75	47	47
20210010102	邓成勇	男	85	81	75		45
20210010103	李佳明	男	65	50	80	72	62
20210010104	宋鹏程	女	73	88	92	61	
20210010105	吕晓尧	男	60	50	89	71	76
20210010106	吴彤	女	67	61	84	61	65
20210010107	王新博	男			86	69	40
20210010108	林捷	男	66	67	85		61
20210010109	周恩宇	女	62	作弊	90	60	67
20210010110	黄骏	男	76	90	84	60	66
20210010111	朱汉琪	女	79	67	84	64	64
20210010112	程绍旭	男	77	71	缺考	61	73
20210010113	毛雯肖	男	74	74	88	68	
20210010114	邵恒骄	女		80		61	74
20210010115	杨啸	男	72	72	81	63	90
20210010116	孙迎春	男	79	76	77	78	70
20210010117	邓泽宇	男	64	96	91	69	60
20210010118	周松	女	73	74	93	70	71
20210010119	陈美伊	男	85	60	85	72	72
20210010120	石俊	男	60	50	89	71	76

程序如下：

```
import pandas as pd
df=pd.read_excel(r'Stu_grades.xlsx',sheetname='Sheet1')
#输出表格的前几行记录
print(df.head())
#describe 输出"计算机"的信息：数量、平均值、标准差、百分位数等
print(df.计算机.describe())
#输出所有值，空值用 NaN 替代
print(df)
#输出空值，空值用 True 替代，非空为 False
print(df.isnull())
#删除数据为空所对应的数据
newdf=df.dropna()
#使用？替代缺失值
newdf=df.fillna('?')
#使用该属性值的前一个数据替代缺失值
newdf=df.fillna(method='pad')
#使用该属性的最后一个数据替代缺失值
newdf=df.fillna(method='bfill')
#使用该属性的平均值替代缺失值
newdf=df.fillna(df.mean())
#为不同的列填充不同的值来填补数据，所有"英语"缺失值填补为 100，所有"计算机"缺失值
填补为 0
newdf=df.fillna({'英语':100,'计算机':0})
```

2．平滑噪声

噪声是一个测量变量中的随机错误或偏差。造成这种误差有多方面原因，如数据收集工具的问题、数据输入错误、数据传输错误、技术限制等。可以通过对数值进行平滑处理来消除噪声，主要使用的技术有回归、分箱、离群点分析。有时需要综合采用上述技术来平滑噪声。下面介绍分箱与离群点分析相结合的平滑噪声方法。

分箱是指将属性的值域划分成若干连续子区间。如果一个属性值在某个子区间范围内，就把该值放进这个子区间所代表的"箱子"中。把待处理的数据（某列属性值）按照一定规则放进一些箱子中，考察每个箱子中的数据，采用某种方法分别对各个箱子中的数据进行处理。在采用分箱技术时，需要确定的两个主要问题是：如何分箱及如何对每个箱子中的数据进行平滑处理。

1）分箱方法

分箱方法有 4 种：等深分箱法、等宽分箱法、最小熵法和用户自定义区间法。

（1）等深分箱法：将数据集按记录行数分箱，每箱具有相同的记录数，每箱记录数称为箱子的深度。这是最简单的一种分箱方法。

（2）等宽分箱法：使数据集在整个属性值的区间上平均分布，即每箱的区间范围是一个常量，称为箱子的宽度。

（3）最小熵法：在分箱时考虑因变量的取值，使得分箱后箱内达到最小熵。

（4）用户自定义区间法：用户可以根据需要自定义区间，当用户明确希望观察某些区间范围内的数据分布时，使用这种方法可以方便地帮助用户达到目的。

2）局部平滑方式

将数据分箱后，对每个分箱中的数据进行局部平滑，常用的方式有下面 3 种。

（1）按平均值平滑：对同一箱子中的数据求平均值，用平均值替代该箱子中的所有数据。

（2）按边界值平滑：用距离较小的边界值替代箱子中的每个数据。

（3）按中值平滑：取箱子的中值，用来替代箱子中的所有数据。

【例 2-10】用等深分箱法进行数据平滑，数据如表 2-7 所示。

表 2-7　等深分箱法数据平滑表

原始数据	3、22、8、22、9、11、32、93、12		
排序后	3、8、9、11、12、22、22、32、93		
等深分箱	3、8、9	11、12、22	22、32、93
平均值平滑	6.67	15	49
平均值平滑后	6.67、6.67、6.67、15、15、15、49、49、49		
中值平滑	8	12	32
中值平滑后	8、8、8、12、12、12、32、32、32		
边界值平滑	3、9、9	11、11、22	22、22、93
边界值平滑后	3、9、9、11、11、22、22、22、93		

图 2-5 是平滑噪声数据后对比图，从图中可以看出，在例 2-10 中的等深分箱中，原始数据有一个异常值，边界值平滑后该异常值仍然存在，平均值平滑和中值平滑后该异常值被平滑。对于边界值平滑后该异常值仍然存在的情况，需要进一步采用删除离群点方法处理该异常值。

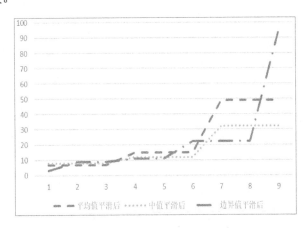

图 2-5　平滑噪声数据后对比图

离群点是在某种意义上具有不同于数据集中其他大部分数据对象特征的数据对象，或是相对于该属性值不寻常的属性值，如图 2-5 中很明显有个离群点 93。对于离群点，可以通过聚类来检测离群点，落在簇之外的数据对象被视为离群点，如图 2-6 所示；或者使用回归函数检测离群点，如图 2-7 所示，根据数据相关属性作为自变量，利用它们之间的关系建立回归模型来预测数据走向的关系，删除离群点对于分析整个数据的特征更有利。

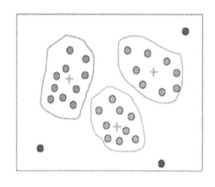

图 2-6　聚类删除离群点

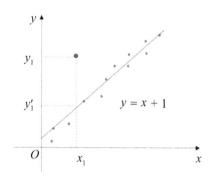

图 2-7　回归函数删除离群点

等深分箱及平滑的程序实现：

```python
import numpy as np
import copy
data=[3,22,8,22,9,11,32,93,12]
data.sort()

#等深分箱
def Same_High(H,data=[]):
    data=np.array(data)
    Sort_index=np.argsort(data)
    Box=[]
    Box_th=0
    Lave_num=data.shape[0]
    i=0
    Box.append([])
    while i<data.shape[0]:
        if Lave_num>H or Lave_num==H:
            for t in range(H):
                Box[Box_th].append(Sort_index[i])
                i=i+1
        else:
            for t in range(Lave_num):
                Box[Box_th].append(Sort_index[i])
                i=i+1
        Lave_num=Lave_num-H
        Box.append([])
        Box_th=Box_th+1
```

```
        Box.remove(Box[-1])
        #print ('分箱:',Box)
        return Box
#平均值平滑
def mean_smooth(index):
        index=np.array(index)
        smooth=copy.deepcopy(data)
        for i in range(index.shape[0]):
            x=[]
            index[i]=np.array(index[i])
            for j in range(index[i].shape[0]):
                x.append(smooth[index[i][j]])
            mean=np.mean(x)
            for j in range(index[i].shape[0]):
                smooth[index[i][j]]=mean
        return smooth
#中值平滑
def median_smooth(index):
        index=np.array(index)
        smooth=copy.deepcopy(data)
        for i in range(index.shape[0]):
            x=[]
            index[i]=np.array(index[i])
            for j in range(index[i].shape[0]):
                x.append(smooth[index[i][j]])
            median=np.median(x)
            for j in range(index[i].shape[0]):
                smooth[index[i][j]]=median
        return smooth
#边界值平滑
def boundary_smooth(index):
        index=np.array(index)
        smooth=copy.deepcopy(data)
        for i in range(index.shape[0]):
            index[i]=np.array(index[i])
            if index[i].shape[0]>3 or index[i].shape[0]==3:
                for j in range(1,index[i].shape[0]-2):
                    a=smooth[index[i][j]]-smooth[index[i][0]]
                    b=smooth[index[i][index[i].shape[0]-1]]-smooth[index[i][j]]
                    if a>b:
                        smooth[index[i][j]]=smooth[index[i][index[i].shape[0]-1]]
                    else:
                        smooth[index[i][j]]=smooth[index[i][0]]
        return smooth
```

2.3.2　数据集成

数据对于数据挖掘任务来说是非常重要的，用户永远希望尽最大可能获得更多的挖掘目标数据。例如，在一些监督学习任务中，分类器的准确性与训练数据的数量有非常大的联系[4]。

数据集成就是将若干分散数据源中的数据，逻辑地或物理地集成到一个统一的数据集合中。这些数据源包括关系数据库、数据仓库和一般文件。数据集成的核心任务是将互相关联的分布式异构数据源集成到一起，使用户能够以透明的方式访问这些数据源。集成是指维护数据源整体上的数据一致性、提高信息共享利用的效率。透明的方式是指用户无须关心如何实现对异构数据源数据的访问，只关心以何种方式访问何种数据即可。

1．实体识别问题

实体识别问题是数据集成中的首要问题，因为只有来自多个信息源的现实世界的等价实体才能匹配。一般会有以下 3 种情况。

（1）同名异义：如苹果既可以代表手机也可以代表水果。又如，姓名王伟是一个很普通的名字，但是它却表示不同的实体。

（2）异名同义：如"李白"和"李太白"指的就是一个人。又如，我们会习惯性地给某个人加上职位性的称谓，如"陈主任""王博士""周院长"等。我们需要能够将这些称谓与其真姓名对应起来。

（3）单位统一：用于描述同一个实体的属性有时可能出现单位不统一的情况，这种情况也需要能够统一起来，如 120cm 和 1.2m，要知道计算机在进行处理时是没有量纲的，要么统一量纲，要么去量纲化（归一化）。

2．属性冗余问题

如果一个属性可以由其他属性或它们的组合导出，那么这个属性可能是冗余的，如"年收入"，这个属性可以用各个月份的工资计算出来，所以"年收入"属性就是冗余属性。

有些冗余是可以被相关分析检测到的。两个属性存在多大程度的相关性，就说明两个属性有多强的关联，如果存在强关联，那么就会存在一个属性可以替代另一个属性。对于标称数据，可以使用卡方检验；对于数值数据，可以使用相关系数、协方差来检验。

3．数据值冲突问题

属性值的表示、规格单位、编码不同，也会造成现实世界相同的实体在不同的数据源中属性值不相同。例如，单位分别以千克和克表示的质量数值，性别中男性用 M 和 male 表示。属性名称相同，但表示的意思不相同。例如，总费用属性可能有包含运费和不包含运费的区分。

来自不同数据源的属性间语义和数据结构等方面的差异，给数据集成带来了很大困难。需要小心应对，避免最终集成数据集中出现冗余和不一致问题。

2.3.3　数据规范化

在对数据进行分析前，通常需要进行数据规范化，也称为标准化。举个例子，假设小明考了 80 分，小花也考了 80 分，但是前者是 100 分制的，后者是 150 分制的，如果把这两类数据进行集成、挖掘，无论使用什么算法，结果也是不正确的，所以，有时候数据变换比算法选择更重要，数据错了，算法再正确也是错的。如何将不同量纲的数据进行统一？这就需要数据规范化。

数据规范化主要包括数据同趋化处理和无量纲化处理两个方面，可以使属性值按比例落入一个特定区间，如[-1,1]或[0,1]。

数据规范化一方面可以简化计算，提升模型的收敛速度；另一方面，在涉及一些距离计算的算法时防止具有较大初始值域的属性与具有较小初始值域的属性相比权重过大，可以有效提高结果精度。

1．最小-最大规范化

最小-最大规范化也称离差标准化，是对原始数据的线性变换，假定 min、max 分别为属性 A 的最小值和最大值。转换函数如下：

$$x' = \frac{x - \min}{\max - \min}(\text{new\_max} - \text{new\_min}) + \text{new\_min} \tag{2.7}$$

将 x 转换到区间[$\text{new\_min}, \text{new\_max}$]中，结果为 x'。这种方法有一个缺陷就是当有新的数据加入时，可能导致 max、min 值的变化，需要重新定义。另外，如果要做 0-1 规范化，式（2.7）可以简化为：

$$x' = \frac{x - \min}{\max - \min} \tag{2.8}$$

【例 2-11】表 2-8 中是某部分学生的数学和语文成绩，数学是 100 分制的，语文是 150 分制的，两组数据不在同一个量纲，需要对其进行最小-最大规范化。

表 2-8　成绩表

姓名	数学（100 分制）	语文（150 分制）
胡建	80	80
胡成	98	90
邓成勇	56	120
李佳明	89	90
宋鹏程	70	98
吕晓尧	76	105

程序实现：在 sklearn 库中有个函数 MinMaxScaler 是专门进行最小-最大规范化的，会把原始数据投射到[0,1]范围内。

```
# coding:utf-8
from sklearn import preprocessing
import numpy as np

#初始化数据，每行表示一个样本，每列表示一个特征
x = np.array([
    [80,80],[98,90],[56,120],[89,90],[70,98]
```

```
    ])
#将数据进行 0-1 规范化
min_max_scaler = preprocessing.MinMaxScaler()
min_max_x = min_max_scaler.fit_transform(x)
print(min_max_x)
```
运行结果：

```
[[ 0.57142857  0.          ]
 [ 1.          0.25        ]
 [ 0.          1.          ]
 [ 0.78571429  0.25        ]
 [ 0.33333333  0.45        ]]
```

结果分析：以姓名为胡建的学生为例，他的（数学,语文）成绩是（80, 80），由于分制不同，所以直接比较是不正确的，经过最小-最大规范化后可以得出（数学,语文）成绩是（0.57142857, 0），这样就可以比较得出该同学的数学成绩要比语文成绩好。

2. z-score 规范化

z-score 规范化也称为标准差标准化，经过处理的数据符合标准正态分布，即平均值为 0，标准差为 1。转化函数如式（2.9）所示，其中 $\overline{A}$ 表示属性 A 的中均值，σ_A 为标准差。

$$x' = \frac{x - \overline{A}}{\sigma_A} \tag{2.9}$$

当属性 A 的实际最大值和最小值未知，或有超出取值范围的孤立点时，该方法适用。

【例 2-12】以例 2-11 中的数据为样本数据，z-score 规范化程序实现：在 sklearn 库中使用函数 preprocessing.scale()，可以直接将给定数据进行 z-score 规范化，所有数值都符合平均值为 0、方差为 1 的正态分布。

```
from sklearn import preprocessing
import numpy as np
#初始化数据，每行表示一个样本，每列表示一个特征
x = np.array([
[80,80],[98,90],[56,120],[89,90],[70,98]
    ])
#将数据进行平均值为 0、方差为 1 的规范化
z_score = preprocessing.scale(x)
print(z_score)
```
运行结果：

```
[[ 0.09564841 -1.15813205]
 [ 1.32541368 -0.41573971]
 [-1.54403862  1.81143731]
 [ 0.71053105 -0.41573971]
 [-0.58755452  0.17817416]]
```

运行结果中，语文和数学两列数据符合平均值为 0、方差为 1 的正态分布，通过数据规范化，两列数据都在同一量纲下，可以为提取数据特征打好基础。

3. 按小数定标规范化

通过移动数据的小数点位置来进行标准化。小数点的移动位数取决于属性 A 的最大绝对值。x 规范后的值 x' 计算方法如下：

$$x' = \frac{x}{10^j} \tag{2.10}$$

式中，j 是使 $\max(|x'|) < 1$ 的最小整数。例如，$-84 < x < 231$，取 $j=3$，-84 规范化后值为 -0.084，231 规范化后值为 0.231。

需要注意的是，z-score 规范化和按小数定标规范化在计算过程中有参数值，需要保存起来，作为后续的数据统一标准化使用。

【例 2-13】对于样本数据（0，-3，1）、（3，1，2）、（0，1，-1），通过按小数定标规范化实现标准化的程序如下：

```
import numpy as np
#初始化数据，每行表示一个样本，每列表示一个特征
x = np.array([[0.,-3.,1.], [3.,1.,2.], [0.,1.,-1.]])
#按小数定标规范化
y=np.ceil(np.log10(np.max(abs(x))))
scaled_x=x/(10**y)
print(scaled_x)
```

运行结果：

```
[[ 0.   -0.3   0.1]
 [ 0.3   0.1   0.2]
 [ 0.    0.1 -0.1]]
```

4. 独热编码处理标称属性数据

前面介绍过，对于标称属性数据，可以使用数字对不同类别进行编码。例如，血型一般分为 A、B、O、AB 4 个类型，为无序多分类变量，通常情况下在处理数据时为了使数据量化，会对其进行数字化编号，如 1、2、3、4 分别表示 A、B、O、AB 的血型编号。但是这样编号存在的问题是它们具有从小到大的、一定的顺序关系，而实际上，4 种血型之间并没有这种关系存在，它们之间是平等独立的关系。若按照 1、2、3、4 赋值，后续如果计算对象之间的差异，则会得到错误的结果。

独热编码（One Hot Encoding）将每个标称属性进行扩充，在上面的例子中，可以将表 2-9 扩充为表 2-10。将表 2-9 进行独热编码，结果如表 2-10 所示。

表 2-9　标称属性

编号	血型
1	1
2	3
3	2
4	1
5	3

表 2-10　标称属性的独热编码表

编号	A 型	B 型	O 型	AB 型
1	1	0	0	0
2	0	0	1	0
3	0	1	0	0
4	1	0	0	0
5	0	0	1	0

这样做的好处是任意两个血型之间的差异是相同的，如编号 1 和编号 3 的人血型差异是 $\sqrt{(1-0)^2+(0-1)^2+(0-0)^2+(0-0)^2}=\sqrt{2}$（欧几里得距离），可以看到任意两个人之间的血型差异都是 $\sqrt{2}$，这和数值本身的实际意义是相符合的。

独热编码能够处理非连续型数值属性，并在一定程度上扩充了数据特征，独热编码将离散属性的取值扩展到欧几里得空间，回归、分类和聚类等很多数据挖掘算法对距离或相似度的计算都是非常普遍的，而独热编码会使距离的计算更加合理。但也要认识到独热编码有时会带来数据维度极度扩张的负面影响。

【例 2-14】对表 2-10 中的数据进行独热编码，程序如下：

```
from sklearn import preprocessing
import numpy as np
OHE = preprocessing.OneHotEncoder()
SData = np.array([[1],[3],[2],[1],[3]])
OHE.fit(SData)
DData = OHE.transform(SData)
print (DData.toarray())
```

运行结果：

```
[[ 1.   0.   0.]
 [ 0.   0.   1.]
 [ 0.   1.   0.]
 [ 1.   0.   0.]
 [ 0.   0.   1.]]
```

2.3.4 数据规约

当我们在数据仓库上进行数据挖掘时，如果在海量高维数据上进行复杂的数据分析和挖掘，算法可能因运行时间超出我们的忍受范围而失效。在这种情况下，可以使用原数据集的一个特征、样本子集来完成挖掘。

数据规约（Data Reduction）技术是指在尽可能地保持原始数据集完整性的前提下，最大限度地精简数据量。数据规约技术可以用来得到数据集的规约表示，它虽然小，但仍能大致保持原数据的完整性。这样，在规约后的数据集上挖掘将更有效，并产生相同（或几乎相同）的分析结果。数据规约的策略主要包括维规约和数量规约。

维规约减少所考虑的随机变量或属性的个数，主要方法有小波变换、主成分分析和属性子集选择，通过这些方法可以把原始数据变换或投影到较小的空间，其中不相关、弱相关或冗余的属性要么未被检测要么删除。

数量规约用替代的、较小的数据表示形式替换原始数据，这些方法可以是参数方法或非参数方法。对于参数方法而言，使用模型估计数据，使得一般只需要存放模型参数而不是实际数据（离群点需存放）。非参数方法包括直方图、聚类、抽样和数据立方体聚类。

1．主成分分析

主成分分析（Principal Component Analysis，PCA）是一种广泛用于不同领域的无监督线性数据转换技术。PCA 的目标是在高维数据中找到最大方差的方向，并将数据映射到一个维度小得多的新子空间上。借助于正交变换，将其分量相关的原随机向量转化成其分量不相关的新随机向量。

PCA 在代数上表现为将原随机向量的协方差矩阵变换成对角矩阵，在几何上表现为将原坐标系变换成新的正交坐标系，使之指向样本点散布最开的几个正交方向，如图 2-8 所示。

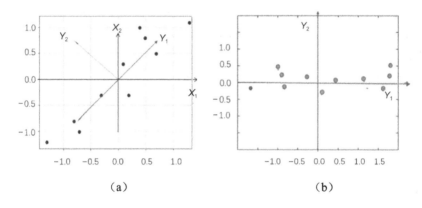

图 2-8　PCA 的几何解释

图 2-8（a）中的每个样本数据都可以有两个维度 X_1 和 X_2，每个数据都可以看作二维空间上的一个坐标向量(x_1, x_2)，可以看到，n 个样本数据在 X_1 和 X_2 两个坐标轴上的投影范围比较大，也就是在两个坐标轴上的方差都比较大，数据分布特征需要考虑两个坐标轴的分布情况，如果考虑降维，无论去掉哪个维度，都会使数据包含的信息损失比较大。但是根据散点图发现，样本数据的分布如果旋转 Y_1 和 Y_2 为坐标轴，转换坐标轴后如图 2-8（b）所示。此时，样本数据的大部分信息就集中在了 Y_1 方向上，而在 Y_2 方向上的离散程度很小，也就是方差很小，此时只保留 Y_1 而忽略 Y_2，并且样本数据信息损失也比较小，尽可能保证了原数据的特征，就可以实现降维的目的。

PCA 通过创建一个替换的、更小的变量集来组合属性的基本要素，去掉了一些不相关的信息和噪声，数据得到了精简的同时又尽可能多地保存了原数据集的有用信息。PCA 的应用条件是要求属性间存在较大的相关性，当相关性较小时，应用 PCA 没有意义。

PCA 的基本过程如下。

（1）首先对所有属性数据进行规范化，每个属性都落入相同的区间，消除量纲对算法的影响。

（2）计算样本数据的协方差矩阵。

（3）求出协方差矩阵的特征值及相应正交化单位特征向量。前 m 个较大的特征值就是前 m 个主成分对应的方差。主成分的方差贡献优选法反映信息量的大小。

（4）通过计算累计贡献率来选择主成分。主成分向量构成了一组正交基，输入数据可以由它们的线性组成表示。

（5）对主成分按重要性排序。主成分是新空间下的坐标轴，提供了关于方差的重要信息。

（6）选择重要性最高的若干主成分，同时将剩下的较弱主成分舍弃，这样就完成了约简数据的规模。

【例 2-15】用 Python 程序实现一个二维样本数据的 PCA，二维样本数据如表 2-11 所示。

表 2-11　二维样本数据

x_1	2.5	0.5	2.2	1.9	3.1	2.3	2	1	1.5	1.1
x_2	10.4	3.7	11.1	7.2	12	10.7	9.9	6.1	7.6	6.9

样本数据散点图如图 2-9 所示。通过样本数据的(x_1,x_2)向量值散点图可以看到，x_1 和 x_2 两个属性之间有较强的相关性，可以通过 PCA 进行降维。具体操作步骤如下。

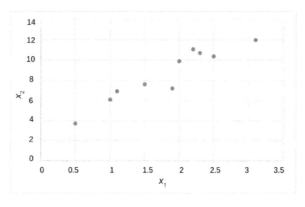

图 2-9　样本数据散点图

步骤 1：将数据表示成 2×10 的矩阵。

$$X = \begin{bmatrix} 2.5 & 0.5 & 2.2 & 1.9 & 3.1 & 2.3 & 2 & 1 & 1.5 & 1.1 \\ 10.4 & 3.7 & 11.1 & 7.2 & 12 & 10.7 & 9.9 & 6.1 & 7.6 & 6.9 \end{bmatrix}$$

步骤 2：零均值数据变换。在数据的每一维上减掉这一维的均值，使得每一维数据零均值化。均值向量 $\overline{x} = \sum_{i=1}^{10} x_i = \begin{bmatrix} 1.81 \\ 8.56 \end{bmatrix}$，变换后的数据向量矩阵如下。

$$X = X - \overline{x} = \begin{bmatrix} 0.69 & -1.31 & 0.39 & 0.09 & 1.29 & 0.49 & 0.19 & -0.8 & -0.31 & -0.7 \\ 1.84 & -4.86 & 2.54 & -1.36 & 3.44 & 2.14 & 1.34 & -2.5 & -0.96 & -1.7 \end{bmatrix}$$

零均值化后的样本散点图如图 2-10 所示。

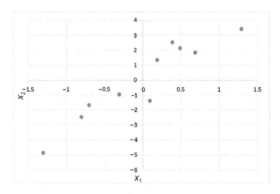

图 2-10　零均值化后的样本散点图

步骤 3：求样本协方差矩阵。

$$C = \frac{1}{10-1}XX^{\mathrm{T}} = \begin{bmatrix} 0.61655556 & 1.96822222 \\ 1.96822222 & 7.02711111 \end{bmatrix}$$

步骤 4：计算协方差矩阵的特征值和特征向量。

特征值 $\lambda = (\lambda_1 \quad \lambda_2) = (0.06048991 \quad 7.58317676)$

特征向量 $U = (U_1 \quad U_2) = \begin{bmatrix} -0.96233129 & -0.27187955 \\ 0.27187955 & -0.96233129 \end{bmatrix}$

步骤 5：将特征向量按照对应的特征值从大到小进行排序。

最大特征值 $\lambda_2 = 7.58317676$

排序后的特征向量 $U = (U_2 \quad U_1) = \begin{bmatrix} -0.27187955 & -0.96233129 \\ -0.96233129 & 0.27187955 \end{bmatrix}$

步骤 6：将样本投影到新的坐标系上。

$$Y = U^{\mathrm{T}}X$$
$$= \begin{bmatrix} -0.27187955 & -0.96233129 \\ -0.96233129 & 0.27187955 \end{bmatrix} \begin{bmatrix} 0.69 & -1.31 & 0.39 & 0.09 & 1.29 & 0.49 & 0.19 & -0.8 & -0.31 & -0.7 \\ 1.84 & -4.86 & 2.54 & -1.36 & 3.44 & 2.14 & 1.34 & -2.5 & -0.96 & -1.7 \end{bmatrix}$$
$$= \begin{bmatrix} -1.958286 & 5.033092 & -2.550354 & 1.284301 & -3.661144 & -2.192610 & -1.341181 & 2.587557 & 1.008121 & 1.790504 \\ -0.163750 & -0.060681 & 0.315265 & -0.456366 & -0.306142 & 0.110280 & 0.181476 & 0.110665 & 0.037318 & 0.231935 \end{bmatrix}$$

根据新坐标中的数据矩阵 Y，得到新的散点图，如图 2-11 所示。

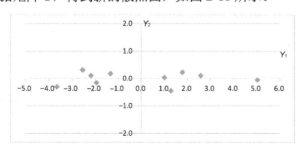

图 2-11　新坐标散点图

步骤7：分析新坐标中的数据结果。

通过新坐标散点图可以看出，在 Y_1 轴上包含原始二维数据中的大部分信息，Y_1 轴上包含的信息占比是 $\dfrac{\lambda_2}{\lambda_1 + \lambda_2} = \dfrac{7.58317676}{7.58317676 + 0.06048991} \approx 99.2\%$，所以只取主成分 Y_1 上的信息即可，$Y_1 = -0.27187955x_1 - 0.96233129x_2$，就可以忽略 Y_2 轴上的信息，从而可以将二维数据降维为一维数据。

程序实现：

```
import numpy as np
sample=np.array([
                [2.5,0.5,2.2,1.9,3.1,2.3,2,1,1.5,1.1],
                [10.4,3.7,11.1,7.2,12,10.7,9.9,6.1,7.6,6.9]
                ])
#计算均值向量
mean_x=np.mean(sample[0])
mean_y=np.mean(sample[1])
mean_vector=np.array([[mean_x],[mean_y]])
sample_zero_mean=sample-mean_vector
print("零均值:\n",sample_zero_mean)


#计算协方差矩阵
covxy = np.cov(sample_zero_mean[0], sample_zero_mean[1])
print("协方差矩阵:\n",covxy)


#计算特征值和特征向量
a=np.array(covxy)
eig_val,eig_vec=np.linalg.eig(a)
print("特征值:\n",eig_val)
print("特征向量矩阵:\n",eig_vec)
#排序后特征向量矩阵
eig_pairs=[(eig_val[i],eig_vec.T[i]) for i in range(len(eig_val))]
eig_pairs.sort(key=lambda x:x[0],reverse=True)
#print("排序后:\n",eig_pairs)
matrix_U=np.hstack((eig_pairs[0][1].reshape(2,1),eig_pairs[1][1].reshape(2,1)))
print("排序后特征向量矩阵:\n",matrix_U)


#投影到新的坐标系中
matrix_F=sample_zero_mean.T.dot(matrix_U.T)
print("新坐标下的值\n",matrix_F.T)
```

运行结果：

```
零均值:
 [[ 0.69 -1.31   0.39   0.09   1.29   0.49   0.19 -0.81 -0.31 -0.71]
  [ 1.84 -4.86   2.54 -1.36   3.44   2.14   1.34 -2.46 -0.96 -1.66]]
协方差矩阵:
```

```
[[ 0.61655556   1.96822222]
 [ 1.96822222   7.02711111]]
特征值:
 [ 0.06048991   7.58317676]
特征向量矩阵:
 [[-0.96233129 -0.27187955]
 [ 0.27187955 -0.96233129]]
排序后特征向量矩阵:
 [[-0.27187955 -0.96233129]
 [-0.96233129   0.27187955]]
新坐标下的值:
[[-1.95828646   5.03309228 -2.5503545    1.28430139 -3.66114425 -2.19260994
  -1.34118104   2.58755741   1.0081207    1.79050442]
 [-0.16375022 -0.06068062   0.31526485 -0.456366   -0.30614172   0.1102799
   0.18147565   0.11066465   0.03731833   0.23193516]]
```

2. 属性子集选择

属性子集选择通过删除不相关或冗余的属性（或维）减少数据量。属性子集选择的目标是找出最小属性集，使得数据类的概率分布尽可能地接近使用所有属性得到的原分布。在缩小的属性集上挖掘还有其他的优点：它减少了出现在发现模式上的属性数目，使得模式更易于理解。

"如何找出原属性的一个'好的'子集？"对于 n 个属性，有 $2n$ 个可能的子集。穷举搜索找出属性的最佳子集可能是不现实的，特别是当 n 和数据类的数目增加时。因此，对于属性子集选择，通常使用压缩搜索空间的启发式算法。这些方法是典型的贪心算法，在搜索属性空间时，总是做看上去是最佳的选择。它们的策略是做局部最优的选择，期望由此得到全局最优解。在实践中，这种贪心算法是有效的，并可以逼近最优解。属性子集选择的基本启发式算法包括以下技术。

（1）逐步向前选择：该过程由空属性集作为规约集开始，确定原属性集中最好的属性，并将它添加到规约集中。在其后的每次迭代，将剩下的原属性集中最好的属性添加到该集合中。

（2）逐步向后删除：该过程由整个属性集开始。在每一步中，删除尚在属性集中最差的属性。

（3）逐步向前选择和逐步向后删除的组合：可以将逐步向前选择和逐步向后删除的方法结合在一起，每一步选择一个最好的属性，并在剩余属性中删除一个最差的属性。

（4）决策树归纳：决策树算法最初是用于分类的。决策树归纳构造一个类似流程图的结构，其中每个内部（非树叶）节点表示一个属性上的测试，每个分支对应测试的一个结果；每个外部（树叶）节点表示一个类预测。在每个节点上，算法选择最好的属性，将数据划分成类。

当决策树归纳用于属性子集选择时，由给定的数据构造决策树，不出现在树中的所有属性假定是不相关的，出现在树中的属性形成规约后的属性子集。上述方法的结束条件不同，可以使用一个度量阈值来决定何时停止属性选择过程。

在某些情况下，可基于其他属性创建一些新属性。属性构造可提高准确性和对高维数据结构的理解。通过组合属性，属性构造可以发现关于数据属性间联系的缺失信息，对知识发现是有用的。

3．直方图

2.3.1 节中学习过，平滑噪声的一种方法就是分箱，即将数据划分为不相交的子集，并给予每个子集相同的值。

直方图使用分箱近似数据分布，是一种流行的数据规约形式。属性 A 的直方图将 A 的数据分布划分为不相交的子集或桶。桶安放在水平轴上，而桶的高度（和面积）是该桶所代表的值的平均频率。如果每个桶只代表单个属性值/频率对，则该桶称为单值桶。通常，桶表示给定属性的一个连续区间。

【例 2-16】我们得到一个商店每日利润数据（单位：元）：390、100、350、380、160、350、400、340、430、150、380、390、400、440、600、230、440。

首先，以 50 元为区间统计利润的直方图，如图 2-12 所示。

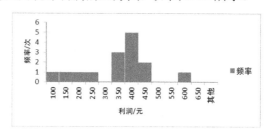

图 2-12　以 50 元为区间统计利润的直方图

其次，以 100 元为区间统计利润的直方图，如图 2-13 所示。

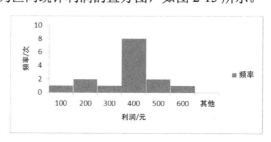

图 2-13　以 100 元为区间统计利润的直方图

以 50 元划分区间得到了 13 个桶的数据，以 100 元为区间得到了 7 个桶的数据。利用直方图压缩了数据，而得到结论仍然是商店每日利润集中在 300～400 元这个区间。

4．聚类

把数据元组看作对象。它将对象划分为群或簇，使得一个簇中的对象相互"相似"，而与其他簇中的对象"相异"。通常，相似性基于距离函数，形心距离是另一种度量。聚类方法在第 5 章有详细介绍。

5．抽样

很多应用领域的数据也不能被完全存储，或者分析的时候以动态的流式数据形式存在，在很多情况下，数据抽样是数量规约的一种常见方法。常见的抽样有简单抽样（包含不放回简单随机抽样和有放回简单随机抽样）、簇抽样、分层抽样。

s 个样本的不放回简单随机抽样（SRSWOR）：从 D 的 N 个元组中抽取 s 个样本（$s<N$）；其中 D 中任何元组被抽取的概率均为 $1/N$，即所有元组是等可能的。

s 个样本的有放回简单随机抽样（SRSWR）：该方法类似 SRSWOR，不同在于当一个元组被抽取后，记录它，然后放回去。这样，一个元组被抽取后，它又被放回 D，以便它可以再次被抽取。

簇抽样：如果 D 中的元组被分组放入 M 个互不相交的"簇"，则可以得到簇的 s 个简单随机抽样（SRS），其中 $s<M$。例如，数据库中元组通常一次取一页，这样每页就可以视为一个簇。可以将 SRSWOR 用于页，得到元组的簇样本，由此得到数据的规约表示。

分层抽样：如果 D 被划分成互不相交的部分，称为"层"，则通过对每层的简单随机抽样就可以得到 D 的分层抽样。特别是当数据倾斜时，这可以帮助确保样本的代表性。例如，可以得到关于顾客数据的一个分层抽样，其中对顾客的每个年龄组创建分层。这样，具有最少顾客数目的年龄组肯定能够被代表。

采用抽样进行数据规约的优点是，得到样本的花费正比例于样本集的大小 s，而不是数据集的大小 N。因此，抽样的复杂度可能亚线性（Sublinear）于数据的大小。其他数据规约技术至少需要完全扫描 D。对于固定的样本大小，抽样的复杂度仅随数据的维数 n 线性增加；而其他技术（如使用直方图）的复杂度随 d 呈指数级增长。

2.3.5　数据离散化

数据离散化是指将连续的数据分段，使其变为一段段离散化的区间。连续属性离散化的问题本质是：决定选择多少个分割点和确定分割点位置。任务可分为两个步骤完成：首先，将连续属性排序并通过指定 $n-1$ 个分割点把它们分成 n 个区间；然后，将一个区间中的所有值映射到相同的分类值中。

1．数据离散化的原因

（1）算法需要。决策树、NaiveBayes 算法都是基于离散数据展开的。如果要使用该类算法，必须将连续数据处理成离散数据。

（2）数据离散化更方便对连续数据的理解。例如，某个问题中的年龄属性可以按照如下方法离散化：[0-11]→儿童，[12-17]→青少年，[18-44]→青年，[45-69]→中年，[69-∞]→老年。这样，可以更方便大家对年龄属性的理解。

（3）可以有效地弥补数据中隐藏的缺陷，使模型结果更加稳定。例如，如果对用户年龄离散化，[18-44]作为一个区间，不会因为一个用户年龄长了一岁就变成一个完全不同的人。

2. 数据离散化的方法

数据离散化的方法有多种类型，通常可以分为无监督离散化和有监督离散化。在离散化过程中使用类信息的方法是有监督的，而不使用类信息的方法是无监督的。

无监督离散化方法中最简单的方法是等宽分箱法和等深分箱法（分箱法参见2.3.1 节）。

等宽分箱法将排好序的数据从最小值到最大值均匀划分成 n 等份，每份的间距是相等的。假设 A 和 B 分别是属性值的最小值和最大值，那么划分间距为 $W=(B-A)/n$，每个类别的划分边界将为 $A+W$, $A+2W$, $A+3W$, …, $A+(n-1)W$。这种方法的缺点是对异常点比较敏感，倾向于不均匀地把实例分布到各个箱中。

等深分箱法将数据总记录数均匀分为 n 等份，每份包含的数据个数相同。如果 $n=10$，那么每份中将包含大约 10%的数据对象。这两种方法都需要人工确定划分区间的个数。等深分箱法可能将具有不相同类标号的相同属性值分入不同的箱中以满足箱中数据的固定个数的条件。

以上两种方法容易实现，适用较广，但是在有些情况下存有弊端。例如，假设对某一工资属性进行划分，用等宽区间划分方法划分为 5 个区间，最高工资为 50000 元，则所有工资低于 10000 元的人都被划分到同一区间。等深区间划分方法可能正好相反，所有工资高于 50000 元的人都会被划分到 50000 元这一区间中。这两种方法都忽略了样本数据所属的类别信息，划分区间的边界不太可能落在最合理的地方。

ChiMerge 是一种监督的、基于卡方检验的数据离散化方法。其基本思想是：对于精确的离散化，相对类频率在一个区间内应当完全一致。因此，如果两个相邻的区间具有非常类似的类分布，则这两个区间可以合并；否则，它们应当保持分开。而低卡方值表明它们具有相似的类分布。

ChiMerge 离散化数据操作流程包含以下两个步骤。

第 1 步：初始化。

根据连续变量值的大小排序，进行初始的离散处理。

第 2 步：合并。

箱子合并过程分为两个步骤，连续重复进行。

（1）对每对相邻的区间进行卡方检验。

（2）将最小卡方值的相邻区间合并成一个区间。根据卡方检验原理可知卡方值越小，表明两个类别越独立，相互影响的程度越小；或者另一种理解是两箱分布相似，可以进行合并。

重复执行卡方检验并且至底向上合并区间，直到卡方值达到设定的阈值。

合并停止条件是直到所有相邻箱子的卡方值大于或等于设置的卡方值阈值。

根据自由度和显著性水平选取合适的卡方值阈值；自由度则是根据数据能够确定的，为$(R-1)×(C-1)$，因为都是计算相邻两箱的，故 $R=2$；C 也可根据数据情况确定。显著性水平推荐选择 0.1、0.05、0.01。或者，箱子数量达到预先设置的数量。

2.4　数据的相似性

许多数据挖掘任务需要计算数据对象之间的相似性或相异性，如聚类、最近邻分类、异常检测等。为了本节内容表述方便，假设两个数据对象 $X=(x_1\cdots x_d)$ 和 $Y=(y_1\cdots y_d)$，我们用 $\mathrm{sim}(X,Y)$ 表示它们的相似度，用 $\mathrm{Dist}(X,Y)$ 表示它们之间的相异度或距离。

相似度指两个对象相似程度的数值度量，对象越相似，数值越大，有 $\mathrm{sim}(X,Y)=\mathrm{sim}(Y,X)$，且 $0\leqslant\mathrm{sim}(X,Y)\leqslant1$。相异度指两个对象差异程度的数值度量，距离可以作为相异度的同义词，两个数据所在的空间距离越大，表示数据越相异，有 $\mathrm{Dist}(X,Y)=\mathrm{Dist}(Y,X)$ 且 $\mathrm{Dist}(X,Y)\geqslant0$。相似性和相异性计算方法是一致的，通常是用两个对象之间的一个或多个属性距离来表示，它们要可以相互转换。除取值范围外，它们之间名称上的区分更多是源自习惯上的称谓。例如，两篇文章我们常称它们相似度是多少，而空间数据对象会称它们之间的距离是多少。我们使用术语"邻近度"来表示对象间的相似性或相异性。

数据对象之间的邻近度计算与数据对象属性类型密切相关。掌握简单属性之间的邻近度是计算复杂对象之间的邻近度的基础。本节分别以标称和数值类型属性介绍邻近性度量方法。

2.4.1　数值属性的相似性度量

记录数据具有最简单的结构，是数据挖掘中最常见的数据对象。数值属性和标称属性的相似度计算方式明显不同，我们先介绍具有多维数值属性对象的邻近性度量方法。

序数属性值是有序序列，如 size 属性值 {mini, small, medium, large}。邻近度的计算可以将这些属性值用数值代替，如 {mini=0, small=1, medium=2, large=3}，那么计算两个对象的相异度，可以通过对应属性值的差值的绝对值表示。

数据集中的数据对象可以看作某空间下的点。在一般意义下，空间可看作点的全集，即数据集中的点可看作从空间中抽样而成。在欧几里得空间下，这样定义点有益于聚类。在欧几里得空间下的点就是实数向量，向量的长度就是空间的维度数，而向量的分量通常称为点的坐标。

在一个空间下进行聚类、或某些分类任务时，需要在该空间中找到一个距离测度，即给出该空间下任意两点之间的距离。距离测度是一个函数 $d(x,y)$，以空间中的两个点作为参数，函数值是一个实数值，该函数必须满足下列准则。

① $\mathrm{Dist}(X,Y)\geqslant0$（距离非负）。

② 当且仅当 $x=y$ 时，$\mathrm{Dist}(X,Y)=0$（只要点到自身的距离为 0，其他的距离就都大于 0）。

③ $\mathrm{Dist}(X,Y)=\mathrm{Dist}(Y,X)$（距离具有对称性）。

④ $\mathrm{Dist}(X,Y)\leqslant\mathrm{Dist}(X,Z)+\mathrm{Dist}(Z,Y)$（三角不等式）。

只有满足上述性质的距离测度才可以称为度量。在度量方法中，数据对象的属性以连续或离散数值的方式描述，数据对象可以看作度量空间（距离空间）中的点，数据对象之间的距离可以看作相似性的度量。

假设每个对象有 m 个属性，可以把一个对象视为 m 维空间的一个点，n 个对象就是 m 维空间中的 n 个点。从直观上看，属于同一类的对象在空间中应该互相靠近，而不同类的对象之间的距离要大得多，因此可用距离来衡量对象之间的相似程度。距离越小，对象间的相似性就越大。常用的距离形式有曼哈顿距离、欧几里得距离、切比雪夫距离、闵可夫斯基距离、杰卡德距离等。

1. 曼哈顿距离

之所以称为"曼哈顿距离"（Manhattan Distance），是因为这里在两个点之间行进时必须要沿着网格线前进，就如同沿着城市（如曼哈顿）的街道行进一样。对于一个具有正南正北、正东正西方向规则布局的城市街道，从一点到达另一点的距离正是在南北方向上旅行的距离加上在东西方向上旅行的距离，是将多个维度上的距离进行求和的结果。其距离公式如下：

$$\text{Dist}\left([x_1, x_2, \cdots, x_m], [y_1, y_2, \cdots, y_m]\right) = \sum_{i=1}^{d} |x_i - y_i| \tag{2.11}$$

2. 欧几里得距离

欧几里得距离（Euclidean Distance），也称为欧氏距离，是人们最为熟知的距离测度，也就是我们常说的"距离"。在 m 维欧几里得空间中，每个点是一个 m 维实数向量，该空间中的传统距离测度为 L_2 范式距离，定义如下：

$$\text{Dist}\left([x_1, x_2, \cdots, x_m], [y_1, y_2, \cdots, y_m]\right) = \sqrt{\sum_{i=1}^{m} (x_i - y_i)^2} \tag{2.12}$$

也就是说，首先计算每一维上的距离，然后求它们的平方和，最后求算术平方根。

另一个有趣的距离测度是 L_∞ 范式距离，也就是当 r 趋向无穷大时，L_r 范式距离的极限值。当 r 增大时，只有那个具有最大距离的维度才真正起作用，因此，通常 L_∞ 范式距离定义为在所有维度下 $|x_i - y_i|$ 中的最大值。

3. 切比雪夫距离

以数学的观点来看，切比雪夫距离（Chebyshev Distance）是由一致范数（Uniform Norm）（或称为上确界范数）所衍生的度量，也是超凸度量（Injective Metric Space）的一种。它产生两个数据对象的最大属性值差。

$$\text{Dist}\left([x_1, x_2, \cdots, x_m], [y_1, y_2, \cdots, y_m]\right) = \lim_{p \to \infty} \left(\sum_{i=1}^{d} |x_i - y_i|^p\right)^{\frac{1}{p}} = \max_{i} \left(|x_i - y_i|\right)$$

$$\tag{2.13}$$

4. 闵可夫斯基距离

$$\text{Dist}\left([x_1, x_2, \cdots, x_m], [y_1, y_2, \cdots, y_m]\right) = \left(\sum_{i=1}^{d} |x_i - y_i|^p\right)^{\frac{1}{p}} \tag{2.14}$$

闵可夫斯基距离（Minkowski Distance）又称为闵氏距离，是欧几里得距离、曼哈顿距离和切比雪夫距离的推广。闵可夫斯基距离对应 L_p 范数，其中 p 是一个变参数，根据参数的不同，闵可夫斯基距离可以表示一类的距离。当 $p=1$ 时，就是曼哈顿距离；当 $p=2$ 时，就是欧几里得距离；当 $p\to\infty$ 时，就是切比雪夫距离。

【例 2-17】考虑二维欧几里得空间（通常所说的平面）上的两个点 $(2,5)$ 和 $(5,9)$。它们的 L_2 范式距离为 $\sqrt{(2-5)^2+(5-9)^2}=\sqrt{3^2+4^2}=5$，$L_1$ 范式距离为 $|2-5|+|5-9|=3+4=7$，而 L_∞ 范式距离为 $\max(|2-5|,|5-9|)=\max(3,4)=4$。

附注 1：当 L_2 范式距离较小时，表示 x 与 y 在一个类型区域，反之，则不在一个类型区域。这里有一个门限的选择问题，若选择过大，则全部样本被视作唯一类型；若选择过小，则可能造成每个样本都单独构成一个类型。必须正确选择门限值以保证正确分类。

附注 2：模式特征坐标单位的选取也会强烈地影响聚类结果。例如，在 2 维欧几里得空间中，其中一维是长度，另一维是压力。当长度单位由厘米变为米时，在 L_2 中长度特征的比重会下降，同样，若把比重单位由毫米汞柱高度变成厘米汞柱高度，在 L_2 中压力特征的影响也会减小。

附注 3：使用欧几里得距离度量时，还需要注意样本测量值的选取，应该能有效反映类别属性特征（各类属性的代表应均衡）。例如，取 5 个样本，其中有 4 个反映对分类有意义的特征 A，只有 1 个对分类有意义的特征 B，欧几里得距离的计算结果则主要体现特征 A。

5. 杰卡德距离

杰卡德距离（Jaccard Distance）用于衡量两个集合的差异性，它是杰卡德相似度的补集，被定义为 1 减去杰卡德相似度。杰卡德相似度用于度量两个集合之间的相似性，它被定义为两个集合交集的元素个数除以并集的元素个数，即集合 A 和 B 的相似度 $\text{sim}(A,B)$ 为：

$$\text{sim}(A,B)=\frac{|A\cap B|}{|A\cup B|} \tag{2.15}$$

多维二元数据，其某位数据为 1 表示元素集合中的某个元素出现，为 0 表示不出现。例如，超市的一张交易清单中用 1 或 0 来表示是否包含某件商品，一篇文章中用 0 或 1 来表示词语是否出现。多维二元数据情况下，集合 A 和 B 的相似度可以进一步写成：

$$\text{sim}(A,B)=\frac{\sum_{i=1}^{d}x_iy_j}{\sum_{i=1}^{d}x^2-\sum_{i=1}^{d}x_iy_j+\sum_{i=1}^{d}y_j^2} \tag{2.16}$$

集合 A 和 B 的杰卡德距离 $d_J(A,B)$ 为：

$$d_J(A,B)=1-\text{sim}(A,B)=\frac{|A\cup B|-|A\cap B|}{|A\cup B|} \tag{2.17}$$

2.4.2　标称属性的相似性度量

数值数据是有大小顺序的，距离公式非常适合计算不同维度的数值数据的邻近度。

但是，离散的标称属性数据间并不存在大小顺序关系，不能直接用距离来计算相似度或相异度。

标称属性取值是代表事物状态的若干值，只包含了相异性信息。标称类型可以通过编码方案转换成二元数据类型，然后使用数值计算方法来计算邻近度。如果一个标称类型数据有 M 个不同的状态值，那么将该标称数据转换成 M 个二元属性值，每个标称状态值对应一个二元属性，这些二元属性中有一个值为 1，剩余的值全为 0。这样标称属性相似度计算就可以通过编码方式转化为多个二元属性的相似度计算。

简单二元属性的状态值为布尔值，可以用数字 0 和 1 分别来表示。例如，在某图书管理系统中描述图书对象的借出情况，可以用 0 表示在馆，用 1 表示借出。

考虑数据对象只有一个属性情况下：如果两个标称属性值匹配，则相似度为 1，否则为 0；相异度的值刚好相反，如果两个标称属性匹配，则相异度为 0，否则为 1。

一般地，二元属性相似度可以通过对属性匹配值求和来计算，即首先分别求解对应单个属性间的相似度，然后对所有相似度数值进行直接累加：

$$\mathrm{sim}(\boldsymbol{X}, \boldsymbol{Y}) = \sum_{i=1}^{d} s(x_i, y_i) \tag{2.18}$$

式中，d 代表对象的属性总数。更为直接地理解，相似度可用"取值相同的同位属性数/属性总位数"标识对于包含多个二元属性的数据对象相似度计算。

设有 $\boldsymbol{X} = \{1, 0, 0, 1, 0, 0, 1, 0, 1, 1\}$，$\boldsymbol{Y} = \{0, 0, 0, 1, 0, 1, 1, 1, 1, 1\}$，两个对象共有 7 个属性取值相同，3 个取值不同，那么相似度可以标识为 3/10=0.3。

这种方法非常简单，缺点是没有考虑不同属性的概率差异。上面所说的二元属性的两个状态具有同等价值和相同的权重，称为对称二元属性。对于非对称二元属性，我们只关心两者都取 1 的情况，而认为两者都取 0 的属性并不意味着两者更相似。

例如，在根据病情对患者聚类时，如果两个人都患有肺癌，我们认为这两个人增强了相似度，但如果两个人都没患肺癌，并不觉得这两个人增强了相似度，即同为 0 值的负匹配对相似度计算不起作用，而同为患肺癌结果包含了明显的统计信息。

这种情况下，即非对称二元相似度计算，可以改用"取值同为 1 的属性数/(单个元素的属性位数–同取 0 的位数)"来标识相似度。

2.4.3　组合异种属性的相似性度量

前面所述的计算方法均为有关相同数据类型之间的相似度或相异度计算。现实世界中，多维数据对象属性的类型、分布、值域及权重都可能存在不同。这些问题需要采取适当措施进行处理。

1．距离度量的标准化和相关性

当数据对象属性具有不同的值域时，即属性变量的大小变化范围不同、量纲不同、测量单位不同。如果不对属性值进行标准化处理，那么在使用欧几里得距离计算相似度时，将会受到属性值大的属性影响。例如，第一个变量的数量级是 1000，而第二个变量的数量级是 10，如 v_1=(2000, 20)，v_2 = (5000, 60)，那么如果在只有 2 维的点中，欧几里得距离为：

$$\text{Dist}(X,Y)=\sqrt{(2000-5000)^2+(20-60)^2}=\sqrt{10000\times(20-50)^2+(20-60)^2} \tag{2.19}$$

由上面可以很容易看出，当两个变量的数量级都变为 10 时，第一个变量存在一个权重——10，因而如果不使用相同尺度的时候，不同尺度的变量就会在计算的过程中自动地生成相应的权重。因而，如果两个变量在现实中的权重是相同的话，就必须要先进行规范化，化成相同的尺度，以消除由尺度造成的误差。

除值域不同会影响欧几里得距离度量结果外，属性之间可能存在相关性、数据分布不是正态分布等也会影响欧几里得距离度量结果。解决这些问题的方法是使用欧几里得距离的扩展马氏距离：

$$\text{Dist}(X,Y)=(X-Y)\boldsymbol{\Sigma}^{-1}(X-Y)^{\text{T}} \tag{2.20}$$

式中，$\boldsymbol{\Sigma}^{-1}$ 是数据协方差矩阵的逆。马氏距离有很多优点，马氏距离不受量纲的影响，两点之间的马氏距离与原始数据的测量单位无关；由标准化数据和中心化数据（原始数据与均值之差）计算出的两点之间的马氏距离相同。马氏距离还可以排除变量之间的相关性的干扰。

2．组合异种属性的相似度

前面所述的多维数据对象邻近度计算都是基于数据对象中所有属性具有相同的数据类型的，但是，现实中从数据库取出的数据类型可能是标称、数值、二元、序数等数据类型的组合。这种组合属性对象相似度最简单的计算方法是分别计算每个属性之间的相似度，然后取它们的均值。但是，对于取值是非对称属性的，采用上述方法会失效。例如，两个对象的二元非对称属性都取 0 值，并不能表示它们的相似性，可以在计算相似度时忽略，当二元非对称属性值为 1 时才加入相似度计算。

异种对象 X、Y 的相似度计算方法的步骤如下。

第 1 步：将第 k 个属性标准化到区间[0,1]，计算相似度 $S_k(X,Y)$。

第 2 步：创建一个指示变量 δ_k 用来标示两个对象在第 k 个属性上是否同时取值为 0，如果同时为 0，则 $\delta_k=0$，否则 $\delta_k=1$。

第 3 步：使用式（2.21）计算对象 X、Y 的相似度。

$$\text{sim}(X,Y)=\frac{\sum_{k=1}^{n}\delta_k S_k(X,Y)}{\sum_{k=1}^{n}\delta_k} \tag{2.21}$$

3．使用权值

前面所述的所有相似度计算，都是将对象的所有属性同等对待，没有区分不同属性的重要程度。当现实问题中属性的重要程度存在较大差异时，可以借助于领域专业知识，给它们赋予不同的权值，以期望获得更好的性能。相似度计算公式增加权值项后形式如下：

$$\text{sim}(X,Y)=\frac{\sum_{k=1}^{n}W_k\delta_k S_k(X,Y)}{\sum_{k=1}^{n}\delta_k} \tag{2.22}$$

2.4.4 文本的相似性度量

文档是由大量词语构成的，如果把特定词语出现的频率看作一个单独属性，那么文档可以由数千个词频属性构成的向量表示。词频向量通常很长，并且是稀疏的，因为它包括了大量的零值属性。统计两个文档中共同没有的词，即公共零值属性对计算它们之间的相似度并没有多大帮助。对于文档这种特殊结构数据，使用基于距离计算邻近度的方法，会受到大量零值的影响，评估效果并不好。文档相似度需要关注两个文档同时出现的词语，以及这些词语出现的次数，忽略零匹配的数值数据度量。

余弦相似度，又称为余弦相似性，适合用来计算文档之间的相似度。其原理是把两个文档以词频向量表示，通过计算两个向量的夹角余弦值来评估它们之间的相似度。

$$\cos(X,Y)=\frac{X\cdot Y}{\|X\|\cdot\|Y\|}=\frac{\sum_{i=1}^{d}x_i\cdot y_i}{\sqrt{\sum_{i=1}^{d}x_i^2}\cdot\sqrt{\sum_{i=1}^{d}y_i^2}} \tag{2.23}$$

如果余弦值越接近于 1，夹角越小，表示向量之间的匹配越大；如果余弦值为 0，表示它们正交，没有匹配。

【例 2-18】假设有两个文档，新闻 a 和新闻 b，将它们的内容经过分词、词频统计处理后得到如下两个向量：

文档 a：(1, 1, 2, 1, 1, 1, 0, 0, 0)

文档 b：(1, 1, 1, 0, 1, 3, 1, 6, 1)

使用余弦相似度来计算两个文档的相似度的过程如下。

新闻 a 和新闻 b 对应的向量分别是 $X(x_1,x_2,\cdots,x_{100})$ 和 $Y(y_1,y_2,\cdots,y_{100})$，则新闻 a 和新闻 b 夹角 θ 的余弦为 $\cos\theta=\frac{x_1y_1+x_2y_2+\cdots+x_{100}y_{100}}{\sqrt{x_1^2+x_2^2+\cdots+x_{100}^2}\sqrt{y_1^2+y_2^2+\cdots+y_{100}^2}}$。

（1）计算向量 a、b 的点积。

$$a\cdot b=1\times1+1\times1+2\times1+1\times0+1\times1+1\times3+0\times1+0\times6+0\times1=8$$

（2）计算向量 a、b 的欧几里得范数，即 $\|a\|$、$\|b\|$：

$$\|a\|=\sqrt{1^2+1^2+2^2+1^2+1^2+1^2+0^2+0^2+0^2}=3$$

$$\|b\|=\sqrt{1^2+1^2+1^2+0^2+1^2+3^2+1^2+6^2+1^2}\approx7.14$$

（3）计算相似度。

$$\cos(a,b)=\frac{a\cdot b}{\|a\|\cdot\|b\|}\approx0.373$$

当两条新闻向量夹角等于 0°时，这两条新闻完全重复（用这个办法可以删除爬虫收集的网页中的重复网页）；当夹角接近于 0°时，两条新闻相似（可以用作文本分类）；夹角越大，两条新闻越不相关。

到现在为止，实现了基于属性的原始出现频率计算文本间的相似度。考虑一种情况，当两个文本之间如果有一个不常见的词语成功匹配，这应该要比它们匹配一个非常常见的词更能说明相似性。例如，我们设计一个垃圾邮件过滤系统，"免费""特惠"

"推广"这样的词语要比"你""但是""那里"等更能表征问题。所以，我们需要一个重要性调整系数，衡量一个词是不是常见词。用统计学语言表达，就是在词频的基础上，要对每个词语分配一个"重要性"权重。

词频-逆文档频率（Term Frequency-Inverse Document Frequency，TF-IDF）是一种用于资讯检索与资讯探勘的常用加权技术。基于统计学方法来评估词语对文档的重要性。字词的重要性随着它在文档中出现的次数呈正比增加，但同时会随着它在语料库中出现的频率呈反比下降。

其中，词频（Term Frequency，TF）指的是某一个给定的词语在该文档中出现的次数。由于同一个词语在长文档中可能会比短文档有更高的词频，为了防止它偏向较长的文档，通常会采用词频除以文档总词数来归一化。

$$TF_w = \frac{\text{文档}x\text{中词语}w\text{出现的次数}}{\text{文档}x\text{中所有词语出现的次数}} \tag{2.24}$$

逆向文档频率（Inverse Document Frequency，IDF）的主要思想：出现频率较低的词才能够表达文档的主题。如果包含词语 w 的文档越少，IDF 值越大，则说明词条具有很好的类别区分能力。为了避免分母为 0 值，分母做加 1 处理。

$$IDF = \lg \frac{\text{语料中的文档总数}}{\text{包含该词的文档数}+1} \tag{2.25}$$

最终 TF-IDF 的计算公式为：

$$TF\text{-}IDF = TF \cdot IDF \tag{2.26}$$

TF-IDF 算法用来对文本进行特征提取，选出可以表征文章特性的关键词。假设文章 X 用由 d 个关键词的词频组成的向量 $h(x)$ 表示，两篇文章 X、Y 的相似度可表示为：

$$\cos(X,Y) = \frac{\sum_{i=1}^{d} h(x_i) \cdot h(y_i)}{\sqrt{\sum_{i=1}^{d} h(x_i)^2} \cdot \sqrt{\sum_{i=1}^{d} h(y_i)^2}} \tag{2.27}$$

需要说明的是，因为余弦值的范围是 [-1,1]，相似度计算时一般通过 $\text{sim}(X,Y) = 0.5 + 0.5 \times \cos(X,Y)$ 把最终值归一化到[0,1]。

2.4.5　离散序列的相似性度量

离散序列数据不同于多维数据，序列中的各个元素存在前后位置关系，如一个字符串、IP 地址、基因序列等。当两个离散序列数据对象长度相等，即序列中的元素可以一一对应时，相似度计算可以采用欧几里得距离、闵可夫斯基距离等计算。但是当序列长度不同时，需要新的计算方法。本节将介绍编辑距离和最长公共子序列两个常用的动态规划算法。

1. 编辑距离

编辑距离（Edit Distance）是指将序列 $X = (x_1 \cdots x_m)$ 变换为序列 $Y = (y_1 \cdots y_m)$ 所用的最少编辑操作次数 $\text{Edit}(X,Y)$。编辑操作类型包括字符的替换、插入和删除，这 3 种类型可以根据实际应用问题指定相同或不同的操作代价。一般来说，编辑距离越小，两个字符串的相似度越大。

例如，两个字符序列：abeedc 和 cbedac。我们可以用多种编辑方法将第一个序列转换成第二个序列。最简单的方法是将第一个序列先后经过将 a 替换成 c，删除一个 e，在 c 前面插入 a，这 3 次编辑操作完成将前者转换成后者。

假设序列 X 的前 i 个元素子序列为 X_i，序列 Y 的前 j 个元素子序列为 Y_j，$\text{Edit}(X,Y)$ 表示它们之间的编辑距离，根据两个子序列末尾元素的不同，选择不同的编辑操作。编辑距离计算递推公式如下：

$$\text{Edit}(X,Y) = \begin{cases} \text{Edit}(i-1,j-1), & X_i = Y_j \\ \min \begin{cases} \text{Edit}(i-1,j) + w_{\text{del}} \\ \text{Edit}(i,j-1) + w_{\text{ins}}, & X_i \neq Y_j \\ \text{Edit}(i-1,j-1) + w_{\text{rep}} \end{cases} \end{cases}$$

(2.28)

当 Y_j 为空时，编辑代价为将 X_i 中的所有元素删除：

$$\text{Edit}(i,0) = \sum_{k=1}^{i} w_{\text{del}}$$

(2.29)

当 X_i 为空时，编辑代价为 j 次插入操作：

$$\text{Edit}(0,j) = \sum_{k=1}^{j} w_{\text{ins}}$$

(2.30)

编辑距离具有下面几个性质。

（1）两个字符串的最小编辑距离是两个字符串的长度差。

（2）两个字符串的最大编辑距离是两个字符串中较长字符串的长度。

（3）只有两个相等的字符串的编辑距离才会为 0。

（4）编辑距离满足三角不等式，即 $d(x,z) \leqslant d(x,y) + d(y,z)$。

【例 2-19】有两个序列 S_1 和 S_2，分别为 $XGYXYYX$ 和 $XYXYXYTX$。编辑距离计算矩阵如图 2-14 所示，最终计算结果为 2，箭头标出了回溯路径。

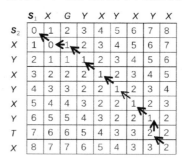

图 2-14　编辑距离计算矩阵

2. 最长公共子序列

最长公共子序列（Longest Common Subsequence，LCS）的定义是：一个序列 S，如果是两个或多个已知序列的子序列，且是最长的，则 S 称为已知序列的最长公共子序列。子序列要求左右两元素在母序列中为相邻元素，且前后顺序一致。

最长公共子串（要求连续）和最长公共子序列是不同的。例如，序列 adbfucijdlmen 和 abf2ec3xdue，其中 bf 既是它们的公共子串，同时是它们的公共子序列，但是 abf 和 cde 是它们的公共子序列但不是公共子串。很明显，两个序列的公共子序列越长，则表明这两个序列之间的相似度越高。

设序列 $X = \{x_1 x_2 \cdots x_m\}$ 和 $Y = \{y_1 y_2 \cdots y_m\}$ 的最长公共子序列为 $Z = \{z_1 z_2 \cdots z_m\}$，则有如下特性。

（1）若 $x_m = y_n$，则 $z_k = x_m = y_n$，且 z_{k-1} 是 x_{m-1} 和 y_{n-1} 的最长公共子序列。

（2）若 $x_m \neq y_n$ 且 $z_k \neq x_m$，则 Z 是 x_{m-1} 和 Y 的最长公共子序列。

（3）若 $x_m \neq y_n$ 且 $z_k \neq y_n$，则 Z 是 X 和 y_{n-1} 的最长公共子序列。

由此可见，两个序列的最长公共子序列包含这两个序列前缀的最长公共子序列。因此，最长公共子序列问题具有最优子结构性质，可以使用动态规划算法求解。由最优子结构性质可建立如下递推关系：

$$\text{LCSS}(i,j) = \max \begin{cases} \text{LCSS}(i-1, j-1) + 1, & x_i = y_j \\ \text{LCSS}(i-1, j), & x_i \text{不匹配} \\ \text{LCSS}(i, j-1), & y_j \text{不匹配} \end{cases} \tag{2.31}$$

当两个序列 X、Y 中任意一个为空集时，它们的最长公共子序列为零，即 $\text{LCSS}(i,0) = 0$ 和 $\text{LCSS}(0,j) = 0$，这两个式子可以作为求解算法的边界条件。

相异度或相似度计算是数据挖掘应用中的重要问题。这是因为很多数据挖掘算法将距离计算方法作为关键子程序调用。距离度量方法深受数据类型、数据维度及数据分布的影响，并且距离度量方法直接影响到数据挖掘的最终成效。

习题

1．在数据挖掘之前为什么要对原始数据进行预处理？

2．简述数据清洗的基本内容。

3．简述数据预处理的方法和内容。

4．简述数据空缺值的处理方法。

5．数据约简的方法有哪些？

6．什么是数据规范化？规范化的常用方法有哪些？写出对应的变换公式。

7．对于例 2-10 中的数据[3, 22, 8, 22, 9, 11, 32, 93, 12]，试用等宽分箱法完成数据平滑。

8．下列数据是对鸢尾花进行频率统计后的部分数据，在此基础上，用 ChiMerge 方法完成数据离散化。

sepal_length	0 类	1 类	2 类	和
4.3	1	0	0	1
4.4	3	0	0	3

sepal_length	0 类	1 类	2 类	和
4.5	1	0	0	1
4.6	4	0	0	4
4.7	2	0	0	2
4.8	5	0	0	5
4.9	4	1	1	6
5	8	2	0	10
5.1	8	1	0	9
5.2	3	1	0	4
5.3	1		0	1
5.4	5	1	0	6
5.5	2	5	0	7
5.6	0	5	1	6
5.7	2	5	1	8
5.8	1	3	3	7
5.9	0	2	1	3

9. 计算数据对象 X=(3, 5, 2, 7)和 Y=(6, 8, 2, 3)之间的欧几里得距离、曼哈顿距离及闵可夫斯基距离，其中闵可夫斯距离中 p 值取为 3。

参考文献

[1] JIAWEI H，MICHELINE K，JIAN P. 数据挖掘概念与技术[M]. 3 版. 范明，孟小峰，译. 北京：机械工业出版社，2016.

[2] 石胜飞. 大数据分析与挖掘[M]. 北京：人民邮电出版社，2019.

[3] IAN H W, EIBE F, MARK A H. Data Ming: Practical Machine Learning Tools and Techniques[M]. 3rd. Burlington: Elsevier, 2011.

[4] GUYON I. An Introduction to Variable and Feature Selection[J]. Journal of machine Learning Research, 2003(3): 1157-118.

第3章 分类

分类是一种很重要的数据挖掘技术，也是数据挖掘研究的重点和热点之一。分类的目的是分析输入数据，通过在训练集中的数据表现出来的特性，为每一个类找到一种准确描述或者模型。这种描述常常用谓词来表示。由此生成的类描述用来对未来的测试数据进行分类。尽管这些未来的测试数据的类标签是未知的，仍可以由此预测这些新数据所属的类，也可以由此对数据中每一个类有更好的理解。分类技术具有广泛的应用，如医疗诊断、人脸检测、故障诊断和故障预警等。

首先通过一个例子，让大家能对分类算法有个大致的了解。

现在，有一名学生叫小明，同时你想确定他是好学生还是坏学生，这个确定的过程就是分类任务。下面用 3 种分类算法区分小明是好学生还是坏学生。

1. 决策树

邻居："判断一个学生是好学生还是坏学生，先看抽不抽烟，再看染不染发，最后看讲不讲脏话。"

邻居判别学生好坏的特征是：抽烟、染发、讲脏话，其中拥有先后顺序，这就是决策树。决策树的核心就是如何决定特征的先后顺序。

2. 朴素贝叶斯

教导处主任："根据以往经验来看，10 个坏学生有 9 个爱打架。"

现在用贝叶斯公式计算，小明参与了一场打架，判断小明是好学生还是坏学生。

坏学生打架的概率：$P(打架|坏学生)=0.9$，$P(不打架|坏学生)=0.1$。

根据经验：坏学生占学生总数概率为 $P(坏学生)=0.1$，打架发生概率为 $P(打架)=0.09$，$P(坏学生|打架)=[P(打架|坏学生)P(坏学生)]/P(打架)=[0.9\times0.1]/0.09=1$。

由此可知，小明是坏学生。

而朴素贝叶斯算法有一个假设，特征独立，整个形式化计算过程仅做原始、最简单的假设。意思就是，举个例子，教导处主任同时抓打架和早恋问题，教导处主任通过打架和早恋这两个特征来判断学生的好坏的前提是这两者没有关联，可是在现实生活中，这种假设又不成立。这也就是朴素贝叶斯的缺点所在。

3. 支持向量机

班主任："我想个办法把坏学生都调到最后一排，不要打扰好学生专心学习。"

班主任的想法：让好学生和坏学生保持一个距离，不要干扰好学生。支持向量机就是致力于在正负样本上找到一条分割线，使得它可以完全区分两类样本，同时要满足画出的间隔尽量大，也就是说，正负样本距离分割线尽量远。如果在分布均匀的情况下，找不到一条分割线，那么就提高维度，找到一个超平面，可以通过核函数，其中班主任换位置的办法就是核函数的作用，让原本散落在教室的好坏学生通过换座位来完成区分。

通过以上例子，我们对分类算法已经有了初步的印象，接下来看每种算法的详细介绍。

3.1 分类概述

3.1.1 分类的基本概念

分类（Classification）是一种重要的数据分析形式，它提取刻画重要数据类的模型。这种模型称为分类器，预测分类的（离散的、无序的）类标号。这些类别可以用离散值表示，其中值之间的次序没有意义。

分类可描述如下：从训练数据中确定函数模型 $y = f(x_1, x_2, \cdots, x_d)$ ，其中 $x_i(i=1,\cdots,d)$ 为特征变量， y 为分类变量。当 y 为离散变量时，即 $\mathrm{dom}(y) = \{y_1, y_2, \cdots, y_m\}$ ，被称为分类。

分类也可定义为：分类的任务就是通过学习得到一个目标函数（Target Function） f ，把每个属性集 x 映射到一个预先定义的类标号 y 。

3.1.2 分类的过程

数据分类过程有以下两个阶段。
（1）学习阶段（构建分类模型）。
（2）分类阶段（使用模型预测给定数据的类标号）。

第一阶段，建立描述预先定义的数据类或概念集的分类器。在机器学习中，能够完成分类任务的算法，我们通常把它称为一个分类器（Classifier）。通常我们会将处理的数据称为数据集（Data Set）一个数据集通常来说包括 3 部分：①训练数据（Training Data）及其标签；②验证数据（Validation Data）及其标签；③测试数据（Testing Data）。需要特别强调的是，这 3 部分都是各自独立的，也就是说训练数据中的数据不能再出现在验证数据及测试数据中，验证数据也不能出现在测试数据中，这点在训练分类器时一定要特别注意。分类算法通过分析或从训练集"学习"来构造分类器。训练集由数据库元组和与它们相关联的类标号组成。构成训练集的元组称为训练元组。

第二阶段，使用模型进行分类。首先评估分类器的准确率。如果使用训练集来度量分类器的准确率，则评估可能是乐观的，因为分类器趋向于过分拟合该数据。因此，需要使用由检验元组和与它们相关联的类标号组成的检验集。它们独立于训练元组，即不用它们构造分类器。分类器在给定检验集上的准确率是分类器正确分类的检验元组所占的百分比。如果认为分类器的准确率是可以接受的，那么就可以用它对类标号未知的数据元组进行分类。图 3-1 展示了建立分类模型的一般方法。

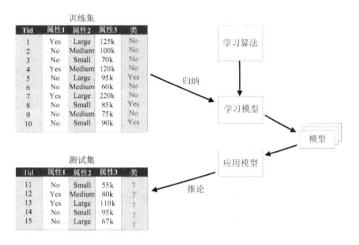

图 3-1　建立分类模型的一般方法

一般方法是，首先需要一个训练集，它由类标号已知的记录组成。使用训练集建立分类模型，该模型随后将运用于测试集，测试集由类标号未知的记录组成[1]。

3.1.3　分类器性能的评估方法

1．评估分类器性能的度量

当建立好一个分类模型之后，就会考虑这个模型的性能或准确率如何，这里介绍几种分类器评估度量，如表 3-1 所示。

假设在有标号的元组组成的训练集上使用分类器，P 是正元组数，N 是负元组数。

表 3-1　度量及公式

度量	公式
准确率、识别率	$(TP+TN)/(P+N)$
错误率、误分类率	$(FP+FN)/(P+N)$
敏感度、真正例率、召回率	TP/P
特效型、真负例率	TN/N
精度	$TP/(TP+FP)$

注意：某些度量有多个名称。TP、TN、FP、FN、P、N 分别表示真正例、真负例、假正例、假负例、正样本数和负样本数。

这些术语是用于计算许多评估度量的"构件"，理解它们有助于领会各种度量的含义。

真正例/真阳性（True Positive，TP）：是被分类器正确分类的正元组。令 TP 为真正例的个数。

真负例/真阴性（True Negative，TN）：是被分类器正确分类的负元组。令 TN 为真负例的个数。

假正例/假阳性（False Positive，FP）：是被错误地标记为正元组的负元组。令 FP

为假正例的个数。

假负例/假阴性（False Negative，FN）：是被错误地标记为负元组的正元组。令FN为假负例的个数。

这些词汇总在混淆矩阵中，如表3-2所示。

表 3-2　分类结果混淆矩阵

预测的类	实际的类		合计
	Yes	No	
Yes	TP	FN	P
No	FP	TN	N
合计	P	N	$P+N$

除基于准确率的度量外，还可以根据其他方面比较分类器。

（1）速度：这涉及产生和使用分类器的计算开销。

（2）稳健性：这是假的数据有噪声或有缺失值时分类器做出正确预测的能力。通常，稳健性用噪声和缺失值渐增的一系列合成数据集评估。

（3）可伸缩性：这涉及给定大量数据，有效地构造分类器的能力。通常，可伸缩性用规模渐增的一系列数据集评估。

（4）可解释性：这涉及分类器或预测其提供的理解和洞察水平。可解释性是主观的，因而很难评估。决策树和分类规则可能容易解释，但随着它们变得更复杂，它们的可解释性也随之消失。

概括地说，当数据类比较均衡地分布时，准确率效果最好。其他度量，如灵敏度、特效性、精度更适合类不平衡问题，那里主要感兴趣的类是稀少的。

2．如何获得可靠的分类器准确率估计

1）保持方法和随机二次抽样

（1）保持方法：将给定数据随机地划分成两个独立的集合——训练集和检验集。使用训练集导出模型，其准确率用检验集估计。估计是悲观的，因为只有一部分初始数据用于导出模型。

（2）随机二次抽样：将保持方法重复 k 次，总准确率估计取每次迭代准确率的平均值。

2）交叉验证

在 k-折交叉验证（k-fold cross-validation）中，初始数据随机地划分成k个互不相交的子集或"折"$D_1, D_2, \cdots, D_k$，每个折的大小大致相等。训练和检验进行k次，在第i次迭代中，分区D_i用作检验集，其余的分区一起用作训练模型。对于分类，准确率估计是k次迭代正确分类的元组总数除以初始数据中的元组总数。一般建议使用 10-折交叉验证估计准确率，因为它具有相对较低的偏倚和方差。

3）自助法

自助法从给定训练元组中有放回地均匀抽样。

常用的一种是 .632 自助法，其方法如下：假设给定的数据集包含 d 个元组。该数据集有放回地抽样 d 次，产生 d 个样本的自助样本集或训练集。原数据元组中的某些元组很可能在该样本集中出现多次。没有进入该训练集的数据元组最终形成检验集。假设进行这样的抽样多次。其结果是，在平均情况下，63.2%的原数据元组将出现在自助样本中，而其余 36.8%的原数据元组将形成检验集。

可以重复抽样过程 k 次，其中在每次迭代中，使用当前的检验集得到从当前自助样本得到的模型的准确率估计。模型的总体准确率则用下式估计：$\mathrm{Acc}(M) = \sum\{0.632 \times \mathrm{Acc}(M_i)\_\mathrm{test\_set} + 0.368 \times \mathrm{Acc}(M_i)\_\mathrm{train\_set}\}$；其中，$\mathrm{Acc}(M_i)\_\mathrm{test\_set}$ 是自助样本 i 得到的模型用于检验集 j 的准确率。$\mathrm{Acc}(M_i)\_\mathrm{train\_set}$ 是自助样本 i 得到的模型用于原数据元组集的准确率。对于小数据集，自助法效果很好。

4）其他方法

还有使用统计显著性检验选择模型、基于成本效益和 ROC 曲线比较分类器等方法。

3.2 决策树

首先看下面这个浅显易懂的例子，通过该例子我们将初步认识到什么是决策树。

假设有一个公司想要招聘一名机器学习算法工程师，公司在招聘时会有一定的流程对应聘者进行筛选。公司对"是否录用应聘者"这样的问题进行决策时，会进行一系列的判断：首先看应聘者"是否发表过顶会论文"。如果是"发表过"，则直接录用；如果是"没有发表过"，则再看"是否是研究生"。如果"不是研究生"，则再看"是否为年级前十"；如果"是研究生"，则再看"是否有机器学习相关项目经验"。如果是"年级前十"，则直接录用。如果有"机器学习相关项目经验"，则直接录用。图 3-2 展示了招聘算法工程师的决策树。

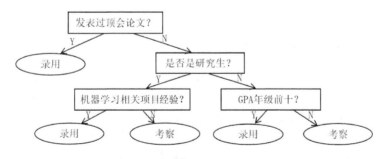

图 3-2　招聘算法工程师的决策树

这个公司的决策过程就是典型的分类决策树。相当于通过顶会论文、研究生、年级前十和机器学习相关项目经验将应聘者分为两个类别：录用和考察。在我们的学习和生活中可能会遇到各种各样需要进行决策判断的场景，这些就是决策树的适用场景。

决策树是数据挖掘的有力工具之一，决策树学习算法是以一组样本数据集（一个样本数据也可以称为实例）为基础的一种归纳学习算法，它着眼于从一组无次序、无规则的样本数据（概念）中推理出决策树表示形式的分类规则[2]。

3.2.1　决策树的基本概念

决策树（Decision Tree）是一种类似于流程图的树结构，其中每个内部节点（非叶节点）表示在属性上的测试，每个分支表示该测试上的一个输出，而每个叶节点存放一个类标号，树的顶层节点是根节点。决策树生成方式一般情况下都是由上而下的。每次不同的事件或决策都有可能引发两个以上的事件，形成不同的结果，这种决策方法用图形表示出来很像一棵树，所以称为决策树。决策树是一种简单且广泛使用的分类器。通过训练数据来构建决策树，可高效地对未知的数据进行分类。

决策树有以下两大优点。

（1）决策树模型可读性好且具有描述性，有助于人工分析。

（2）效率高，决策树只需一次构建就可反复使用，每次预测的最大计算次数不超过决策树的深度。

决策树是树形结构的知识表示，可自动对数据进行分类，可直接转换为分类规则。决策树被看作基于属性的预测模型，树的根节点是整个数据集空间，每个分节点对应一个分裂问题，它是对某个单一变量的测试，该测试将数据集空间分割成两个或更多数据块，每个叶节点是带有分类结果的数据分割。决策树算法主要是针对"以离散变量作为属性类型进行分类"的学习方法。对于连续变量，必须被离散化才能被学习和分类[3]。

决策树与其他分类方法相比具有准确性高和速度快的优点。准确性高主要表现在得出的分类规则的正确率比较高；速度快主要表现在计算量比较小，能够快速地形成分类规则。

基于决策树的决策算法的最大优点是，在学习过程中不需要了解很多背景知识，只从样本数据及提供的信息中就能够产生一棵决策树，通过树节点的分叉判别可以使某一分类问题仅与主要的树节点对应的变量属性取值相关，即不需要全部变量取值来判别对应的范类。

3.2.2　决策树的用途和特性

基于决策树的决策算法属于实用性很好的总结预测算法，是一种趋近于非连续型函数值的算法，分类准确率高，方便操作，并且对噪声数据有很好的稳健性，所以它成为应用范围很广且比较受欢迎的数据挖掘算法。决策树在各行各业有着非常多的应用，如在医院的临床决策、人脸检测、故障诊断、故障预警、医疗数据挖掘、案例分析、分类预测的软件系统等方面都有很大的用处。决策树的最佳用途是图解说明如何领会决策与相关事件的相互作用。

决策树的特性是能够直观地体现数据，一般通过简单分析都能理解决策树表达的含义。决策树对数据要求不是很高，数据的表达形式一般很简单。对于属性的类型是常规型或者是数据型的能够同时进行处理。另外，决策树能够在短时间内对大型的数据源做出有效且可行的分析结果。对决策树模型进行测评可以通过静态测试的方法，并且可以测定模型的可信度。对于某个观察模型，依据它所产生的决策树能够非常容易地推导出相应的逻辑表达式[4]。

3.2.3　决策树的工作原理

决策树是通过一系列规则对数据进行分类的过程。它提供一种在什么条件下会得到什么值的类似规则的方法。决策树分为分类树和回归树两种，分类树对离散变量做决策树，回归树对连续变量做决策树。

决策树也是最常用的数据挖掘算法之一，它的概念非常简单。决策树算法之所以如此流行，是因为使用者基本上不用去了解机器学习算法，也不用深究它是如何工作的。直观看，决策树分类器就像判断模块和终止块组成的流程图，终止块表示分类结果（也就是树的叶子）。判断模块表示对一个特征取值的判断[5]（该特征有几个值，判断模块就有几个分支）。

如果不考虑效率，那么样本所有特征的判断级联起来终会将某一个样本分到一个类终止块上。实际上，样本所有特征中有一些特征在分类时起到了决定性作用，决策树的构造过程就是找到这些具有决定性作用的特征，根据其决定性程度来构造一棵倒立的树，决定性作用最大的那个特征作为根节点，然后递归找到各分支下子数据集中次大的决定性特征，直至子数据集中所有数据都属于同一类[6]。所以，构造决策树的过程本质上就是根据数据特征将数据集分类的递归过程，需要解决的第一个问题就是，当前数据集上哪个特征在划分数据分类时起决定性作用。图 3-3 给出了一个商业上使用的决策树的例子。

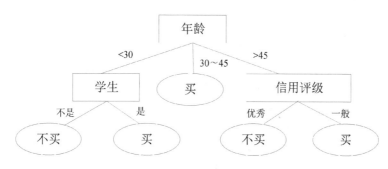

图 3-3　买电脑的决策树

它表示了一个关心电子产品的用户是否会购买电脑，用它可以预测某条记录（某个人）的购买意向。树中包含了 3 种节点。

根节点：没有入边，但有两条或多条出边。

子节点：恰有一条入边和两条或多条出边。

叶节点或终节点：恰有一条入边，但没有出边。

在决策树中，每个叶节点都赋予一个类标号。非终节点（包括根节点和内部节点）包含属性测试条件，用于分开具有不同特性的记录。这棵决策树对销售记录进行分类，指出一个电子产品消费者是否会购买一台电脑。每个内部节点（方形框）代表对某个属性的一次检测。每个叶节点（椭圆框）代表一个类。

（买电脑 = 买） 或者 （买电脑 = 不买）

在这个例子中，样本向量为：（年龄，学生，信用评级；买电脑）

被决策数据的格式为：（年龄，学生，信用评级）

输入新的被决策的记录，可以预测该记录隶属于哪个类。

一旦构造了某一棵决策树，对检验记录进行分类就相当容易了。从树的根节点开始，将测试条件用于检验记录，根据测试结果选择适当的分支。沿着该分支或者到达另一个内部节点，使用新的测试条件，或者到达一个叶节点。到达叶节点之后，叶节点的类称号就被赋值给该检验记录。

3.2.4　决策树的构建步骤

决策树算法应用的完整流程应包含建树和应用。建树是从经验数据中获取知识，进行机器学习，建立模型或者构造分类器，是决策树算法的工作重点，通常又将其分为建树和剪枝两个部分。而应用则比较简单，利用建好的决策树模型分类或者预测新数据即可。

先介绍一下建树。建树也就是决策树算法建模的主体过程，或者说，建树便是主要规则的产生过程。决策树构建的基本步骤如表 3-3 所示。

表 3-3　决策树构建的基本步骤

步骤	内容
1	开始，将所有记录看作一个节点
2	遍历每个变量的每一种分割方式，找到最好的分割点
3	分割成多个节点 $N_1, N_2, \cdots, N_m$（m 的数量与当前的属性相关）
4	对 $N_1, N_2, \cdots, N_m$ 分别继续执行第 2～第 3 步，直到每个节点足够"纯"为止（"纯"的含义是要么全部是"是"，要么全部是"否"）

决策树的变量可以有两种：数字型（Numeric）和名称型（Nominal）。

（1）数字型：变量类型是整数或浮点数，如前面例子中的"年龄"。用 ">" "<" 等作为分割条件（排序后，利用已有的分割情况，可以优化分割算法的时间复杂度）。

（2）名称型：类似编程语言中的枚举类型，变量只能从有限的选项中选取。

如何评估分割点的好坏？如果一个分割点可以将当前的所有节点分为两类，使得每一类都很"纯"，也就是同一类的记录较多，那么就是一个好分割点。

树的主体建好后，接下来便是对其剪枝。所谓剪枝，就是在树的主体上删除过多的条件或者直接删除一些不必要的子树，提高树的性能，确保精确度，提高其可理解性。同时，在剪枝过程中还要克服训练样本集的数据噪声，尽可能地消除噪声造成的影响。决策树的剪枝一般通过极小化决策树整体的损失函数或代价函数来实现[7]。

决策树剪枝常用的方法有两种：预剪枝（Pre-Pruning）和后剪枝（Post-Pruning）。

预剪枝是指根据一些原则尽早地停止树的增长，如树的深度达到用户所要的深度、节点中样本个数少于用户指定个数等。预剪枝在建树的过程中决定是否需要继续划分或分裂训练样本来实现提前停止树的构造，一旦决定停止分支，就将当前节点标记为叶节点。这样可以有效减少建立某些子树的计算代价。运用这一策略的代表性算法有

PUBLIC[8]算法。预剪枝的核心问题是，如何事先指定树的最大深度，如果设置的最大深度不恰当，那么将会导致过于限制树的生长，使决策树的表达式规则趋于一般，不能更好地对新数据集进行分类和预测。除事先限定决策树的最大深度外，还有另外一种方法来实现预剪枝操作，那就是，采用检验技术对当前节点对应的样本集合进行检验，如果该样本集合的样本数量已小于事先指定的最小允许值，那么停止该节点的继续生长，并将该节点变为叶节点，否则可以继续扩展该节点。

后剪枝是通过在完全生长的树上剪去分支实现的，通过删除节点的分支来剪去树节点，可以使用的后剪枝方法有多种，如错误率降低修剪（Reduced Error Pruning，REP）[9]、规则后修剪（Rule Post Pruning，RPP）、最小错误剪枝（Minimum Error Pruning，MEP）和最小描述长度（Minimum Description Length，MDL）[10]算法等。后剪枝操作是一个边修剪、边检验的过程，一般规则标准是，在决策树的不断剪枝操作过程中，将原样本集合或新数据集合作为测试数据，检验决策树可测试数据的预测精度，并计算出相应的错误率，如果剪掉某个子树后，决策树对测试数据的预测精度或其他测度不降低，那么就剪掉该子树。

决策树算法能被普遍应用，是基于其特有的优点：①结构简单，容易理解；②适合处理量比较大的数据；③计算量较小，运算速度较快；④在处理非数值型数据上优势明显；⑤分类准确率比较高。

3.2.5　决策树算法原理

1．认识决策树

1）决策树的生成过程

一棵决策树的生成过程主要分为以下 3 个部分。

（1）特征选择：从训练数据众多的特征中选择一个特征作为当前节点的分裂标准，如何选择特征有着很多不同量化评估标准，从而衍生出不同的决策树算法。

（2）决策树生成：根据选择的特征评估标准，从上至下递归地生成子节点，直到数据集不可分时，决策树停止生长。对于树结构来说，递归结构是最容易理解的方式。

（3）剪枝：决策树容易过拟合，一般都需要剪枝，缩小树结构规模、缓解过拟合。

2）基于信息论的 3 种决策树算法

划分数据集的最大原则是使无序的数据变得有序。如果一个训练数据中有 10 个特征，那么选取哪个作为划分依据？这就必须采用量化的方法来判断，量化划分方法有多种，其中一项就是"信息论度量信息分类"。基于信息论的决策树算法有 ID3、CART 和 C4.5 等算法，其中 C4.5 和 CART 两种算法从 ID3 算法中衍生而来。

CART 算法和 C4.5 算法支持数据特征为连续分布时的处理，主要通过使用二元切分来处理连续变量，即求一个特定的值——分裂值：特征值大于分裂值就走左子树，或者就走右子树。这个分裂值的选取原则是使得划分后的子树中的"混乱程度"降低，具体到 C4.5 算法和 CART 算法有不同的定义方式。

ID3 算法由 Ross Quinlan 发明，建立在"奥卡姆剃刀"的基础上，越是小型的决策树越优于大的决策树。ID3 算法中根据信息论的信息增益评估和选择特征，每次选择信息增益最大的特征作为判断模块。ID3 算法可用于划分标称型数据集，没有剪枝的过程，为了解决过度数据匹配的问题，可通过裁剪合并相邻的无法产生大量信息增益的叶节点[11]（如设置信息增益阈值）。使用信息增益其实是有一个缺点的，那就是它偏向于具有大量值的属性，就是在训练集中，某个属性所取的不同值的个数越多，那么越有可能拿它来作为分裂属性，而这样做有时候是没有意义的。另外，ID3 算法不能处理连续分布的数据特征，于是就有了 C4.5 算法。CART 算法也支持连续分布的数据特征。

C4.5 算法是 ID3 算法的一个改进算法，继承了 ID3 算法的优点。C4.5 算法用信息增益率来选择属性，克服了用信息增益选择属性时偏向选择取值多的属性的不足，在树构造过程中进行剪枝；能够完成对连续属性的离散化处理；能够对不完整数据进行处理。C4.5 算法产生的分类规则易于理解、准确率较高；但效率低，因为在树构造过程中，需要对数据集进行多次顺序扫描和排序。也是因为必须进行多次数据集扫描，C4.5 算法只适合能够驻留于内存的数据集[12]。

CART（Classification And Regression Tree）算法采用 Gini 系数（选 Gini 系数最小的特征 s）作为分裂标准，同时它包含后剪枝操作[13]。ID3 算法和 C4.5 算法虽然在对训练样本集的学习中可以尽可能多地挖掘信息，但其生成的决策树分支较多，规模较大。为了简化决策树的规模，提高生成决策树的效率，就出现了根据 Gini 系数来选择测试属性的 CART 算法。

3）决策树优缺点

决策树的优点如下。

（1）适用于数值型和标称型数据（标称型数据就是离散型数据，变量的结果只在有限目标集中取值），能够读取数据集合，提取一系列数据中蕴含的规则。

（2）实现难度小，效率较高，可以在短时间内高效处理大规模数据集，也更容易让人理解。

（3）对于数据集的完备性要求不高，即使缺失部分数据也可以对数据进行处理，对于特征相关性较低的数据集进行处理时能够达到良好的效果。

（4）决策树模型具有更高的稳健性和灵活度，使其应用范围得到了拓宽[14]。

决策树也有一些缺点，如处理缺失数据时困难、过度拟合及忽略数据集中属性之间的相关性等。

下面对 ID3 算法、C4.5 算法和 CART 算法分别进行简单介绍。

2．ID3 算法

1）ID3 算法的信息论基础

（1）信息熵。

在概率论中，信息熵给出了一种度量不确定性的方式，用来衡量随机变量不确定性，熵就是信息的期望值。若待分类的事物可能划分在 n 类中，分别是 $x_1, x_2, \cdots, x_n$，每一种取到的概率分别是 $p_1, p_2, \cdots, p_n$，则 X 的熵就定义为：

$$H(X) = -\sum_{i=1}^{n} p_i \log_2 p_i \tag{3.1}$$

从定义中可知：$0 \leqslant H(X) \leqslant \log_2(n)$。

当随机变量只取两个值时，即 X 的分布 $P(X=1)=p$，$P(X=0)=1-p$，$0 \leqslant p \leqslant 1$，则熵为：

$$H(X) = -p\log_2(p) - (1-p)\log_2(1-p) \tag{3.2}$$

熵值越高，则数据混合的种类越多，其蕴含的含义是一个变量可能的变化越多（反而与变量具体的取值没有任何关系，只和值的种类多少及发生概率有关），它携带的信息量就越大。熵在信息论中是一个非常重要的概念，很多机器学习的算法都会利用到这个概念。

（2）条件熵。

假设有随机变量 (X,Y)，其联合概率分布为：$P(X=x_i, Y=y_i)=p_{ij}$，$i=1,2,\cdots,n$；$j=1,2,\cdots,m$，则条件熵 $H(Y|X)$ 表示在已知随机变量 X 的条件下随机变量 Y 的不确定性，其定义为 X 在给定条件下 Y 的条件概率分布的熵对 X 的数学期望：

$$H(Y|X) = \sum_{i=1}^{n} p_i H(Y|X=x_i) \tag{3.3}$$

如果样本的特征只有两个值（$x_1=0$，$x_2=1$）对应（出现，不出现），如文本分类中某一个单词的出现与否，对于特征二值的情况，用 T 代表特征，用 t 代表该特征出现，$\bar{t}$ 代表该特征不出现，那么：

$$H(C|T) = P(t)H(C|t) + P(\bar{t})H(C|\bar{t}) \tag{3.4}$$

与前面的公式对比一下，$P(t)$ 就是特征 T 出现的概率，$P(\bar{t})$ 就是特征 T 不出现的概率。结合信息熵的计算公式，可得：

$$H(C|t) = -\sum_{i=1}^{n} P(C_i|t)\log_2 P(C_i|t) \tag{3.5}$$

$$H(C|\bar{t}) = -\sum_{i=1}^{n} P(C_i|\bar{t})\log_2 P(C_i|\bar{t}) \tag{3.6}$$

特征 T 出现的概率 $P(t)$ 用出现了特征 T 的样本数除以总样本数可以得到；$P(C_i|t)$ 表示出现特征 T 时，用出现了特征 T 并且属于类别 C_i 的样本数除以出现了特征 T 的样本数可以得到类别 C_i 出现的概率。

（3）信息增益。

信息增益表示得知特征 X 的信息后，而使得 Y 的不确定性减少的程度。定义为

$$g(D,A) = H(D) - H(D|A) \tag{3.7}$$

信息增益是针对一个一个的特征而言的，就是看一个特征 X，系统有它和没它的时候信息量各是多少，两者的差值就是这个特征给系统带来的信息增益。每次选取特征的过程都是通过计算每个特征值划分数据集后的信息增益，然后选取信息增益最高的特征。

对于特征取值为二值的情况，特征 T 给系统带来的信息增益就可以写成系统原本的熵与固定特征 T 后的条件熵之差：

$$g(C,T) = H(C) - H(C|T) = -\sum_{i=1}^{n} P(C_i)\log_2 P(C_i) + P(t)\sum_{i=1}^{n} P(C_i|t)\log_2 P(C_i|t) +$$
$$P(\bar{t})\sum_{i=1}^{n} P(C_i|\bar{t})\log_2 P(C_i|\bar{t}) \tag{3.8}$$

经过上述一轮信息增益计算后会得到一个特征作为决策树的根节点，该特征有几个取值根节点就会有几个分支，每个分支都会产生一个新的数据子集 D_k，余下的递归过程就是对每个 D_k 再重复上述过程，直至子数据集都属于同一类。

在决策树构造过程中可能会出现这种情况：所有特征都作为分裂特征用光了，但子集还不是纯净集（集合内的元素不属于同一类别）。在这种情况下，由于没有更多信息可以使用了，一般对这些子集进行"多数表决"，即使用此子集中出现次数最多的类别作为此节点类别，然后将此节点作为叶节点。

2）ID3 算法生成决策树的过程

算法 3-1　ID3_DT(S,A,C) [15]

输入：训练集 S，特征集 A，分类集 C

输出：决策规则集

1. 创建一个节点 N
2. if A 为空 then
3. 以 C 中多数类 c 来标记 N 为叶节点
4. else if S 为空 then
5. 以父节点中的多数类 c 来标记 N 为叶节点
6. else if 决策树深度已经达到了设置的最大值 then
7. 以父节点中的多数类 c 来标记 N 为叶节点
8. else if S 属于同一类别 c then
9. 以该类别 c 标记 N 为叶节点
10. else 计算并选择 A 中具有最大增益的属性 a 来标记 N
11. end if
12. 根据属性 a 的取值 $\{a_i \mid i=1,2,\cdots,n\}$，将训练集 S 分割成 n 个子集 $\{S_i \mid i=1,2,\cdots,n\}$
13. 递归调用 ID3_DT$(S_1, A-a)$, ID3_DT$(S_2, A-a)$, $\cdots$, ID3_DT$(S_n, A-a)$

递归划分停止的条件如下。

（1）没有条件属性可以继续划分。

（2）给定的分支的数据集为空。

（3）数据集属于同一类。

（4）决策树已经达到设置的最大值。

3）ID3 算法使用实例

表 3-4 所示为某学院学生成绩数据库（训练样本集合），训练样本包含 4 个属性，分别为成绩、任课教师、A 课程的修习类别、是否修过 B 课程。样本集合的类别属性为 C 课程是否合格，该属性有 2 个取值，即合格和不合格。

表 3-4 某学院学生成绩数据库

序号	成绩	任课教师	A 课程的修习类别	是否修过 B 课程	C 课程是否合格
1	>80	甲	核心	无	不合格
2	<60	乙	核心	无	不合格
3	60~80	丙	核心	无	合格
4	>80	甲	专业选修	无	合格
5	<60	丁	非限定选修	有	不合格
6	>80	甲	非限定选修	有	不合格
7	60~80	丙	非限定选修	有	合格
8	<60	乙	专业选修	无	合格
9	<60	乙	非限定选修	有	不合格
10	>80	丁	专业选修	无	不合格

从表 3-4 可以看出，C 课程合格的有 4 个，C 课程不合格的有 6 个。所以利用式（3.2）可以计算 $H(X)$。

$$H(X) = -\frac{2}{5}\log_2\frac{2}{5} - \frac{3}{5}\log_2\frac{3}{5} \approx 0.97$$

成绩属性："">80"" 有 4 个（这 4 个中 C 课程 1 个合格，3 个不合格），""<60"" 有 4 个（这 4 个中 C 课程 1 个合格，3 个不合格），""60~80"" 有 2 个（这 2 个中 C 课程都是合格的）。所以利用式（3.1）可以计算 $H(成绩)$。

$$H(成绩) = -\frac{4}{10}\left(\frac{1}{4}\log_2\frac{1}{4} + \frac{3}{4}\log_2\frac{3}{4}\right) - \frac{4}{10}\left(\frac{1}{4}\log_2\frac{1}{4} + \frac{3}{4}\log_2\frac{3}{4}\right) - 0 \approx 0.65$$

利用信息增益公式计算成绩的信息增益：

$$g(成绩) = H(X) - H(成绩) = 0.97 - 0.65 = 0.32$$

任课教师属性：甲 3 个（这 3 个中 C 课程 1 个合格，2 个不合格），乙 3 个（这 3 个中 C 课程 1 个合格，2 个不合格），丙 2 个（这 2 个中 C 课程都是合格的），丁 2 个（这 2 个中 C 课程都是不合格的）。可以计算 $H(任课教师)$。

$$H(任课教师) = -\frac{3}{10}\left(\frac{1}{3}\log_2\frac{1}{3} + \frac{2}{3}\log_2\frac{2}{3}\right) - \frac{3}{10}\left(\frac{1}{3}\log_2\frac{1}{3} + \frac{2}{3}\log_2\frac{2}{3}\right) - 0 - 0 \approx 0.551$$

所以，任课教师的信息增益：

$$g(任课教师) = H(X) - H(任课教师) = 0.97 - 0.551 = 0.419$$

A 课程的修习类别这个属性，作为核心课程的有 3 个（这 3 个中 C 课程 1 个合格，2 个不合格），作为专业选修的有 3 个（这 3 个中 C 课程 2 个合格，1 个不合格），作为非限定选修的有 4 个（这 4 个中 C 课程 1 个合格，3 个不合格）。利用公式可以计算 $H(A课程的修习类别)$。

$$H\left(\text{A课程的修习类别}\right) = -\frac{3}{10}\left(\frac{1}{3}\log_2\frac{1}{3} + \frac{2}{3}\log_2\frac{2}{3}\right) - \frac{3}{10}\left(\frac{2}{3}\log_2\frac{2}{3} + \frac{1}{3}\log_2\frac{1}{3}\right) -$$
$$\frac{4}{10}\left(\frac{1}{4}\log_2\frac{1}{4} + \frac{3}{4}\log_2\frac{3}{4}\right) \approx 0.876$$

所以，A 课程的修习类别的信息增益：

$$g\left(\text{A课程的修习类别}\right) = H(X) - H\left(\text{A课程的修习类别}\right) = 0.97 - 0.876 = 0.094$$

是否修过 B 课程这个属性，有修过的有 4 个（这 4 个中 C 课程 1 个合格，3 个不合格），无修过的有 6 个（这 6 个中 C 课程 3 个合格，3 个不合格）。利用公式可以计算 $H\left(\text{是否修过B课程}\right)$。

$$H\left(\text{是否修过B课程}\right) = -\frac{4}{10}\left(\frac{1}{4}\log_2\frac{1}{4} + \frac{3}{4}\log_2\frac{3}{4}\right) - \frac{6}{10}\left(\frac{1}{2}\log_2\frac{1}{2} + \frac{1}{2}\log_2\frac{1}{2}\right) \approx 0.925$$

所以，是否修过 B 课程的信息增益：

$$g\left(\text{是否修过B课程}\right) = H(X) - H\left(\text{是否修过B课程}\right) = 0.97 - 0.925 = 0.045$$

从上面对各属性的信息增益计算，并根据 ID3 算法选择分裂属性的标准可知，第一个选择的分裂属性为成绩。通过成绩属性的分裂，将样本训练集分为 4 个分支，其中丙教师任课分支样本全部通过 C 课程，丁教师任课分支样本全部属于不通过 C 课程，所以这两支停止分裂。而甲任课和乙任课的样本还包括合格与不合格类，并且属性集中还有 3 个属性，因而需要进一步计算属性的信息增益，进而选择分裂属性。通过计算，根据 ID3 算法对学生数据库建立的决策树如图 3-4 所示。

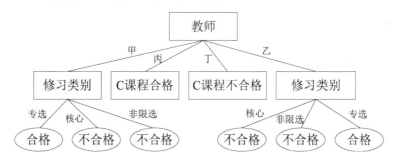

图 3-4 根据 ID3 算法对学生数据库建立的决策树

4）ID3 算法的优缺点

ID3 算法建树过程简单且易懂。但是 ID3 算法存在多值偏向问题，在选择分裂属性时，会优先选择取值较多的属性，而在某一些情况下，这些属性并不是最优属性；对于连续属性，传统的 ID3 算法不能直接进行处理；属性间的关联性不强，但它正是 ID3 算法可以在 Hadoop 平台上并行化的前提；ID3 算法对噪声数据很敏感；结果会随着训练集规模的不同而不同。

3．C4.5 算法

ID3 算法并不完美，局限性较强。为了改进其缺陷，Quinlan 有针对性地提出更为完善的 C4.5 算法，C4.5 算法同样以"信息熵"作为核心，是在 ID3 算法基础上的优化改进，同时保持了分类准确率高、速度快的特点。

1）基本思想

与 ID3 算法不同，C4.5 算法挑选具有最高信息增益率的属性作为测试属性。对于样本集 T，假设变量 a 有 k 个属性，属性取值为 $a_1, a_2, \cdots, a_k$，对应 a 取值为 a_i 的样本个数分别为 n_i，若 n 是样本的总数，则应有 $n_1 + n_2 + \cdots + n_k = n$。Quinlan 利用属性 a 的熵值 $H(X, a)$ 来定义为了获取样本关于属性 a 的信息所需要付出的代价，即：

$$H(X, a) = -\sum_{i=1}^{k} P(a_i) \log_2 P(a_i) \approx -\sum_{i=1}^{k} \frac{n_i}{n} \log_2 \frac{n_i}{n} \tag{3.9}$$

信息增益率定义为平均互信息与获取 a 信息所付出代价的比值，即：

$$E(X, a) = \frac{g(X, a)}{H(X, a)} \tag{3.10}$$

信息增益率是单位代价所获得的信息量，是一种相对的信息量不确定性度量。信息增益率作为测试属性的选择标准，选择最大的属性 a 作为测试属性。

以 ID3 算法思想为核心，C4.5 算法在此基础上重点从以下几个方面进行了改进。

（1）利用信息增益率作为新的属性判别能力度量，较好解决了 ID3 算法优先选择具有较多值，而不是最优属性可能导致过拟合的现象。

使用信息增益率能解决问题，但也产生一个新的问题：既然是比率，就不能避免分母为 0 或者非常小（当某个 S_i 接近 S 时出现）的情况，出现这种情况的后果就是要么比率非常大，要么就未定义。为了避免这种情况的出现，可以将信息增益率计算分两步来解决：首先计算所有属性的信息增益率，忽略结果低于平均值的属性，仅对高于平均值的属性进一步计算信息增益率，然后在剩余的属性中选择信息增益率最大的属性作为分类树的节点属性。

（2）缺失数据的处理思路。在面对缺失数据这一点上，C4.5 算法针对不一样的情况，采取不一样的解决方法，方法如下。

① 如果某一属性 x 在计算信息增益或者信息增益率过程中，出现某些样本没有属性 x 的情况，C4.5 算法的处理方式：一是直接忽略这些样本；二是根据缺失样本占总样本的比例，对属性 x 的增益或增益率进行相应"打折"；三是将属性 x 的一个平均值或者最常见的值赋给这些缺失样本；四是总结分析其他未知属性的规律，补全这些缺失样本。

② 如果属性 x 已被选为分裂属性，分支过程中出现样本缺失属性 x 的情况，C4.5 算法的处理方式：一是直接忽略这些样本；二是用一个出现频率最高的值或者平均值赋给这些样本属性 x；三是直接将这些缺失属性 x 的样本依据规定的比例分配到所有子集中；四是将所有缺失样本归为一类，全部划分到一个子集中；五是总结分析其他样本，相应地分配一个值给缺失属性 x 的样本。

③ 如果某个样本缺失了属性 x，又未被分配到子集中，面对这种情况，C4.5 算法的处理方式：一是若存在单独的缺失分支，则直接分配到该分支中；二是将其直接赋予一个最常见的属性 x 的值，然后进行正常的划分；三是综合分析属性 x 已存在的所有分支，按照一定的概率将其直接分配到其中某一类中；四是根据其他属性来进行分支处

理；五是所有待分类样本在属性 x 节点处都终止分类，依据当前 x 节点所覆盖的叶节点类别，为其直接分配一个概率最高的类。

（3）连续属性的处理思路。

面对连续属性的情况，C4.5 算法的思路是将连续属性离散化，分成不同的区间段，再进行相应的处理。具体处理过程如下：一是按照一定的顺序排列连续属性；二是选取相邻两个属性值的中点作为潜在划分点，计算其信息增益；三是修正划分点计算后的信息增益；四是在修正后的划分点中做出选择，小于平均值的划分点可以直接忽略；五是计算最大信息增益率；六是选择信息增益率最大的划分点作为分裂点。

（4）剪枝策略。

C4.5 算法有两种基本剪枝策略：子树替代法和子树上升法。前者的思路是：从树的底部向树根方向，若某个叶节点替代子树后，误差率与原始树很接近，则可用这个叶节点取代整棵子树；后者则是误差率在一定合理范围时，将子树中出现频率最高的子树用以替代整棵子树，使其上升到较高节点处。C4.5 算法虽然突破了 ID3 算法很多方面的瓶颈，产生的分类规则准确率也比较高、易于理解，但是在核心的思想上还是保持在"信息熵"的范畴，最终仍生成多叉树。同时，缺点也较为明显：建造树时，训练集要进行多次排序和扫描，所以效率不高。此外，C4.5 算法只能处理驻留于内存的数据集，训练集过大，超过内存容量时，算法便无能为力了。

2）C4.5 算法建树过程

算法 3-2 C45_DT(A,S) [15]

输入：训练集 S，特征集 A

输出：决策规则集

1. 创建一个节点 N

2. if A 为空 then

3. 以 C 中多数类 c 来标记 N 为叶节点

4. else if S 为空 then

5. 以父节点中的多数类 c 来标记 N 为叶节点

6. else if 决策树深度已经达到了设置的最大值 then

7. 以父节点中的多数类 c 来标记 N 为叶节点

8. else if S 同属一个类别 c then

9. 以 c 标记 N 为叶节点

10. else 计算并选择 A 中具有最大信息增益率的属性 a 来标记 N；如果 A 中具有连续属性，则还需要对其进行离散化处理

11. 根据属性 a 的取值 $\{a_i \mid i=1,2,\cdots,n\}$，将训练集 S 横向分割成 n 个子集 $\{S_i \mid i=1,2,\cdots,n\}$

12. 递归调用 C45_DT$(A-a,S_1)$，C45_DT$(A-a,S_2)$，$\cdots$，C45_DT$(A-a,S_n)$

C4.5 算法递归划分停止的条件与 ID3 算法递归划分停止的条件相同。

3）C4.5 算法使用实例

表 3-5 中有 4 个属性，属性集合 A={天气,温度,湿度,风速}，类别标签有两个，类别集合 L={进行,取消}。

表 3-5　天气因素与活动表

天气	温度	湿度	风速	活动
晴	炎热	高	弱	取消
晴	炎热	高	强	取消
阴	炎热	高	弱	进行
雨	适中	高	弱	进行
雨	寒冷	正常	弱	进行
雨	寒冷	正常	强	取消
阴	寒冷	正常	强	进行
晴	适中	高	弱	进行
晴	寒冷	正常	弱	进行
雨	适中	正常	弱	进行
晴	适中	正常	强	进行
阴	适中	高	强	进行
阴	炎热	正常	弱	进行
雨	适中	高	强	取消

（1）计算类别信息熵。

类别信息熵表示的是所有样本中各种类别出现的不确定性之和。根据熵的概念，熵越大，不确定性越大，把事情搞清楚所需要的信息量就越多。

$$\text{Info}(D) = -\frac{9}{14} \times \log_2 \frac{9}{14} - \frac{5}{14} \times \log_2 \frac{5}{14} \approx 0.940$$

（2）计算每个属性的信息熵。

每个属性的信息熵相当于一种条件熵。它表示的是在某种属性的条件下，各种类别出现的不确定性之和。属性的信息熵越大，表示这个属性中拥有的样本类别越不"纯"。

$$\text{Info}(天气) = \frac{5}{14} \times \left(-\frac{2}{5} \times \log_2 \frac{2}{5} - \frac{3}{5} \times \log_2 \frac{3}{5} \right) + \frac{4}{14} \times \left(-\frac{4}{4} \times \log_2 \frac{4}{4} \right) +$$
$$\frac{5}{14} \times \left(-\frac{3}{5} \times \log_2 \frac{3}{5} - \frac{2}{5} \times \log_2 \frac{2}{5} \right) \approx 0.694$$

$$\text{Info}(温度) = \frac{4}{14} \times \left(-\frac{2}{4} \times \log_2 \frac{2}{4} - \frac{2}{4} \times \log_2 \frac{2}{4} \right) + \frac{6}{14} \times \left(-\frac{4}{6} \times \log_2 \frac{4}{6} - \frac{2}{6} \times \log_2 \frac{2}{6} \right) +$$
$$\frac{4}{14} \times \left(-\frac{3}{4} \times \log_2 \frac{3}{4} - \frac{1}{4} \times \log_2 \frac{1}{4} \right) \approx 0.911$$

$$\text{Info}(湿度) = \frac{7}{14} \times \left(-\frac{3}{7} \times \log_2 \frac{3}{7} - \frac{4}{7} \times \log_2 \frac{4}{7} \right) + \frac{7}{14} \times \left(-\frac{6}{7} \times \log_2 \frac{6}{7} - \frac{1}{7} \times \log_2 \frac{1}{7} \right)$$
$$\approx 0.789$$

$$\text{Info}(风速) = \frac{6}{14} \times \left(-\frac{3}{6} \times \log_2 \frac{3}{6} - \frac{3}{6} \times \log_2 \frac{3}{6} \right) + \frac{8}{14} \times \left(-\frac{6}{8} \times \log_2 \frac{6}{8} - \frac{2}{8} \times \log_2 \frac{2}{8} \right)$$
$$\approx 0.892$$

（3）计算信息增益。

信息增益=熵-条件熵，在这里就是类别信息熵-属性信息熵，它表示的是信息不确定性减少的程度。如果一个属性的信息增益越大，就表示用这个属性进行样本划分可以更好地减少划分后样本的不确定性，当然，选择该属性就可以更快、更好地完成我们的分类目标。

信息增益就是 ID3 算法的特征选择指标。

$$\text{Gain}(天气) = \text{Info}(D) - \text{Info}(天气) = 0.940 - 0.694 = 0.246$$

$$\text{Gain}(温度) = \text{Info}(D) - \text{Info}(温度) = 0.940 - 0.911 = 0.029$$

$$\text{Gain}(湿度) = \text{Info}(D) - \text{Info}(湿度) = 0.940 - 0.789 = 0.151$$

$$\text{Gain}(风速) = \text{Info}(D) - \text{Info}(风速) = 0.940 - 0.892 = 0.048$$

但是我们假设这样的情况，每个属性中每种类别都只有一个样本，这样属性信息熵就等于零，根据信息增益就无法选择出有效分类特征。所以，C4.5 算法选择使用信息增益率对 ID3 算法进行改进。

（4）计算属性分裂信息度量。

用分裂信息度量考虑某种属性进行分裂时分支的数量信息和尺寸信息，我们把这些信息称为属性的内在信息。信息增益率用信息增益/内在信息，会导致属性的重要性随着内在信息的增大而减小（也就是说，如果这个属性本身不确定性就很大，那么就越不倾向于选取它），这样算是对单纯用信息增益有所补偿的。

$$H(天气) = -\frac{5}{14} \times \log_2 \frac{5}{14} - \frac{5}{14} \times \log_2 \frac{5}{14} - \frac{4}{14} \times \log_2 \frac{4}{14} \approx 1.577 \,//\,天气有3个取值$$

$$H(温度) = -\frac{4}{14} \times \log_2 \frac{4}{14} - \frac{6}{14} \times \log_2 \frac{6}{14} - \frac{4}{14} \times \log_2 \frac{4}{14} \approx 1.566 \,//\,温度有3个取值$$

$$H(湿度) = -\frac{7}{14} \times \log_2 \frac{7}{14} - \frac{7}{14} \times \log_2 \frac{7}{14} = 1.0 \,//\,湿度有2个取值$$

$$H(风速) = -\frac{6}{14} \times \log_2 \frac{6}{14} - \frac{8}{14} \times \log_2 \frac{8}{14} \approx 0.985 \,//\,风速有2个取值$$

（5）计算信息增益率。

$$\text{IGR}(天气) = \text{Gain}(天气) / H(天气) = 0.246 / 1.577 \approx 0.156$$

$$\text{IGR}(温度) = \text{Gain}(温度) / H(温度) = 0.029 / 1.556 \approx 0.0186$$

$$\text{IGR}(湿度) = \text{Gain}(湿度) / H(湿度) = 0.151 / 1.0 = 0.151$$

$$\text{IGR}(风速) = \text{Gain}(风速) / H(风速) = 0.048 / 0.985 \approx 0.049$$

天气的信息增益率最高，选择天气为分裂属性。发现分裂了之后，在天气是"阴"的条件下，类别是"纯"的，所以把它定义为叶节点，选择不"纯"的节点继续分裂。

在子节点中重复过程（1）～（5）。

4）C4.5 算法的优缺点

与 ID3 算法相同，C4.5 算法产生的决策规则简单且易懂。此外，C4.5 算法可以处理连续属性。但同时 C4.5 算法也是内存驻留算法，传统 C4.5 算法能处理的数据集规模很小。

4．CART 算法

CART 算法与 ID3 算法和 C4.5 算法不同，它生成的是一棵二叉树。它采用的是一种二分递归分割技术，每次都将当前的数据集分为两个互不相交子集，使得所有非叶节点都只有两个分支，因此它所生成的决策树结构最简单。

1）分裂属性的选择标准

CART 算法分裂属性的选择标准为 Gini 系数，因为 Gini 系数可以用来衡量分割点的优劣程度。CART 算法选择具有最小 Gini 系数的属性为当前数据集的分裂属性。属性具有的 Gini 系数越小，表示用该属性划分数据集后，数据越纯，效果越好。

Gini 系数分类方法适用于具有连续或离散属性的数据集。

设 S 为具有 s 个样本的数据集，所有样本总共包含 m 个不同的类别 C_i，$i \in \{1,2,\cdots,m\}$，那么 Gini 系数为：

$$\text{Gini}(S) = 1 - \sum_{i=1}^{m}\left[p_i\right]^2 \tag{3.11}$$

式中，p_i 为样本属性类别 C_i 的概率。

当 Gini(S) = 0 时，表示该节点包含的信息量最大；当 Gini(S)最大时，表示该节点包含的信息量最小。

根据 CART 算法构造的是一棵二叉树，所以在 CART 算法中用 Gini 系数进行二元划分，对于数据集 S 的任何一个属性 A 的任何一种取值 a，可以将数据集 S 划分成 S_1 和 S_2 两个子集，对应属性 A，Gini 系数的计算公式如下：

$$\text{Gini}A(S) = \frac{|S_1|}{|S|}\text{Gini}(S_1) + \frac{|S_2|}{|S|}\text{Gini}(S_2) \tag{3.12}$$

式中，$|S|$ 表示数据集 S 的个数。当 Gini$A(S)$ 最小时，属性 A 就为数据集 S 的最佳分裂属性，S_1 和 S_2 就是按属性 A 的取值 a 对数据集 S 的划分。

2）CART 算法建树过程

算法 3-3 CART_DT(A,S)

输入：训练集 S，特征集 A

输出：决策规则集

1. 创建一个节点 N

2. if A 为空 then

3. 返回 C 中多数类 c 来标记 N 为叶节点

4. else if S 为空 then

5. 以父节点中的多数类标记 N 为叶节点

6. else if 决策树的深度已经达到了设置的最大值 then

7. 以父节点中的多数类标记 N 为叶节点

8. else if S 同属一个类别 c then

9. 以 c 标记 N 为叶节点

10. else 计算并选择 A 中具有最小 Gini 系数的属性 A_i 来标记 N

11. end if 根据最小 Gini 系数对应的属性 A_i 的取值 a，将训练集 S 分割成两个子集 $\{S_j \mid j=1,2\}$

12. 递归调用 CART_DT$(A-A_i,S_1)$，CART_DT$(A-A_i,S_2)$

递归划分停止的条件如下。

（1）没有剩余的条件属性可以继续划分。

（2）给定的分支的数据集为空。

（3）所有数据集属于同一类。

（4）决策树已经达到设置的最大值。

3）CART 算法的优缺点

CART 算法产生的决策树结构简单、容易理解且准确率高。但是同样，它也为内存驻留算法，在单机环境下只能处理小规模的数据。

3.3 贝叶斯分类

贝叶斯分类是一类分类算法的总称，这类算法均以贝叶斯定理为基础，采用了概率推理方法。贝叶斯分类的原理就是首先通过计算给定样本在各个类别上的后验概率，然后把该样本判定为最大后验概率所对应的类别。而在计算后验概率的过程中，需要知道数据集中每个类别的先验概率，以及属性的条件概率。类别的先验概率可以通过统计的手段预先知道，而属性的条件概率也可以通过统计的方法或者假定的分布模型来估计[16,17]。

3.3.1 贝叶斯定理

贝叶斯定理在现实中特别有用。这个定理解决了现实生活中经常遇到的问题：已知某条件概率，如何得到两个事件交换后的概率，也就是在已知 $P(A|B)$ 的情况下如何求得 $P(B|A)$。

这里先解释什么是条件概率：在事件 B 已经发生的前提下，事件 A 发生的概率，称为事件 B 发生时事件 A 发生的条件概率。其基本求解公式为：

$$P(A|B) = \frac{P(AB)}{P(B)} \tag{3.13}$$

贝叶斯定理之所以有用，是因为在生活中经常遇到这种情况：可以很容易直接得出 $P(A|B)$，$P(B|A)$ 则很难直接得出，但人们往往更关心 $P(B|A)$，贝叶斯定理打通了从 $P(A|B)$ 获得 $P(B|A)$ 的道路。

下面不加证明地直接给出贝叶斯定理：

$$P(B|A) = \frac{P(A|B)P(B)}{P(A)} \tag{3.14}$$

贝叶斯定理是概率论中的一个结果，它和随机变量的条件概率及边缘概率分布有关。在有些关于概率的解释中，贝叶斯定理（贝叶斯更新）能够告知如何利用新证据修改已有的看法。

通常，事件 A 在事件 B（发生）的条件下的概率，与事件 B 在事件 A 的条件下的概率是不一样的；然而，这两者有确定的关系，贝叶斯定理就是这种关系的陈述。

作为一个规范的原理，贝叶斯定理对于所有概率的解释是有效的；然而，频率主义者和贝叶斯主义者对于在应用中，概率如何被赋值，有着不同的看法：频率主义者根据随机事件发生的频率，或者总体样本中的个数来赋值概率；贝叶斯主义者要根据未知的命题来赋值概率。结果就是，贝叶斯主义者有更多的机会使用贝叶斯定理。

3.3.2　朴素贝叶斯分类

朴素贝叶斯分类是贝叶斯分类的一种，朴素贝叶斯分类和贝叶斯分类都有着坚实的数学理论基础，朴素贝叶斯分类与贝叶斯分类相比，后者需要花很多的时间和很高的空间复杂度去计算类条件概率。然而，各条件属性之间的相关性也无法得知，这更加增加了计算的难度，基于这种情况，朴素贝叶斯分类就被提出来了。朴素贝叶斯分类算法是在贝叶斯分类算法的基础上进行了相应的简化，即假定给定目标值时属性之间相互条件独立。也就是说，没有哪个属性变量对于决策结果来说占着较大的比重，也没有哪个属性变量对于决策结果来说占着较小的比重。虽然这个简化方式在一定程度上降低了贝叶斯分类算法的分类效果，但是在实际的应用场景中，极大地简化了贝叶斯分类算法的复杂性，也使得朴素贝叶斯分类得以快速推广。

朴素贝叶斯分类器（NBC）是众多高效的分类器之一，有时也称为朴素贝叶斯模型。它基于贝叶斯理论和贝叶斯网理论，其最大的特点是简单高效。

朴素贝叶斯分类的优缺点如下。

首先，由于属性条件独立性假设，NBC 在处理具有不同属性特点的数据集时也能保持稳定的分类性能，而不用考虑各个属性间的关联。其次，NBC 模型结构简单，需要估计的参数也相对比较少，因此 NBC 在模型训练和数据分类的过程中计算开销也比较小，简单、高效是朴素贝叶斯分类算法的主要优势。

NBC 也存在一定的不足。在实际应用中基本上不可能满足其属性条件独立性的假设，对于那些属性间存在高度相关性的数据，如果直接使用 NBC 进行处理，分类效果很难达到实际预期。另外，在需要处理的数据不完整，或者出现极度不平衡数据时，可能就会导致某个甚至某些属性的后验概率出现较大偏差，从而影响最终的分类结果。不过，目前已有相关方法解决数据不完整和不平衡数据问题，如拉普拉斯平滑技术、属性加权方法等。这些方法在一定程度上可以提高 NBC 的性能。

1．朴素贝叶斯分类原理

朴素贝叶斯的思想基础：对于给出的待分类项，求解在此项出现的条件下各个类别出现的概率，哪个最大，就认为此待分类项属于哪个类别。

朴素贝叶斯分类的正式定义如下。

（1）设 $x=\{a_1,a_2,\cdots,a_m\}$ 为一个待分类项，而每个 a 为 x 的一个特征属性。

（2）有类别集合 $C=\{y_1,y_2,\cdots,y_n\}$。

（3）计算 $P(y_1\mid x),P(y_2\mid x),\cdots,P(y_n\mid x)$。

（4）如果 $P(y_k|x)=\max\{P(y_1|x),P(y_2|x),\cdots,P(y_n|x)\}$，则 $x\in y_k$。

现在的关键就是如何计算（3）中的各个条件概率。步骤如下。

（1）找到一个已知分类的待分类项集合，这个集合称为训练样本集。

（2）统计得到在各类别下各个特征属性的条件概率估计，即

$$P(a_1|y_1),P(a_2|y_1),\cdots,P(a_m|y_1);P(a_1|y_2),P(a_2|y_2),\cdots,P(a_m|y_2);\cdots;$$
$$P(a_1|y_n),P(a_2|y_n),\cdots,P(a_m|y_n)$$

（3）如果各个特征属性是条件独立的，则根据贝叶斯定理有如下推导：

$$P(y_i|x)=\frac{P(x|y_i)P(y_i)}{P(x)}$$

因为分母对于所有类别为常数，只要将分子最大化即可。又因为各特征属性是条件独立的，所以有：

$$P(x|y_i)P(y_i)=P(a_1|y_i)P(a_2|y_i)\cdots P(a_m|y_i)P(y_i)=P(y_i)\prod_{j=1}^{m}P(a_j\mid y_i)$$

2. 朴素贝叶斯分类流程

整个朴素贝叶斯分类可分为 3 个阶段。

第一阶段是准备工作阶段，这个阶段的任务是为朴素贝叶斯分类做必要的准备，主要工作是根据具体情况确定特征属性，并对每个特征属性进行适当划分，然后由人工对一部分待分类项进行分类，形成训练样本集合。这一阶段的输入是所有待分类数据，输出是特征属性和训练样本。这一阶段是整个朴素贝叶斯分类中唯一需要人工完成的阶段，其质量对整个过程将有重要影响，分类器的质量很大程度上由特征属性、特征属性划分及训练样本质量决定。

第二阶段是分类器训练阶段，这个阶段的任务就是生成分类器，主要工作是计算每个类别在训练样本中的出现频率及每个特征属性划分对每个类别的条件概率估计，并将结果进行记录。这一阶段的输入是特征属性和训练样本，输出是分类器。这一阶段是机械性阶段，可以由程序自动计算完成。

第三阶段是应用阶段。这个阶段的任务是使用分类器对待分类项进行分类。这一阶段的输入是分类器和待分类项，输出是待分类项与类别的映射关系。这一阶段也是机械性阶段，由程序完成。

根据上述分析，朴素贝叶斯分类的流程可以用图 3-5 表示。

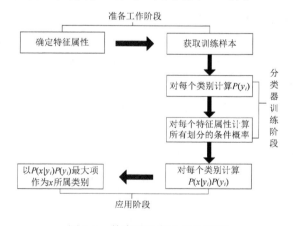

图 3-5　朴素贝叶斯分类的流程

3. 朴素贝叶斯分类应用实例

朴素贝叶斯分类在实际生活的应用很广，如天气预报、金融投资、保险业等。下面介绍朴素贝叶斯分类在商业中的应用，训练样本如表 3-6 所示，该应用中收集的数据是关于客户购买电脑的可能性，通过对客户有用指标的统计，并利用朴素贝叶斯分类模型进行计算和分析，得出相应的结果。训练样本有 4 个关键属性：$A=\{$年龄,收入,是否学生,信用等级$\}$，类标签属性 C 为是否购买电脑，C 有两个不同的值，分别为"是"和"否"。

表 3-6　"电脑购买预测"的训练样本

年龄	收入	是否学生	信用等级	是否购买电脑
≤30	高	否	一般	否
≤30	高	否	一般	否
31~40	高	否	一般	是
>40	中等	否	很好	是
>40	低	是	一般	是
>40	低	是	很好	否
31~40	低	是	很好	是
≤30	中等	否	一般	否
≤30	低	是	一般	是
>40	中等	是	一般	是
≤30	中等	是	很好	是
31~40	中等	否	很好	是
31~40	高	是	一般	是
>40	中等	否	很好	是

待预测样本：$X = ($年龄 $= ?≤30?$, 收入 $=$"中等", 是否学生 $=$"是", 信用等级 $=$"一般"$)$

由表格中数据可知：

$$P(年龄 = "≤30" | 是否购买电脑 = "是") = 2/9 ≈ 0.222$$

$$P(年龄 = "≤30" | 是否购买电脑 = "否") = 3/5 = 0.6$$

$$P(收入 = "中等" | 是否购买电脑 = "是") = 4/9 ≈ 0.444$$

$$P(收入 = "中等" | 是否购买电脑 = "否") = 2/5 = 0.4$$

$$P(是否学生 = "是" | 是否购买电脑 = "是") = 6/9 ≈ 0.667$$

$$P(是否学生 = "是" | 是否购买电脑 = "否") = 1/5 = 0.2$$

$$P(信用等级 = "一般" | 是否购买电脑 = "是") = 6/9 ≈ 0.667$$

$$P(信用等级 = "一般" | 是否购买电脑 = "否") = 2/5 = 0.4$$

$P(X | C_i)$：

$$P(X | 是否购买电脑 = "是") = 0.222 × 0.444 × 0.667 × 0.667 ≈ 0.044$$

$$P(X | 是否购买电脑 = "否") = 0.6 × 0.4 × 0.2 × 0.4 ≈ 0.019$$

$P(X | C_i) × P(C_i)$：

$$P(是否购买电脑="是")=9/14\approx0.643$$

$$P(是否购买电脑="否")=5/14\approx0.357$$

$$P(X|是否购买电脑="是")\times P(是否购买电脑="是")=0.044\times0.643\approx0.028$$

$$P(X|是否购买电脑="否")\times P(是否购买电脑="否")=0.019\times0.357\approx0.007$$

X 属于类"是否购买电脑"是""。

在现实生活中，类似这样的例子还有很多。只要分好预测样本，运用好贝叶斯定理，就可取得相应的结果。

3.3.3 贝叶斯分析

贝叶斯分析的思路对于由证据的积累来推测一个事物发生的概率具有重大作用，它告诉我们，当要预测一个事物，需要的是首先根据已有的经验和知识推断一个先验概率，然后在新证据不断积累的情况下调整这个概率。整个通过积累证据来得到一个事件发生概率的过程称为贝叶斯分析。

贝叶斯分析中的三要素（贝叶斯统计三要素，一要素是先验概率 $P(A)$，二要素是条件概率 $P(A|B)$，最终得到三要素，即后验概率 $P(B|A)$。

理解贝叶斯分析最好的方法是图像法，如图 3-6 所示。A 为白圈，B 为黑圈，AB 为灰圈。这里的 A（白圈，灰圈 AB 的左边为 A）的面积即先验，后验是阴影占黑圈（B，灰圈 AB 的右边为 B）的百分比。

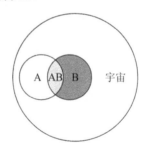

图 3-6　贝叶斯分析的图像法

注：图上白圈 A 和黑圈 B 的面积，很少在开始就知道，这才是应用中的难点。

此处贝叶斯分析的框架也在教导我们如何处理特例与一般常识的规律。如果太注重特例（完全不看先验概率），很有可能会误把噪声看作信号，而奋不顾身地跳下去。而如果恪守先验概率，就成为无视变化而墨守成规的人。

3.3.4 贝叶斯决策

在贝叶斯统计分析的基础上，可引出一个更核心的概念——贝叶斯决策。贝叶斯决策主要包含 4 个部分：数据（D）、假设（W）、目标（O）和决策（S）。

此处的数据即证据，假设是要验证的事实，目标是最终要取得优化的量，决策是根据目标得到的最后行为。贝叶斯决策步骤如表 3-7 所示。

表 3-7　贝叶斯决策步骤

步骤	内容
1	厘清因果链条，确定哪个是假设，哪个是证据
2	给出所有可能假设，即假设空间
3	给出先验概率
4	根据贝叶斯公式求解后验概率，得到假设空间的后验概率分布
5	利用后验概率求解条件期望，得到条件期望最大值对应的行为

贝叶斯决策如果一旦变成自动化的计算机算法，它就是机器学习。用贝叶斯决策诠释一个最简单的机器学习分类算法，那就是朴素贝叶斯。

3.3.5　贝叶斯估计

贝叶斯估计假定 θ 是服从某一分布的随机变量，但贝叶斯估计并不是直接估计出 θ 的某个特定值，而是估计 θ 的分布，进而用来估计新数据出现的概率。在贝叶斯估计中，先验分布 $P(X)$ 是不可忽略的。在已知 X 的情况下，描述 θ 的分布，即描述后验概率 $P(\theta|X)$ 分布，然后求出 θ 的期望值，将这个期望值作为其最优值。

假设 $X = (x_1, x_2, \cdots, x_n)$ 是满足独立同分布的一组抽样数据样本，其对应的参数 θ 是随机的，根据贝叶斯公式可以求得 θ 的后验概率：

$$P(\theta|X) = \frac{P(X|\theta)P(\theta)}{P(X)} \tag{3.15}$$

其中，$P(X)$ 的概率是不确定的，可由 $P(X) = \int_{\theta} P(X|\theta)P(\theta)\mathrm{d}\theta$ 得到。因此，式（3.15）变为：

$$P(\theta|X) = \frac{P(X|\theta)P(\theta)}{\int_{\theta} P(X|\theta)P(\theta)\mathrm{d}\theta} \tag{3.16}$$

总结贝叶斯估计的求解步骤：
（1）确定所求参数的似然函数。
（2）确定所求参数的先验分布函数。
（3）确定所求参数的后验分布函数。
（4）根据贝叶斯公式求解参数的后验分布。

3.4　支持向量机

支持向量机（Support Vector Machine，SVM）是由 Cortes 和 Vapnik 等人于 20 世纪 90 年代根据统计学习理论中的结构风险最小化原则提出的一种经典的机器学习方法，现已发展为机器学习领域的一个重要分支。它在有限训练样本的学习精度和泛化能力（无错误地识别任意样本的能力）之间取得良好的平衡，从而获得较好的推广应用[18]。目前，在模式识别方面，支持向量机已被应用于手写数字识别、语音鉴定、目标识别和照片人脸识别等分类中；在回归估计方面，支持向量机已被应用到一系列预测结果的基准实践中。

在多数情况下，支持向量机的表现都有优于其他机器学习方法的表现。尤其是其在密度估计和方差分析（ANOVA）分解中的应用更加表现出了支持向量机的优势。

3.4.1　支持向量机的主要思想

支持向量机的主要思想是针对两类分类问题，寻找一个超平面作为两类训练样本点的分割，以保证最小的分类错误率。在线性可分的情况下，存在一个或多个超平面使得训练样本完全分开，支持向量机的目标是找到其中的最优超平面。最优超平面是使得每一类数据与超平面距离最近的向量与超平面之间的距离最大的这样的平面；对于线性不可分的情况，可使用非线性核函数将低维输入空间线性不可分的样本转化为高维特征空间使其线性可分。

3.4.2　支持向量机的基础理论

通俗来讲，支持向量机是一种二类分类模型，其基本模型定义为特征空间上的间隔最大的线性分类器，即支持向量机的学习策略便是间隔最大化，最终可转化为一个凸二次规划问题的求解。

支持向量机的理论有 3 个要点[19]，分别是最大化间隔、核函数、对偶理论。

下面先简单介绍一下这些要点。

1．最大化间隔

在样本线性可分的情况下，可行的分类超平面可能会有很多，如图 3-7 的 L_1、L_2 和 L_3 所示。

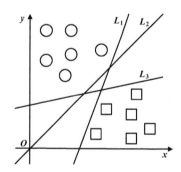

图 3-7　在样本线性可分的情况下，可行的分类超平面

那么如何选择一个最好的呢？从图 3-7 可以直观地看出，L_2 比另外两条分界线要更好，这是因为 L_2 离样本的距离更远一些，让人觉得确信度更高。这好比人（相当于样本）站得离悬崖边（分类边界）越远，人就会感到越安全（分类结果是安全还是危险）。从统计的角度讲，由于正负样本可以看作从两个不同的分布随机抽样而得，若分类边界与两个分布的距离越大，则抽样出的样本落在分类边界另一边的概率越小。

支持向量机正是基于这种直观思路来确定最佳分类超平面的：通过选取能够最大化

类间间隔的超平面，得到一个具有高确信度和泛化能力的分类器，即最大间隔分类器。

1）间隔

既然支持向量机的目标是最大化间隔，便要先对"间隔"进行定义。所谓间隔，就是分类超平面与所有样本距离的最小值，表示为

$$\gamma = \min\{\text{dist}(l,x_i)\,|\,i=1,2,\cdots,N\}$$

式中，l 为分类超平面；N 为样本个数；x_i 为第 i 个样本。接下来还需要定义样本到超平面的"距离" $\text{dist}(l,x_i)$。

假设任意一个样本点 x_0，其在分类超平面上的投影记作 $\hat{x}_0$。对于分类超平面 $(\boldsymbol{\omega}^{\mathrm{T}}x_i+b)=0$，知道它的法向量是 $\boldsymbol{\omega}$，法向量的方向可以由法向量除以其模长所得：$\dfrac{\boldsymbol{\omega}}{\|\boldsymbol{\omega}\|}$。将 $\text{dist}(l,x_i)$ 记为 d（$d\geqslant0$），则可以得到：

$$x_0-\hat{x}_0 = d\frac{\boldsymbol{\omega}}{\|\boldsymbol{\omega}\|}$$

等式两边同时左乘 $\boldsymbol{\omega}^{\mathrm{T}}$ 并加上 b，并且利用超平面上的点 $\boldsymbol{\omega}^{\mathrm{T}}\hat{x}_0=0$ 的性质，可以得到：

$$d = \frac{\left|\boldsymbol{\omega}^{\mathrm{T}}x_i+b\right|}{\|\boldsymbol{\omega}\|}$$

记 $y\in\{-1,1\}$ 为分类标签，由于 $y(\boldsymbol{\omega}^{\mathrm{T}}x_i+b)=\|\boldsymbol{\omega}^{\mathrm{T}}x_i+b\|$，可以以此消去上式的绝对值。

综上所述，可以得到对于分类超平面 l 和 N 个样本 x_i 的"间隔"的表达式：

$$\gamma = \min\left\{\frac{y_i(\boldsymbol{\omega}^{\mathrm{T}}x_i+b)}{\|\boldsymbol{\omega}\|}\,|\,i=1,2,\cdots,N\right\} \tag{3.17}$$

2）最大化

有了上述定义的间隔，接下来的事情就很直接了——求解能使间隔最大化的参数 $\boldsymbol{\omega}$ 和 b，即求解以下优化函数：

$$\max_{\boldsymbol{\omega},b}\gamma = \min\left\{\frac{y_i(\boldsymbol{\omega}^{\mathrm{T}}x_i+b)}{\|\boldsymbol{\omega}\|}\,|\,i=1,2,\cdots,N\right\} \tag{3.18}$$

令 $\dfrac{y_0(\boldsymbol{\omega}^{\mathrm{T}}x_0+b)}{\|\boldsymbol{\omega}\|}=\gamma$，上述优化函数也可以写成如下等价的形式：

$$\max_{\boldsymbol{\omega},b}\frac{y_0(\boldsymbol{\omega}^{\mathrm{T}}x_0+b)}{\|\boldsymbol{\omega}\|} \tag{3.19}$$

$$\text{s.t.}\quad y_i(\boldsymbol{\omega}^{\mathrm{T}}x_i+b)\geqslant y_0(\boldsymbol{\omega}^{\mathrm{T}}x_0+b),\quad i=1,2,\cdots,N$$

其中的约束条件的目的是满足对"间隔"的定义。

2．核函数

设 s 为输入空间（欧几里得空间或离散集合），H 为特征空间（希尔伯特空间），如果存在一个从 s 到 H 的映射 $\varphi(x):s \to H$。

使得对所有的 $x,z \in s$，函数 $K(x,z)=\varphi(x)\cdot\varphi(z)$，则称 $K(x,z)$ 为核函数，$\varphi(x)$ 为映射函数，$\varphi(x)\cdot\varphi(z)$ 为 x 和 z 映射到特征空间上的内积。由于映射函数十分复杂，难以进行计算，在实际中，通常都是使用核函数来求解内积，计算复杂度并没有增加，映射函数仅仅作为一种逻辑映射，表征着输入空间到特征空间的映射关系。

常用的核函数主要有以下几种。

（1）线性核函数：

$$K(x,z)=x^{\mathrm{T}}z \tag{3.20}$$

（2）多项式核函数：经常表示非线性的特征映射，常用的形式为：

$$K(x,z)=\left(x^{\mathrm{T}}z+c\right)^q,\ q\in N,\ c\geq 0$$

（3）高斯核函数（又称径向基函数，RBF）：是在支持向量机的研究与应用中，最常用的一个核函数。

$$K(x,z)=\exp\left(-\frac{\|x-z\|^2}{2\delta^2}\right),\ \delta>0 \tag{3.21}$$

$$K(x,z)=\exp\left(-\lambda\|x-z\|^2\right),\ \lambda>0 \tag{3.22}$$

（4）指数型径向基核函数：

$$K(x,z)=\exp\left(-\frac{\|x-z\|}{2\delta^2}\right),\ \delta>0 \tag{3.23}$$

当所讨论的问题是不连续的，即离散点时，它所表示的便可应用于产生一个线性的分段解。

（5）Sigmoid（或 2 层感知机）核函数：

$$K(x,z)=\tanh\left[a(x,z)+v\right],\ a>0;\ v>0 \tag{3.24}$$

式中，a 是一个标量；v 是位移参数。此时，支持向量机是包含一个隐层的多层感知器，隐层节点数由算法自动确定。

（6）傅里叶（Fourier）核函数：

$$K(x,z)=\frac{(1-q^2)(1-q)}{2\left[1-2q\cos(x-z)+q^2\right]},\ 0<q<1 \tag{3.25}$$

此外，条件正定核函数（CPD 核函数）[20]：

$$K(x,z)=-\|x-z\|^q+1,\ 0<q\leq 2 \tag{3.26}$$

它并不满足 Mercer 条件，但却可以用于核学习方法中。还有样条核函数及张量积核函数等。

3．对偶理论

1947 年，美籍匈牙利数学家冯·诺依曼创立对偶理论。线性规划（Linear

Programming，LP）是运筹学中研究较早、发展较快、应用广泛、方法较为成熟的一个重要分支，是辅助人们进行科学管理的一种数学方法，是研究线性约束条件下线性目标函数的极值问题的数学理论和方法。线性规划中普遍存在配对现象，即对每一个线性规划问题，都存在另一个与它有密切关系的线性规划问题，其中一个称为原始问题，而另一个称为它的对偶问题。对偶理论就是研究线性规划中原始问题与对偶问题之间关系的理论。对偶问题有许多重要的特征，它的变量能提供关于原始问题最优解的许多重要资料，有助于原始问题的求解和分析。对偶问题与原始问题之间存在着具体的关系，如表 3-8 所示。

表 3-8　对偶问题与原始问题之间的关系

序号	关系
1	目标函数对原始问题是极大化，对对偶问题则是极小化
2	原始问题目标函数中的收益系数是对偶问题的约束不等式中的右端常数，而原始问题的约束不等式中的右端常数则是对偶问题目标函数中的收益系数
3	原始问题和对偶问题的约束不等式的符号方向相反
4	原始问题的约束不等式的系数矩阵转置后为对偶问题的约束不等式的系数矩阵
5	原始问题的约束方程数对应于对偶问题的变量数，而原始问题的变量数对应于对偶问题的约束方程数
6	对偶问题的对偶问题是原始问题，这一性质称为原始问题和对偶问题的对称性[21]。对偶定理包括弱对偶定理、强对偶定理、最优准则定理、互补松弛定理、松弛定理等

1）凸优化问题

$$\min f(x) \tag{3.27}$$
$$\text{s.t.}\quad \omega_i(x) \leq 0,\ i=1,2,\cdots,m;\quad \upsilon_j=0,\ j=1,2,\cdots,p$$

对于以上线性优化问题，若 $f(x)$、$\omega(x)$ 是凸函数，可行解集合 x 是可行域 F 上的凸集，则称这类优化问题为凸优化问题。

凸优化问题是线性规划中一种重要的特殊情形。它具有很好的性质，如果凸规划的目标函数是严格凸函数，又存在极小点，那么它的极小点是唯一的，局部极小点就是全局极小点。

2）原-对偶算法

网络问题一般被视为具有特殊限制式结构的线性规划问题。因此，一般用来求解线性规划问题的方法，也可被应用于求解网络问题。原-对偶算法（Primal-Dual Algorithm）作为一种解决复杂调度和整数规划问题的有效方法，已经被成功地应用于网络调度问题。它的灵活性为许多问题提供适当的解决方案，已成为如整数规划、线性规划、组合优化和非线性规划等最优化问题的一个最好的解决工具。应用原-对偶算法的前提条件是待求解优化问题必须是严格的凸优化问题。其核心思想是设计算法通过求解原优化问题的对偶问题，来得到原始问题的最优解。

采用子梯度算法来求解对偶问题，现对算法基本流程表述如下。

（1）首先，用拉格朗日松弛法对造成原始问题不易解决的约束条件进行松弛，并使得目标函数仍保持线性，令 λ、η 为拉格朗日乘子，其中要求满足 $\lambda \geqslant 0$，则原始问题松弛后的拉格朗日函数如下：

$$L(x,\lambda,\eta) = f(x) + \sum_{i=1}^{m}\lambda_i\omega_i(x) + \sum_{\eta=1}^{p}\eta_i\upsilon_i(x) \tag{3.28}$$

（2）然后，求原始问题的对偶问题，并推知 $x^*(\lambda,\eta) = \arg\inf_{x\in D}L(x,\lambda,\eta)$，对偶问题为：

$$\max g(\lambda,\eta) \tag{3.29}$$

$$\text{s.t.} \quad \lambda \geqslant 0$$

（3）最后，采用子梯度算法求解对偶问题。

和其他数学优化算法相比，原-对偶算法具有一些不可比拟的优点。最突出的特点是通过使用拉格朗日乘法原则放松了原数学模型中的约束条件，这样可以把原始问题中耦合在一起的原变量分离，把复杂的原始问题分成几个独立且易解决的子问题进行求解，降低了算法的复杂度，能够实现分布式计算。

接着介绍一下损失函数、结构风险最小化。

4．几种常用的损失函数

1）L_p 损失函数

$$L(f,y) = \| f(x) - y \|_p \tag{3.30}$$

式中，$p \geqslant 1$；$\|.\|_p$ 表示 L_p 范数。显然常用的平方损失和绝对值损失是 L_p 损失函数的特例。在回归问题中，平方损失由于其光滑性有着广泛的应用（最小二乘估计）。而近年来，由于计算能力的改进，绝对值损失也因其良好的稳健性而逐渐成为热点（最小一乘估计）。

2）$\in$-不灵敏损失函数

$$L(f,y) = \max\left(|f(x) - y| - \in, 0\right) \tag{3.31}$$

支持向量机就是采用上述损失函数的一种处理高维问题的学习算法。

3）logistic 损失函数

$$L(f,y) = \ln\left(1 + e^{-yf(x)}\right) \tag{3.32}$$

logistic 损失函数多应用于分类问题的研究。近期研究发现 AdaBoost 可以看成采用上述损失函数的函数空间的梯度下降算法[22]。

5．结构风险最小化

结构风险最小化思想：所谓的结构风险最小化，就是在保证分类精度（经验风险）的同时，降低学习机器的 VC 维，可以使学习机器在整个样本集上的期望风险得到控制。传统机器学习方法中普遍采用的经验风险最小化原则在样本数目有限时是不合理的，因此，需要同时最小化经验风险和置信范围。机器学习过程不但要使经验风险最小，还要使 VC 维尽量小以缩小置信范围，才能取得较小的实际风险，即对未来样本有较好的推广性。统计学习理论提出了一种新的策略，即把函数集构造为一个函数子集序列，使各个子集按照 VC 维的大小排列；在每个子集中寻找最小经验风险，在子集间折中考虑经验风险和置信范围，使实际风险最小。这种思想称为结构风险最小化（Structural Risk Minimization），即 SRM 原则。

SKM 原则为我们提供了一种不同于经验风险最小化的更科学的学习机器设计原

则。但是，实施这一原则却非常困难，关键是如何构造函数子集结构。遗憾的是，目前尚无关于如何构造预测函数子集结构的一般性理论。支持向量机是一种比较好的、实现了结构风险最小化思想的方法。

3.4.3 支持向量机的原理

1．支持向量机

支持向量机是一种分类算法，通过寻求结构风险最小化来提高学习机泛化能力，实现经验风险和置信范围的最小化，从而达到在统计样本量较少的情况下，也能获得良好统计规律的目的。

也可以这么表达，支持向量机是一种以统计学习理论为基础具有较强的分类能力和泛化能力的分类算法。支持向量机主要有以下 3 种情况[23]。

1）线性可分情况

设训练集 $T=\{(x_1 \cdot y_1), \cdots, (x_i \cdot y_i)\} \in (x \cdot y)^l$ ，其中， $x_i \in x \in \mathbb{R}^n$， $y_i \in y \in \{-1,1\}$， $i=1,2,\cdots,l$，如果存在 $\omega \in \mathbb{R}^n$， $b \in \mathbb{R}$ 和正数 ξ，使得对于所有使 $y_i=1$ 的下标 i，都有 $(\omega^T \cdot x_i) + b \geq \xi$。而对于所有使 $y_i=-1$ 的下标 i，都有 $(\omega^T \cdot x_i) + b \leq \xi$，那么称该训练集 T 是线性可分的，其对应的分类问题也是线性可分的，如图 3-8 所示。

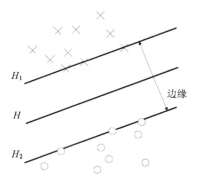

图 3-8　线性可分情况

图 3-8 中的圈和叉代表待分类的两类样本，H 就是要求的最优分类超平面，H_1 和 H_2 是与最优分类超平面平行的直线且分别通过这两类样本中距离 H 最近的样本点。从图 3-8 可以看出，在 H_1 和 H_2 之间可以有很多条直线与它们平行，但是能够保证距离超平面最近的样本与超平面之间的距离最大的只有最优分类超平面。

支持向量机是一种有监督的机器学习算法，即需要通过对训练样本进行训练得到支持向量机，获得最优分类超平面，然后根据训练结果进行分类。由图 3-8 可知，有分类能力的平面表述如下：

$$(\omega^T \cdot x_i) + b = 0$$
$$\text{s.t.} (\omega^T \cdot x_i) + b \geq 0, \quad y_i = 1$$

$$\left(\boldsymbol{\omega}^{\mathrm{T}}\cdot x_i\right)+b<0,\ \ y_i=-1$$

可以看出，分类间隔是 $\dfrac{2}{\|\boldsymbol{\omega}\|}$，要使得分类间隔最大，那么需要 $\|\boldsymbol{\omega}\|$ 尽可能小，因此最优分类超平面可以通过求解下式得到：

$$\min\frac{1}{2}\|\boldsymbol{\omega}\|^2 \tag{3.33}$$

$$\mathrm{s.t.}\,y_i\left[\left(\boldsymbol{\omega}^{\mathrm{T}}\cdot x_i\right)+b\right]\geqslant 1,\ \ i=1,2,\cdots,l$$

将其转化成对偶形式：

$$\min\frac{1}{2}\sum_{i=1}^{l}\sum_{j=1}^{l}y_iy_ja_ia_j\left(x_i\cdot x_j\right)-\sum_{j=1}^{l}a_j \tag{3.34}$$

$$\mathrm{s.t.}\sum_{i=1}^{l}y_ia_i=0$$

$$a_i\geqslant 0,\ \ i=1,2,\cdots,l$$

求解得到拉格朗日系数 $\boldsymbol{a}^*$ 的值，则 $\boldsymbol{\omega}^*=\displaystyle\sum_{i=1}^{l}y_ia_i^*x_i$，选取 $\boldsymbol{a}^*$ 的一个正分量 a_i^*，并据此计算 $b^*=y_j-\displaystyle\sum_{i=1}^{l}y_ia_i^*\left(x_i\cdot x_j\right)$，此时的分类函数为：

$$f(\boldsymbol{x})=\mathrm{sgn}\left[\left(\boldsymbol{\omega}^{\mathrm{T}*}\cdot\boldsymbol{x}\right)+b^*\right] \tag{3.35}$$

2）线性不可分情况

线性可分就是在样本存在的空间中，可以找到可能正确划分训练样本的最优分类超平面。但在现实世界中得到的样本所组成的训练样本集往往都无法找到这样一个使得所有训练样本关于分类超平面的间隔都是正值的分类超平面。然而仍然希望找到一个超平面，那么就必须适当软化条件，允许存在不满足约束条件 $y_i\left[\left(\boldsymbol{\omega}^{\mathrm{T}}\cdot x_i\right)+b\right]\geqslant 1$ 的样本。因此，最优分类超平面的求解就表述为：

$$\min\frac{1}{2}\|\boldsymbol{\omega}\|^2+c\sum_{i=1}^{l}\xi_i \tag{3.36}$$

$$\mathrm{s.t.}\ \ y_i\left[\left(\boldsymbol{\omega}^{\mathrm{T}}\cdot x_i\right)+b\right]\geqslant 1-\xi_i$$

$$\xi_i\geqslant 0,\ \ i=1,2,\cdots,l$$

将其转化为对偶形式：

$$\frac{1}{2}\sum_{i=1}^{l}\sum_{j=1}^{l}y_iy_ja_ia_j\left(x_i\cdot x_j\right)-\sum_{j=1}^{l}a_j \tag{3.37}$$

$$\mathrm{s.t.}\sum_{i=1}^{l}y_ia_i=0$$

$$0\leqslant a_i\leqslant c,\ \ i=1,2,\cdots,l$$

求解，得到拉格朗日系数 $\boldsymbol{a}^*$ 的值，则 $\boldsymbol{\omega}^* = \sum_{i=1}^{l} y_i a_i^* x_i$，选取 $\boldsymbol{a}^*$ 的一个小于 c 的正分量 a_i^*，并据此计算 $b^* = y_j - \sum_{i=1}^{l} y_i a_i^* \left(x_i \cdot x_j \right)$，此时的分类函数为：

$$f\left(\boldsymbol{x} \right) = \mathrm{sgn}\left[\left(\boldsymbol{\omega}^{*\mathrm{T}} \cdot \boldsymbol{x} \right) + b^* \right] \tag{3.38}$$

对于那些需要软化的条件，将它们分为两类：一类是虽然不满足 KKT（Karush-Kuhn-Tucker）条件但是可以被正确划分的点；另一类是既不满足 KKT 条件，也不能被正确划分的点。对于第一类点，通过调整惩罚参数 c 来使松弛变量 ξ_i 不取太大的值；对于第二类点，由于该类点往往无法对提高分类器性能提供任何帮助，还会使得分类器的计算负担大大增加，造成过学习现象，因此应该将该类点剔除掉。

遇到线性不可分时，常用的做法是将样例特征映射到高维空间，如图 3-9 所示。

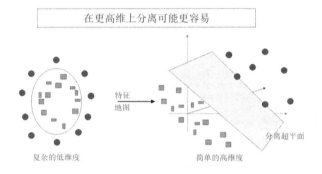

图 3-9　将样例特征映射到高维空间

将线性不可分的样例映射到高维空间，可能会导致维度高到可怕的程度，导致计算过程复杂。核函数的价值在于它虽然也是将特征进行从低维到高维的转换，但核函数事先在低维上进行计算，而将实质上的分类效果表现在了高维上，也就避免了直接在高维空间中的复杂计算。

3）非线性可分情况

即便引入了松弛变量，但用直线划分有些问题还是会存在很大误差，即输入空间中不存在该问题的线性分类超平面，这种问题称为非线性可分问题。处理这类问题时，通过某种映射使得训练样本线性可分，即将输入空间映射到高维空间中后，通过训练支持向量机得到该问题在高维空间中的最优分类超平面，解决该类分类问题。

设原始问题对应的输入空间 $\mathbb{R}^n$ 的训练集为：

$$T = \left\{ \left(x_1 \cdot y_1 \right), \cdots, \left(x_i \cdot y_i \right) \right\}$$

则对应的高维空间的新训练集为：

$$T = \left\{ \left[\phi\left(x_1 \right) \cdot y_1 \right], \cdots, \left[\phi\left(x_i \right) \cdot y_i \right] \right\}$$

于是相应特征空间的原始问题为：

$$\min \frac{1}{2} \| \boldsymbol{\omega} \|^2 + c \sum_{i=1}^{l} \xi_i \tag{3.39}$$

$$\text{s.t.} y_i \left[\left(\boldsymbol{\omega}^{\mathrm{T}} \cdot x_i \right) + b \right] \geqslant 1 - \xi_i$$

$$\xi_i \geqslant 0, \quad i = 1, 2, \cdots, l$$

转化为对偶问题：

$$\min \frac{1}{2} \sum_{i=1}^{l} \sum_{j=1}^{l} y_i y_j a_i a_j K \left(x_i \cdot x_j \right) - \sum_{j=1}^{l} a_j \qquad (3.40)$$

$$\text{s.t.} \sum_{i=1}^{l} y_i a_i = 0$$

$$0 \leqslant a_i \leqslant c, \quad i = 1, 2, \cdots, l$$

式中，$K\left(x_i \cdot x_j \right) = \phi\left(x_i \right) \cdot \phi\left(x_j \right)$。

求解得到拉格朗日系数 $\boldsymbol{a}^*$ 的值，则 $\boldsymbol{\omega}^* = \sum_{i=1}^{l} y_i a_i^* x_i$，选取 $\boldsymbol{a}^*$ 的一个正分量 a_i^*，并据此计算 $b^* = y_j - \sum_{i=1}^{l} y_i a_i^* K\left(x_i \cdot x_j \right)$。

2．支持向量机的优点

（1）支持向量机学习问题可以表示为凸优化问题，因此可以利用已知的有效算法发现目标函数的全局最小值。而其他分类方法（如基于规则的分类器和人工神经网络）都采用一种基于贪心学习的策略来搜索假设空间，这种方法一般只能获得局部最优解。

（2）假设现在你是一个农场主，圈养了一批羊群，但为预防狼群袭击羊群，你需要搭建一个篱笆把羊群围起来。但是篱笆应该建在哪里呢？你很可能需要依据羊群和狼群的位置建立一个"分类器"，图 3-10 是几种不同的分类器解决方案。

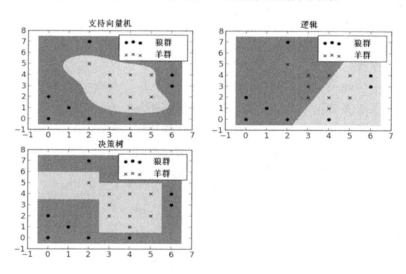

图 3-10　几种不同的分类器解决方案

比较图 3-10 中这几种不同的分类器，可以看到支持向量机完成了一个很完美的解决方案。从侧面简单说明了支持向量机使用非线性分类器的优势，而逻辑方案及决策树方案都使用了直线方法。明显看出，支持向量机方案要好过其他两种方案。

3. 支持向量机回归

支持向量机刚开始主要用于分类问题，后来 V.Vapnik 等人通过引入不敏感损失函数 ε，将支持向量机推广到回归估计，建立了支持向量机回归（SVR）[24,25]。其基本思想是将原始输入空间转化为高维特征空间，然后在高维特征空间中寻找输入变量和输出变量间的线性关系，即给定数据样本集合 $S = \{(x_i, y_i), \cdots, (x_m, y_m)\}$，其中 $x_i \in \mathbb{R}^n$，$y_i \in \mathbb{R}^n$，$i = 1,2,3,\cdots,m$，在 $\mathbb{R}^n$ 上寻找函数 $f(x)$，使 $y = f(x)$。

SVR 分为线性回归和非线性回归两种情况。

1）线性回归

设训练样本集为 $\{x_i, y_i\}$，$i = 1,2,\cdots,m$，其中 $x_i \in \mathbb{R}^n$ 为 n 维的系统输入变量，$y_i \in \mathbb{R}^n$ 为系统输出变量。回归的目标就是求出以下的线性函数：

$$f(x) = \boldsymbol{\omega} \cdot x + b \tag{3.41}$$

式中，$\boldsymbol{\omega}$ 是待定系数向量；$(\boldsymbol{\omega} \cdot x)$ 是 $\boldsymbol{\omega}$ 与 x 的内积；b 是阈值。

支持向量机线性回归可以通过最小化下列函数而转换为一个优化问题：

$$\min_{\boldsymbol{\omega}, b, \xi} \frac{1}{2} \|\boldsymbol{\omega}\|^2 + C \sum_{i=1}^m (\xi_i + \xi_i^*) \tag{3.42}$$

$$\text{s.t. } y_i - f(x_i) \leqslant \varepsilon + \xi_i$$
$$f(x_i) - y_i \leqslant \varepsilon + \xi_i^*$$
$$\xi_i, \xi_i^* \geqslant 0, \ i = 1,2,\cdots,m$$

式中，C 是惩罚系数，是用于控制模型复杂度、训练错误率与泛化能力的一个折中系数；ε 是预设的误差限；ξ_i、ξ_i^* 是松弛因子。

运用 Lagrange 乘数法可以使上述优化问题转换为相应的对偶问题，将式（3.42）转换为求解下列函数的最大值问题：

$$\max_{\alpha, \alpha} L(\alpha, \alpha^*) = -\varepsilon \sum_{i=1}^m (\alpha_i + \alpha_i^*) + \sum_{i=1}^m y(\alpha_i - \alpha_i^*) -$$
$$\frac{1}{2} \sum_{i=1}^m \sum_{j=1}^m (\alpha_i - \alpha_i^*)(\alpha_j - \alpha_j^*)(x_i, x_j) \tag{3.43}$$

$$\begin{cases} \sum_{i=1}^m (\alpha_i - \alpha_i^*) = 0 \\ 0 \leqslant \alpha_i, \ \alpha_j \leqslant C, \ i = 1,2,\cdots,m \end{cases}$$

式中，α_i、α_i^* 是 Lagrange 乘子，互为对偶。

表示的回归函数可以写为：

$$f(x) = \sum_{i=1}^m (\alpha_i - \alpha_i^*) x \cdot x_i + b \tag{3.44}$$

2）非线性回归

非线性回归问题首先需要使用非线性函数 $\boldsymbol{\varphi}(\cdot)$ 把训练数据映射到一个高维特征空间，再在高维特征空间中进行线性回归。

设非线性回归的估计函数为：

$$f(\boldsymbol{x}) = \boldsymbol{\omega} \cdot \boldsymbol{\varphi}(\boldsymbol{x}) + b \tag{3.45}$$

通过最小化下列函数将式（3.45）转换为一个优化问题：

$$\min_{\boldsymbol{\omega},b,\xi} \frac{1}{2}\|\boldsymbol{\omega}\|^2 + C\sum_{i=1}^{m}(\xi_i + \xi_i^*)$$

$$\text{s.t. } y_i - \boldsymbol{\omega} \cdot \boldsymbol{\varphi}(x_i) - b \leqslant \varepsilon + \xi_i, \quad i = 1,2,\cdots,m$$

$$\boldsymbol{\omega} \cdot \boldsymbol{\varphi}(x_i) + b - y_i \leqslant \varepsilon + \xi_i^*, \quad i = 1,2,\cdots,m \tag{3.46}$$

$$\xi_i, \xi_i^* \geqslant 0$$

与线性回归类似，运用 Lagrange 乘数法将上述优化问题转换为相应的对偶问题并引入核函数方法，将式（3.46）转换为求解下列函数的最大值问题：

$$\max_{\alpha,\alpha^*} L(\alpha,\alpha^*) = -\varepsilon\sum_{i=1}^{m}(\alpha_i + \alpha_i^*) + \sum_{i=1}^{m}y_i(\alpha_i - \alpha_i^*) -$$

$$\frac{1}{2}\sum_{i=1}^{m}\sum_{j=1}^{m}(\alpha_i - \alpha_i^*)(\alpha_j - \alpha_j^*)K(x_i,x_j) \tag{3.47}$$

$$\text{s.t. } \begin{cases} \sum_{i=1}^{m}(\alpha_i - \alpha_i^*) = 0 \\ 0 \leqslant \alpha_i, \ \alpha_i^* \leqslant C, \ i = 1,2,\cdots,m \end{cases}$$

式中，$K(x_i,x_j)$ 是核函数，$K(x_i,x_j) = \boldsymbol{\varphi}(x_i)^{\mathrm{T}} \cdot \boldsymbol{\varphi}(x_j)$。

则回归估计函数可以写为：

$$f(\boldsymbol{x}) = \sum_{i=1}^{m}(\alpha_i - \alpha_i^*)K(x_i,x_j) + b \tag{3.48}$$

3.5　实战：Python 支持向量机分类

因为 Python 中的 scikit-learn 库集成了支持向量机算法，使用方法较为便捷，因此本次实验选择在 Python 中使用支持向量机进行分类。本文用的数据集为鸢尾花（Iris）数据集，这是统计学中一个经典的数据集，其中包含了 150 条鸢尾花相关数据。它包含在 scikit-learn 库的 datasets 模块中。因此我们调用 load_iris 函数来加载数据：

```
#载入鸢尾花数据集
from sklearn import datasets
iris = datasets.load_iris()
```

鸢尾花数据集的部分数据如表 3-9 所示，共 5 列，前 4 列为样本特征，第 5 列为类别，分别有 3 种类别 Iris-setosa、Iris-versicolor、Iris-virginica。

表 3-9 鸢尾花数据集的部分数据

SepalLength	SepalWidth	PetalLength	PetalWidth	Class
5.1	3.5	1.4	0.2	Iris-setosa
4.9	3.0	1.4	0.2	Iris-setosa
4.7	3.2	1.3	0.2	Iris-setosa
4.6	3.1	1.5	0.2	Iris-setosa
5.0	3.6	1.4	0.2	Iris-setosa
5.4	3.9	1.7	0.4	Iris-setosa
4.6	3.4	1.4	0.3	Iris-setosa
5.0	3.4	1.5	0.2	Iris-setosa
4.4	2.9	1.4	0.2	Iris-setosa
4.9	3.1	1.5	0.1	Iris-setosa
5.4	3.7	1.5	0.2	Iris-setosa
4.8	3.4	1.6	0.2	Iris-setosa
4.8	3.0	1.4	0.1	Iris-setosa
5.0	3.4	1.5	0.2	Iris-setosa

从 datasets 模块中导入的数据为字典形式，包含 data、target、frame、target_names、DESCR 等键，其中对我们有用的是 data、target、target_names 三个键。data 中为样本特征，是一个 150 行 4 列的 array，其中每行为鸢尾花一个的特征；target 是一个一维的 array，表示的是类别，数据集中已经将其变为 0、1、2 三种，对应的分别是 Iris-setosa、Iris-versicolor 和 Iris-virginica。

因为数据是预处理过的，因此可直接进行训练，代码如下：

```
#随机划分训练集与测试集
from sklearn.model_selection import train_test_split
iris_feature = iris.data # 数据集特征
iris_label = iris.target # 数据集标签
x_train, x_test, y_train, y_test = train_test_split(iris_feature, iris_label, random_state=111, train_size=
0.7)
```

train_test_split：随机划分训练集与测试集。

train_data：所要划分的样本特征集。

train_target：所要划分的样本结果。

train_size：样本占比，如果是整数的话就是样本的数量。

random_state：随机数种子。

随机数种子其实就是该组随机数的编号，在需要重复进行试验时，保证得到一组一样的随机数。比如每次都填 1，在其他参数一样的情况下，得到的随机数组是一样的。但填 0 或不填，每次都会不一样。随机数的产生取决于种子，随机数和种子之间的关系遵从以下两个规则：①种子不同，产生不同的随机数；②种子相同，即使实例不同也会产生相同的随机数，代码如下：

```
#训练支持向量机分类器
from sklearn import svm
svm_classifier = svm.SVC(C=1.0, kernel='rbf', decision_function_shape='ovr', gamma=10)
svm_classifier.fit(x_train, y_train)
```

支持向量机分类器的参数解释如下。

当 kernel='linear' 时，为线性核，C 越大，分类效果越好，但有可能会过拟合（defaul C=1）。

当 kernel='rbf' 时，为高斯核，gamma 值越小，分类界面越连续；gamma 值越大，分类界面越"散"，分类效果越好，但有可能会过拟合。

当 decision_function_shape='ovr' 时，为 one v rest，即一个类别与其他类别进行划分。

当 decision_function_shape='ovo' 时，为 one v one，即将类别两两之间进行划分，用二分类的方法模拟多分类的结果。

输出结果，代码如下：

```
print("训练集准确度:", svm_classifier.score(x_train, y_train))
print("测试集准确度:", svm_classifier.score(x_test, y_test))
```

svm_classifier.score 为计算的支持向量机分类器的准确度。

图 3-11 所示为训练集准确度和测试集准确度。

图 3-12 是由花萼长度和花瓣长度两项生成的鸢尾花二特征分类图，可以通过图片观察两个特征之间的关联，其中五角星点为测试集，其余点为训练集。

```
训练集准确度: 0.8285714285714286
测试集准确度: 0.8
```

图 3-11　训练集准确度和测试集准确度

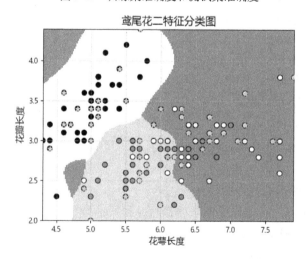

图 3-12　鸢尾花二特征分类图（单位：cm）

图 3-13 是鸢尾花不同二特征分类汇总图，可自行观察其中关联。

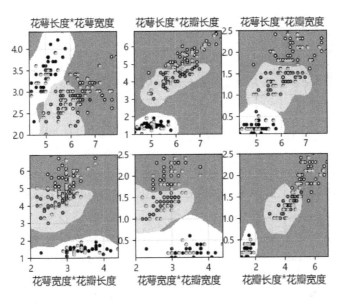

图 3-13　鸢尾花不同二特征分类汇总图（单位：cm）

习题

1．数据分类一般分为哪两个阶段？请阐述。常用的评估分类方法准确率的技术有哪些？请阐述。

2．什么是决策树？决策树的最佳用途是什么？决策树分为哪两种树？决策树中一般包含哪几种节点？请阐述决策树构建的基本步骤。一棵决策树的生成过程主要分为哪 3 个部分？请阐述决策树优缺点。

3．ID3 算法生成决策树的过程是怎样的？请阐述 ID3 算法的优缺点。C4.5 算法有哪两种基本剪枝策略？请分别阐述它们的思路。C4.5 算法建树过程是怎样的？请阐述 C4.5 算法的优缺点。请阐述 CART 算法建树过程。请阐述 CART 算法的优缺点。

4．请阐述朴素贝叶斯分类的优缺点。整个朴素贝叶斯分类一般分为哪 3 个阶段？请阐述。贝叶斯分析中的三要素是指哪三要素？贝叶斯决策主要包含哪 4 个部分？

5．什么是核函数？常用的核函数主要有几种？对偶问题与原始问题之间存在哪些关系？请阐述对偶理论。常用的损失函数有哪些？

6．请阐述支持向量机的主要思想。支持向量机的理论有哪几个要点？请阐述支持向量机主要有哪几种情况？请阐述支持向量机的优点。

参考文献

[1] PANG-NING T, MICHAEL S, VIPIN K. 数据挖掘导论（完整版）[M]. 范明，范宏建，译. 北京：人民邮电出版社，2011.

[2] 毛国君，段立娟. 数据挖掘原理与算法[M]. 3 版. 北京：清华大学出版社，2016.

[3] XU S Y, LIU S, WANG H, et al. A Hyperspectral Image Classification Approach Based on Feature Fusion and Multi-Layered Gradient Boosting Decision Trees [J]. Entropy (Basel, Switzerland), 2020, 23(1): 20.

[4] 杨宁. 决策树模型及其在资本流入急停预测中的应用[D]. 大连：大连理工大学，2021.

[5] LO C K, CHEN H C, LEE P Y, et al. Smart Dynamic Resource Allocation Model for Patient-Driven Mobile Medical Information System Using C4.5 Algorithm-ScienceDirect[J]. Journal of Electronic Science and Technology, 2019, 17(3): 231-241.

[6] LI W L, XING C Z. Parallel Decision Tree Algorithm Based on Combination[J]. Information Technology and Applications, 2010, 115: 99-101.

[7] YOUSAF A K. 基于 Copula 的决策树及应用研究[D]. 南昌：江西财经大学，2021.

[8] RASTOGI R, SHIM K. PUBLIC: A decision tree classifier that integrates building and pruning [C]. Data Mining and Knowledge Discovery, 2000,4: 315-344.

[9] QUINLAN J R. Rule induction with statistical data a comparison with multiple regression [J]. Journal of the operational research Society, 1987, 38: 347-352.

[10] MEHTA M, RISSANEN J, AGRAWAL R, et al. MDL-Based Decision Tree Pruning[C]. In KDD, 1995: 216-221.

[11] KALAIMANI G, KAVITHA G. Ensembled Adaboost Learning with Id3 Algorithm for Energy Aware Data Gathering in WSN[J]. International Journal of Innovative Technology and Exploring Engineering (IJITEE), 2019, 9(1): 2834-2840.

[12] 常雪松，鲁斌. 一种 C4.5 决策树的改进算法[J].中国科技信息，2019（22）：82-85.

[13] 吴烨. 基于 Weka 平台的决策树算法研究与实现[D]. 西安：西安电子科技大学，2014.

[14] ZAREI K. Prediction of Infinite Dilution Activity Coefficients of Halogenated Hydrocarbons in Water Using Classification and Regression Tree Analysis and Adaptive Neuro-Fuzzy Inference Systems[J]. Journal of Solution Chemistry, 2013, 42(3): 516-525.

[15] 张元侠. 基于 SVM 学习模型的换挡决策研究[D]. 长春：吉林大学，2019.

[16] JANAKI M M, CHANDRAN K R. Naïve Bayes Text Classification With Positive Features Selected by Statistical Method[C]. Advanced Computing. In:Processings of ICAC, 2009, 28-33.

[17] SANTHI B, BRINDHA G R. Multinomial Naïve Bayes using similarity based conditional probability[J]. Journal of Intelligent & Fuzzy Systems, 2019, 36(2): 1431-1441.

[18] HERRERO-LOPEZ S. Accelerating SVMs by integrating GPUs into Map Reduce clusters[C]//Systems，Man, and Cybernetics (SMC), 2011 IEEE International Conference on. IEEE, 2011: 1298-1305.

[19] 周英，卓金武，卞月青. 大数据挖掘系统方法与实例分析[M]. 北京：机械工业出版社，2016.

[20] SMITS G F, JORDAAN E M. Improved SVM regression using mixture of kernel[A]. IEEE Proceeding of UCNN 02 on Neural Network．2002, 3: 2785-2790.

[21] 陈云妮. 线性规划教学引入对偶理论的实践探索[D]. 天津：天津师范大学，2015.

[22] FREUND Y, SCHAPIRE R. A decision-theoretic generalization of online learning and application to boosting[J]. Journal of Computer and System Sciences. 1997, 55: 119-139.

[23] 张露. 基于改进支持向量机的数据挖掘分类算法研究[D]. 兰州：兰州理工大学，2016.

[24] VAPNIK V. Statistical Learning Theory[M]. Hoboken: Wiley, 1998.

[25] 张冰. 智能井井下数据采集与处理分析技术研究[D]. 成都：西南石油大学，2017.

第4章 回归

在生活中存在着很多相互依赖又相互制约的关系，这些关系制约的变量主要有两种类型。

（1）确定关系，即变量之间存在着明确的函数关系，如我们熟悉的圆的面积与半径之间的函数关系：$S = \pi R^2$。

（2）非确定关系，即各变量之间虽有密切的关系，但却无法用确定的函数来表达，比如科学研究表明，人的年龄与血压之间存在着非常密切的关系，但是我们却找不到一个能正确表达它们之间关系的函数，变量之间存在的这种非确定性关系，我们称为相关关系[1]。

回归分析[2]是研究相关关系的一种数学工具，它能帮助我们从一个变量的取值去估计另一变量的取值。回归的应用领域广泛，几乎遍及所有学科，在气象学、生物医学、经济学、临床医学等领域展现出广阔的应用前景。甚至在实际生活中很多方面也与回归息息相关，如我们的工资问题。我们使用工资这个数据集，考察影响美中大西洋地区男性收入的几个因素。我们希望建立起工资与年龄、受教育程度、工龄等因素之间的关系。图 4-1 （a）为工资与年龄的散点图，我们可以看到，60 岁以前，工资随着年龄的增长而递增，大约 60 岁后工资呈下降趋势，其中曲线给出了每个工资点处员工的平均工资的估计，更清晰地表达了这种趋势。当给定某员工的年龄时，可以用这条曲线预测他的工资。然而，同样可以从图 4-1 （a）中发现这个平均值具有很大的方差，所以，如果仅仅使用年龄作为唯一的特征，则不能准确地给出同一年龄下不同员工工资的精准预测。

我们注意到在数据中还有另外两个可供研究的特征：每个员工的受教育程度和工龄。如图 4-1 （b）和图 4-1 （c）所示，分别绘制了工资随受教育程度和工龄变化的散点图，两图都反映了工资与这两个因素是正相关的。一个人有较高的教育水平，其工资水平一般也较高。显然，想要准确地预测一个人的工资，应该结合这个人的年龄、受教育程度、工龄来分析。

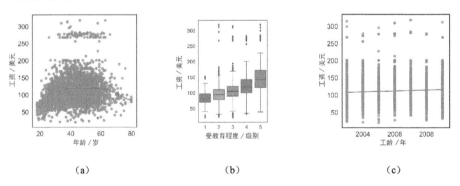

(a)　　　　　　　　　(b)　　　　　　　　　(c)

图 4-1　工资与年龄、受教育程度、工龄的关系

从工资这个例子中，我们知道回归分析本质上是一种因素分析的方法。由于若干随机因素的干扰，因变量和自变量之间的相关关系不能表示成完全确定的函数形式，因此，回归分析的主要任务就是在平均意义下寻找某种定量关系表达式，并通过建立相应的数学模型，推测某事件的发展趋势[3]。

4.1　回归的基本概念

4.1.1　回归分析的定义

回归分析是研究中常用的一种统计方法[4]，即研究变量之间的关系并对其构建模型。利用数理统计原理，对大量统计数据进行数学处理，并确定自变量与因变量的相关关系，建立一个相关性的回归方程（函数表达式），并加以外推，用于预测未知自变量下因变量取值的方法。

根据因变量和自变量的函数表达式，回归分析可分为线性回归分析、非线性回归分析。

根据因变量和自变量的个数，回归分析可分为一元回归分析、多元回归分析、其他回归分析[5]等。

一般情况下，线性回归分析是回归分析中最基本的方法，非线性问题可转化为线性问题进而求解，一旦线性回归问题得到解决，非线性回归问题也就迎刃而解了。一些非线性回归也可直接进行，如多项式回归等。

回归分析可简单理解为信息分析与预测[6]，信息即统计数据，分析即对信息进行数据处理，预测就是加以外推，也就是将测试数据集并入现有的定义域，并承认该回归方程在该扩展的定义域内成立，然后就可以在扩展定义域上取值进行"未来预测"。当然，对回归方程可以进行有效的控制。

因此，回归分析主要解决下面两方面的问题。

（1）确定变量之间是否存在相关关系，若存在，则找出数学表达式。

（2）根据一个或几个变量的值，预测或控制另一个或几个变量的值，且要估计这种控制或预测可以达到何种精确度。

4.1.2　回归分析的步骤

（1）根据自变量与因变量的现有数据及关系，初步设定回归方程。

（2）求出合理的回归系数。

（3）进行相关性检验，确定相关系数。

（4）在符合相关性要求后，即可根据已经得到的回归方程与具体条件相结合，来确定事物的未来状况，并计算预测值的置信区间。

回归分析中常用到以下几个概念。

实际值：实际观测到的研究对象特征数据值。

理论值：根据实际值我们可以得到一条趋势线，用数学方法拟合这条曲线，可以得到数学模型，根据这个数学模型计算出来的、与实际值相对应的值，称为理论值。

预测值：实际上也是根据数学模型计算出来的理论值，但它是与未来对应的理论值。

表示符号：实际值，用 y_i 表示；理论值，用 $\hat{y}_i$ 表示；预测值，用 y_0 表示。

4.1.3　回归分析要注意的问题

为使回归分析方程能符合实际，首先，应尽可能判断自变量的可能种类和个数，并在观察事物发展规律的基础上定性回归方程的可能类型；其次，力求掌握较充分的高质量统计数据，运用统计方法，利用数学工具和相关软件，从定量方面计算或改进定性判断。另外，从本质上讲，回归分析是一种统计分析，回归分析的结果和检验结果只有统计意义。在所有回归应用领域中，对于我们感兴趣的变量，回归分析只是实际函数关系的逼近。即便是回归分析的结果在统计意义上非常显著，我们也很难说自变量 x 和因变量 y 之间就一定存在某种显著关系。

4.2　一元回归分析

4.2.1　一元回归分析的模型设定

经济变量之间的关系是经济学研究的重要内容，这种关系往往呈现出一定的随机性，是一种随机关系。例如，在研究可支配收入对消费的影响时，可支配收入和消费额之间的关系就是随机关系：收入完全相同的消费者，其消费行为存在差异；即使收入不变，同一个消费者不同情形下的消费行为也会表现出一定的差异。计量经济学[7]用回归模型来描述经济变量之间的随机关系。

设 x、y 为两个经济变量，变量 y 受到变量 x 的影响。将 y 和 x 之间的关系表示为

$$y = f(x,\theta) + \varepsilon \tag{4.1}$$

式（4.1）称为一元回归模型，其中 f 为满足一定条件的函数，称为回归函数；θ 为参数，称为回归模型参数；ε 为随机变量，称为误差项或扰动项；y 称为因变量，x 称为自变量。

回归模型通过在模型中增加误差项 ε 来反映变量 y 和 x 之间的随机关系：在给定 x 值时，y 是随机变量，它由两部分组成，第一部分为确定性部分 $f(x,\theta)$，由给定的 x 完全确定，第二部分为随机部分 ε。例如，x 为家庭可支配收入，y 为消费，当可支配收入一定时，家庭消费是随机变量，完全由收入 x 确定的部分为 $f(x,\theta)$，而由其他因素引起的消费变化则由误差项 ε 来反映。当研究一个经济变量对另一个经济变量的影响时，一元回归分析是最为常用的方法。

在简单的回归模型中，回归函数为解释变量的线性函数，回归模型称为一元线性回归模型，表达式为：

$$y = \beta_0 + \beta_1 x + \varepsilon \tag{4.2}$$

其中的回归模型参数 β_0、β_1 为回归系数，β_0 称为常数项，也称为截距项，β_1 称为

斜率。

　　将变量 y 和 x 的关系用模型（4.2）表示出来称为模型设定，设定的模型称为总体回归模型。模型设定要以有关的经济学理论为基础[8]。例如，凯恩斯消费理论认为，消费受可支配收入的影响，在其他因素影响不大的情况下，可以用一元线性回归模型（4.2）作为消费模型。再例如，资产定价理论认为，资产收益率受市场收益率的影响。在理想的市场环境下，资产收益和市场收益之间的关系可以设定为模型（4.2），其中 y 为资产收益率，x 为市场收益率（常用市场指数收益率代表），回归系数 β_1 称为资产的贝塔系数。

　　回归模型的设定给出了回归函数的形式，但模型中的回归参数是未知的。要对模型中的参数进行估计和统计推断，需要从总体中抽取样本以获得数据。设从总体中抽取 n 个样本，样本编号为 $i\,(i=1,2,\cdots,n)$。第 i 个样本为 (x_i,y_i)。将回归模型（4.2）应用于每个样本得出：

$$y_i = \beta_0 + \beta_1 x_i + \varepsilon_i, \quad i=1,2,\cdots,n \tag{4.3}$$

　　式（4.3）称为样本回归模型。注意，来自同一个总体的不同样本，其回归模型具有不同的误差项 ε_i。例如，在研究某个城市的家庭消费行为中将所有家庭看作总体，总体回归模型为式（4.2），其中 y 为消费，x 为可支配收入。对从总体中抽取的（家庭）来说，其消费除了满足由其收入决定的部分 $\beta_0 + \beta_1 x_i$，每个家庭消费的随机程度是不一样的。一般情况下，富裕家庭消费伸缩性较大，消费的随机程度高，而贫困家庭（如最低保障家庭）消费的随机程度较低。体现在模型中，不同样本的回归模型具有不同的误差项。

　　【例 4-1】在进行消费行为研究中，从一个地区抽取 20 个不同家庭的月可支配收入和消费数据，如表 4-1 所示。

表 4-1　某地区不同家庭的月可支配收入和消费数据样例

序号	消费/百元	月可支配收入/百元	序号	消费/百元	月可支配收入/百元
1	72.3	100	11	132.3	189
2	92.65	120	12	149.8	214
3	135.2	200	13	115.3	188
4	94	130	14	132.2	197
5	163.5	240	15	149.5	206
6	100	114	16	100.25	142
7	86.5	126	17	79.6	112
8	142.36	213	18	90.2	134
9	120	156	19	116.5	169
10	112.56	167	20	126	170

　　以月可支配收入为横轴、消费为纵轴画出样本数据的散点图，如图 4-2 所示。

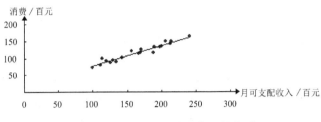

图 4-2　消费和月可支配收入的关系

从图 4-2 中可以看出，月可支配收入和消费之间存在明显的线性关系。但所有点并不在一条直线上，表明二者之间的关系是一种随机关系。

在获得样本之后，要对模型（4.2）进行参数估计和统计推断，需要对样本回归模型的误差项进行一些假设。一元线性回归模型误差项的基本假设有 4 个，这些假设也是模型设定的一部分[9]。

假设 1：零均值，误差项的数学期望等于 0，$u_{y|x}$ 是 x 的线性函数 $u_{y|x} = \beta_0 + \beta_0 x$。

假设 2：同方差，即方差齐次性，对于任意的 x，有 $\sigma_{y|x}^2 = \sigma^2$。

假设 3：独立性，y 之间相互独立。

假设 4：正态分布，对于任一固定 x 值，y 是一个随机变量，有确定的概率分布 $y|x \sim N(u_{y|x}, \sigma_{y|x}^2)$。

满足 4 个基本假设的线性回归模型（4.2）称为古典线性回归模型。古典线性回归模型是一种理想模型，实际情况很难满足其苛刻的条件，但它提供了一种研究变量之间关系的基本方法，即普通最小二乘法。当有关的条件不满足时，我们可以对模型及其估计方法进行改进，得出更加合理的模型和方法。

4.2.2　回归参数的最小二乘估计

在回归模型中，给定自变量 x 的值，因变量 y 为服从正态分布的随机变量，x 取值的变化只对 y 的数学期望产生影响，不同的 x_i 对应着数学期望为 $\beta_0 + \beta_1 x_i$、方差为 σ^2 的正态分布。以例 4-1 中的数据进行说明，假设消费 y 和月可支配收入之间的关系为 $y = 15.3 + 0.61x + \varepsilon$，$\varepsilon \sim N(0, 7^2)$，在 x 给定时，y 为服从 $N(15.3 + 0.61x, 7^2)$ 的随机变量。例如，当家庭收入为 100 百元时，$y|_{x=100} \sim N(76.7, 7^2)$，当收入为 240 百元时，$y|_{x=240} \sim N(161.7, 7^2)$，如图 4-3 所示。

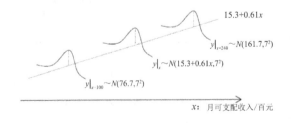

图 4-3　回归关系示意图

如果模型（4.2）正确反映了经济变量 y 和 x 之间的关系，在得到变量的 n 个样本 (y_i, x_i)，$i = 1, 2, \cdots, n$ 后，可以对模型中的参数进行估计。模型（4.2）中有 3 个待估计参数：回归系数 β_0、β_1 和误差方差 σ^2。估计模型参数的方法有 3 种：普通最小二乘法、矩方法和极大似然方法。这里对最小二乘法进行介绍，矩方法和极大似然方法请参考相关资料。

最小二乘法（又称为最小平方法）是一种数学优化技术[10]。它通过最小化误差的平方和寻找数据的最佳函数匹配。利用最小二乘法可以简便地求得未知的数据，并使得这些求得的数据与实际数据之间误差的平方和最小。最小二乘法还可用于曲线拟合。其他一些优化问题也可通过最小化能量或最大化熵用最小二乘法来表达。

普通最小二乘法（Ordinary Least Square，OLS）是最为直观的估计方法，对模型条件要求最少，也就是使散点图上的所有观测值到回归直线距离平方和最小。对任一给定的自变量值而言，其相应的估计值表示为 $\hat{y}_i = \hat{\beta}_0 + \hat{\beta}_1 x_i$，$i = 1, 2, \cdots, n$。利用最小二乘法所得的 $\hat{\beta}_0$ 与 $\hat{\beta}_1$ 值，将使得因变量的观测值 y_i 与因变量的估计值 $\hat{y}_i$ 之间的离差平方和最小，即 $\min \sum (y_i - \hat{y}_i)^2$。

令 $F(\beta_0, \beta_1) = \sum_{i=1}^{n} (y_i - \beta_0 - \beta_1 x_i)^2$，最小二乘估计量 $\hat{\beta}_0$ 与 $\hat{\beta}_1$ 必须满足：

$$\frac{\partial F}{\partial \beta_0}\bigg|_{\hat{\beta}_0, \hat{\beta}_1} = -2 \sum_{i=1}^{n} (y_i - \hat{\beta}_0 - \hat{\beta}_1 x_i)^2 = 0$$
$$\frac{\partial F}{\partial \beta_1}\bigg|_{\hat{\beta}_0, \hat{\beta}_1} = -2 x_i \sum_{i=1}^{n} (y_i - \hat{\beta}_0 - \hat{\beta}_1 x_i)^2 = 0 \tag{4.4}$$

化简方程可得：

$$\sum_{i=1}^{n} y_i = n \hat{\beta}_0 + \hat{\beta}_1 \sum_{i=1}^{n} x_i$$
$$\sum_{i=1}^{n} y_i x_i = \hat{\beta}_0 \sum_{i=1}^{n} x_i + \hat{\beta}_1 \sum_{i=1}^{n} x_i^2 \tag{4.5}$$

方程的解为：

$$\hat{\beta}_0 = \bar{y} - \hat{\beta}_1 \bar{x}$$
$$\hat{\beta}_1 = \frac{\sum_{i=1}^{n} y_i x_i - \frac{\left(\sum_{i=1}^{n} y_i\right)\left(\sum_{i=1}^{n} x_i\right)}{n}}{\sum_{i=1}^{n} x_i^2 - \frac{\left(\sum_{i=1}^{n} x_i\right)^2}{n}} \tag{4.6}$$

其中：

$$\bar{y} = \frac{1}{n} \sum_{i=1}^{n} y_i \tag{4.7}$$

$$\bar{x} = \frac{1}{n} \sum_{i=1}^{n} x_i$$

由最小二乘法建立的直线方程 $\hat{y} = \hat{\beta}_0 + \hat{\beta}_1 x$ 称为估计回归线或估计回归方程，它提供自变量与因变量关系的最佳近似直线。因变量的值 y_i 和与其对应的拟合值 $\hat{y}_i$ 两者的差值反映了估计误差，第 i 个观察值之差称为 $e_i = y_i - \hat{y}_i$，此差值称为第 i 个观察值的残差。

4.2.3 基本假设下 OLS 估计的统计性质

从概率统计知道，参数估计有不同的方法，同一个未知参数也可以有多个不同的估计量。因此，需要给出估计量的评价标准，以便根据需要选择最优估计量。数理统计中给出的估计量基本评价标准有 3 个：无偏性、一致性和有效性[11]。无偏性要求估计量的数学期望等于被估计参数；一致性要求当样本量无限增大时，估计量以概率收敛于未知参数；而有效性则是对未知参数的两个无偏估计进行比较，方差越小越有效。

通过 OLS 得出的估计量具有哪些良好的性质呢？在一些基本假设满足的条件下，OLS 估计具有无偏性、一致性、线性和有效性。

（1）无偏性：在假设 1 满足时，OLS 估计是无偏估计，无偏性是 β_0、$\hat{\beta}_1$ 的抽样分布性质，并不能说明从具体的样本计算出的一个估计量与参数的真实值 β_0、β_1 有多大的偏差。因此，除无偏性外，还需要其他性质来进一步说明。当样本量足够大时，参数估计值逐渐接近真实值。

（2）一致性：在假设 1 和假设 3 成立时，OLS 估计是一致估计。一致性告诉我们，当样本量增大时，参数估计 $\hat{\beta}_0$ 以概率趋近于参数真实值 β_0。我们不能像理解微积分中的收敛概念一样理解 $\hat{\beta}_0$ 对 β_0 的趋近，以概率收敛只能保证当样本量足够大时，随机变量 $\hat{\beta}_0$ 与 β_0 的距离可以任意接近的概率趋近 1，因此，不管样本量多么大，仍然存在 $\hat{\beta}_0$ 与 β_0 "相去甚远"的情况发生的可能性，只是这种可能性随着样本增加越来越接近 0。

（3）线性：OLS 估计量是被解释变量观测值 y_i 的线性组合。线性有两个作用：一个是给运算带来方便。例如，取数学期望时，由于数学期望运算对随机变量组合具有线性分配率，因此对 $\hat{\beta}_1$ 求期望时可以直接将期望符号分配到 y_i 面前（此时 x_i 给定，看作非随机变量），而如果假设 3 成立，y_i 之间不相关，对 $\hat{\beta}_0$ 求方差时也可以直接将方差符号分配到 y_i 面前。二是如果假设 4 成立，即 y_i 服从正态分布，则由正态分布性质可以得出，$\hat{\beta}_1$ 也服从正态分布。即使没有假设 4，只要假设 3 中的独立性成立，由中心极限定理可以得出，$\hat{\beta}_1$ 渐进服从正态分布，因此当样本量足够大时，可以将 $\hat{\beta}_1$ 的分布视为正态分布。

（4）有效性（马尔可夫性）：如果线性回归模型（4.2）满足假设 1～3，则在 β_0、β_1 的所有线性无偏估计中，OLS 估计量 $\hat{\beta}_0$、$\hat{\beta}_1$ 的方差最小。马尔可夫性从理论上保证，如果模型满足假设 1～3，则在所有线性无偏估计中，由最小二乘法得出的估计量是最优的，这就保证了采用 OLS 估计的合理性。但 OLS 估计量的有效性是需要条件的，如果假设 1～3 中的条件不成立，则不能保证 OLS 的最小方差性。实际上，当假设 2 和（或）假设 3 不成立时，OLS 确实不再是最小方差线性无偏估计，而采用广义最小二乘得出的估计量才具有最优性。

如果假设 1～4 成立，则 OLS 估计量 $\hat{\beta}_0$、$\hat{\beta}_1$ 服从正态分布，其方差分别为：

$$\operatorname{Var}(\hat{\beta}_0) = \frac{h^{-1}\sum_{i=1}^{n} x_i^2}{\sum_{i=1}^{n}(x_i - \overline{x})^2}\sigma^2$$

$$\operatorname{Var}(\hat{\beta}_1) = \frac{\sigma^2}{\sum_{i=1}^{n}(x_i - \overline{x})^2} \tag{4.8}$$

注：由于 $\hat{\beta}_1$ 为 y_i（$i=1,2,\cdots,n$）的线性组合，由假设 3 得出 y_i 不相关，因此，$\hat{\beta}_1$ 的方差为 y_i 方差的线性组合，组合系数为 C_i^2。假设 2 的同方差性简化了 $\hat{\beta}_1$ 的方差的计算。

从式（4.8）可以看出，$\sum_{i=1}^{n}(x_i - \overline{x})^2$ 越大，$\hat{\beta}_1$ 的方差越小，估计越精确。$\sum_{i=1}^{n}(x_i - \overline{x})^2$ 称为数据 x_i（$i=1,2,\cdots,n$）的离差平方和。在其他条件不变时，解释变量样本数据越富于变化，包含的信息越多，斜率的估计越准确。这是一个很重要的结论。例如，在研究男女工资差别时，性别为解释变量，如果抽样时男女样本比例悬殊，则会影响到估计的精度，因为此时性别变量变化很小，离差平方和很小，导致参数估计量的方差很大，精度很低。

4.2.4　误差方差估计

线性回归模型（4.2）中的误差项 ε_i 表示因变量 y_i 中不能由解释变量 x_i 表达的部分，其随机性大小代表了 y_i 的随机性。因此，误差方差 σ^2 十分重要。另一方面，式（4.8）给出的参数估计方差公式中含有 σ^2，要想对参数估计进行统计推断，必须估计 σ^2 的值。

由数理统计知道，总体方差可以用样本方差来估计[12]。因此，如果能够得到误差项的样本值，可以很容易地给出 σ^2 的估计值。困难在于误差项不可观测，不能得到样本。为此，必须寻找一个可以观测的量来代替误差项。显然，在可以代替误差项 ε_i 的量中，残差 $\hat{\varepsilon}_i$ 是最容易想到的。从式（4.9）可以看出，残差是将误差表达式 $\varepsilon_i = y_i - \beta_0 - \beta_1 x_i$ 中的未知参数 β_0、β_1 用其最优线性无偏估计 β_0、β_1 代替得出的，因此，可以将残差项看作误差项的"最优线性无偏估计量"。

用残差代替误差，用残差值 $\hat{\varepsilon}_i$ 作为误差的样本构造误差方差的估计量。由残差的性质得出，残差均值为 0，因此，考虑用残差的样本方差 $\dfrac{\sum_{i=1}^{n}\varepsilon^2}{n}$ 作为误差方差 σ^2 的估计。但需要注意，由于误差项满足 $\sum_{i=1}^{n}\hat{\varepsilon}_i = 0$、$\sum_{i=1}^{n}x_i\hat{\varepsilon}_i = 0$ 这两个约束条件，因此残差平方和 $\sum_{i=1}^{n}\hat{\varepsilon}_i^2$ 的自由度是 $n-2$，因此，将残差平方和除以 $n-2$ 可以得出误差方差 σ^2 的无偏估计。

设 $\{\hat{\varepsilon}_i\}$ 为线性回归模型（4.2）的最小二乘残差，定义如下：

$$\hat{\sigma}^2 = s^2 = \frac{\sum_{i=1}^{n}\hat{\varepsilon}_i^2}{n-2} \tag{4.9}$$

它为误差方差 σ^2 的估计量，其平方根 $\hat{\sigma} = s$，称为回归标准误。

可以证明，$\hat{\sigma}^2$ 是 σ^2 的无偏估计量。将 $\hat{\sigma}^2 = s^2$ 代替式（4.8）中的 σ^2，可以得出估计量方差的估计，由此得 $\hat{\beta}_0$、$\hat{\beta}_1$ 标准差的估计量：

$$s(\hat{\beta}_0) = \sqrt{\frac{n^{-1}\sum_{i=1}^{n}x_i^2}{\sum_{i=1}^{n}(x_i-\overline{x})^2}}\,s, \quad s(\hat{\beta}_1) = \sqrt{\frac{1}{\sum_{i=1}^{n}(x_i-\overline{x})^2}}\,s \tag{4.10}$$

它们分别称为 $\hat{\beta}_0$、$\hat{\beta}_1$ 的标准误。

得出参数估计的标准误后，用标准误将估计量标准化，并由 t 分布的定义可知，标准化估计量分布服从 t 分布，即如果回归模型假设 1～4 成立，则统计量为：

$$t(\hat{\beta}_0) = \frac{\hat{\beta}_0 - \beta_0}{s(\hat{\beta}_0)} \sim t(n-2), \quad t(\hat{\beta}_1) = \frac{\hat{\beta}_1 - \beta_1}{s(\hat{\beta}_1)} \sim t(n-2) \tag{4.11}$$

式（4.11）中的 t 统计量用来进行回归模型系数检验。

4.2.5　回归系数检验（t 检验）

因变量 y 和自变量 x 之间是否具有线性关系，以及线性关系的形式如何，都需要由实际数据决定。在假设 y 和 x 具有线性回归关系并满足一定假设条件、通过 y 和 x 的样本值采用 OLS 方法估计出模型之后，需要对模型的有效性（假设的合理性）进行检验[13]。这里首先对模型参数是否显著不为 0 进行检验，如果检验结果表明模型斜率参数显著不为 0，则表明 y 和 x 之间具有线性关系，否则说明两个变量之间没有显著的线性关系。由于检验是对每个参数分别进行的，因此称为回归系数检验。下面以斜率参数 β_1 的检验为例来说明，截距参数 β_0 的检验类似。

检验的原假设和备选假设为：$H_0: \beta_1 = 0$，$H_1: \beta_1 \neq 0$，设检验的显著性水平为 α，通常取 $\alpha = 0.05$ 或 $\alpha = 0.01$。检验采用的统计量为式（4.11）中的 $t(\hat{\beta}_1)$。在原假设下，检验统计量服从 t 分布，即：

$$t(\hat{\beta}_1) = \frac{\hat{\beta}_1}{s(\hat{\beta}_1)} \sim t(n-2) \tag{4.12}$$

查 t 分布表，得出自由度为 $n-2$、显著性水平为 α 的双边 t 检验的临界值 t_α，将实

际计算的 $t(\hat{\beta}_1)$ 的绝对值与临界值 t_α 进行比较。如果 $t(\hat{\beta}_1) > t_\alpha$，则拒绝原假设，认为 β_1 显著不为 0；如果 $t(\hat{\beta}_1) < t_\alpha$，则不能拒绝原假设，不能认为 β_1 显著不为 0。通常将 $t(\hat{\beta}_1)$ 称为参数估计 $\hat{\beta}_1$ 的 t 统计值。

注：（1）从式（4.12）可以看出，使 $t(\hat{\beta}_1) > t_\alpha$ 成立有两方面因素，一方面是 $\hat{\beta}_1$ 本身绝对值足够大，另一方面是 $\hat{\beta}_1$ 的标准误 $s(\hat{\beta}_1)$ 足够小。$s(\hat{\beta}_1)$ 越小，说明 $\hat{\beta}_1$ 的随机性越小，用来估计 β_1 越精确（注意，$\hat{\beta}_1$ 为无偏估计），此时，即使 $\hat{\beta}_1$ 的绝对值不是太大，也足以说明 β_1 不为 0。相反，$s(\hat{\beta}_1)$ 越大，说明 $\hat{\beta}_1$ 的随机性越大，用来估计 β_1 越不精确，因此，$\hat{\beta}_1$ 必须足够大才能说明 β_1 不是 0。

（2）在样本量 n 较大时（$n > 35$），0.05 显著性水平下双边 t 检验的临界值通常很接近 2。例如，对应 $n = 40、60、120$ 的临界值分别为 2.021、2.00、1.98。当 n 更大时，t 分布和标准正态分布几乎相同，0.05 显著性水平对应的临界值为 1.96。因此，人们将 t 值是否大于 2 作为判断参数是否显著不为 0 的经验标准。

4.2.6　拟合优度和模型检验（F 检验）

现在从另一个角度考虑如何通过数据检验 y 和 x 之间是否具有线性关系。考察 y 和 x 之间的线性关系，实际上是考察 x 的变化是否引起了 y 的变化，或者说 y 的变化中多少是由 x 的变化引起的，是可以由 x 的变化解释的。这里的重点是变化的概念。前面讲过，一组数据的离差平方和可以作为变化的衡量标准。基于此，我们对 y 的样本离差平方和进行分解。

$$\sum_{i=1}^{n}(y_i - \overline{y})^2 = \sum_{i=1}^{n}(y_i - \hat{y}_i + \hat{y}_i - \overline{y})^2 = \sum_{i=1}^{n}(y_i - \hat{y}_i)^2 + \sum_{i=1}^{n}(\hat{y}_i - \overline{y})^2 \tag{4.13}$$

式中，最左边是 y 的样本离差平方和，也称为总平方和，记为 TSS（Total Sum of Squares），最右边表达式中第一项称为残差平方和，记为 RSS，第二项称为解释平方和（也称为回归平方和），记为 ESS（Explained Sum of Squares）。由于 y 的变化完全由 x 的变化引起，因此 ESS 表明了 y 的总变化中可以被 x 解释的部分，而 RSS 是不能被 x 解释的部分。因此，得出如下的平方和分解公式：

$$\text{TSS} = \text{RSS} + \text{ESS} \tag{4.14}$$

ESS 占 TSS 的比例称为模型的拟合优度，记为 R^2，即：

$$R^2 = \frac{\text{ESS}}{\text{TSS}} = 1 - \frac{\text{RSS}}{\text{TSS}} \tag{4.15}$$

显然 $0 \leqslant R^2 \leqslant 1$，$R^2$ 越接近 1，RSS 越接近 0，y 和 x 的线性关系越明显，模型拟合数据的效果越好；R^2 越接近 0，ESS 越接近 0，y 和 x 的线性关系越不明显，模型拟合数据的效果越差。

R^2 是整个模型拟合效果的衡量[14]。但 R^2 不能像假设检验那样给出一个临界值，大到什么程度模型算好可以使用，小到什么程度算差不能使用，没有一个严格的标准，具有很大的主观随意性。要对模型进行整体检验，必须构造出分布已知的统计量。

为此，ESS 与 RSS 的比作为模型整体效果的度量。在模型假设 2 成立的条件下，TSS 的自由度为 $n-1$，RSS 的自由度为 $n-2$，由式（4.14）及 RSS 与 ESS 的独立性知道，ESS 的自由度为 1。定义统计量

$$F = \frac{\text{ESS}/1}{\text{RSS}/(n-2)} = \frac{\text{ESS}}{\text{RSS}} \times (n-2) \tag{4.16}$$

设检验假设为 $H_0: \beta_1 = 0$，$H_1: \beta_1 \neq 0$。可以证明，如果模型假设 1～4 成立，在原假设下，F 服从第一自由度为 1、第二自由度为 $n-2$ 的 F 分布。F 值越大，越能拒绝原假设。

注：（1）一元线性回归模型的 t 检验和 F 检验具有相同的原假设和备选假设。实际上，一元线性回归模型的 t 检验和 F 检验是等价的，如果 t 检验拒绝原假设，F 检验也一定拒绝原假设。这是由 t 分布和 F 分布的关系决定的：如果 $x \sim t(n)$，则 $x^2 \sim F(1,n)$（可以从 t 分布和 F 分布的定义得出）。但是，在多元线性回归模型中，t 检验和 F 检验不再具有等价关系。

（2）R^2 统计量衡量了 x 和 y 之间的线性关系。从概率统计中知道，x 和 y 之间的相关性为：

$$\text{Cor}(x,y) = \frac{\sum_{i=1}^{n}(x_i - \overline{x})(y_i - \overline{y})}{\sqrt{\sum_{i=1}^{n}(x_i - \overline{x})^2}\sqrt{\sum_{i=1}^{n}(y_i - \overline{y})^2}} \tag{4.17}$$

相关性也衡量了 x 和 y 之间的线性关系。这表明 $r = \text{Cor}(x,y)$ 也可以评估线性模型的拟合度。实际上，在简单线性回归模型中，$R^2 = r^2$，即相关系数的平方与 R^2 统计量相等。但是，相关性这一概念具有局限性，只能衡量一对变量之间的关系。所以，相关性对于多元线性回归模型并不适用。

4.3 多元线性回归分析

4.3.1 多元线性回归模型

在市场的经济活动中，经常会遇到某一市场现象的发展和变化取决于几个影响因素的情况，也就是一个因变量和几个自变量有依存关系的情况。而且有时几个影响因素主次难以区分，或者有的因素虽属次要，但也不能略去其作用。例如，某一商品的销售量既与人口的增长变化有关，也与商品价格变化有关。这时采用一元回归分析预测法进行预测是难以奏效的，需要采用多元回归分析预测法。

多元回归分析预测法是指通过对两个或两个以上的自变量与一个因变量的相关分析，建立预测模型进行预测的方法。当自变量与因变量之间存在线性关系时，称为多元线性回归分析[2]。

多元回归分析可以达到以下目的。

（1）了解因变量和自变量之间的关系是否存在，以及这种关系的强度。也就是以自变量所解释的因变量的变异部分是否显著，且因变量变异中有多大部分可以由自变量来解释。

（2）估计回归方程，求在自变量已知的情况下因变量的理论值或预测值，以达到预测目的。

（3）评价特定自变量对因变量的贡献，也就是在控制其他自变量不变的情况下，该处变量的变化所导致的因变量变化情况。

（4）比较各处变量在拟合的回归方程中相对作用大小，寻找最重要的和比较重要的自变量。

假定被解释变量 Y 与多个解释变量 $x_1, x_2, \cdots, x_k$ 之间具有线性关系，是解释变量的多元线性函数，称为多元线性回归模型，即：

$$Y = \beta_0 + \beta_1 x_1 + \beta_2 x_2 + \cdots + \beta_k x_k + \mu \tag{4.18}$$

式中，Y 为被解释变量；$x_j(j=1,2,\cdots,k)$ 为 k 个解释变量，$\beta_j(j=1,2,\cdots,k)$ 为 k 个未知参数，β_0 是常数项，$\beta_1, \beta_2, \cdots, \beta_k$ 是回归系数，β_1 是 $x_2, x_3, \cdots, x_k$ 固定时，x_1 每增加一个单位对 Y 的效应，即 x_1 对 Y 的偏回归系数，同理，β_2 是 x_2 对 Y 的偏回归系数；μ 为随机误差项。

被解释变量 Y 的期望值与解释变量 $x_1, x_2, \cdots, x_k$ 的线性方程为：

$$E(Y) = \beta_0 + \beta_1 x_1 + \beta_2 x_2 + \cdots + \beta_k x_k + \mu \tag{4.19}$$

式（4.19）称为多元总体线性回归方程，简称总体回归方程。

对于 n 组观测值，其方程组形式为：

$$Y_i = \beta_0 + \beta_1 x_{1i} + \beta_2 x_{2i} + \cdots + \beta_k x_{ki} + \mu_i \tag{4.20}$$

多元线性回归模型包含多个解释变量，多个解释变量同时对被解释变量发生作用，若要考察其中一个解释变量对被解释变量的影响就必须假设其他解释变量保持不变来进行分析。因此多元线性回归模型中的回归系数为偏回归系数，即反映了当模型中的其他解释变量不变时，其中一个解释变量对被解释变量的均值的影响。

由于参数 $\beta_0, \beta_1, \beta_2, \cdots, \beta_k$ 都是未知的，可以利用样本观测值 $(X_{1i}, X_{2i}, \cdots, X_{ki}, Y_i)$ 对它们进行估计。若计算得到的参数估计值为 $\hat{\beta}_0, \hat{\beta}_1, \hat{\beta}_2, \cdots, \hat{\beta}_k$，用参数估计值替代总体回归函数的未知参数 $\beta_0, \beta_1, \beta_2, \cdots, \beta_k$，则多元线性样本回归方程为：

$$\hat{Y}_i = \hat{\beta}_0 + \hat{\beta}_1 x_{1i} + \hat{\beta}_2 x_{2i} + \cdots + \hat{\beta}_k x_{ki} \tag{4.21}$$

式中，$\hat{\beta}_j(j=1,2,\cdots,k)$ 为参数估计值；$\hat{Y}_i(i=1,2,\cdots,k)$ 为 $\hat{Y}_i$ 的样本回归值或样本拟合值、样本估计值。

由样本回归方程得到的被解释变量估计值 $\hat{Y}_i$ 与实际观测值 Y_i 之间的偏差称为残差 e_i。

$$e_i = Y_i - \hat{Y}_i = Y_i - (\hat{\beta}_0 + \hat{\beta}_1 x_{1i} + \hat{\beta}_2 x_{2i} + \cdots + \hat{\beta}_k x_{ki}) \tag{4.22}$$

建立多元线性回归模型时，为了保证回归模型具有优良的解释能力和预测效果，应首先注意自变量的选择，其准则如下。

（1）自变量对因变量必须有显著的影响，并呈密切的线性相关。

（2）自变量与因变量之间的线性相关必须是真实的，而不是形式上的。

（3）自变量之间应具有一定的互斥性，即自变量之间的相关程度不应高于自变量与因变量之间的相关程度。

（4）自变量应具有完整的统计数据，其预测值容易确定。

4.3.2　多元线性回归模型的假定

与一元线性回归模型相同，多元线性回归模型利用普通最小二乘法（OLS）对参数进行估计时，有如下假定。

假定 1　零均值假定：$E(\mu_i) = 0$，$i = 1, 2, \cdots, n$，即

$$E(\mu) = E\begin{bmatrix} \mu_1 \\ \mu_2 \\ \vdots \\ \mu_k \end{bmatrix} = \begin{bmatrix} E(\mu_1) \\ E(\mu_2) \\ \vdots \\ E(\mu_k) \end{bmatrix} = 0 \tag{4.23}$$

假定 2　同方差假定（μ 的方差为同一常数）：

$$\mathrm{Var} = E(\mu^2) = \sigma^2, \quad i = 1, 2, \cdots, n \tag{4.24}$$

假定 3　无自相关性：

$$\mathrm{Cov}(\mu_i, \mu_j) = E(\mu_i \mu_j) = 0, \quad i \neq j, \ i、\ j = 1, 2, \cdots, n$$

假定 4　随机误差项 μ 与解释变量 X 不相关（这个假定自动成立）：

$$\mathrm{Cov}(X_{ji}, \mu_i) = 0, \quad i = 1, 2, \cdots, k, \ j = 1, 2, \cdots, n \tag{4.25}$$

假定 5　随机误差项 μ 服从均值为零、方差为 σ^2 的正态分布：

$$\mu_i \sim N(0, \sigma_\mu^2 I_n) \tag{4.26}$$

假定 6　解释变量之间不存在多重共线性：

$$\mathrm{rank}(X) = k + 1 \leqslant n \tag{4.27}$$

即各解释变量的样本观测值之间线性无关，解释变量的样本观测值矩阵 X 的值为参数个数 $k + 1$，从而保证参数 $\beta_0, \beta_1, \beta_2, \cdots, \beta_k$ 的估计值唯一。

4.3.3　多元线性回归模型的参数估计

1．回归参数的最小二乘估计

对于含有 k 个解释变量的多元线性回归模型：

$$Y_i = \hat{\beta}_0 + \hat{\beta}_1 x_{1i} + \hat{\beta}_2 x_{2i} + \cdots + \hat{\beta}_k x_{ki} + \mu_i, \quad i = 1, 2, \cdots, n \tag{4.28}$$

设 $\hat{\beta}_0, \hat{\beta}_1, \hat{\beta}_2, \cdots, \hat{\beta}_k$ 分别作为参数 $\beta_0, \beta_1, \beta_2, \cdots, \beta_k$ 的估计量，则样本回归方程为：

$$Y_i = \hat{\beta}_0 + \hat{\beta}_1 x_{1i} + \hat{\beta}_2 x_{2i} + \cdots + \hat{\beta}_k x_{ki} \tag{4.29}$$

观测值 Y_i 与回归值 $\hat{Y}_i$ 的残差 e_i 为：

$$e_i = Y_i - \hat{Y}_i = Y_i - (\hat{\beta}_0 + \hat{\beta}_1 x_{1i} + \hat{\beta}_2 x_{2i} + \cdots + \hat{\beta}_k x_{ki}) \tag{4.30}$$

设 $\hat{\boldsymbol{\beta}} = \begin{bmatrix} \beta_0 \\ \beta_1 \\ \beta_2 \\ \vdots \\ \beta_k \end{bmatrix}$ 为估计值向量，样本回归模型 $\boldsymbol{Y} = \boldsymbol{X}\hat{\boldsymbol{\beta}} + \boldsymbol{e}$ 两边同乘样本观测值矩阵 $\boldsymbol{X}$ 的

转置 $\boldsymbol{X}^{\mathrm{T}}$ 矩阵，由统计学原理可得：

$$\hat{\boldsymbol{\beta}} = (\boldsymbol{X}^{\mathrm{T}}\boldsymbol{X})^{-1}\boldsymbol{X}^{\mathrm{T}}\boldsymbol{X} \qquad (4.31)$$

它为向量 $\boldsymbol{\beta}$ 的 OLS 估计量。

2．随机误差项 μ 的方差 σ_μ^2 的估计量

样本回归方程得到的被解释变量估计值 $\hat{Y}_i$ 与实际观测值 Y_i 之间的偏差称为残差 e_i：

$$e_i = Y_i - \hat{Y}_i = Y_i - (\hat{\beta}_0 + \hat{\beta}_1 x_{1i} + \hat{\beta}_2 x_{2i} + \cdots + \hat{\beta}_k x_{ki}) \qquad (4.32)$$

残差的平方和为：

$$\sum e_i^2 = \sigma_\mu^2[n - (k+1)] \qquad (4.33)$$

随机误差项 μ 的方差 σ_μ^2 为：

$$\sigma_\mu^2 = \frac{E(\boldsymbol{e}^{\mathrm{T}}\boldsymbol{e})}{n - (k+1)} = E\left[\frac{\boldsymbol{e}^{\mathrm{T}}\boldsymbol{e}}{n - (k+1)}\right] \qquad (4.34)$$

随机误差项 μ 的方差 σ_μ^2 的无偏估计量，记作 S_e^2，即 $E(S_e^2) = \sigma_\mu^2$，$S_e^2 = \hat{\sigma}_\mu^2$，$S_e$ 为残差的标准差（或回归标准差）。

因此

$$S_e^2 = \frac{\sum e_i^2}{n - k - 1} = \frac{\boldsymbol{e}^{\mathrm{T}}\boldsymbol{e}}{n - k - 1} \qquad (4.35)$$

其中

$$\sum e_i^2 = \boldsymbol{e}^{\mathrm{T}}\boldsymbol{e} = \boldsymbol{Y}^{\mathrm{T}}\boldsymbol{Y} - \hat{\boldsymbol{\beta}}^{\mathrm{T}}\boldsymbol{X}^{\mathrm{T}}\boldsymbol{Y} \qquad (4.36)$$

3．估计参数的统计性质

1）线性

线性指最小二乘估计量 $\hat{\boldsymbol{\beta}}$ 是被解释变量的观测值 $Y_1, Y_2, \cdots, Y_k$ 的线性函数。

由于 $\hat{\boldsymbol{\beta}} = (\boldsymbol{X}^{\mathrm{T}}\boldsymbol{X})^{-1}\boldsymbol{X}^{\mathrm{T}}\boldsymbol{X}$，设 $\boldsymbol{P} = (\boldsymbol{X}^{\mathrm{T}}\boldsymbol{X})^{-1}\boldsymbol{X}^{\mathrm{T}}$，则矩阵 $\boldsymbol{P}$ 为一非随机的 $(k+1) \times n$ 阶常数矩阵。所以

$$\hat{\boldsymbol{\beta}} = \boldsymbol{P}\boldsymbol{Y}$$

显然最小二乘估计量 $\hat{\boldsymbol{\beta}}$ 是被解释变量的观测值 $Y_1, Y_2, \cdots, Y_k$ 的线性函数。

2）无偏性

将 $\boldsymbol{Y} = \boldsymbol{X}\boldsymbol{\beta} + \mu$ 代入式（4.31）中得

$$\hat{\boldsymbol{\beta}} = (\boldsymbol{X}^{\mathrm{T}}\boldsymbol{X})^{-1}\boldsymbol{X}^{\mathrm{T}}(\boldsymbol{X}\boldsymbol{\beta} + \mu) = (\boldsymbol{X}^{\mathrm{T}}\boldsymbol{X})^{-1}\boldsymbol{X}^{\mathrm{T}}\boldsymbol{X}\boldsymbol{\beta} + (\boldsymbol{X}^{\mathrm{T}}\boldsymbol{X})^{-1}\boldsymbol{X}^{\mathrm{T}}\mu$$
$$= \boldsymbol{\beta} + (\boldsymbol{X}^{\mathrm{T}}\boldsymbol{X})^{-1}\boldsymbol{X}^{\mathrm{T}}\mu \tag{4.37}$$

则

$$E(\hat{\boldsymbol{\beta}}) = \boldsymbol{\beta} + E[(\boldsymbol{X}^{\mathrm{T}}\boldsymbol{X})^{-1}\boldsymbol{X}^{\mathrm{T}}\mu]$$
$$= \boldsymbol{\beta} + (\boldsymbol{X}^{\mathrm{T}}\boldsymbol{X})^{-1}\boldsymbol{X}^{\mathrm{T}}E(\mu) \tag{4.38}$$
$$= \boldsymbol{\beta}$$

所以 $\hat{\boldsymbol{\beta}}$ 是 $\boldsymbol{\beta}$ 的无偏估计量。

3）最小方差性

设 $\boldsymbol{P}$ 为 $p \times n$ 阶数值矩阵，$\boldsymbol{X}$ 为 $p \times n$ 阶随机矩阵（随机变量为元素的矩阵），$\boldsymbol{Q}$ 为 $n \times n$ 阶数值矩阵，则

$$E(\boldsymbol{PXQ}) = \boldsymbol{P}[E(\boldsymbol{X})]\boldsymbol{Q} \tag{4.39}$$

下面推导 $\hat{\boldsymbol{\beta}}$ 的方差、协方差矩阵：

$$\mathrm{Var}(\hat{\boldsymbol{\beta}}) = E[(\hat{\boldsymbol{\beta}} - \boldsymbol{\beta})(\hat{\boldsymbol{\beta}} - \boldsymbol{\beta})^{\mathrm{T}}] = \sigma_\mu^2 (\boldsymbol{X}^{\mathrm{T}}\boldsymbol{X})^{-1} \tag{4.40}$$

这个矩阵主对角线上的元素表示 $\hat{\boldsymbol{\beta}}$ 的方差，非主对角线上的元素表示 $\hat{\boldsymbol{\beta}}$ 的协方差。例如，$\mathrm{Var}(\hat{\beta_i})$ 是位于 $\sigma_\mu^2 (\boldsymbol{X}^{\mathrm{T}}\boldsymbol{X})^{-1}$ 的第 i 行与第 i 列交叉处的元素（主对角线上的元素）；$\mathrm{Cov}(\hat{\beta_i}, \hat{\beta_j})$ 是位于 $\sigma_\mu^2 (\boldsymbol{X}^{\mathrm{T}}\boldsymbol{X})^{-1}$ 的第 i 行与第 j 列交叉处的元素（非主对角线上的元素）。

在应用上，我们关心 $\hat{\boldsymbol{\beta}}$ 的方差，而忽略其协方差，因此把它记作

$$\mathrm{Var}(\hat{\boldsymbol{\beta}}) = \sigma_\mu^2 (\boldsymbol{X}^{\mathrm{T}}\boldsymbol{X})_{ii}^{-1} \tag{4.41}$$

记 $\boldsymbol{S}^{-1} = (\boldsymbol{X}^{\mathrm{T}}\boldsymbol{X})^{-1} = (C_{ii})$，$i = 0, 1, 2, \cdots, k$，则 $\mathrm{Var}(\hat{\boldsymbol{\beta}}) = \sigma_\mu^2 C_{ii}$，所以 $\hat{\boldsymbol{\beta}}$ 是 $\boldsymbol{\beta}$ 的最小方差线性无偏估计。这说明多元线性回归模型的无偏估计量中，OLS 计量的方差比用其他估计方法所得的无偏估计量的方差都要小。这正是 OLS 的优越性所在。

用 S_e^2 代替 σ_μ^2 得到 $\hat{\beta_i}$ 的标准估计量的估计值，称为标准差。

$$S(\hat{\beta_i}) = \sqrt{C_{ii}S_e^2} \tag{4.42}$$

其中

$$S_e^2 = \frac{\boldsymbol{e}^{\mathrm{T}}\boldsymbol{e}}{n - k - 1} \tag{4.43}$$

4.3.4 显著性检验

对所有自变量与因变量之间的直线回归关系的拟合程度，可以用统计量 R^2 来度量，其公式如下：

$$R^2 = \frac{\mathrm{ESS}}{\mathrm{TSS}} = 1 - \frac{\mathrm{RSS}}{\mathrm{TSS}} \tag{4.44}$$

TSS（Total Sum of Squares）称为总平方和，其值为 $\sum (y_i - \bar{y})^2$，体现了观测值 $y_1, y_2, \cdots, y_n$ 总波动大小，认为是在执行回归分析之前响应变量中的固有变异性。

ESS（Explained Sum of Squares）称为回归平方和，是由于 y 与自变量 $x_1, x_2, \cdots, x_n$ 的变化而引起的，其值为 $\sum(\hat{y}_i - \overline{y})^2$，体现了 n 个估计值 $\hat{y}_1, \hat{y}_2, \cdots, \hat{y}_n$ 的波动大小。

RSS（Residual Sum of Squares）称为残差平方和，其值为 $\sum(y_i - \hat{y}_i)^2$。

R^2 称为样本决定系数，对于多元回归方程，其样本决定系数为复决定系数或多重决定系数。

回归模型的显著性检验包括：①对整个回归方程的显著性检验；②对回归系数的显著性检验。

对整个回归方程的显著性检验的假设为"总体的决定系统 ρ^2 为零"，这个零假设等价于"所有的总体回归系数都为零"，即：

$$H_0 : \rho^2 = 0 \text{ 或 } H_0 : \beta_0 = \beta_1 = \cdots = \beta_k = 0 \qquad (4.45)$$

检验统计量为 R^2，最终检验统计量为 F 比值，计算公式为：

$$F = \frac{\text{ESS}/k}{\text{RSS}/(n-k-1)} = \frac{R^2/k}{(1-R^2)/(n-k-1)} \qquad (4.46)$$

$$\text{自由度} = (k, n-k-1)$$

F 比值的意义实际上是"由回归解释的方差"与"不能解释的方差"之比。

检验回归方程是否显著的步骤如下。

第 1 步，做出假设。

$$H_0 : \beta_0 = \beta_1 = \cdots = \beta_k = 0 \qquad (4.47)$$

备择假设 $H_1 : b_1, b_2, \cdots, b_k$ 不同时为 0。

第 2 步，在 H_0 成立的条件下，计算统计量 F。

$$F = \frac{\text{ESS}/k}{\text{RSS}/(n-k-1)} \sim F(k, n-k-1) \qquad (4.48)$$

第 3 步，查表得临界值。

对于假设 H_0，根据样本观测值计算统计量 F，给定显著性水平 α，查第一个自由度为 k，第二个自由度为 $n-k-1$ 的 F 分布表得临界值 $F_\alpha(k, n-k-1)$。当 $F \geqslant F_\alpha(k, n-k-1)$ 时，拒绝假设 H_0，则认为回归方程显著成立；当 $F < F_\alpha(k, n-k-1)$ 时，接受假设 H_0，则认为回归方程无显著意义。

对某个回归参数 β_i 的显著性检验的零假设为：$H_0 : \beta_i = 0$，检验的最终统计量为：

$$t_i = \frac{\hat{\beta}_i}{S(\hat{\beta}_i)} \qquad (4.49)$$

具体步骤如下。

（1）提出原假设 $H_0 : \beta_i = 0$；备择假设 $H_1 : \beta_i \neq 0$。

（2）构造统计量 $t = \dfrac{\hat{\beta}_i - \beta_i}{S(\hat{\beta}_i)}$，当 $\beta_i = 0$ 成立时，统计量 $t = \dfrac{\hat{\beta}_i}{S(\hat{\beta}_i)} \sim t(n-k-1)$。这里 $S(\hat{\beta}_i)$ 是 $\hat{\beta}_i$ 的标准差，k 为解释变量个数。

（3）给定显著性水平 α，查自由度为 $n-k-1$ 的 t 分布表，得临界值 $t_{\frac{\alpha}{2}}(n-k-1)$。

（4）若 $|t| \geq t_{\frac{\alpha}{2}}(n-k-1)$，则拒绝 $H_0: \beta_i = 0$，接受 $H_1: \beta_i \neq 0$，即认为 β_i 显著不为零。若 $|t| < t_{\frac{\alpha}{2}}(n-k-1)$，则接受 $H_0: \beta_i = 0$，即认为 β_i 显著为零。

4.3.5　回归变量的选择与逐步回归

1．变量选择问题

在实际问题中，影响因变量的因素（自变量）很多，人们希望从中挑选出影响显著的自变量来建立回归关系式，这就涉及自变量选择的问题。

在回归方程中若漏掉对因变量影响显著的自变量，那么建立的回归式用于预测时将会产生较大的偏差。但回归式若包含的变量太多，且其中有些对因变量影响不大，显然这样的回归式不仅使用不方便，而且反而会影响预测的精度。因而选择合适的变量用于建立一个"最优"的回归方程是十分重要的问题。

选择"最优"子集的变量筛选法包括逐步回归法（Stepwise）、向前引入法（Forward）和向后剔除法。

向前引入法是从回归方程仅包括常数项开始，把自变量逐个引入回归方程。具体地说，首先，从零模型开始——只含有截距，但不含有预测变量的模型。然后，在 m 个自变量中选择一个与因变量线性关系最密切的变量，记为 x_i，在剩余的 $m-1$ 个自变量中选择一个变量 x_i，使得 $\{x_i, x_i\}$ 联合起来二元回归效果最好，在剩下的 $m-2$ 个自变量中选择一个变量 x_i，使得 $\{x_i, x_i, x_i\}$ 联合起来回归效果最好，如此下去，直至得到"最优"回归方程为止。

向前引入法中的终止条件为：给定显著性水平 α，当对某一个将被引入变量的回归系数做显著性检查时，若 $p\text{-value} \geq \alpha$，则引入变量的过程结束，所得方程为"最优"回归方程。

向前引入法有一个明显的缺点，它是一种贪婪的方法。就是由于各自变量可能存在着相互关系，因此后续变量的选入可能会使前面已选入的自变量变得不重要。这样最后得到的"最优"回归方程可能包含一些对因变量影响不大的自变量。

向后剔除法与向前引入法正好相反，首先将全部 m 个自变量引入回归方程，然后逐个剔除对因变量作用不显著的自变量。具体地说，首先从回归式 m 个自变量中选择一个对因变量贡献最小的自变量，如 x_j，将它从回归方程中剔除；然后重新计算因变量与剩下的 $m-1$ 个自变量的回归方程，再剔除一个贡献最小的自变量，如 x_j，依次下去，直到得到"最优"回归方程为止。向后剔除法中的终止条件与向前引入法类似。

向后剔除法的缺点在于，前面剔除的变量有可能因以后变量的剔除，变为相对重要的变量，这样最后得到的"最优"回归方程中有可能漏掉相对重要的变量。而且，向后剔除法需要满足样本量 n 大于变量个数 m 的条件。相反，向前引入法即使在 $n<m$ 的情况下也可以使用，因此当变量个数 m 非常大时，只能选择向前引入法。

逐步回归法是上述两种方法的综合。向前引入法中被选入的变量，将一直保留在方程中。向后剔除法中被剔除的变量，将一直排除在外。这两种方程在某些情况下会得到不合理的结果。于是，可以考虑到，被选入的变量，当它的作用在新变量引入后变得微不足道时，可以将它删除；被剔除的变量，当它的作用在新变量引入后变得重要时，也可以将它重新选入回归方程。这样一种以向前引入法为主，变量可进可出的筛选变量方法，称为逐步回归法。

2. 逐步回归分析

1）基本思想

逐个引入自变量，每次引入对因变量影响最显著的自变量，并对方程中的老变量逐个进行检验，把变化不显著的变量逐个从方程中剔除掉，最终得到的方程中既不漏掉对因变量影响显著的变量，又不包含对因变量影响不显著的变量。

2）筛选的步骤

首先给出引入变量的显著性水平 α_{in} 和剔除变量的显著性水平 α_{out}，然后按图 4-4 筛选变量。

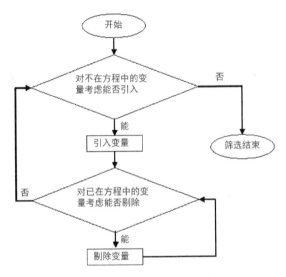

图 4-4　逐步回归筛选步骤图

3）逐步筛选法的基本步骤

逐步筛选变量的过程主要包括两个基本步骤：一是从回归方程中考虑剔除不显著变量的步骤；二是从不在方程中的变量考虑引入新变量的步骤。

（1）考虑可否引入新变量的基本步骤。假设已入选 r 个变量，不在方程中的变量记为 $x_{j_1}, x_{j_2}, \cdots, x_{j_{m-1}}$

计算不在方程中的变量的偏回归平方和：

$$P_{j_k} = Q(i_1, \cdots, i_r) - Q(i_1, \cdots, i_r, i_k) \qquad (4.50)$$

Q 表示括号中这些变量的回归模型的残差平方和，并设 $P_{j_0} = \max(P_{j_1}, \cdots, P_{j_{m-r}})$，即不在方程中的变量 x_{j_0} 是对因变量影响最大的变量。

检验变量 x_{j_0} 对因变量的影响是否显著。对变量 x_{j_0} 做回归系数的显著性检验，即检

验 $H_0 : \beta_{j_0} = 0$，检验统计量为：

$$F_{j_0} = \frac{P_{j_0}}{Q(i_1, \cdots, i_r, i_0)/(n-r-2)}$$
$$p = P\{F \geqslant F_{j_0}\}$$

(4.51)

式中，$F \sim F(1, n-r-1)$，若 $P < \alpha_{\text{in}}$，则引入变量 x_{j_0}，并转入考虑可否剔除变量的步骤。若 $P \geqslant \alpha_{\text{in}}$，则逐步筛选变量的过程结束。

（2）考虑可否剔除变量的基本步骤。假设已引入回归方程的变量为 $x_{i_1}, x_{i_2}, \cdots, x_{i_{m-1}}$。
计算已在方程中的变量 x_{i_k} 的偏回归平方和 P_{i_k}。

$$P_{i_k} = Q(i_1, \cdots, i_{k-1}, i_{k+1}, \cdots, i_r) - Q(i_1, \cdots, i_r)$$
$$= U(i_1, \cdots, i_r) - U(i_1, \cdots, i_{k-1}, i_{k+1}, \cdots, i_r)$$

(4.52)

式中，Q 表示括号中这些变量的回归模型的残差平方和；U 表示其回归平方和。设

$$P_{i_0} = \min(P_{i_1}, \cdots, P_{i_r})$$

(4.53)

即相应的变量 x_{i_0} 是方程中对因变量影响最小的变量。

检验变量 x_{i_0} 对因变量的影响是否显著。对变量 x_{i_0} 进行回归系数的显著性检验，即检验 $H_0 : \beta_{j_0} = 0$，检验统计量为：

$$F_{j_0} = \frac{P_{j_0}}{Q(i_1, \cdots, i_r)/(n-r-1)}$$
$$p = P\{F \geqslant F_{j_0}\}$$

(4.54)

式中，$F \sim F(1, n-r-1)$，若 $P < \alpha_{\text{out}}$，则剔除变量 x_{i_0}，重新建立因变量与其余 $r-1$ 个变量的回归方程，然后检验方程中最不重要的变量可否删除，直到方程中没有变量可删除后，转入考虑能否引入新变量的步骤。

注意向前引入法、向后剔除法与逐步回归法最终不一定得到相同的模型。回归变量之间的交互相关性会影响变量进入与移除的顺序，也就是，任何逐步程序与所有可能回归之间不一定存在一致性。

4.4 逻辑回归分析

4.4.1 逻辑回归模型

逻辑回归模型用于分析二分类或有序的因变量与自变量间的关系，用自变量去预测因变量在给定某个值（如 1 或 0）的概率。当因变量取很多值时，如等距尺度或比例尺度的数据类型时，通常使用简单回归模型，而不使用逻辑回归模型。

逻辑回归模型使用的 sigmoid 函数，又称为逻辑回归函数。sigmoid 函数可以轻松处理 0/1 分类问题。

$$\frac{\text{Logit } P}{1-P} = \alpha + \beta X \tag{4.55}$$

式中，$P = \text{Prob}(y = Y | X)$，代表在解释变量矩阵下因变量取值的概率，且 y 代表因变量矩阵 Y 中第一个值；α 代表截距参数矩阵；β 代表斜率参数矩阵；X 代表解释变量矩阵。

逻辑回归方程为第 i 组个别事件概率（P_i）的对数（logit）转换，且转换后的逻辑回归模型是解释变量矩阵的一条直线。而一般化的模型表示法是用因变量的平均数函数 $g = g(u)$ 来表示它与自变量之间的线性关系，g 称为链接函数。其他常见的链接函数有 probit 函数和 log-log 函数。logit 函数有较易解释的优点，同时它也可用于分析将来或过去曾收集到的数据。

对数线性模型是通过将列联表中每格的概率（或理论概率）取对数后，分解参数获得的，而逻辑回归模型是通过将概率比取对数后，再进行参数化后获得的。

4.4.2　logit 变换

人们常常要研究某一事件 A 发生的概率 P，P 值的大小与某因素有关。例如，研究有毒药物的剂量大小与被试验的老鼠的死亡率之间的关系，死亡率 P 随着剂量 x 的增大是增长的。但因 P 值在[0,1]区间内，所以 P 不可能是 x 的线性函数或二次函数，一般多项式函数也不适合，这就给此类的回归带来困难。当 P 接近于 0 或 1 时，一些因素即使有很大变化，P 值的变化也不会显著，如高可靠系统，可靠度 P 已是 0.998 了，即使再改善条件、工艺和系统结构，可靠度的增大只能在小数点后三位或四位。又如灾害性天气发生的概率 P 很小，接近于 0，即使能找到一些刻画它发生前兆的信息，也不可能将 P 值提高很多。从数学上看，就是函数 P 对 x 的变化在 $p = 0$ 或 1 附近是不敏感的、缓慢的，而且非线性的程度较高，于是要寻求一个函数 $\theta(p)$，使得它在 $p = 0$ 或 $p = 1$ 附近时变化幅度较大，而函数形式又不太复杂。

首先，用 $\dfrac{\mathrm{d}\theta(p)}{\mathrm{d}p}$ 来反映 $\theta(p)$ 在 p 附近的变化是合理的，同时在 $p = 0$ 或 1 时，$\dfrac{\mathrm{d}\theta(p)}{\mathrm{d}p}$ 应有较大的值，这自然要考虑：

$$\frac{\mathrm{d}\theta(p)}{\mathrm{d}p} \propto \frac{1}{p(1-p)} \tag{4.56}$$

接着，将式（4.56）取成等式，就有：

$$\frac{\mathrm{d}\theta(p)}{\mathrm{d}p} = \frac{1}{p(1-p)} = \frac{1}{p} + \frac{1}{1-p} \tag{4.57}$$

再求积分后可得：

$$\theta(p) = \ln \frac{p}{1-p} \tag{4.58}$$

式（4.58）相对的变换称为 logit 变换，而变换中的比率 $\dfrac{p}{1-p}$ 称为优势比，有时将 logit 变换称为对数优势比。很明显 $\theta(p)$ 在 $p = 0$ 与 $p = 1$ 附近的变化幅度很大，而且当 p

从 0 变到 1 时，$\theta(p)$ 从 $-\infty$ 变到 $+\infty$，这样就克服了一开始指出的两点困难。如果 p 对 x 不是线性关系，θ 对 x 就可以是线性的关系了，这给数据处理带来了很多方便。将式（4.58）中的 p 用 θ 来表示，就得到：

$$p = \frac{e^{\theta}}{1 + e^{\theta}} \tag{4.59}$$

如果 θ 是某些自变量 $x_1,\cdots,x_k$ 的线性函数 $\sum_{i=1}^{k} a_i x_i$，则 p 就是 $x_1,\cdots,x_k$ 的函数：

$$p = \frac{e^{\sum_{i=1}^{k} a_i x_i}}{1 + e^{\sum_{i=1}^{k} a_i x_i}} \tag{4.60}$$

4.4.3 估计回归系数

在式（4.55）中，系数 $\boldsymbol{\alpha}$、$\boldsymbol{\beta}$ 是未知的，需要通过有效的训练数据估计这些参数。在上面的小节中，我们使用最小二乘估计线性模型中的未知系数。在逻辑回归中，虽然也可以使用（非线性）最小二乘估计拟合模型，但由于极大似然估计有更好的统计性质，所以一般采用极大似然估计来估计系数。极大似然估计来拟合 Logistic 回归模型的基本思想是：求出 $\boldsymbol{\alpha}$、$\boldsymbol{\beta}$ 的估计 $\hat{\alpha}$、$\hat{\beta}$，并代入模型中，最大可能地与观测值接近。这个思想可以表达为数学方程的似然函数：

$$L(\boldsymbol{\alpha},\boldsymbol{\beta}) = \prod_{i:y_i=1} p \prod_{i:y_i=0} (1-p) \tag{4.61}$$

求出所估计的系数 $\hat{\alpha}$、$\hat{\beta}$，使得似然函数的值最大。

注意极大似然方法在拟合非线性模型上是一种常见的方法，在线性回归中，最小二乘法是极大似然方法的特例。

4.4.4 Logistic 分布

如果分布函数满足以下形式：

$F(x) = (1 + e^{-(x-u)/\sigma})^{-1}, -\infty < x < +\infty$（其中 $-\infty < \mu < +\infty$，$\sigma > 0$）

该分布函数称为 Logistic 分布。另外 $F(x)$ 函数也可表示成：

$$F(x) = \frac{1}{2}\left[1 + \tanh\left(\frac{x-\mu}{2\sigma}\right)\right] \tag{4.62}$$

其密度函数为

$$f(x) = \frac{1}{\sigma} e^{\frac{x-\mu}{\sigma}} \left[1 + \exp\left(-\frac{x-\mu}{\sigma}\right)\right]^{-2} \tag{4.63}$$

再将 p 表示成 $F(x)$ 的形式：

$$p = 1 - F(x) = e^{-(x-\mu)/\sigma} / (1 + e^{-(x-\mu)/\sigma}) \tag{4.64}$$

相应地，$\theta = -\dfrac{x-\mu}{\sigma}$。式（4.64）说明了 logit 变换与 Logistic 分布的关系。

式（4.64）还说明了 Logistic 分布仍然是属于位置-尺度参数族，其中 μ 是位置参数，σ 是尺度参数，这样凡是与位置-尺度参数有关的结果，均对 Logistic 分布有效。当 $\mu = 0$、$\sigma = 1$ 时，此分布称为标准 Logistic 分布，它的分布函数 $F_0(x)$ 与密度函数 $f_0(x)$ 分别为：

$$\begin{cases} F_0(x) = (1 + e^{-x})^{-1} \\ f_0(x) = e^{-x}/(1 + e^{-x})^{-2}, -\infty < x < +\infty \end{cases} \tag{4.65}$$

很明显，如果考虑：

$$G_0(x) = e^x/(1 + e^x), -\infty < x < +\infty \tag{4.66}$$

则 $G_0(x)$ 也是一个 Logistic 分布函数，且有如下关系式：

$$G_0(x) = 1 - F_0(-x) = F_0(x) \tag{4.67}$$

4.4.5　列联表的 Logistic 回归模型

现在来讨论如何将 2×2 列联表转化为 Logistic 回归模型，现以下面的背景进行分析。

假定吸烟的人得肺癌的概率为 p_1，那么吸烟的人不得肺癌的概率为 $1 - p_1$；假定不吸烟的人得肺癌的概率为 p_2，那么不吸烟的人不得肺癌的概率为 $1 - p_2$。于是经过 logit 变换后：

$$\theta_1 = \ln \frac{p_1}{1 - p_1}, \quad \theta_2 = \ln \frac{p_2}{1 - p_2} \tag{4.68}$$

如果记 θ_2 为 θ，则 $\theta_1 = \theta + (\theta_1 - \theta_2) = \theta + \Delta$。因此患肺癌是否与吸烟有关，就等价于检验 $H_0 : \Delta = 0$。

考察了 92 个吸烟者，其中 60 个得肺癌，对于不吸烟的 14 个人中有 3 个人得肺癌。若考察了 n_1 个吸烟者，得肺癌的有 r_1 个；考察了 n_2 个不吸烟者，得肺癌的有 r_2 个，因此 p_1 与 p_2 的估计值分别为 $\hat{p}_1 = \frac{r_1}{n_1}$，$\hat{p}_2 = \frac{r_2}{n_2}$。令：

$$z_i = \ln \frac{r_i}{n_i - r_i}, \quad i = 1, 2 \tag{4.69}$$

可以证明，当 n_i 充分大时，有下列等式成立：

$$E(z_i) = \theta_i, \quad \mathrm{Var}(z_i) = \frac{1}{n_i p_i (1 - p_i)}, \quad i = 1, 2 \tag{4.70}$$

如果写成向量式，就是：

$$\begin{cases} E \begin{bmatrix} z_1 \\ z_1 \end{bmatrix} = \begin{bmatrix} 1 & 1 \\ 1 & 0 \end{bmatrix} \begin{bmatrix} \theta \\ \Delta \end{bmatrix} \\ \mathrm{Var} \begin{bmatrix} z_1 \\ z_1 \end{bmatrix} = \begin{bmatrix} \dfrac{1}{n_1 p_1 (1 - p_1)} & 0 \\ 0 & \dfrac{1}{n_2 p_2 (1 - p_2)} \end{bmatrix} \end{cases} \tag{4.71}$$

如果 z_1、z_2 是正态变量，那么这就是 2×2 列联表的 Logistic 回归模型。

通常，当 n_i 充分大时，z_i 服从渐近正态分布，并将这一类问题的回归称为 Logistic 回归。

4.5 其他回归分析

4.5.1 多项式回归

对于一个回归方程，如果自变量的指数大于 1，称为多项式回归（Polynomial Regression）方程。如果自变量只有一个，称为一元多项式回归；如果自变量有多个，称为多元多项式回归。在一元回归分析中，若因变量与自变量的关系是非线性的，但是又找不到适当的函数曲线来拟合，则可以采用一元多项式回归。在这种回归技术中，最佳拟合线不是直线，而是一条用于拟合数据点的曲线。

多项式回归的最大优点就是可以通过增加自变量的高次项对实测点进行逼近，直至满意为止。事实上，多项式回归可以处理相当多的非线性问题，它在回归分析中占有重要的地位，因为任意一个函数都可以分段用多项式来逼近。因此，在通常的实际问题中，不论因变量与其他自变量的关系如何，我们总可以用多项式回归来进行分析。

多项式回归问题可以通过变量转换为多元线性回归问题来解决。多项式回归在回归分析中很重要，因为任意一个函数至少在一个较小的范围内都可以用多项式任意逼近，因此在比较复杂的实际问题中，有时不问因变量与诸元素的确切关系如何，而用回归分析进行分析运算。

4.5.2 逐步回归

在处理多个自变量时，我们可以使用逐步回归（Stepwise Regression）。在这种技术中，自变量的选择是在一个自动的过程中完成的，其中包括非人为操作。

逐步回归通过观察统计的值，如 R-square、t-stats 和 AIC 指标，来识别重要的变量。逐步回归通过同时添加/删除基于指定标准的协变量来拟合模型。下面列出了一些最常用的逐步回归方法。

标准逐步回归法做两件事情，即增加和删除每个步骤所需的预测。

向前选择法选择以一个不包含任何预测变量的零模型为起点，依次往模型中添加变量，直至所有的预测变量都包含在模型中。

向后剔除法以包含全部变量的全模型为起点，逐次迭代，每次移除一个对模型拟合结果最不利的变量。这种建模技术的目的是使用最少的预测变量数来最大化预测能力。这也是处理高维数据集的方法之一。

4.5.3 岭回归

当自变量间存在多重共线性关系时，回归系数方差变大，使得一个或多个自变量因为无法通过参数的显著性检验而被舍弃，这些自变量就不适合放入同一个模型中。因此，在建模前，需要对自变量间的多重共线性进行检查，最直接的一种方法是在同一个模型中避免选取有高度相关性的自变量，另一种方法就是采用岭回归（Ridge Regression）来降低回归系数估计值的方差。

岭回归分析是一种用于存在多重共线性（自变量高度相关）数据的技术。在多重共线性情况下，尽管最小二乘法对每个变量很公平，但它们的差异很大，使得观测值偏移并远离真实值。岭回归通过给回归估计增加一个偏差度，来降低标准误差。

在前面的小节中，我们通过使用 RSS 函数对 $\beta_0, \beta_1, \cdots, \beta_k$ 进行估计来拟合最小二乘回归：

$$\text{RSS} = \sum_{i=1}^{n} \left(y_i - \beta_0 - \sum_{j=1}^{k} \beta_j x_{ij} \right)^2 \tag{4.72}$$

岭回归与最小二乘估计十分相似，岭回归系数估计值 $\hat{\beta}$ 可通过最小化式（4.73）得到：

$$\sum_{i=1}^{n} \left(y_i - \beta_0 - \sum_{j=1}^{k} \beta_j x_{ij} \right)^2 + \gamma \sum_{j=1}^{k} \beta_j^2 = \text{RSS} + \gamma \sum_{j=1}^{k} \beta_j^2 \tag{4.73}$$

式中，$\gamma \geq 0$ 是一个调节参数，需要单独确定。与最小二乘估计相同，岭回归通过最小化 RSS 求出能较好地拟合数据的估计量。另外，式（4.73）中的 $\gamma \sum_{j=1}^{k} \beta_j^2$ 称为压缩惩罚，当 $\beta_1, \cdots, \beta_k$ 接近零时比较小，因此它具有将 β_j 估计值往零的方向进行压缩的作用。调节参数 μ 的作用是控制公式中这两项对回归系数估计的相对影响程度。当 $\gamma = 0$ 时，压缩惩罚项不产生作用，岭回归与最小二乘估计结果相同。随着 $\gamma \to \infty$，压缩惩罚项的影响力增加，岭回归系数估计值越来越接近零。与最小二乘估计得到的唯一估计结果不同，岭回归得到的系数估计结果 $\hat{\beta}$ 随 γ 的变化而变化。所以在岭回归中选择合适的 γ 值十分重要。

在一个线性方程中，预测误差可以分解为两个子分量：一个是偏差，另一个是方差。预测误差可能会由这两个分量或者这两个中的任何一个造成。

我们可以通过计算方差膨胀因子（VIF）来表示多重共线性的指数，其计算公式为：

$$\text{VIF}_i = \frac{1}{1-R^2}, \quad i = 1, 2, \cdots, m \tag{4.74}$$

当 $R^2 = 0$ 时，表示第 i 个自变量与其他 $m-1$ 个自变量不相关，则 $\text{VIF}_i = 1$；当 $R^2 = 1$ 时，表示第 i 个自变量与其他 $m-1$ 个自变量趋近于完全相反，则 $\text{VIF}_i = \infty$，可见 VIF_i 具有测度多重共线性的能力。m 个自变量可以计算出 m 个 VIF 值，其中若是最大的 VIF 值超过 10（表明至少某个判定系数大于 0.9），则认为自变量存在着高度的多重共线性，当自变量过多时，可以对 m 个 VIF 值求平均数，若平均数明显大于 1，则认为多重共线性存在。

4.5.4　套索回归

套索回归（Lasso Regression）类似于岭回归，也会惩罚回归系数的绝对值大小。此外，它能够减少变化程度并提高线性回归模型的精度。

套索回归与岭回归有一点不同，它使用的惩罚函数是绝对值，而不是平方，这导致惩罚值（或等于约束估计的绝对值之和）使一些参数估计结果等于零。使用的惩罚值越大，进一步估计会使得缩小值越趋近于零。这将导致我们要从给定的 n 个变量中选择变量。一般情况下，当一小部分预测变量是真实有效的而其他预测变量系数非常小或者等于零时，套索回归性能较好；当响应变量是很多预测变量的函数并且这些变量系数大致相等时，岭回归较为出色。

除常数项外，这种回归的假设与最小二乘回归类似；其收缩系数接近零（等于零），这确实有助于特征选择；这是一种正则化方法，使用的是 L_1 正则化。

如果预测的一组变量是高度相关的，套索回归会选出其中一个变量并且将其他的收缩为零。

4.5.5　弹性网络

弹性网络（ElasticNet）是套索回归和岭回归的混合体，能够有效地解决模型训练过程中的过拟合问题。弹性网络同时结合了 L_1 和 L_2 正则化，使用 L_1 来训练并且 L_2 优先作为正则化矩阵。当有多个相关的特征时，弹性网络是很有用的。套索回归会随机挑选它们其中的一个，而弹性网络则会选择它们两个。

套索回归和岭回归之间的实践优点是允许弹性网络继承循环状态下岭回归的一些稳定性。在高度相关变量的情况下，弹性网络支持群体效应；同时弹性网络选择变量的数目没有限制，并且可以承受双重收缩。另外，弹性网络是一个不断迭代的过程，其永远可以产生有效解。由于此过程中不会产生交叉的路径，所以产生的解都相当不错，同时弹性网络的收敛速度也很快。

4.6　实战：获得最大有效率时的药物用量

表 4-2 给出了一个由 23 个样本组成的药物用量和有效率关系的数据。数据中自变量（属性）为药物用量 X，取值范围为 $X \in [0, +\infty]$，单位为 mg。因变量（标签）为有效率 Y，取值范围为 $Y \in [0, 100]$。

表 4-2　药物用量和有效率的样本数据表

药物用量/mg	1.5	4.4	7.2	9.2	10.7	12.4	13.3	16.0	17.6	19.3	20.0	23.2
有效率/%	3.2	2.6	3.7	3.9	4.5	9.3	7.8	24.0	98.0	96.4	97.3	99.2
药物用量/mg	25.8	26.1	28.3	29.7	32.6	34.3	38.1	40.1	42.3	44.3	44.9	
有效率/%	98.7	99.2	74.2	65.6	49.9	36.8	12.7	8.3	5.6	2.7	2.2	

希望通过所给数据，计算出一个药物用量和有效率的回归模型，用于对未来的药物用量进行指导，即能够获得最大的有效率。首先使用 Python 创建药物用量和有效率的 NumPy 数组：

```
datas = np.array([
    [1.5, 3.2], [4.4, 2.6], [7.2, 3.7], [9.2, 3.9], [10.7, 4.5], [12.4, 9.3], [13.3, 7.8],
[16.0, 24], [17.6, 98.0], [19.3, 96.4], [20.0, 97.3], [23.2, 99.2], [25.8, 98.7],
[26.1, 99.2], [28.3, 74.2], [29.7, 65.6], [32.6, 49.9], [34.3, 36.8], [38.1, 12.7],
[40.1, 8.3], [42.3, 5.6], [44.3, 2.7], [44.9, 2.2]
], dtype=np.float32)
```

为了便于观察，使用 Matplotlib 绘制出表 4-2 中药物用量和有效率的散点图，如图 4-5 所示。

```
plt.scatter(datas[:8, 0], datas[:8, 1], c='green', s=70, alpha=0.8)
plt.scatter(datas[8:14, 0], datas[8:14, 1], c='red', s=70, alpha=0.7)
plt.scatter(datas[14:18, 0], datas[14:18, 1], c='orange', s=70, alpha=0.8)
plt.scatter(datas[18:, 0], datas[18:, 1], c='blue', s=70, alpha=0.6)
plt.xlabel("药物用量 /mg")
plt.ylabel("有效率 /%")
```

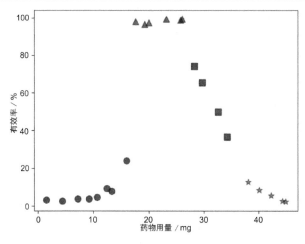

图 4-5　药物用量和有效率的散点图

可以发现，当药物用量小于 17mg 时（如图 4-5 中圆形散点所示），药物用量和有效率成正相关，但有效率总体处在较低水平；当药物用量在 17 ~ 27mg 时（如图 4-5 中三角形散点所示），有效率基本不随药物用量的增加而变化，且保持在较高水平；当药物用量在 27 ~ 35mg 时（如图 4-5 中正方形散点所示），随着药物用量的增加，有效率急剧下降；当药物用量大于 35mg 时，有效率继续降低，并维持在较低水平。

从图 4-5 中可以看出，当药物用量大于 35mg 时，药物用量和有效率近似地成线性负相关，我们首先尝试基于药物用量大于 35mg 时的数据构建线性模型，即表 4-2 中的后 5 个样本点，来建模该部分药物有效率的线性回归模型 $\hat{y} = \hat{\beta}_0 + \hat{\beta}_1 x$，其中 x 为药物用量，$\hat{y}$ 为有效率的估计值，我们的目标是求解出线性方程 $\hat{\beta}_0$ 和 $\hat{\beta}_1$ 的值。

（1）计算 $\overline{x}$ 和 $\overline{y}$。

$$\overline{x} = \frac{1}{n}\sum_{i=1}^{n} x_i = \frac{38.1 + 40.1 + 42.3 + 44.3 + 44.9}{5} = 41.94$$

$$\overline{y} = \frac{1}{n}\sum_{i=1}^{n} y_i = \frac{12.7 + 8.3 + 5.6 + 2.7 + 2.2}{5} = 6.3$$

（2）计算 $\hat{\beta}_0$ 和 $\hat{\beta}_1$。

$$\hat{\beta}_1 = \frac{\sum_{i=1}^{n} y_i x_i - \frac{\left(\sum_{i=1}^{n} y_i\right)\left(\sum_{i=1}^{n} x_i\right)}{n}}{\sum_{i=1}^{n} x_i^2 - \frac{\left(\sum_{i=1}^{n} x_i\right)^2}{n}} = \frac{1271.97 - 1321.11}{8827.41 - 8794.82} \approx -1.51$$

$$\hat{\beta}_0 = \overline{y} - \hat{\beta}_1\overline{x} \approx 6.3 - (-1.51 \times 41.94) \approx 69.63$$

（3）得到线性回归模型。

$$\hat{y} = 69.63 - 1.51x$$

其线性回归模型函数图像如图 4-6 中的直线所示。

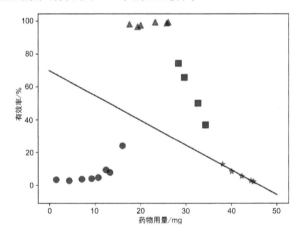

图 4-6　药物用量大于 35mg 时的线性回归模型函数图像

该求解过程也可以使用 scikit-learn 机器学习库来快速计算：

```
lr = linear_model.LinearRegression()
lr.fit(datas[-5:, 0].reshape(-1, 1), datas[-5:, 1].reshape(-1, 1))
print(lr.coef_, lr.intercept_)
[[-1.5077316]] [69.53426]
```

可见，如果仅使用药物用量大于 35mg 时的 5 条数据，构建出的线性回归模型只对该部分样本的拟合效果较好，但却完全无法表示其他区域的样本。

我们再来尝试使用全部 23 个样本构建线性回归模型。

```
lr = linear_model.LinearRegression()
lr.fit(datas[:, 0].reshape(-1, 1), datas[:, 1].reshape(-1, 1))
print(lr.coef_, lr.intercept_)
[[0.15367727]] [35.765846]
```

可以得到：

$$\hat{y} = 35.77 + 0.15x$$

其线性回归模型函数图像如图 4-7 中的直线所示。

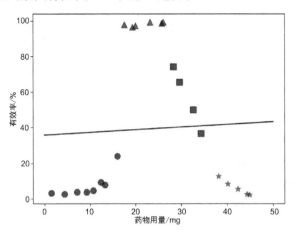

图 4-7 使用全部数据时的线性回归模型函数图像

可以发现，当药物用量和有效率并非线性相关时，我们无法使用线性回归模型来进行准确预测。而如果只使用部分样本（如只使用药物用量大于 35mg 时的 5 个样本）来进行线性回归，则无法准确表示整体的变化趋势。

那么是否可以把全部数据拆分成多个子集来分别建立线性回归模型呢？这里进行简单的说明，同样按照最小二乘法，对圆形、三角形、正方形，以及五角星所表示的样本点分别建立线性回归模型，得到如下方程。

圆形：$\hat{y} = -2.96 + 1.10x$ 。

三角形：$\hat{y} = 93.01 + 0.23x$ 。

正方形：$\hat{y} = 246.70 - 6.08x$ 。

五角星：$\hat{y} = 69.53 - 1.51x$ 。

其线性回归模型函数图像如图 4-8 所示。

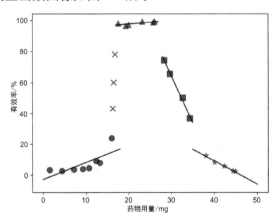

图 4-8 数据拆分成多个子集时的分段线性回归模型函数图像

可以发现，使用这种方式对于表 4-2 中的 23 个样本来说，获得了较好的回归效果。但能否保证这 23 个样本能够表示其他未知的数据呢？如图 4-8 中×所示的 3 个样本，它们没有在表 4-2 中出现，因此我们当前构建的四段函数都无法对它们进行准确的回归预测，这也表示我们当前的回归预测方式只能对现有数据进行准确预测，而对于未知数据预测效果非常差，这种现象称为"过拟合"问题。所以使用这种分段函数进行线性回归预测的方式仍然不能够有效地解决部分现实应用场景。

我们再来考虑，是否可以使用非线性方程，即多项式回归，从而只使用一个回归方程就可以对所有样本进行拟合？我们假设使用最高项为 2 次方的多项式方程：

$$\hat{y} = \hat{\beta}_0 + \hat{\beta}_1 x + \hat{\beta}_2 x^2$$

使用 scikit-learn 建模非线性回归并求解：

```
ploy_reg = PolynomialFeatures(degree=2)
xs = ploy_reg.fit_transform(datas[:, 0].reshape(-1, 1))
lr = linear_model.LinearRegression()
lr.fit(xs, datas[:, 1].reshape(-1, 1))
print(lr.coef_)
print(lr.intercept_)
[[ 0.          10.096204    -0.20556164]]
[-50.080086]
```

$$\hat{y} = -50.08 + 10.10x - 0.21x^2$$

其函数图像如图 4-9 所示，相比于线性回归，其对已有数据和未知数据（×所表示的样本）的回归预测能力都有了显著提升。

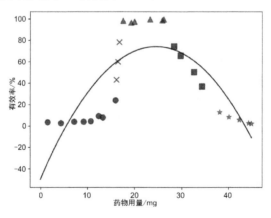

图 4-9　一元二次多项式回归函数图像

从线性回归到一元二次多项式回归的改进，我们可以发现，对于复杂的回归任务，通常使用非线性的多项式回归能够获得更好的回归预测效果。那么，如果我们继续增加最高项次数呢？如图 4-10 所示，最高项次数分别为 3 次方（左上），4 次方（右上），5 次方（左下）和 6 次方（右下）。可以发现，继续增加多项式最高项次数能够使得函数图像变得更复杂，从而对样本点进行更加"贴切"的拟合。

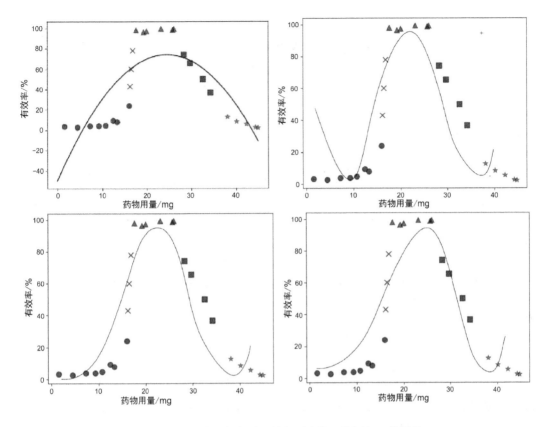

图 4-10　多项式回归中不同最高项次数下的回归函数图像

但是最高项次数过高也会导致过拟合风险的不断增加，即函数图像过于复杂，完美地拟合了所有的已知数据点，同时导致这样的函数对未知样本的回归预测较差。对于如何在保证函数的拟合效果的同时，降低过拟合的风险，除选择合适的最高项次数外，也可以借鉴岭回归和套索回归思想，即正则化方式，并通过调整惩罚项（正则项）系数来平衡拟合效果。（提示：如图 4-10 所示，最高项次数越高，函数曲线的斜率（导数）是否也变化越快？对于 $\hat{y} = \hat{\beta_0} + \hat{\beta_1}x + \hat{\beta_2}x^2$，若想使得函数导数的变化率保持在稳定的范围内，应该增大 $\hat{y} = 69.53 - 1.51x$ 还是减小 $\hat{\beta}$ 呢？）

此外，计算机可以帮助我们按照提前定义好的公式进行快速的求解计算。本节中我们仅仅使用了具有 23 个样本的数据进行了实践，如果在数据量非常大的情况下（如 10 亿个样本），怎么保证不发生计算机内存溢出呢？（提示：可以采用分布式计算，或基于随机梯度下降、批量梯度下降的方式。）

习题

1．调查某市出租车使用年限和该年支出维修费用，得到数据如下：

使用年限 x/年	2	3	4	5	6
维修费用 y/万元	2.2	3.8	5.5	6.5	7.0

（1）求线性回归方程。

（2）由（1）中结论预测第 10 年所支出的维修费用。

$$
\begin{cases}
b = \dfrac{\sum\limits_{i=1}^{n}(x_i - \overline{x})(y_i - \overline{y})}{\sum\limits_{i=1}^{n}(x_i - \overline{x})^2} \\
a = \overline{y} - b\overline{x}
\end{cases}
$$

2．以下是某地搜集到的新房屋的销售价格和房屋面积的数据。

房屋面积 x/m²	115	110	80	135	105
销售价格 y/万元	24.8	21.6	18.4	29.2	22

（1）画出数据对应的散点图。

（2）求线性回归方程，并在散点图中加上回归直线。

（3）据（2）的结果估计当房屋面积为 150m² 时的销售价格。

（4）求第 2 个点的残差。

参考文献

[1] 刘鹏，张燕，张重生，等. 大数据[M]. 北京：电子工业出版社，2017.

[2] DANIEL T L，CHANTAL D L. 数据挖掘与预测分析[M]. 2 版. 王念滨，宋敏，裴大茗，译. 北京：清华大学出版社，2017.

[3] 王振武. 数据挖掘算法原理与实现[M]. 2 版. 北京：清华大学出版社，2017.

[4] TREVOR H，ROBERT T，JEROME F. 统计学习基础——数据挖掘、推理与预测[M]. 范明，柴玉梅，昝红英，等译. 北京：电子工业出版社，2005.

[5] IAN H W，EIBE F，MARK A H. 数据挖掘：实用机器学习工具与技术[M]. 李川，张永辉，译. 北京：机械工业出版社，2015.

[6] DOUGLAS C M，Elizabeth A P，G.GEOFFREY V. 线性回归分析导论[M]. 5 版. 王辰勇，译. 北京：机械工业出版社，2016.

[7] GARETH J，DANIELA W，TREVOR H，et al. 统计学习导论——基于 R 应用[M]. 王星，译. 北京：机械工业出版社，2017.

[8] 廖文辉，黄颖强，何志锋，等. 线性回归模型中参数估计稳健性比较及应用[J/OL]. 数理统计与管理，2021.

[9] 张洁. 面向数据预测的回归分析模型及其动态优化机制研究[D]. 西安：西安邮电大学，2018.

[10] 宋扬. 四舍五入数据的线性回归问题[D]. 北京：清华大学，2017.

[11] 朱坤英. 基于局部线性回归估计的模型线性检验[D]. 武汉：华中师范大学，2019.

[12] 王飞. 线性回归模型中极大似然估计的若干性质[D]. 锦州：渤海大学，2020.

[13] 何晓群. 应用回归分析[M]. 北京：中国人民大学出版社，2011.

[14] 孙刚. 基于线性回归的中文文本可读性预测方法研究[D]. 南京：南京大学，2015.

第 5 章　聚类

"物以类聚，人以群分"，聚类是人类认识世界的一种重要方法。所谓聚类，就是按照事物的某些属性，把事物聚集成簇，使簇内的对象之间具有较高的相似性，而不同簇的对象之间的相似程度较差。聚类是一个无监督的学习过程，它同分类的根本区别在于：分类需要事先知道所依据的对象特征，而聚类需要找到这个对象特征，因此，在很多应用中，聚类分析作为一种数据预处理过程，是进一步分析和处理数据的基础。在商务上，聚类能帮助市场分析人员从客户基本库中发现不同的客户群，并且用购买模式来刻画不同客户群的特征。在生物学上，聚类能用于推导植物和动物的分类，对基因进行分类，获得对种群中固有结构的认识。聚类也能用于对 Web 上的文档进行分类，以发现信息。同一类事物往往具有更多的近似特征，分门别类地对事物进行研究远比在一个混杂多变的集合中研究更为清晰、细致。

5.1　聚类基本概念

聚类是一种常见的数据分析方法，就是将对象集合分组成为由类似的对象组成的多个类或簇的过程。由聚类所生成的类是对象的集合，这些对象与同一个类中的对象彼此相似，与其他类中的对象相异。在许多应用中，可以将一个类中的数据对象作为一个整体来对待。下面给出聚类的数学描述。

被研究的对象集为 X，度量对象空间相似度的标准为 s，聚类系统的输出是对对象的区分结果，即 $C = \{C_1, C_2, \cdots, C_k\}$，其中 $C_i \subseteq X$，$i = 1, 2, \cdots, k$，且满足如下条件。

（1）$C_1 \bigcup C_2 \bigcup \cdots \bigcup C_k = X$。

（2）$C_i \bigcap C_j = \varnothing$，$i, j = 1, 2, \cdots, k$，$i \neq j$。

C 中的成员 C_1，C_2，$\cdots$，C_k 称为类或簇。由第一个条件可知，对象集 X 中的每个对象必定属于某一个类；由第二个条件可知，对象集 X 中的每个对象最多只属于一个类。每个类可以通过一些特征来描述，有如下几种表示方式。

（1）通过类的中心或边界点表示一个类。

（2）使用对象属性的逻辑表达式表示一个类。

（3）使用聚类树中的节点表示一个类。

聚类分析就是根据发现的数据对象的特征及其关系的信息，将数据对象分簇。簇内的相似性越大，簇间差别越大，聚类效果越好。虽然聚类也起到了分类的作用，但和大多数分类是有差别的。大多数分类都是演绎的，即人们事先确定某种事物分类的准则或各类别的标准，分类的过程就是比较分类的要素与各类别的标准，然后将各要素划归于各类别中。聚类分析是归纳的，不需要事先确定分类的准则来分析数据对象，不考虑已知的类标记。聚类分析方法取决于数据的类型、聚类的目的和应用。按照聚类分析方法的主要思路，聚类分析方法可以分为划分聚类方法、层次聚类方法、密度聚类方法、网格聚类方法、模型聚类方法[1]。

（1）划分聚类方法。给定一个包含 n 个对象的数据集，划分聚类方法构建数据集的 k 个划分，每个划分表示一个簇，并且 $k \leqslant n$。划分聚类方法首先创建一个初始划分，然后采用一种迭代的重定位技术，尝试通过对象在划分间的移动来改进划分。也就是说，它将数据集划分为 k 个组，同时满足以下要求：每个组至少包括一个对象，并且每个对象必须属于且只属于一个组（硬划分）。属于该类的聚类算法有 k-平均算法、k-模算法、k-原型算法、k-中心点算法、PAM 算法、CLARA 算法、CLARANS 算法等。

（2）层次聚类方法。

划分聚类方法获得的是单级聚类，而层次聚类方法是将数据集分解成多级进行聚类，层的分解可以用树形图来表示。根据层次的分解方法，层次聚类方法可以分为凝聚层次聚类算法和分裂层次聚类算法。凝聚层次聚类算法也称为自底向上的聚类算法，一开始将每个对象作为单独的一簇，然后不断地合并相近的对象或簇，如 AGNES 算法属于此类。分裂层次聚类算法也称为自顶向下的聚类算法，一开始将所有的对象置于一个簇中，在迭代的每一步中，一个簇被分裂为更小的簇，直到每个对象在一个单独的簇中，或者达到算法终止条件，如 DIANA 算法属于此类。相对于划分聚类方法，层次聚类方法不需要指定聚类数目，在凝聚或者分裂的层次聚类方法中，用户可以定义希望得到的聚类数目作为一个约束条件。

（3）密度聚类方法。绝大多数划分聚类方法基于对象之间的距离进行聚类，这样的方法只能发现球状的类，而在发现任意形状的类上遇到了困难。密度聚类方法的主要思想是：只要邻近区域的密度（对象或数据点的数目）超过某个阈值就继续聚类。也就是说，对给定类中的每个数据点，在一个给定范围的区域中必须至少包含某个数目的点。这样的方法可以用来过滤噪声和孤立点数据，发现任意形状的类。属于该类的聚类方法有 DBSCAN 算法、OPTICS 算法等。

（4）网格聚类方法。网格聚类方法首先把对象空间划分成有限个单元的网状结构，所有的处理都是以单个单元为对象的。这种方法的主要优点是处理速度快，其处理时间独立于数据对象的数目，只与划分数据空间的单元数有关。属于该类的聚类算法有 STING 算法、Wave Cluster 算法、CLIQUE 算法等。

（5）模型聚类方法。模型聚类方法为每个簇假定一个模型，然后寻找能够很好地满足这个模型的数据集。这种聚类方法经常基于这样的假定：数据集是由一系列的概率分布所决定的。模型聚类方法主要有两类：统计学模型聚类方法和神经网络模型聚类方法。

基于聚类分析的数据挖掘在实践中已经取得了很好的效果，但由于要处理巨大的、复杂的数据集，对聚类分析方法也提出了特殊的挑战，根据应用类型的不同，数据挖掘对聚类分析方法的要求主要有以下 9 个方面。

（1）可伸缩性。可伸缩性是指算法不论对小数据集还是对大数据集，都应是有效的。很多聚类算法在几百个小数据集合上稳健性很好，而对包含上万个数据对象的大规模数据库进行聚类时，将导致不同的偏差结果。因此，研究大容量可伸缩性高效聚类算法是数据挖掘必须面对的挑战。

（2）处理不同类型属性的能力。聚类算法不仅要能处理数值型数据，还要有处理其他类型数据的能力，包括布尔类型、标称类型、序数型、枚举类型，或者这些数据类型的混合。随着数据挖掘在商务、科学、医学、社交网络和其他领域的作用越来越大，越来越需要能够处理多种属性的技术。

（3）应具有处理高维数据的能力。一个数据库或数据仓库可能包含数目众多的维或属性，并且数据可能是非常稀疏的，这就要求对现有算法进行改进或研究新的适用于高维数据的聚类算法来满足数据挖掘的需要。

（4）基于约束的聚类。在实际应用中，可能需要在各种约束条件下进行聚类。找到既满足特定的约束又具有良好聚类性能的数据分组是一项具有挑战性的任务。

（5）易理解的和可用的。在数据挖掘中，用户得到的聚类模式应该是易理解的和可用的。聚类应和特定的语义解释和应用相联系。

（6）输入参数对领域知识的弱依赖性。在聚类分析中，许多聚类算法要求用户输入一定的参数。聚类结果对于输入的参数十分敏感，参数通常很难确定，特别是包含高维对象的数据集。要求用户输入参数不仅加重了用户的负担，也使得聚类的质量难以控制。

（7）发现任意形状的簇。许多聚类算法基于欧几里得距离作为相似性度量方法，决定聚类。基于这样的距离度量的算法趋向于发现具有相近尺度和密度的球状簇。对于可能是任意形状的簇的情况，提出能发现任意形状的簇的算法是很重要的。

（8）处理噪声数据的能力。在现实应用中，绝大多数的数据都包含了孤立点、空缺、未知数据或错误的数据。若聚类算法对这样的数据敏感，将会导致低质量的聚类结果。

（9）对数据输入的顺序不敏感。有些聚类算法对数据输入的顺序是敏感的。例如，同一个数据集，以不同的顺序提交给同一个算法时，可能生成差别很大的聚类结果。研究和开发对数据输入的顺序不敏感的算法是非常有意义的。

5.2 划分聚类方法

对于给定的数据集，划分聚类方法通过选择适当的初始代表点将数据样本进行初始聚类，之后通过迭代过程对聚类的结果进行不断的调整，直到使评价聚类性能的准则函数的值达到最优为止。划分聚类方法以距离作为数据集中不同数据间的相似性度量，将数据集划分成多个簇。划分聚类方法是最基本的聚类算法，属于这样的聚类算法有 k-平均（k-means）算法、k-中心点（k-medoids）算法、k-模算法、k-原型算法等。

1. 划分聚类方法的主要思想

给定一个包含 n 个数据对象的数据集，划分聚类方法将数据对象的数据集进行 k 个划分，每个划分表示一个簇（类），并且 $k \leqslant n$。也就是说，它将数据划分为 k 个簇，同时满足下列条件：①每个簇至少包含一个对象；②每个对象属于且仅属于一个簇。对于给定的要构建的划分的数目 k，划分聚类方法首先给出一个初始的划分，然后采用一种迭代的重定位技术，尝试通过对象在划分间移动来改进划分，使得每一次改进之后的划分方案都较前一次更好。好的划分是指同一簇中的对象之间尽可能"接近"，在不同簇中的对象之间尽可能"远离"。

2．评价函数

评价聚类效果的评价函数着重考虑两个方面[2]：每个簇中的对象应该是紧凑的；各个簇间的对象的距离应该尽可能远。实现这种考虑的一种直接方法就是观察聚类 C 的类内差异 $w(C)$ 和类间差异 $b(C)$。类内差异衡量类内的对象之间的紧凑性，类间差异衡量不同类之间的距离。

类内差异可以用距离函数来表示，最简单的就是计算类内的每个对象点到它所属类中心的距离的平方和，即

$$w(C) = \sum_{i=1}^{k} w(C_i) = \sum_{i=1}^{k} \sum_{x \in C_i} d(x, \overline{x_i})^2 \tag{5.1}$$

类间差异定义为类中心之间距离的平方和，即

$$b(C) = \sum_{1 \le j < i \le k} d(\overline{x_j}, \overline{x_i})^2 \tag{5.2}$$

式（5.1）和式（5.2）中的 $\overline{x_i}$、$\overline{x_j}$ 分别是类 C_i、C_j 的类中心。

聚类 C 的聚类质量可用 $w(C)$ 和 $b(C)$ 的一个单调组合来表示，如 $w(C)/b(C)$。

下面着重讨论 k-平均算法和 k-中心点算法。

5.2.1　k–平均算法

k-平均算法也称为 k-均值算法，是一种最老的、最广泛使用的聚类算法。k-平均算法用质心来表示一个簇，其中质心是一组数据对象点的平均值，通常 k-平均算法用于连续空间中的对象。k-平均算法以 k 为输入参数，将 n 个数据对象划分为 k 个簇，使得簇内数据对象具有较高的相似度。相似度用一个簇中数据对象的平均值来表示。

k-平均算法的思想：从包含 n 个数据对象的数据集中随机地选择 k 个对象，每个对象初始代表一个簇的平均值或质心或中心，其中 k 是用户指定的参数，即所期望的要划分成的簇的个数；对剩余的每个数据对象点根据其与各簇中心的距离，将它指派到最近的簇；根据指派到簇的数据对象点，更新每个簇的中心；重复指派和更新步骤，直到簇不发生变化，或直到中心不发生变化，或度量聚类质量的目标函数收敛。

k-平均算法的目标函数 E 定义为：

$$E = \sum_{i=1}^{k} \sum_{x \in C_i} [d(x, \overline{x_i})]^2 \tag{5.3}$$

式中，x 是空间中的点，表示给定的数据对象；$\overline{x_i}$ 是簇 C_i 的数据对象的平均值。例如，3 个二维点(1,3)、(2,1)和(6,2)的中心是((1+2+6)/3,(3+1+2)/3)=(3,2)，$d(x, \overline{x_i})$ 表示 x 与 $\overline{x_i}$ 之间的距离。这个目标函数可以保证生成的簇尽可能地紧凑和独立。

1．算法描述

算法 5-1　k-平均算法

输入：所期望的簇的数目 k，包含 n 个对象的数据集 D

输出：k 个簇

1．从数据集 D 中任意选择 k 个对象作为初始簇中心；

2．Repeat:

3．　　将每个点指派到最近的中心，形成 k 个簇；

4．　　重新计算每个簇的中心；

5．　　计算目标函数 E；

6．Until　目标函数 E 不再发生变化或中心不再发生变化

7．返回　k 个簇

算法分析：k-平均算法的第 3 步和第 4 步试图直接最小化目标函数 E，第 3 步通过将每个点指派到最近的中心形成簇，最小化关于给定中心的目标函数 E；而第 4 步通过重新计算每个簇的中心，进一步最小化目标函数 E。

【例 5-1】假设要进行聚类的元组为 {2,4,10,12,3,20,30,11,25}，要求簇数量为 $k=2$。

应用 k-平均算法进行聚类的步骤如下。

第 1 步：初始时用前两个数值作为簇的中心，这两个簇的中心记作：$m_1 = 2$，$m_2 = 4$。

第 2 步：对剩余的每个对象，根据其与各簇中心的距离，将它指派到最近的簇，可得：$C_1 = \{2, 3\}$，$C_2 = \{4, 10, 12, 20, 30, 11, 25\}$。

第 3 步：计算簇的新中心：$m_1 = (2+3)/2 = 2.5$，$m_2 = (4+10+12+20+30+11+25)/7 = 16$。

重新对簇中的成员进行分配可得 $C_1 = \{2, 3, 4\}$ 和 $C_2 = \{10, 12, 20, 30, 11, 25\}$，不断重复这个过程，平均值不再发生变化时最终可得到两个簇：$C_1 = \{2, 3, 4, 10, 11, 12\}$ 和 $C_2 = \{20, 30, 25\}$。

2．算法的性能分析

k-平均算法的优点如下。

（1）k-平均算法快速、简单。

（2）当处理大数据集时，k-平均算法有较高的效率并且是可伸缩的，算法的时间复杂度是 $O(nkt)$，其中 n 是数据集中对象的数目，t 是算法迭代的次数，k 是簇的数目。

（3）当簇是密集的、球状或团状的且簇与簇之间区别明显时，算法的聚类效果更好。

k-平均算法也存在以下缺点。

（1）在 k-平均算法中，k 是事先给定的，这个 k 值的选定是非常难以估计的。很多时候，事先并不知道给定的数据集应该分成多少个类别才最合适。

（2）在 k-平均算法中，首先需要选择 k 个初始聚类中心来确定一个初始划分，然后对初始划分进行优化。这个初始聚类中心的选择对聚类结果有较大的影响，对于不同的初始值，可能会导致不同的聚类结果。

（3）仅适合对数值型数据聚类，只有当簇均值有定义的情况下才能使用（如果有非数值型数据，需另外处理）。

（4）不适合发现非凸形状的簇、不同密度或者大小差别很大的簇（因为使用的是欧几里得距离，适合发现凸状的簇）。

（5）对噪声和孤立点数据敏感，少量的该类数据能够对中心产生较大的影响。

k-平均算法的中心是虚拟的，并不是某个确实存在的对象，算法对于孤立点是敏感的。为解决这个问题，选用簇中位置最靠近中心的数据对象作为簇的代表对象，即用中心对象代替中心，这就是 k-中心点算法。k-中心点算法的基本思想：首先为每个簇随意选择一个代表对象，剩余对象根据其与代表对象的距离分配给最近的一个簇。然后反复地用非代表对象来替代代表对象，以改进聚类的质量。

5.2.2　k-中心点算法

k-平均算法对离群数据对象点是敏感的，一个极大值的对象可能在相当大的程度上扭曲数据的分布。目标函数[（式 5.3）]的使用更是进一步恶化了这一影响。

改进的方法：为了降低 k-平均算法对孤立点的敏感性，k-中心点算法不采用簇中对象的平均值作为簇中心，而是在每个簇中选出一个最靠近平均值的实际对象来代表该簇，将其余的每个对象指派到与其距离最近的代表对象所在的簇。在 k-中心点算法中，每次迭代后的簇的代表对象点都是从簇的样本点中选取的，选取的标准就是当该样本点成为新的代表对象点后能提高簇的聚类质量，使得簇更紧凑。该算法使用绝对误差标准作为度量聚类质量的目标函数，其定义如下：

$$E = \sum_{i=1}^{k} \sum_{x \in C_i} d(x, o_i) \tag{5.4}$$

式中，E 是数据集中所有数据对象的绝对误差之和；x 是空间中的点，代表簇 C_i 中一个给定的数据对象；o_i 是簇 C_i 中的代表对象。如果某样本点成为代表对象点后，绝对误差小于原代表对象点所造成的绝对误差，那么 k-中心点算法认为该样本点是可以取代原代表对象点的，在一次迭代重新计算代表对象点时，选择绝对误差最小的那个样本点成为新的代表对象点。通常，该算法重复迭代，直到每个代表对象都成为它的簇的实际中心点，或最靠中心的对象。

PAM（Partitioning Around Medoid，围绕中心点的划分）算法是最早提出的 k-中心点算法之一，它尝试将 n 个对象划分出 k 类。PAM 算法的主要思想：首先为每个簇任意选择一个代表对象（中心点），计算其余的数据对象与代表对象之间的距离，将其加入最近的簇，接着反复尝试用更好的非代表对象点来替代代表数据对象点，即分析所有可能的对象对，每对中的一个对象看作代表对象，而另一个不是，对于每个这样的组合，计算聚类结果的质量，对象 o_i 被那个可以使误差值减少最多的对象取代。聚类结果的质量用代价函数来评估，如果当前的代表对象 o_i 被非代表对象 o_{random} 取代，代价函数就会计算绝对误差值的差。交换的总代价是所有非代表对象所产生的代价之和，如果总代价是负的，那么实际的绝对误差 E 将会减小，o_i 可以被 o_{random} 取代；如果总代价是正的，那么当前的代表对象是可接受的，在本次迭代中没有发生变化。每次迭代中产生的每个簇中最好的对象集合成为下次迭代的代表对象。

为了确定非代表对象 o_{random} 是否是当前代表对象 o_j 好的替代，需要根据以下 4 种情况对各非代表对象 x 进行检查。

图 5-1（a）表示若对象 x 当前属于 o_j（所代表的簇），如果用 o_{random} 替换 o_j 作为新簇代表，而使 x 更接近其他 $o_i(i \neq j)$，就将 x 重新划分到 o_i（所代表的簇）中。

图 5-1（b）表示若对象 x 当前属于 o_j（所代表的簇），如果用 o_{random} 替换 o_j 作为新簇代表，而使 x 更接近 o_{random}，就将 x 重新划分到 o_{random}（所代表的簇）中。

图 5-1（c）表示若对象 x 当前属于 $o_i(i \neq j)$（所代表的簇），如果用 o_{random} 替换 o_j 作为新簇代表，而 x 仍然更接近 o_i，那么 x 划分不发生变化。

图 5-1（d）表示若对象 x 当前属于 $o_i(i \neq j)$（所代表的簇），如果用 o_{random} 替换 o_j 作为新簇代表，而 x 更接近 o_{random}，就将 x 重新划分到 o_{random}（所代表的簇）中。

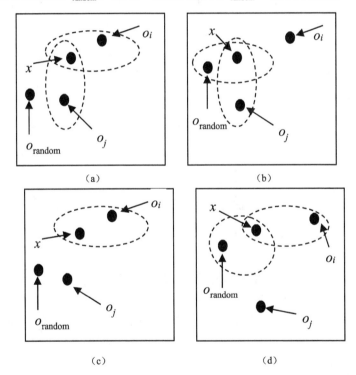

图 5-1　PAM 算法围绕中心点划分的 4 种情况

在 PAM 算法中，可以把过程分为以下两个步骤。

（1）建立：随机选择 k 个对象点作为初始的簇中心点。

（2）交换：对所有可能的对象对进行分析，找到交换后可以使误差减少的对象，代替原中心点。

算法 5-2　k-中心点算法
输入：簇的数目 k，包含 n 个对象的数据集 D

输出：k 个簇

1. 任意选择 k 个对象作为初始的簇中心点；

2. Repeat：

3.   将每个剩余对象指派到离它最近的中心点所代表的簇；

4.   任意选择一个非中心对象 o_{random}；

5.   计算用 o_{random} 代替中心对象 o_i 的总代价 S；

6. 如果 S 为负，则可以用 o_{random} 代替 o_i 以构成新聚类的 k 个中心对象；

7. Until 每个簇不再发生变化为止

8. 返回 k 个簇

算法分析：k-中心点算法消除了 k-平均算法对孤立点的敏感性；k-中心点算法比 k-平均算法更健壮，这是因为中心点不像平均值那么容易被极端数据影响。

【例 5-2】给定含有 5 个数据对象的数据集 D，D 中的对象为 A、B、C、D、E，各对象之间的距离如表 5-1 所示，根据所给的数据对其运行 k-中心点算法，实现划分聚类（设 $k=2$）。

表 5-1　各对象之间的距离

样本点	A	B	C	D	E
A	0	1	2	2	3
B	1	0	2	4	3
C	2	2	0	1	5
D	2	4	1	0	3
E	3	3	5	3	0

算法按下面步骤执行。

第 1 步：假如从 5 个对象中随机选取 A、C 作为初始聚类中心。

第 2 步：计算其他对象与中心对象之间的距离，将每个剩余对象指派给离它最近的中心点所代表的簇，通过查询表 5-1 可知，可得到 2 个划分，分别为：$\{A, B, E\}$ 和 $\{C, D\}$。

第 3 步：任选非中心对象 B、D、E 分别与中心对象 A、C 交换，计算样本点的代价。

设定非中心对象 B 替代中心对象 A，用 S_{AB} 来表示代价函数输出，分别考虑以下情况。

（1）A 原本为簇中心对象，当它被 B 替代后，$d_{AB}=1$，$d_{AC}=2$，A 被指派到 B 所在的簇，A 的代价为 $d_{AB}-d_{AA}=1-0=1$。

（2）B 之前在 A 所在的簇，且 $d_{BA}=1$，它替换 A 之后成为中心点，B 的代价为 $d_{BB}-d_{BA}=0-1=-1$。

（3）C 是一个中心点，A 被 B 替代后，C 不受影响，C 的代价为 0。

（4）D 原本属于 C 所在的簇，A 被 B 替代后，离 D 最近的仍然是 C，故 D 的代价为 0。

（5）E 原本属于 A 所在的簇，A 被 B 替代后，离 E 最近的是 B，故 E 的代价为 $d_{EB} - d_{EA} = 3 - 3 = 0$。

S_{AB} 为上述所求的代价总和，得出 $S_{AB} = 0$。按照同样的方法，分别求出 $S_{AD} = 2$、$S_{AE} = -2$、$S_{CB} = 2$、$S_{CD} = 0$、$S_{CE} = 0$。

第 4 步：通过上面计算得出只有 $S_{AE} < 0$，用 E 交换中心点 A，那么新的中心点为 C、E，新的划分为 {A, B, C, D} 和 {E}。

第 5 步：重新回到第 2 步，进行下一次迭代，直到 S 为非负，此时的划分为最后的聚类结果。

k-中心点算法与 k-平均算法的比较如下。

（1）当存在噪声和离群点时，k-中心点算法比 k-平均算法更加鲁棒（稳定）。这是因为中心点不像平均值那样易被极端数据（噪声或者离群点）影响。

（2）k-中心点算法的执行代价比 k-平均算法要高。k-平均算法的执行代价为 $O(nkt)$，k-中心点算法的执行代价为 $O\left[k(n-k) \right]^2$。当 n 与 k 较大时，k-中心点算法的执行代价很高。

（3）两种算法都需要事先指定簇的数目 k。

5.3　层次聚类方法

层次聚类通过递归地对数据对象进行合并或者分裂，直到满足某种终止条件为止。根据层次分解是自底向上（合并）还是自顶向下（分裂）形成，层次聚类方法可以进一步分为凝聚层次聚类算法和分裂层次聚类算法。一个纯粹的层次聚类方法的质量由于无法对已经做的合并或分裂进行调整而受到影响。但是层次聚类方法没有使用准则函数，它所潜含的对数据结构的假设更少，所以它的通用性更强，代表算法有 BIRCH 算法、CURE 算法、CHAMELEON 算法等。

5.3.1　层次聚类方法的分类

在实际应用中一般有两种类型的层次聚类方法，它们分别是：

（1）自底向上的凝聚层次聚类算法。这种自底向上的策略首先将每个对象作为一个簇，然后合并这些原子簇为越来越大的簇，直到所有的对象都在一个簇中，或者达到了某个终止条件。绝大多数的层次聚类方法都属于这一类，只是在簇间相似度的定义上有所不同。凝聚层次聚类算法的代表是 AGNES 算法。

（2）自顶向下的分裂层次聚类算法。这种自顶向下的策略与凝聚层次聚类相反，它首先将所有对象置于一个簇中，然后逐渐细分为越来越小的簇，直到每个对象自成一簇，或者达到了某个终止条件，如达到了某个希望的簇数目，或者两个最近的簇之间的距离超过了某个阈值。分裂层次聚类算法的代表是 DIANA 算法。

图 5-2 描述了一种凝聚层次聚类算法 AGNES 和一种分裂层次聚类算法 DIANA 对一个包含 5 个数据对象的数据集合{a,b,c,d,e}的处理过程。最初，AGNES 算法将每个对象看作一个簇，然后将这些簇根据某些准则逐步合并。例如，如果簇 C_1 中的一个对象和簇 C_2 中的一个对象之间的距离是所有属于不同簇的对象间欧几里得距离中最小的，则 C_1 和 C_2 可能被合并。这是一种单链接算法，其每个簇可以被簇中所有对象代表，簇间的相似度用属于不同簇中最近的数据点对之间的相似度来度量。聚类的合并过程反复进行，直到所有的对象最终合并形成一个簇。在 DIANA 算法的处理过程中，所有的对象初始都放在一个簇中。根据一些原则，如簇中最近的相邻对象的最大欧几里得距离，将该簇分裂。簇的分裂过程反复进行，直到最终每个新的簇中只包含一个对象。在凝聚或者分裂的层次聚类方法中，用户可定义希望得到的簇数目作为算法结束的一个条件。

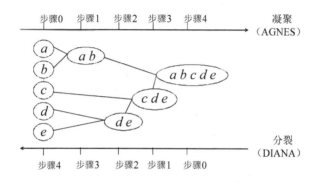

图 5-2　凝聚和分裂层次聚类示意图

4 个广泛采用的簇间距离度量方法如下，其中|p–p'|是数据对象集中两个对象点 p 和 p'之间的距离，m_i 是簇 C_i 的均值，n_i 是簇 C_i 中数据对象的数目。

（1）簇间最小距离：是指用两个簇中所有数据点的最小距离代表两个簇的距离。簇间最小距离示意图如图 5-3 所示。

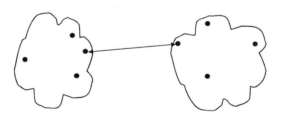

图 5-3　簇间最小距离示意图

簇间最小距离的计算公式如下：

$$d_{\min}\left(C_i, C_j\right) = \min_{p \in C_i, p' \in C_j} |p - p'| \tag{5.5}$$

（2）簇间最大距离：是指用两个簇中所有数据点的最大距离代表两个簇的距离。簇间最大距离示意图如图 5-4 所示。

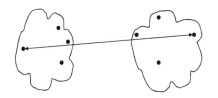

图 5-4　簇间最大距离示意图

簇间最大距离的计算公式如下：

$$d_{\max}\left(C_i, C_j\right) = \max_{p \in C_i, p' \in C_j} |p - p'| \tag{5.6}$$

（3）簇间均值距离：是指用两个簇各自中心点之间的距离代表两个簇的距离。簇间均值距离示意图如图 5-5 所示。

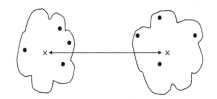

图 5-5　簇间均值距离示意图

簇间均值距离的计算公式如下：

$$d_{\text{mean}}\left(C_i, C_j\right) = |m_i - m_j| \tag{5.7}$$

（4）簇间平均距离：是指用两个簇中所有数据点间的距离的平均距离代表两个簇的距离。簇间平均距离示意图如图 5-6 所示。

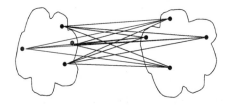

图 5-6　簇间平均距离示意图

簇间平均距离计算公式如下：

$$d_{\text{avg}}\left(C_i, C_j\right) = \frac{1}{n_i n_j} \sum_{p \in C_i} \sum_{p' \in C_j} |p - p'| \tag{5.8}$$

当算法使用最小距离 $d_{\min}\left(C_i, C_j\right)$ 度量簇间距离时，称该算法为最近邻聚类算法。如果当最近的簇之间的最小距离超过某个任意阈值时，聚类过程就会终止，则称该算法为单链接算法。当算法使用最大距离 $d_{\max}\left(C_i, C_j\right)$ 度量簇间距离时，称该算法为最远邻聚类算法。如果当最近的簇之间的最大距离超过某个任意阈值时，聚类过程就会终止，则称该算法为全链接算法。

最小、最大度量代表了簇间距离度量的两个极端，它们趋向对离群点或噪声数据过分敏感。使用均值距离和平均距离是对最小和最大距离之间的一种折中方法，而且可以克服离群点敏感性问题。尽管均值距离计算简单，但是平均距离也有它的优势，因为它既能处理数值数据又能处理分类数据。

算法 5-3　自底向上的凝聚层次聚类算法

输入：包含 n 个对象的数据集 D，终止条件簇的数目 k

输出：k 个簇

1. 将每个对象当成一个初始簇；

2. Repeat：

3. 　　根据两个簇中最近的数据点找到最近的两个簇；

4. 　　合并两个簇，生成新的簇的集合；

5. Until　达到定义的簇的数目

6. 返回　k 个簇

算法分析：

（1）简单，但会遇到合并点选择困难的情况。

（2）一旦一组对象被合并，就不能撤销。

（3）算法的复杂度为 $O(n^2)$，不适合大数据集。

算法 5-4　自顶向下的分裂层次聚类算法

输入：包含 n 个对象的数据集 D，终止条件簇的数目 k

输出：k 个簇

1. 将包含 n 个对象的数据集 D 整个当成一个初始簇；

2. Repeat：

3. 　　在同类簇中找到距离最大的样本点对；

4. 　　以该样本点为代表，将原类簇中的样本点重新分属到这两个新簇中；

5. Until　达到定义的簇的数目

6. 返回　k 个簇

算法分析：

（1）缺点是已做的分裂操作不能撤销，类之间不能交换对象。

（2）如果在某步没有选择好分裂点，可能会导致低质量的聚类结果。

（3）算法的复杂度为 $O(tn^2)$，t 为迭代次数，不适合大数据集。

层次聚类方法的优点是可以通过设置不同的相关参数值，得到不同粒度上的多层次聚类结构；在聚类形状方面，层次聚类方法适用于任意形状的聚类，并且对样本的输入顺序是不敏感的。

层次聚类方法的困难在于合并点或分裂点的选择。这样的决定是非常关键的，因为一旦一组对象被合并或者分裂，下一步的处理将在新生的簇上进行。已做的处理不能撤销，簇之间也不能交换对象。如果在某一步没有很好地选择合并或分裂的决定，就可能会导致低质量的聚类结果。此外，层次聚类方法不具有很好的可伸缩性，因为合并或分裂的决定需要检查和估算大量的对象或簇。改进层次聚类方法聚类质量的一个有希望的方向是集成层次聚类和其他聚类技术，形成多阶段聚类。

5.3.2 BIRCH 算法

BIRCH（Balanced Iterative Reducing and Clustering using Hierarchies，采用层次方法的平衡迭代规约和聚类）算法，首先用树结构对数据对象进行层次划分，其中叶节点或低层次的非叶节点可以看作由分辨率决定的"微簇"，然后使用其他聚类算法对这些微簇进行宏聚类。它克服了凝聚层次聚类算法所面临的两个困难：①可伸缩性；②不能撤销前一步所做的工作。BIRCH 算法最大的特点是能利用有限的内存资源完成对大数据集的高质量的聚类，同时通过单遍扫描数据集能最小化 I/O 代价。

BIRCH 算法使用聚类特征来概括一个簇，使用聚类特征树（CF 树）来表示聚类的层次结构。这些结构帮助聚类算法在大型数据库中取得较快的速度和较好的伸缩性，还使得 BIRCH 算法对新对象增量和动态聚类也非常有效。

BIRCH 算法的特点如下。

（1）BIRCH 算法试图利用可用的资源来生成最好的聚类结果，给定有限的主存，一个重要的考虑是最小化 I/O 时间。

（2）BIRCH 算法采用了一种多阶段聚类技术：数据集的单遍扫描产生了一个基本的聚类，一遍或多遍的额外扫描可以进一步改进聚类质量。

（3）BIRCH 算法是一种增量的聚类算法，因为它对每一个数据点的聚类的决策都是基于当前已经处理过的数据点的，而不是基于全局的数据点的。

（4）如果簇不是球形的，那么 BIRCH 算法不能很好地工作，因为它用了半径或直径的概念来控制聚类的边界。

1．聚类特征

给定由 n 个 d 维数据对象或点组成的簇，可以用以下公式定义该簇的质心 x_0、半径 R 和直径 D。

$$x_0 = \frac{\sum_{i=1}^{n} x_i}{n} \tag{5.9}$$

$$R = \sqrt{\frac{\sum_{i=1}^{n}(x_i - x_0)^2}{n}} \tag{5.10}$$

$$D = \sqrt{\frac{\sum_{i=1}^{n}\sum_{j=1}^{n}(x_i - x_j)^2}{n(n-1)}} \tag{5.11}$$

R 是簇中数据对象到质心的平均距离；D 是簇中逐对对象的平均距离。R 和 D 都反映了质心周围簇的紧凑程度。

聚类特征（CF）是 BIRCH 算法的核心，聚类特征树中的节点都是由聚类特征组成的。考虑一个由 n 个 d 维数据对象或点组成的簇，簇的聚类特征可用一个三元组来表示，这个三元组就代表了簇的所有信息，定义如下：

$$CF = <n, LS, SS> \tag{5.12}$$

式中，n 是簇中点的数目；LS 是 n 个点的线性和 $\sum_{i=1}^{n} x_i$；SS 是数据点的平方和 $\sum_{i=1}^{n} x_i^2$。

聚类特征本质上是给定簇的统计汇总：从统计学的观点来看，它是簇的零阶矩、一阶矩和二阶矩。使用聚类特征，可以很容易地推导出簇的许多有用的统计量，如簇的质心 x_0、半径 R 和直径 D 分别是：

$$x_0 = \frac{\sum_{i=1}^{n} x_i}{n} = \frac{\text{LS}}{n} \tag{5.13}$$

$$R = \sqrt{\frac{\sum_{i=1}^{n} (x_i - x_0)^2}{n}} = \sqrt{\frac{n\text{SS} - 2\text{LS}^2}{n^2}} \tag{5.14}$$

$$D = \sqrt{\frac{\sum_{i=1}^{n} \sum_{j=1}^{n} (x_i - x_j)^2}{n(n-1)}} = \sqrt{\frac{2n\text{SS} - 2\text{LS}^2}{n(n-1)}} \tag{5.15}$$

使用聚类特征概括簇，可以避免存储个体对象或点的详细信息，只需要固定大小的空间来存放聚类特征，从而有效地利用存储空间。

聚类特征是可加的，也就是说，对于两个不相交的簇 C_1 和簇 C_2，其聚类特征分别为 $\text{CF}_1 = <n_1, \text{LS}_1, \text{SS}_1>$ 和 $\text{CF}_2 = <n_2, \text{LS}_2, \text{SS}_2>$，那么由簇 C_1 和簇 C_2 合并而成的簇的聚类特征就是 $\text{CF}_1 + \text{CF}_2 = <n_1 + n_2, \text{LS}_1 + \text{LS}_2, \text{SS}_1 + \text{SS}_2>$。

【例 5-3】假设簇 C_1 中有 3 个数据点：(2,4)、(4,5)、(5,6)，则 $\text{CF}_1 = <3, (2+4+5, 4+5+6), (2^2+4^2+5^2, 4^2+5^2+6^2)> = \{3, (11, 15), (45, 77)\}$，簇 C_2 的 $\text{CF}_2 = <4, (40, 42), (100, 101)>$，那么，由簇 C_1 和簇 C_2 合并而来的簇 C_3 的聚类特征 CF_3 计算如下：

$\text{CF}_3 = <3+4, (11+40, 15+42), (45+100, 77+101)> = <7, (51, 57), (145, 178)>$

2. 聚类特征树

聚类特征树（CF 树）是一棵高度平衡的树，它存储了层次聚类的聚类特征。CF 树结构如图 5-7 所示。根据定义，树中的非叶节点有后代或"子女"。非叶节点存储了其子女的聚类特征的总和，因而汇总了关于其子女的聚类信息。CF 树有两个参数：分支因子 B 和阈值 T。分支因子 B 定义了每个非叶节点子女的最大数目，而阈值 T 给出了存储在树的叶节点中的子簇的最大直径。这两个参数影响结果树的大小。

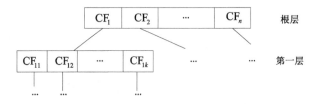

图 5-7 CF 树结构

从图 5-7 中可以看出，根节点的 CF_1 的三元组的值，可以从它指向的 k 个子节点 $CF_{11} \sim CF_{1k}$ 的值相加得到，即 $CF_1 = CF_{11} + CF_{12} + \cdots + CF_{1k}$。这样在更新 CF 树时可以很高效。

一棵 CF 树是一个数据集的压缩表示，叶节点的每一个输入都代表一个簇 C，簇 C 中包含若干数据点，并且原始数据集中越密集的区域，簇 C 包含的数据点越多；越稀疏的区域，簇 C 中包含的数据点越少，簇 C 的半径越小于或等于阈值 T。随着数据点的加入，CF 树被动态地构建，插入过程有点类似 B-树。一个对象被插入最近的叶节点（子簇）。如果在插入后，存储在叶节点中的子簇的半径大于阈值，则该叶节点或其他节点被分裂。新对象插入后，关于该对象的信息向根节点传递。通过修改阈值，CF 树的大小可以改变。如果存储 CF 树需要的内存大于主存的大小，可以定义较小的阈值，并重建 CF 树。

在构建 CF 树的过程中，一个重要的参数是簇半径阈值 T，因为它决定了 CF 树的规模，从而让 CF 树适应当前内存的大小。如果 T 太小，那么簇的数量将会非常大，从而导致树节点数量也会增大，这样可能导致所有数据点还没有扫描完之前内存就不够用了。

算法 5-5　BIRCH 算法

输入：数据集 $\{x_1, \cdots, x_n\}$，阈值 T

输出：k 个簇

1. 将包含 n 个对象的数据集 D 整个当成一个初始簇；
2. for each $i \in \{1, 2, \cdots, n\}$
3. 　　将 x_i 插入与其最近的一个叶节点中；
4. 　　if 插入后的簇的半径小于或等于阈值
5. 　　将 x_i 插入该叶节点，并重新调整从根节点到此叶节点路径上的所有三元组；
6. 　　else if 插入后节点中有剩余空间
7. 　　把 x_i 作为一个单独的簇插入，并重新调整从根节点到此叶节点路径上的所有三元组；
8. 　　else 分裂该节点，并重新调整从根节点到此叶节点路径上的所有三元组；
9. 　　返回 k 个簇

BIRCH 算法的优点如下。

（1）节约内存，所有的对象都在磁盘上。

（2）聚类速度快，只需要扫描一遍训练集就可以建立 CF 树，CF 树的增、删、改操作速度都很快。

（3）可以识别噪声点，还可以对数据集进行初步分类的预处理。

BIRCH 算法的缺点如下。

（1）由于 CF 树对每个节点的聚类特征个数有限制，聚类的结果可能和真实的类别分布不同。

（2）对高维特征的数据聚类效果不好。

（3）若簇不是球形的，则聚类效果不好。

5.4 密度聚类方法

由于层次聚类方法和划分聚类方法往往只能发现"类圆形"的聚类。为弥补这一缺陷，发现各种任意形状的聚类，提出密度聚类方法。该类方法认为在整个样本点空间中，各目标类簇是由一群稠密样本点组成的，而这些稠密样本点被低密度区域（噪声）分割，而算法的目的就是要过滤低密度区域，发现稠密样本点。密度聚类方法以数据集在空间分布上的稠密程度为依据进行聚类，无须预先设定簇的数量，特别适合对未知内容的数据集进行聚类。密度聚类方法的基本思想是：只要一个区域中点的密度大于某个域值，就把它加到与之相近的聚类中，对于簇中每个对象，在给定的半径 ε 的邻域中至少要包含最小数目（MinPts）个对象。密度聚类方法的代表算法有 DBSCAN 算法、OPTICS 算法、DENCLUE 算法等。

DBSCAN 算法是一种高密度连通区域的密度聚类方法，该算法将具有足够高密度的区域划分为簇，并在具有噪声的空间数据集中发现任意形状的簇。它将簇定义为密度相连的点的最大集合。

DBSCAN 算法所用到的基本术语如下。

（1）对象的 ε 邻域：给定对象在半径 ε 内的区域。

（2）核心对象：如果一个对象的 ε 邻域至少包含最小数目（MinPts）个对象，则称该对象为核心对象。图 5-8 中，$\varepsilon=1$，MinPts=5，q 是一个核心对象。

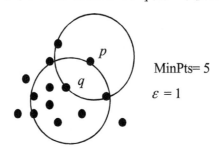

图 5-8　核心对象、边界点和噪声

（3）边界点：不是核心点，但落在某个核心点的 ε 邻域内。

（4）噪声：不包含在任何簇中的对象被认为是"噪声"。

（5）直接密度可达的：给定一个对象集合 D，如果 p 在 q 的 ε 邻域内，而 q 是一个核心对象，则称 p 从 q 出发是直接密度可达的。（如果 q 是一个核心对象，p 属于 q 的邻域，则称 p 直接密度可达 q。）

（6）密度可达的：如果存在一个对象链 $p_1, p_2, \cdots, p_n$，$p_1=q$，$p_n=p$，对 $p_i \in D$，（$1 \leqslant i \leqslant n$），$p_{i+1}$ 是从 p_i 关于 ε 和 MinPts 直接密度可达的，则称 p 是从 q 关于 ε 和 MinPts 密度可达的，如图 5-9 所示。由一个核心对象和其密度可达的所有对象构成一个聚类。

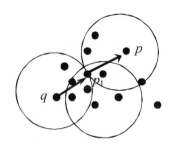

图 5-9　密度可达的

（7）密度相连的：如果对象集合 D 中存在一个对象 o，使得 p 和 q 是从 o 关于 ε 和 MinPts 密度可达的，那么 p 和 q 是关于 ε 和 MinPts 密度相连的，如图 5-10 所示。

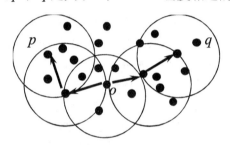

图 5-10　密度相连的

【例 5-4】假设半径 $\varepsilon=3$，MinPts=3，点 p 的 ε 邻域中有点 $\{m,p,p_1,p_2,o\}$，点 m 的 ε 邻域中有点 $\{m,q,p,m_1,m_2\}$，点 q 的 ε 邻域中有点 $\{q,m\}$，点 o 的 ε 邻域中有点 $\{o,p,s\}$，点 s 的 ε 邻域中有点 $\{o,s,s_1\}$，那么核心对象有 p、m、o、s（q 不是核心对象，因为它对应的 ε 邻域中点数量等于 2，MinPts=3）。

点 m 从点 p 直接密度可达，因为点 m 在点 p 的 ε 邻域内，并且 p 为核心对象。

点 q 从点 p 密度可达，因为点 q 从点 m 直接密度可达，并且点 m 从点 p 直接密度可达。

点 q 到点 s 密度相连，因为点 q 从点 p 密度可达，并且点 s 从点 p 密度可达。

算法 5-6　DBSCAN 算法

输入：半径 ε，给定点在 ε 邻域内成为核心对象时邻域内至少要包含的数据对象数 MinPts，数据对象集合 D

输出：目标簇集合

1. Repeat:

2. 　　判断输入点是否为核心对象；

3. 　　找出核心对象的 ε 邻域中的所有直接密度可达点；

4. Until　所有输入点都判断完毕

5. Repeat:

6. 针对所有核心对象的 ε 邻域所有直接密度可达点；

7. 找到最大密度相连对象集合，中间涉及一些密度可达对象的合并；

8. Until　所有核心对象的 ε 邻域都遍历完毕

9. 返回　目标簇集合

DBSCAN 算法分析如下。

（1）时间复杂度：DBSCAN 算法要对每个数据对象进行邻域检查，时间性能较低；DBSCAN 的基本时间复杂度是 $O(n \times$ 找出 ε 邻域中的点所需要的时间$)$，n 是点的个数，最坏情况下时间复杂度是 $O(n^2)$；在低维空间数据中，有一些数据结构如 kd 树，可以有效地检索特定点给定距离内的所有点，时间复杂度可以降低到 $O(n\log n)$。

（2）空间复杂度：在聚类过程中，DBSCAN 算法一旦找到一个核心对象，就以该核心对象为中心向外扩展，此过程中核心对象将不断增多，未处理的对象被保留在内存中。若数据集中存在庞大的聚类，将需要很大的存储空间来存储核心对象信息。当数据量增大时，要求较大的内存支持 I/O，低维或高维数据中，其空间复杂度都是 $O(n)$。

（3）优点：能克服基于距离的算法只能发现"类圆形"的聚类的缺点，可发现任意形状的聚类，有效地处理数据集中的噪声数据，对数据输入顺序不敏感。

（4）缺点：对输入参数敏感，确定参数 ε、MinPts 困难，若选取不当，则将造成聚类质量下降；由于在 DBSCAN 算法中，变量 ε、MinPts 是全局唯一的，当空间聚类的密度不均匀、聚类间距离相差很大时，聚类质量较差。

【例 5-5】下面给出一个样本数据对象集，其数据对象的属性信息如表 5-2 所示，对它实施 DBSCAN 算法。根据所给的数据，对其进行 DBSCAN 算法，以下为算法的步骤（设 n=12，用户输入 ε=1、MinPts=4）。

表 5-2　样本数据对象集

序号	属性1	属性2
1	2	1
2	5	1
3	1	2
4	2	2
5	3	2
6	4	2
7	5	2
8	6	2
9	1	3
10	2	3
11	5	3
12	2	4

算法执行过程如表 5-3 所示。

表 5-3　算法执行过程

步骤	选择的点	在 ε 中点的个数	通过计算可达点而找到的新簇
1	1	2	无
2	2	2	无

续表

步骤	选择的点	在 ε 中点的个数	通过计算可达点而找到的新簇
3	3	3	无
4	4	5	簇 C_1：{1,3,4,5,9,10,12}
5	5	3	已在一个簇 C_1 中
6	6	3	无
7	7	5	簇 C_2：{2,6,7,8,11}
8	8	2	已在一个簇 C_2 中
9	9	3	已在一个簇 C_1 中
10	10	4	已在一个簇 C_1 中
11	11	2	已在一个簇 C_2 中
12	12	2	已在一个簇 C_1 中

5.5 实战：Python 聚类分析

聚类分析中的"类"（cluster）和前面分类的"类"（class）是不同的，对 cluster 更加准确的翻译应该是"簇"。聚类的任务是把所有的实例分配到若干的簇，使得同一个簇的实例聚集在一个簇中心的周围，它们之间的距离比较近；而不同簇实例之间的距离比较远。对于由数值型属性刻画的实例来说，这个距离通常指欧几里得距离。

5.5.1 Python 实现 k-平均划分聚类

使用 sklearn.cluster 中的 KMeans 模型可实现 k-平均划分聚类，KMeans 模型的语法格式如下。

```
sklearn.cluster.KMeans(n_clusters=8, init='k-means++', n_init=10, max_iter=300, tol=0.0001,
precompute_distances='auto', n_jobs=1)
```

模型参数说明如下。

n_clusters：整型，默认值为 8，拟打算生成的聚类数，一般需要选取多个 k 值进行运算，并用评估标准判断所选 k 值的好坏，从中选择最好的 k 值。

init：簇质心初始值的选择方式，有 k-means++、random 及 ndarray 三种可选值，默认值为 k-means++。k-means++用一种巧妙的方式选定初始质心从而能加速迭代过程的收敛。random 随机从训练数据中选取初始质心。如果传递的是一个 ndarray，其形式为 (n_clusters, n_features)，并给出初始质心。

n_init：用不同的初始质心运行算法的次数，这是因为 k-平均算法是受初始值影响的局部最优的迭代算法，因此需要多运行几次以选择一个较好的聚类效果，默认值为 10，最后返回最好的结果。

max_iter：整型，默认值为 300，k-平均算法所进行的最大迭代次数。

tol：容忍的最小误差，当误差小于 tol 时就会退出迭代，认为达到收敛。

precompute_distances：三个可选值：auto、True、False。预计算距离，计算速度快但占用更多内存。auto，若样本数乘以聚类数大于 12million，则不预先计算距离。True，总是预先计算距离。False，不预先计算距离。

n_jobs：整型，指定计算所用的进程数。若值为-1，则用所有的 CPU 进行运算；若值为 1，则不进行并行运算，这样方便调试。

模型的属性说明如下。

cluster_centers_：输出聚类质心，数据形式是数组。

labels_：输出每个样本点对应的类别。

inertia_：float 型，每个点到其簇的质心的距离平方和。

模型的方法说明如下。

fit(X)：在数据集 X 上进行 k-平均聚类。

predict(X)：对 X 中的每个样本预测其所属的类别。

fit_predict(X)：计算 X 的聚类质心，并预测 X 中每个样本所属的类别，相当于先调用 fit(X)再调用 predict(X)。

fit_transform(X[,y])：进行 k-平均聚类模型训练，并将 X 转换到聚类距离空间（方便计算距离）。

score(X[,y])：X 中每一点到聚类质心的距离平方和的相反数。

set_params(**params)：根据传入的 params 构造模型的参数。

transform(X[,y])：将 X 转换到聚类距离空间，在新空间中，每个维度都是到簇质心的距离。

鸢尾花数据集也称 Iris 数据集，由 Fisher 于 1936 年收集整理得到，该数据集包含 150 个数据，分为 3 类，分别是 setosa（山鸢尾）、versicolor（变色鸢尾）和 virginica（弗吉尼亚鸢尾），鸢尾花数据集的部分数据如表 5-4 所示。每类 50 个数据，每个数据包含 4 个划分属性和 1 个类别属性，4 个划分属性分别是 Sep_len、Sep_wid、Pet_len 和 Pet_wid，分别表示花萼长度、花萼宽度、花瓣长度、花瓣宽度，类别属性是 Iris_type，表示鸢尾花的类别。

表 5-4　鸢尾花数据集的部分数据

单位：cm

Sep_len	Sep_wid	Pet_len	Pet_wid	Iris_type
5.1	3.5	1.4	0.2	setosa
4.9	3	1.4	0.2	setosa
4.7	3.2	1.3	0.2	setosa
7	3.2	4.7	1.4	versicolor
6.4	3.2	4.5	1.5	versicolor
6.9	3.1	4.9	1.5	versicolor
6.3	3.3	6	2.5	virginica
5.8	2.7	5.1	1.9	virginica
7.1	3	5.9	2.1	virginica

对鸢尾花数据集的数据进行最小-最大规范化处理的代码如下。

【例 5-6】使用 KMeans 模型对鸢尾花数据集进行 k-平均聚类。

下面给出使用 KMeans 模型对鸢尾花数据集进行 k-平均聚类的代码实现。

```
>>> from sklearn.datasets import load_iris
>>> from sklearn.cluster import KMeans
>>> import matplotlib.pyplot as plt
>>> import numpy as np
>>> import matplotlib
>>> from sklearn.cross_validation import train_test_split    #引用了交叉验证
>>> iris = load_iris()        #加载数据
>>> target = iris.target       #提取数据集中的标签（花的类别）
>>> set(target)            #查看数据集中的标签的不同值
{0,1,2}
>>> iris['feature_names']  #查看数据的特征名
['sepal length (cm)','sepal width (cm)','petal length (cm)','petal width (cm)']
>>> data = iris.data        #提取数据集中的特征数据
>>> X = data[:,[0,2]]        #提取第 1 列和第 3 列数据，即花萼长度和花瓣长度
>>> y = iris.target        #获取类别属性数据
>>> label = np.array(y)     #转换数据类型
>>> index_0 = np.where(label==0)  #获取类别为 0 的数据索引
#按选取的两个特征绘制散点
>>> plt.scatter(X[index_0,0],X[index_0,1],marker='o',color = 'red',edgecolors='k', label='label0')
>>> index_1 =np.where(label==1)          #获取类别为 1 的数据索引
>>> plt.scatter(X[index_1,0],X[index_1,1], marker='*', color = 'purple', label = 'label1')
>>> index_2 =np.where(label==2)           #获取类别为 2 的数据索引
>>> plt.scatter(X[index_2,0],X[index_2,1], marker='+', color = 'blue', label = 'label2')
>>> plt.xlabel('sepal length', fontsize=15)
>>> plt.ylabel('petal length',fontsize=15)
>>> plt.legend(loc = 'lower right')
>>> plt.show()   #显示按鸢尾花的花萼长度与花瓣长度绘制的散点图
```

按花萼长度与花瓣长度绘制的散点图如图 5-11 所示。

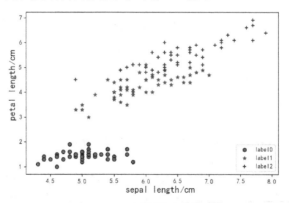

图 5-11　按花萼长度与花瓣长度绘制的散点图

```
#切分数据集，取数据集的 75%作为训练数据，25%作为测试数据
>>> X_train, X_test, y_train, y_test = train_test_split(X, y, random_state=1)
>>> kms = KMeans(n_clusters=3)  #构造 k-平均聚类模型，设定生成的聚类数为 3
```

```
>>> kms.fit(X_train)              #在数据集 X_train 上进行 k-平均聚类
KMeans(algorithm='auto', copy_x=True, init='k-means++', max_iter=300,
    n_clusters=3, n_init=10, n_jobs=1, precompute_distances='auto',
    random_state=None, tol=0.0001, verbose=0)
>>> label_pred = kms.labels_      #获取聚类标签
#绘制 k-平均聚类的结果
>>> x0 = X_train[label_pred == 0]
>>> x1 = X_train[label_pred == 1]
>>> x2 = X_train[label_pred == 2]
>>> plt.scatter(x0[:,0], x0[:,1], color = 'red', marker='o',edgecolors='k', label='label0')
>>> plt.scatter(x1[:,0], x1[:,1], color = 'blue', marker='*', edgecolors='k', label='label1')
>>> plt.scatter(x2[:, 0], x2[:, 1], c = "k", marker='+', label='label2')
>>> plt.xlabel('sepal length', fontsize=15)
>>> plt.ylabel('petal length',fontsize=15)
>>> plt.legend(loc ='lower right')
>>> plt.show()          #显示鸢尾花数据集 k-平均聚类的结果
```

按花萼长度与花瓣长度 k-平均聚类的结果如图 5-12 所示。

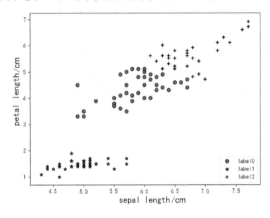

图 5-12   按花萼长度与花瓣长度 k-平均聚类的结果

5.5.2   Python 实现 BIRCH 层次聚类

可用 sklearn.cluster 模块下的 Birch 模型实现 BIRCH 算法，Birch 模型的语法格式如下。

```
Birch(threshold=0.5,branching_factor=50,n_clusters=3,compute_labels=True)
```

模型参数说明如下。

threshold：叶节点每个聚类特征的最大样本半径阈值 T，它决定了每个聚类特征中所有样本形成的超球体的半径阈值。一般来说，threshold 越小，则 CF 树的建立阶段的规模越大，即 BIRCH 算法第一阶段所花的时间和内存会越多。但是选择多大以达到聚类效果，因此需要通过调整参数来实现。默认值是 0.5，如果样本的方差较大，则一般需要增大这个默认值。

branching_factor：每个节点中聚类特征子簇的最大数目。如果加入一个新样本使得节点中子簇的数目超过 branching_factor，那么该节点将被拆分为两个节点，子簇将在两个节点中重新分布。

n_clusters：类别数 *k*，在 BIRCH 算法中是可选的，如果类别数非常多，我们也没有先验知识，则一般输入 None。但是如果我们有类别的先验知识，则推荐输入这个先验的类别值。默认值是 3。

compute_labels：布尔值，表示是否计算数据集中每个样本的类标号，默认为 True。

Birch 模型的常用属性如下。

root_：CF 树的根。

subcluster_labels_：分配给子簇质心的标签。

labels_：返回输入数据集中每个样本所属的类标号。

【例 5-7】使用 BIRCH 算法对数据集进行层次聚类。

下面给出使用 BIRCH 算法对数据集进行层次聚类的代码实现。

```python
import numpy as np
import matplotlib.pyplot as plt
from sklearn.datasets.samples_generator import make_blobs
from sklearn.cluster import Birch
'''生成样本数据集，X 为样本特征，y 为样本簇类别，共 1000 个样本，每个样本 2 个特征，共 4
个簇，簇中心在[-1,-1],[0,0],[1,1],[2,2]'''
X,y = make_blobs(n_samples=1000, n_features=2, centers=[[-1,-1],[0,0],[1,1], [2,2]],cluster_std=
[0.4,0.3,0.4,0.3],random_state =9)
#设置 Birch 模型
birch = Birch(n_clusters = None)
#训练模型并预测每个样本所属的类别
y_pred = birch.fit_predict(X)
#绘制散点图
plt.scatter(X[:,0], X[:,1],c=y_pred)
plt.show()
```

运行上述程序文件，BIRCH 聚类的结果如图 5-13 所示。

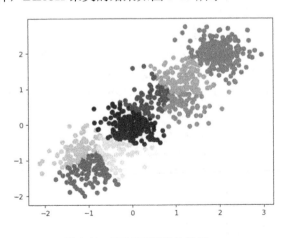

图 5-13　BIRCH 聚类的结果

5.5.3 Python 实现 DBSCAN 密度聚类

sklearn.cluster 库提供了 DBSCAN 模型来实现 DBSCAN 聚类，DBSCAN 模型的语法格式如下。

```
DBSCAN(eps=0.5,min_samples=5,metric='euclidean',algorithm='auto',leaf_size=30,p=None,n_jobs=1)
```

模型参数说明如下。

eps：ε 参数，float 型，可选，用于确定邻域大小。

min_samples：int 型，MinPts 参数，用于判断核心对象。

metric：string 型，用于计算特征向量之间的距离，可以用默认的欧几里得距离，还可以自己定义距离函数。

algorithm：{'auto','ball_tree','kd_tree','brute'}，最近邻搜索算法参数，默认为 auto，brute 是蛮力实现，kd_tree 是 kd 树实现，ball_tree 是球树实现，auto 则会在 3 种算法中做权衡，选择一个最好的算法。

leaf_size：int 型，默认为 30，控制 kd 树或者球树中叶子的最小样本个数。这个值越小，则生成的 kd 树或者球树就越大，层数越深，建树时间越长，反之，则生成的 kd 树或者球树越小，层数越浅，建树时间越短。

p：最近邻距离度量参数。只用于闵可夫斯基距离和带权重闵可夫斯基距离中 p 值的选择，p=1 为曼哈顿距离，p=2 为欧几里得距离。

n_jobs：整型，指定计算所用的进程数。若值为-1，则用所有的 CPU 进行运算；若值为 1，则不进行并行运算，这样方便调试。

DBSCAN 模型的属性如下。

core_sample_indices_：核心点的索引，核心点在原始训练集中的位置。

components_：返回核心点，数据类型是 array，shape = [n_core_samples, n_features]。

labels_：返回每个点所属簇的标签，数据类型是 array，shape = [n_samples]，值为 -1 时代表噪声。

DBSCAN 模型的方法如下。

fit(X[,y,sample_weight])：训练模型。

fit_predict(X[,y,sample_weight])：训练模型并预测每个样本所属的簇标记。

【例 5-8】使用 DBSCAN 算法对数据集进行密度聚类。

下面给出使用 DBSCAN 算法对数据集进行密度聚类的交互式代码实现。

```
>>> from sklearn.cluster import DBSCAN
>>> from sklearn.datasets.samples_generator import make_blobs
>>> from sklearn.preprocessing import StandardScaler
>>> import matplotlib.pyplot as plt
>>> centers = [[1,1],[-1,-1],[1,-1]]
#生成样本数据
>>> X,labels_true = make_blobs(n_samples=200,centers=centers,cluster_std=0.4)
>>> db = DBSCAN(eps=0.3,min_samples=10,metric='euclidean')#创建模型
```

```
>>> db.fit_predict(X)  #训练模型并预测每个样本所属的簇标记
>>> db.labels_       #返回每个点所属簇的标签
array([ 0, -1,  0,  2,  1,  1, -1,  1,  1,  0,  2, -1,  1,  1,  1,  1,  1,
       -1, -1,  1,  0,  0,  0,  2,  1, -1,  2,  2,  1,  0,  2,  2, -1,  0,
       ..........................................................,
        0,  2,  2,  2, -1,  1,  2, -1,  1,  1, -1, -1,  0], dtype=int64)
>>> db.core_sample_indices_    #返回核心点的索引
array([  2,   4,   5,   7,   9,  13,  14,  15,  16,  19,  22,  24,  26,
        31,  33,  36,  37,  40,  41,  43,  44,  47,  49,  51,  60,  64,
        66,  67,  70,  72,  78,  79,  80,  81,  82,  84,  89,  90,  91,
        92,  93,  94,  96, 101, 108, 109, 112, 113, 116, 125, 126, 128,
       130, 131, 134, 136, 137, 139, 140, 143, 144, 145, 147, 151, 152,
       153, 155, 156, 159, 162, 166, 169, 170, 171, 172, 174, 177, 178,
       179, 184, 188, 189, 190, 192, 193, 196], dtype=int64)
#绘制 DBSCAN 聚类结果
>>> plt.scatter(X[db.labels_==0,0],X[db.labels_==0,1],c='r', marker='o', edgecolors='r', s=40, label='cluster 1')
>>> plt.scatter(X[db.labels_==1,0],X[db.labels_==1,1],c='b',marker='s', edgecolors='b',s=40,label='cluster 2')
>>> plt.scatter(X[db.labels_==2,0],X[db.labels_==2,1],c='purple',marker='*', edgecolors='purple',s=40,label='cluster 3')
>>> plt.legend()
>>> plt.show()   #显示 DBSCAN 聚类的结果，如图 5-14 所示
```

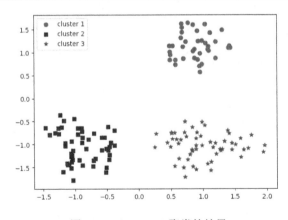

图 5-14　DBSCAN 聚类的结果

习题

1．简述聚类分析的基本思想和基本步骤。

2．一个好的聚类算法应该具备哪些特性？

3．简述划分聚类方法的主要思想。

4．简述凝聚层次聚类方法的主要思路。

5．说出划分聚类与层次聚类的主要特点。

6．在一维点集{1, 4, 9, 16, 25, 36, 49, 64, 81}上运行层次聚类算法，假定簇表示为其质心（平均），每一步离质心最近的两个簇合并。

7．某校从高中二年级女生中随机抽取 16 名，测得身高和体重数据如表 5-5 所示。

表 5-5　身高和体重

序号	身高/cm	体重/kg	序号	身高/cm	体重/kg
1	160	49	9	160	45
2	159	46	10	160	44
3	160	41	11	157	43
4	169	49	12	163	50
5	162	50	13	161	51
6	165	48	14	158	45
7	165	52	15	159	48
8	154	43	16	161	48

试分别利用最短距离法、最长距离法将它们聚类（分类统计量采用绝对距离），并画出聚类图。

8．在表 5-6 给定的样本数据集上运行 AGNES 算法，假定算法的终止条件为三个簇，初始簇为{1},{2},{3},{4},{5},{6},{7},{8}。

表 5-6　样本数据集

序号	属性 1	属性 2	序号	属性 1	属性 2
1	2	10	5	7	5
2	2	5	6	6	4
3	8	4	7	1	2
4	5	8	8	4	9

参考文献

[1] JAIN A K, DUBES R C. Algorithms for Clustering Data[M]. NJ: Prentice-Hall, 1988.

[2] CHAVENT M. A monothetic clustering method[J]. Pattern Recognition Letters, 1998, 19(11): 989-996.

第6章 关联规则

关联规则技术是一种经典的数据挖掘方法，其目的是从大量数据中发现项之间有趣的关联和相关关系。20 世纪 60 年代，Hajek 等人[1]在早期研究中介绍了许多关联规则学习的关键概念和方法，但是主要关注的是数学表达，而不是算法。20 世纪 90 年代初，IBM 公司 Almaden 研究中心的 Agrawal 等人[2]将关联规则学习架构引入数据库社区，在超市内的销售终端系统记录的客户交易大型数据库中寻找商品之间的联系规则，这些规则刻画了客户购买行为模式，可以用来指导商家科学地安排进货、库存及货架设计等。作为一种无监督分析技术，关联规则可以广泛地应用在购物篮分析、网站设计与优化、网络入侵检测、点击流分析、推荐系统、医疗诊断、设备故障诊断和科学数据分析等方面。

6.1 基本概念

6.1.1 啤酒与尿布的经典案例

购物篮分析是关联规则挖掘的一种特定应用，通过发现顾客放入他们"购物篮"中的商品之间的关联，分析顾客的购物习惯。这种关联的发现可以帮助公司用于多种目的。例如：普通产品与高利润或者奢侈商品之间的交叉销售；商场相关类别产品的物理或逻辑摆放位置。购物篮分析结果可以用于营销规划、广告策划或者新的分类设计。我们以购物篮分析中的"啤酒与尿布"的经典案例来引出关联规则的基本概念和相关术语。

早在 20 世纪 80 年代，沃尔玛超市就已经将关联规则应用到了商品管理之中。沃尔玛超市曾经对数据仓库中一年多的原始交易数据进行了详细的分析，发现许多顾客会同时购买尿布与啤酒。原来，许多美国家庭都是妻子在家照顾婴儿，丈夫去超市为婴儿买尿布。丈夫们在购买尿布时往往会顺便买两瓶啤酒来犒劳自己。这一现象引起了沃尔玛超市的重视，沃尔玛超市调整了货架的位置，把尿布和啤酒摆在相邻的位置，以便于年轻的爸爸们能顺利地找到这两种商品，这种独特的摆放法不仅为同时想要购买尿布和啤酒的年轻爸爸提供了方便，也刺激了仅想单独购买啤酒或尿布的年轻爸爸同时购买两种商品，能够提升超市中尿布和啤酒的销售量。这一故事中的啤酒与尿布的关系为所谓的"关联性"，而"关联性"的发掘和利用则需借助本章所要讨论的关联规则挖掘技术。

6.1.2 关联规则的概念

我们不妨假设一个较简单的购物篮分析的情景，如表 6-1 所示。表 6-1 中列出了面包、牛奶、尿布、啤酒、茶 5 种商品的销售记录，共 10 张清单，每张清单都是一个购物篮，即顾客选取的一种商品组合。购物篮分析的目标是从给定的销售记录中挖掘搜索出反复出现的商品之间的联系，即哪些商品频繁地被顾客同时购买。该购物篮分析场景有助于更具体地理解关联规则分析的基本概念，作为本章后续内容的理论基础（本节不介绍如何采用关联规则从这些清单中找出出现次数最频繁的商品组合）。

表 6-1 某超市的交易数据库

交易号 TID	顾客购买的商品	交易号 TID	顾客购买的商品
T_1	面包，牛奶，茶	T_6	面包，牛奶，啤酒，尿布，茶
T_2	面包，尿布，啤酒，茶	T_7	啤酒，牛奶，茶
T_3	牛奶，尿布，啤酒	T_8	面包，茶
T_4	面包，牛奶，尿布，茶	T_9	面包，尿布，牛奶，啤酒，茶
T_5	面包，尿布，牛奶	T_{10}	面包，牛奶

一般来说，关联规则挖掘是指从一个大型的数据集中发现有趣的关联或相关关系，即从数据集中识别出频繁出现的属性值集，也称为频繁项集，然后利用这些频繁项集创建描述关联关系规则的过程。

关联规则及其相关的定义如下。

1. 项集

设 $I=\{i_1,i_2,\cdots,i_m\}$ 是 m 个不同的元素的集合，每个元素 i_j 称为一个**项**。项的集合 I 称为项集（itemset）。项集中项的个数称为项集的长度，长度为 k 的项集称为 k-项集。表 6-1 中每个商品就是一个项，项集 $I=\{$面包,牛奶,尿布,啤酒,茶$\}$，I 的长度$|I|=5$。

每笔交易 T 是项集 I 的一个子集。对应每一个交易有唯一标识交易号，记作 TID。交易全体构成了交易数据库 D，$|D|$等于 D 中交易的个数。表 6-1 中包含 $T_1\sim T_{10}$ 共 10 笔交易，因此$|D|=10$。其中，$T_1=\{$面包,牛奶,茶$\}$，为项集 I 的子集，包含面包、牛奶、茶 3 种商品。

2. 关联规则

关联规则（Association Rule）一般表示为 $X\to Y$ 形式，左侧的项集 X 为先决条件，右侧的项集 Y 为关联结果，用于表示数据内隐含的关联性。例如，假定关联规则"$X\to Y$"成立，则表示购买了尿布的顾客往往也会购买啤酒这一商品。

关联规则的有用性和可靠性，由规则的支持度（support）、置信度（confidence）和提升度（lift）来度量。

3. 支持度

规则的支持度是指在所有项集中$\{X,Y\}$出现的可能性，即项集中同时含有元素 X 和 Y 的概率：$\text{support}(X\to Y)=P(X,Y)$。该指标作为关联规则有用性的度量标准，衡量了所考察关联规则在"量"上的多少。其意义在于通过最小支持度阈值（minsup）的设定，来剔除那些"出镜率"较低的无意义规则，而相应地保留出现较为频繁的项集所隐含的规则。从商务角度，低支持度的规则多半也是无意义的，因为对顾客很少同时购买的商品进行促销可能并无益处。上述过程用公式表示，即筛选出满足：$\text{support}(T)\geqslant\text{minsup}$

的项集 T，该项集称为频繁项集（Frequent Itemset）。

以表 6-1 为例，当我们设置最小支持度阈值 minsup=10%，关联规则"尿布→啤酒"的支持度 support=$\frac{4}{10}$=40% 时，意味所分析的超市所有购买交易中的 40%显示尿布和啤酒被同时购买。由于关联规则"尿布→啤酒"的支持度大于最小支持度阈值，因此，该规则是有效的。

4. 置信度

规则的置信度表示在关联规则的先决条件 X 发生的条件下，关联结果 Y 发生的概率，即含有 X 的项集中，同时含有 Y 的可能性：confidence($X \rightarrow Y$)=$P(X/Y) = P(X,Y)/P(X)$。该指标是关联规则可靠性的度量标准，衡量了所考察关联规则在"质"上的可靠性。类似地，需要设置最小置信度阈值（minconf）来进一步筛选，最终生成满足需要的关联规则，即 confidence($X \rightarrow Y$) $\geqslant$ minconf。

以表 6-1 为例，当我们设置最小置信度阈值为 50%，关联规则"尿布→啤酒"的置信度 confidence=$\frac{4}{6}$=66.7% 时，意味购买尿布的顾客中有 66.7%也购买了啤酒。由于关联规则"尿布→啤酒"的置信度大于最小置信度阈值，因此，该规则是可靠的。

5. 提升度

提升度表示在含有 X 的条件下同时含有 Y 的可能性与没有这个条件下项集中含有 Y 的可能性之比，即在 Y 自身出现可能性 $P(Y)$ 的基础上，X 的出现对于 Y 的出现 $P(Y/X)$ 的提升程度：lift($X \rightarrow Y$)=$\frac{P(Y/X)}{P(Y)}$ = confidence($X \rightarrow Y$) / $P(Y)$。提升度与置信度同样用于衡量规则的可靠性，可以看作置信度的一种互补指标。举例来说，如果有 2000 个消费者，发现有 1000 人购买了茶叶，其中有 900 人同时购买了咖啡，另外 100 人没有，由于规则的置信度高达 900/1000=90%，因此可能认为喜欢喝茶的人同时喜欢喝咖啡。但是，反过来观察，没有购买茶叶的另外 1000 人中同样有 900 人购买了咖啡，因此可以得出结论，不爱喝茶的人也爱喝咖啡。这样看来，是否购买咖啡与有没有购买茶叶并没有关联，两者是相互独立的，其提升度为 $\frac{P(购买咖啡/购买茶叶)}{P(购买咖啡)}$ = $\frac{90\%}{(900+900)/2000}$ =1。由此可见，在某种程度上提升度弥补了置信度的缺陷，当提升度值为 1 时表示 X 与 Y 相互独立，X 的出现对 Y 出现的可能性没有提升作用，而其值越大（>1），则表明 X 对 Y 的提升程度越大，也表明关联性越强。

根据表 6-1 中数据，lift(尿布→啤酒)=$\frac{P(啤酒/尿布)}{P(啤酒)}$=$\frac{2/3}{5/10}$ ≈1.33>1。进一步说明了关联规则"尿布→啤酒"的可靠性。

综上所述，一个关联规则的完整表示可以用以下关联规则表示：

尿布→啤酒[support=40%;confidence=66.7%]　　　　　　(6.1)

该关联规则表示购买了尿布的消费者往往也会购买啤酒这一商品，两个购买行为之间具有一定的关联性。规则的支持度反映规则的有用性。表 6-1 的例子中，支持度为

40%，意味所分析的超市所有购买交易中的 40%显示尿布和啤酒被同时购买。规则的置信度和提升度反映规则的确定性，表 6-1 的例子中，置信度为 66.7%，意味购买尿布的顾客中有 66.7%也购买了啤酒。

6．关联规则分类

关联规则可以分为以下几种情况。

1）布尔型关联规则和数值型关联规则

基于规则或模式中所处理的值类型，关联规则可以分为布尔型关联规则和数值型关联规则。如果考虑关联规则中的数据项是否出现，则这种关联规则是布尔型关联规则。例如，性别＝"女"→职业＝"会计"，是布尔型关联规则。如果规则描述的是量化的项或属性之间的关联，则它是数值型关联规则。例如，职业＝"计算机"→avg(收入)=9000，属性"收入"是数值类型，所以该关联规则是一个数值型关联规则。但是要注意，关联规则本身不能处理连续型数值变量，寻求这类变量的关联规则前要对数据进行离散化处理（数据离散化参见 2.3.5 节），常见处理即将该变量转换成类别变量，如高、中、低等。

2）单层关联规则和多层关联规则

基于关联规则中数据的抽象层次，关联规则可以分为单层关联规则和多层关联规则。在单层关联规则中，所有的项都没有考虑到现实的数据具有多个不同的层次；而在多层关联规则中，对数据的多层性已经进行了充分的考虑。例如，"IBM 台式机→SONY 打印机"，是一个细节数据上的单层关联规则；"台式机→SONY 打印机"，是一个较高层次和细节层次之间的多层关联规则。

3）单维关联规则和多维关联规则

基于规则或模式所涉及的维数，关联规则可以分为单维关联规则和多维关联规则。如果关联规则或模式中的项或属性只涉及一个维，则它是单维关联规则。例如，"啤酒→尿布"，该关联规则只涉及购买的商品这个维度。而在多维关联规则中，要处理的数据将会涉及多个维。例如，年龄$(x,$"$30,\cdots,39$"$)$收入$(x,$"$50k,\cdots,70k$"$)$→购买$(x,$"iPAD"$)$，该关联规则涉及年龄、收入和购买的商品等多个维度。

本章重点讲解布尔型关联规则挖掘算法。

一般而言，关联规则挖掘是一个两步的过程[2]。

（1）找出所有的频繁项集。根据定义，这些项集频繁出现的次数至少与预定义的最小支持度计数一样。发现所有的频繁项集是形成关联规则的基础。通过用户定义的最小支持度阈值，寻找所有支持度大于或等于最小支持度阈值的频繁项集。实际上，由于这些频繁项集可能存在包含关系，因此，只需要寻找那些不被其他频繁项集包含的最大频繁项集的集合即可。

（2）利用频繁项集生成强关联规则。根据定义，这些规则必须满足最小支持度和最小置信度。利用频繁项集生成强关联规则就是逐一测试所有可能生成的关联规则及其对应的支持度和置信度，可以分为以下两步。

①对于事务数据库 D 中的任一频繁项集 X，生成其所有的非空子集。

②对于每个非空子集 $x \subset X$，若置信度 confidence$(x \to (X\text{-}x)) \geqslant$ minconf，那么规则 $x \to (X\text{-}x)$ 是强关联规则。

如何迅速高效地发现所有频繁项集，是关联规则挖掘的核心问题，也是衡量关联规则挖掘算法效率的重要问题。相对来说，生成关联规则相对简单，其求解也比较容易，因此，发现频繁项集成为近年来关联规则挖掘算法的重点。发现频繁项集比较经典的算法有 Apriori 算法和 FP-growth 算法，具体讲解分别参见 6.2 节和 6.3 节。

6.1.3　频繁项集的产生

格结构（Lattice Structure）常常用来表示所有可能的项集。一般来说，一个包含 k 个项的数据集可能产生 $2^k - 1$ 个子集（不包含空集），这些子集称为候选项集（Candidate Itemset）。项集 I={a,b,c,d,e}的项集格如图 6-1 所示，共有 31 个候选项集。

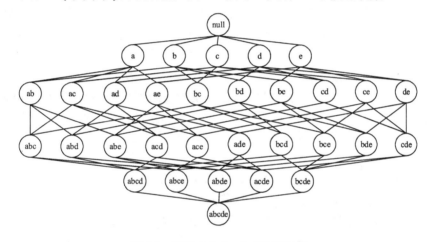

图 6-1　项集 I={a,b,c,d,e}的项集格

发现频繁项集的一种原始方法是确定格结构中每个候选项集的支持度计数，为了完成这一任务，必须将每个候选项集与每个事务进行比较。如果候选项集包含在事务中，则候选项集的支持度计数增加。假设事务数为 N，事务的最大宽度为 s，候选项集的个数为 $M = 2^k - 1$，该方法的时间复杂度为 $O(NMs)$，即需要进行 $O(NMs)$ 次比较，开销非常大。

为了降低频繁项集产生的计算复杂度，可以有如下方法。

（1）减少候选项集的个数。6.2 节介绍的 Apriori 算法是其中的典型代表，该算法使用支持度度量，帮助减少频繁项集产生时需要探查的候选项集的个数。

（2）减少比较次数。为了避免将每个候选项集与每个事务相匹配而产生的庞大的比较次数，可以使用更高级的数据结构，或者存储候选项集或者压缩数据集，来减少比较次数。6.3 节介绍的 FP-growth 算法使用一种称为 FP 树的紧凑数据结构组织数据，并直接从该结构中提取频繁项集。

6.2 Apriori 算法：通过限制候选产生发现频繁项集

Apriori 算法是 Agrawal 和 Srikant 于 1994 年提出的，为布尔型关联规则挖掘频繁项集的原创性算法[1,2]。Apriori 算法的核心是使用候选项集寻找频繁项集[3,4]。

6.2.1 Apriori 算法的频繁项集产生

Apriori 算法使用一种称为逐层搜索的迭代方法，k 项集用于搜索 $k+1$ 项集。首先，找出所有频繁 1 项集的集合 L_1；然后，用 L_1 生成候选 2 项集的集合 C_2；最后，通过探查候选 2 项集的集合来形成频繁 2 项集的集合 L_2。以此类推，使用 L_2 寻找 L_3。如此迭代，直至不能找到频繁 k 项集为止。

Apriori 算法中提高频繁项集逐层搜索效率的方法是减少频繁项集产生时需要探查的候选项集的个数，该方法基于先验性质（Apriori Property），从而达到压缩搜索空间的目的。

先验性质：频繁项集的所有非空子集也一定是频繁项集。

证明：根据定义，如果项集 I 不满足最小支持度阈值 minsup，即 $P(I)<$minsup，则对 I 添加任意项集 A，则有 $P(I \cup A) \leqslant P(I) \leqslant$ minsup 成立，因此，$I \cup A$ 为非频繁项集，即 I 的任意超集均为非频繁项集。性质成立。

该先验性质可引申出两个结论。

结论 1：若 X 为频繁项集，则 X 的所有子集都是频繁项集。

结论 2：若 X 为非频繁项集，则 X 的所有超集均为非频繁项集。

如图 6-2 所示，假定 {c,d,e} 是频繁项集，则任何包含项集 {c,d,e} 的事务一定包含它的子集 {c,d}、{c,e}、{d,e}、{c}、{d} 和 {e}。由结论 1 可知，{c,d,e} 的所有子集（图 6-2 中右边虚线闭合的部分）一定也是频繁的。因此，我们需要找到最大频繁项集的集合。所有最大频繁项集的子集合，就是所有的频繁项集。

相反，由结论 2 可知，如果项集 {a,b} 是非频繁的，则它的所有超集（图 6-2 中左边虚线闭合的部分）也一定是非频繁的，那么包含 {a,b} 超集的整个子图可以被立即剪枝。这种基于支持度度量修剪指数搜索空间的策略称为基于支持度的剪枝。这种剪枝策略依赖于支持度度量的一个关键性质，即一个项集的支持度绝不会超过它的子集的支持度。这个性质也称支持度度量的反单调性。

利用先验性质，我们在使用频繁 $k-1$ 项集的集合 L_{k-1} 寻找频繁 k 项集的集合 L_k 时，分两个过程：连接步和剪枝步。

1）连接步

L_{k-1} 与其自身进行连接，产生候选 k 项集的集合 C_k。L_{k-1} 中某个元素与其中另一个元素可以执行连接操作的前提是它们中有 $k-2$ 个项是相同的，也就是只有一个项是不同的。例如，项集 $\{I_1, I_2\}$ 与 $\{I_1, I_5\}$ 有共同的 I_1，连接之后产生的项集是 $\{I_1, I_2, I_5\}$；反之，项集 $\{I_1, I_2\}$ 与 $\{I_3, I_4\}$ 没有一个共同的项集，不能进行连接操作。

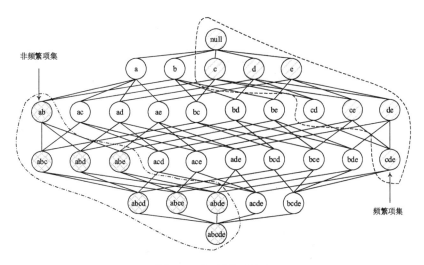

图 6-2 先验原理图示

2）剪枝步

候选 k 项集的集合 C_k 中的元素可以是频繁项集，也可以不是。但所有的频繁 k 项集一定包含在 C_k 中，所以，C_k 是 L_k 的超集。扫描事务集 D，计算 C_k 中每个候选 k 项集出现的次数（也称为支持度计数），所有出现次数大于或等于最小支持度计数[①]的候选 k 项集的集合便组成频繁 k 项集的集合 L_k。

但是，由于 C_k 很大，因此计算量也会很大。为此，需要压缩 C_k，对其进行剪枝。剪枝的依据就是先验性质结论 2：任何非频繁的 k-1 项集都不是频繁 k 项集的子集。根据该结论，可以得出：如果一个 k-1 项集是非频繁的，那么它的超集也一定是非频繁的。因此，如果一个候选 k 项集的 k-1 项子集不在 L_{k-1} 中，那么该候选 k 项集也不可能是频繁的，可以直接从 C_k 中删除。这种子集测试可以使用所有频繁项集的散列树来快速完成。

【例 6-1】以表 6-1 的某超市交易数据为例，图 6-3 解释了用 Apriori 算法发现该超市交易的频繁项集，设定最小支持度计数为 3（最小支持度阈值 minsup=30%）。

（1）第一次迭代时，每个项都是候选 1 项集的集合 C_1 的成员。算法扫描一次所有的事务，对每个项的出现频次计数。

（2）由满足最小支持度的候选 1 项集组成频繁 1 项集的集合 L_1。注意，由于候选项集{茶}的支持度计数小于 3，因此，生成的频繁 1 项集的集合 L_1 不包含候选项集{茶}。

（3）发现候选 2 项集的集合 C_2。首先是连接步，使用连接 $L_1 \otimes L_1$，产生候选 2 项集的集合 C_2。其次是剪枝步，压缩候选项集空间，由于这些候选项集的每个子集都是频繁的，在剪枝步没有候选项集从 C_2 中删除。最后是计算 C_2 中每个候选项集的支持度计数。

---

① 最小支持度计数是最小支持度阈值与事务集 D 中事务总数的乘积，有些书上也称最小支持度阈值为相对最小支持度，最小支持度计数称为绝对最小支持度。

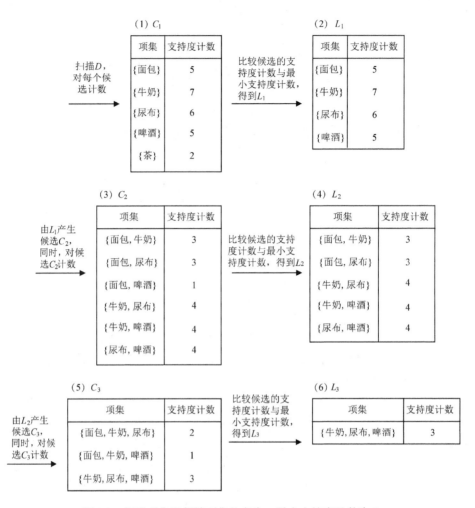

图 6-3　候选项集和频繁项集的产生，最小支持度计数为 3

（4）确定频繁 2 项集的集合 L_2。保留 C_2 中支持度计数大于或等于 3 的候选 2 项集，形成频繁 2 项集的集合 L_2。

（5）发现候选 3 项集的集合 C_3。首先是连接步，使用连接 $L_2 \otimes L_2$，产生候选 3 项集的集合 C_3。其次是剪枝步，压缩候选项集空间，其中，由频繁 2 项集{面包,尿布}、{尿布,啤酒}进行连接生成的 3 项集{面包,尿布,啤酒}从候选项集的集合 C_3 中删除，因为其子集{面包,啤酒}是非频繁的。最后是计算 C_3 中每个候选项集的支持度计数。

（6）确定频繁 3 项集的集合 L_3。保留 C_3 中支持度计数大于或等于 3 的候选 3 项集，形成频繁 3 项集的集合 L_3。

到此为止，频繁 3 项集的集合只有一个频繁 3 项集，停止迭代。

6.2.2　Apriori 算法描述

Apriori 算法的具体实现如下：宽度优先搜索整个项集空间，从 $k=0$ 开始，迭代产生长度为 $k+1$ 的候选项集的集合 C_{k+1}。候选项集是其所有子集都是频繁项集的项集。C_1 由

I_0 中所有的项构成，在第 k 层产生所有长度为 $k+1$ 的项集。这由两步完成：第 1 步是 L_k 自连接，将 L_k 中具有相同 $k-1$ 前缀的项集连接成长度为 k 的候选项集。第 2 步是剪枝，如果项集的所有长度为 k 的子集都在 L_k 中，则该项集才能作为候选项集被加入 C_{k+1}。为了计算所有长度为 k 的候选项集的支持度，在数据库水平表示方式下，需要扫描一遍数据库。在每次扫描中，对于数据库中的每条交易记录，为其中所包含的所有候选 k 项集的支持度计数加 1。所有频繁 k 项集被加入 L_k。此过程直至 C_{k+1} 等于空集时结束。

Apriori 算法的基本过程如下。

首先扫描所有事务，得到候选 1 项集 C_1，根据支持度要求滤去不满足条件的项集，得到频繁 1 项集。

下面进行递归运算。

已知频繁 k 项集（频繁 1 项集已知），根据频繁 k 项集中的项，连接得到所有可能的 $k+1$ 项，并进行剪枝（如果该 $k+1$ 项集的所有 k 项子集不都能满足支持度条件，那么该 $k+1$ 项集被剪掉），得到候选 $k+1$ 项集的集合 C_{k+1}，然后滤去该集合中不满足支持度条件的项集，从而得到频繁 $k+1$ 项集的集合。如果得到的 C_{k+1} 项集为空，则算法结束。

连接的方法：假设 L_k 项集中的所有项都是按照相同的顺序排列的，如果 $L_{k[i]}$ 和 $L_{k[j]}$ 中的前 $k-1$ 项都是完全相同的，而第 k 项不同，那么 $L_{k[i]}$ 和 $L_{k[j]}$ 是可连接的。比如 L_2 中的 $\{i_1, i_2\}$ 和 $\{i_1, i_3\}$ 就是可连接的，连接之后得到 $\{i_1, i_2, i_3\}$，但是 $\{i_1, i_2\}$ 和 $\{i_2, i_3\}$ 是不可连接的，否则将导致项集中出现重复项。

关于剪枝再举例说明一下，如在由 L_2 生成 C_3 的过程中，列举得到的 3 项集包括 $\{i_1, i_2, i_3\}$、$\{i_1, i_3, i_5\}$、$\{i_2, i_3, i_4\}$、$\{i_2, i_3, i_5\}$、$\{i_2, i_4, i_5\}$，但是由于 $\{i_3, i_4\}$ 和 $\{i_4, i_5\}$ 没有出现在 L_2 中，因此 $\{i_2, i_3, i_4\}$、$\{i_2, i_3, i_5\}$、$\{i_2, i_4, i_5\}$ 被剪枝掉了。

对于海量数据，Apriori 算法的时空复杂度都不容忽视。空间复杂度：如果 L_1 数量达到 10^4 的量级，那么 C_2 中的候选项将达到 10^7 的量级。时间复杂度：每计算一次 C_k 就需要扫描一遍数据库。

```
算法 6-1　Apriori 算法
输入：事务数据库 D，最小支持度阈值 minsup
输出：最大频繁项集的集合 L
1. begin
2. 扫描数据库 D，生成频繁 1 项集的集合 L₁;
3. for(k=2;Lₖ₋₁≠φ;k++) do
4. 调用子过程 apriori-gen(Lₖ₋₁)，生成候选 k 项集的集合 Cₖ;
5. for each 候选 k 项集 cᵢ∈ Cₖ   do {
6. for each 事务 t∈D    do {
7. if subset(cᵢ,t)    then cᵢ.count++;
8. if cᵢ.count≥minsup    then Lₖ.add(cᵢ); }}
9. return L=∪ₖLₖ;
10. end
Procedure apriori_gen(Lₖ)
1. begin
```

```
2.  for each itemset l₁ ∈ Lₖ do
3.  for each itemset l₂ ∈ Lₖ do
4.  if (l₁[1]=l₂[1]) ∧ (l₁[2]=l₂[2]) ∧ ⋯ ∧ (l₁[k-1]=l₂[k-1]) ∧ (l₁[k]<l₂[k]) then
5.  {    c=l₁ ⊕ l₂;
6.  if    Is_include_infrenquent_subset(c,Lₖ) then
7.  delete c;
8.  else Cₖ₊₁ .add(c) }
9.  return Cₖ₊₁ ;
10. end
Procedure Is_include_infrenquent_subset(c,Lₖ)
1.  begin
2.  for each k-subset s of c
3.  if s∉Lₖ then return TRUE;
4.  return FALSE;
5.  end
```

在主程序中，第 1 步首先扫描整个事务数据库 D，统计每个项目（item）的支持数，计算其支持度，将支持度大于或等于最小支持度阈值 minsup 的项目构成的集合放入 L_1 中；从第 2 步到第 10 步，用 $k-1$ 频繁项目集构成的 L_{k-1} 生成候选集的集合 C_k，以便从中生成 L_k，其中 apriori_gen 函数（第 4 步）用来从 L_{k-1} 中生成 C_k，然后对数据库进行扫描（第 6 步），对于数据库中的每一个交易，subset 函数用来发现此交易包含的所有候选集，并为这些候选集的计数器加 1（第 7 步）。最后满足 minsup 的候选集被放入 L_k 中。

apriori_gen 过程完成两种操作：连接（join）和剪枝（prune）。在连接运算步骤中，频繁 $k-1$ 项集两两进行连接运算生成潜在的 k 项候选集（第 2～第 8 步），第 4 步的条件保证不会有重复的候选集生成。在剪枝步骤中（第 6～第 7 步），利用 Apriori 性质，删除那些存在子集不是频繁项目集的候选项集，其中，测试子集是否为频繁项目集由过程 Is_include_infrenquent_subset 完成。

6.3 FP-growth 算法

本节介绍 FP-growth 算法。与 Apriori 算法的"候选产生—检查"方式不同，该算法使用一种称为 FP 树的紧凑数据结构组织数据，并直接从该数据结构中提取频繁项集。

在许多情况下，Apriori 算法显著地压缩了候选项集的规模，并产生很好的性能。但是，该算法存在以下不足。

（1）可能产生大量频繁项集。例如，如果有 10^4 个频繁 1 项集，则 Apriori 算法需要产生多达 10^7 个候选 2 项集。

（2）可能需要重复地扫描整个数据库，通过模式匹配检查一个很大的候选集合。检查数据库中每个事务来确定候选项集支持度的开销很大。

Jiawei Han 等人提出 FP-growth 算法[3]，其采取分而治之的思路：首先，将代表频繁项集的数据库压缩到一棵频繁模式树（Frequent Pattern Tree，FP 树）中，该树仍然保留项集的关联信息。然后，把这种压缩后的数据库划分成一组条件数据库（一种特殊类型的投影数据库），每个数据库关联一个频繁段或"模式段"，并分别挖掘每个条件数据库。对于每个"模式段"，只需要考察与它相关联的数据集。因此，随着被考察的模式的"增长"，这种方法可以显著地压缩被搜索的数据集的大小。由上可知，FP-growth 算法包含两个步骤：第 1 步，构造 FP 树；第 2 步，在 FP 树上挖掘频繁项集。

6.3.1 构造 FP 树

FP 树是一种输入数据的压缩表示，通过逐一读入事务并把每个事务映射到 FP 树中的一条路径来构造。由于不同的事务可能会有若干相同的项，因此它们的路径可能部分重叠。路径相互重叠越多，使用 FP 树结构获得的压缩效果越好。如果 FP 树足够小，能够存放在内存中，就可以直接从这个内存中的结构提取频繁项集，而不必重复地扫描存放在硬盘上的数据。

下面结合一个小案例来说明生成 FP 树的全过程。

表 6-2 所示为一个事务数据集，扫描该事务数据集，确定该事务数据集中包含的所有项的集合 I 及每个项的支持度计数 $I\&S$={a:3,b:3,c:4,d:1,e:1,f:4,g:1,h:1,i:1,j:1,k:1,l:2,m:3,n:1,o:2,p:3,s:1}。针对得到的集合 I，丢弃非频繁项，并将频繁项按照支持度的递减排序，结果集或表记为 L，有 L={f:4,c:4,a:3,b:3,m:3,p:3,l:2,o:2}。最后对事务数据集中的项集逐一扫描，每个项集剔除非频繁项后，余下的频繁项按照 L 的降序重新排列，如表 6-2 第三列所示。

表 6-2 事务数据集（设定最小支持度计数为 2）

TID	项集	删除非频繁 1 项并重新排序后的项集
100	{f,a,c,d,g,i,m,p}	{f,c,a,m,p}
200	{a,b,c,f,l,m,o}	{f,c,a,b,m,l,o}
300	{b,f,h,j,o}	{f,b,o}
400	{b,c,k,s,p}	{c,b,p}
500	{a,f,c,e,l,p,m,n}	{f,c,a,m,p,l}

接下来开始构建 FP 树，先设定 FP 树的根节点为 null。对事务数据集进行第二次扫描，不断构建 FP 树的分支。

（1）读入第一个事务{f,c,a,m,p}，创建标记为 f、c、a、m、p 的节点，然后形成 null→f→c→a→m→p 路径，对该事务编码。该路径上的所有节点的频度计数为 1，如图 6-4（a）所示。

（2）读入第二个事务{f,c,a,b,m,l,o}，第二个事务与第一个事务共享前缀<f,c,a>，所以第二个事务的路径 null→f→c→a→b→m→l→o 与第一个事务的路径 null→f→c→a 部分重叠。所以节点 f、c、a 的频度计数增加为 2，新创建的 b、m、l、o 节点的频度计数等于 1，如图 6-4（b）所示。

（3）读入第三个事务{f,b,o}，第三个事务与前两个事务共享前缀<f>，所以第三个事务的路径 null→f→b→o 与第一个和第二个事务的路径 null→f 部分重叠。所以节点 f 的频度计数增加为 3，新创建的 b、o 节点的频度计数等于 1，如图 6-4（c）所示。

（4）读入第四个事务{c,b,p}，该事务与前三个事务无共享前缀，所以创建标记为 c、b、p 的节点，然后形成 null→c→b→p 路径，对该事务编码。该路径上的所有节点的频度计数均为 1，如图 6-4（d）所示。

（5）读入第五个事务{f,c,a,m,p,l}，该事务与第一个事务共享前缀<f,c,a,m,p>，所以第五个事务的路径 null→f→c→a→m→p→l 与第一个事务的路径 null→f→c→a→m→p 重叠。故路径 null→f→c→a→m→p 上的节点 f、c、a、m、p 的频度计数各增加 1。新创建的 l 节点的频度计数等于 1，如图 6-4（e）所示。

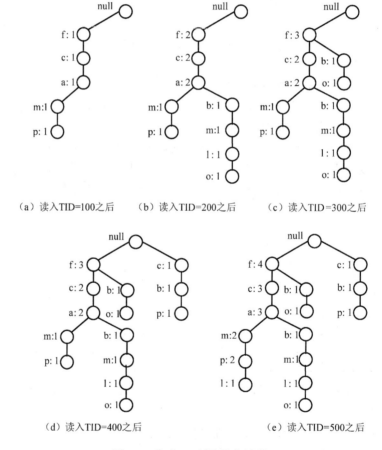

（a）读入TID=100之后　　（b）读入TID=200之后　　（c）读入TID=300之后

（d）读入TID=400之后　　　　　（e）读入TID=500之后

图 6-4　生成 FP 树的迭代过程

为了方便树的遍历，创建一个项头表，使每项通过一个节点链指向它在树中的位置。扫描所有的事务，得到的 FP 树显示在图 6-5 中，带有相关的节点链。因此，构造 FP 树，是把事务数据表中的各事务数据项按照支持度排序后，把每个事务中的数据项按降序依次插入一棵以 null 为根节点的树中，同时在每个节点处记录该节点出现的支持度。

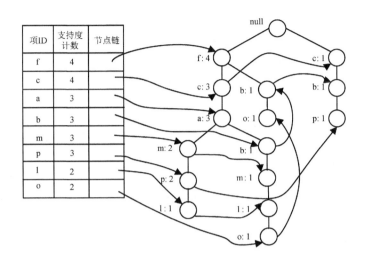

图 6-5 存放压缩的频繁模式信息的 FP 树

6.3.2 挖掘 FP 树

FP 树的挖掘过程：从长度为 1 的频繁模式（初始后缀模式）开始，构造它的条件模式基（一个"子数据库"，由 FP 树中与该后缀模式一起出现的前缀路径集组成）。构造它的（条件）FP 树，并递归地在该树上进行挖掘。模式增长通过后缀模式与条件 FP 树产生的频繁模式连接实现。具体思路如下。

（1）对 FP 树的项头表从表尾向表头逆序逐一扫描，当扫描到某个频繁项 i_j 时，由其节点链得到 FP 树中以 i_j 结尾的前缀路径。

例如，图 6-5 中，对于项头表的频繁 1 项 o，由 FP 树可得到以 o 结尾的前缀路径，如图 6-6（a）所示。

（2）以频繁项 i_j 在该路径上的支持度计数为依据，更新前缀路径上节点的支持度计数。根据已更新的支持度计数的前缀路径，可以得到频繁项 i_j 的条件模式基。

如图 6-6（b）所示，首先依据节点 o 在该路径上的支持度更新前缀路径上节点的支持度计数。在此基础上，得到节点 o 的条件模式基{f,c,a,b,m,l}、{f,b}。

（3）构造条件 FP 树。对频繁项 i_j 的条件模式基，按照构造 FP 树的方法来构造条件 FP 树。

如图 6-6（c）所示，得到节点 o 的条件 FP 树。该树只有一条路径。

（4）构建频繁项集。如果该条件 FP 树有多条路径，则继续迭代，构造条件 FP 树[详细说明见步骤（5）]。否则，如果该条件 FP 树只有一条路径，则直接求以该节点结尾的频繁项集。

如图 6-6（c）所示，节点 o 的条件 FP 树只有一条路径<f:2,b:2>。由节点 o 与{f,b}进行连接，产生频繁模式{f,o:2}、{b,o:2}、{f,b,o:2}。

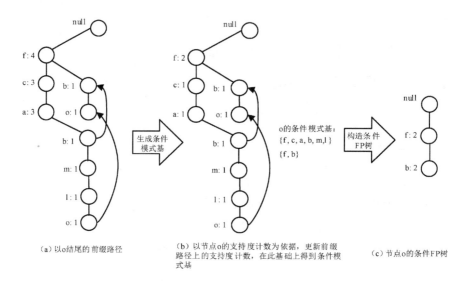

图 6-6　使用 FP 增长算法发现以 o 结尾的频繁项集的例子

（5）如果该条件 FP 树有多条路径，则继续迭代，构造条件 FP 树。

以节点 b 为例，其条件 FP 树有路径 null→f→c 和 null→c，需要继续迭代。迭代思路如下：采用分治策略将一个问题划分为较小的子问题，从而发现某个特定后缀结尾的所有频繁项集。对于节点 b，则分别考虑以 cb 为后缀的条件 FP 树和以 fb 为后缀的条件 FP 树，如图 6-7 所示。

以 cb 为后缀的条件 FP 树的构造步骤如下：以节点 b 的 FP 树为基础，考虑以 cb 为后缀的前缀路径，如图 6-7（d）所示。处理 c 的前缀路径后，只发现项集{c,b}是频繁的，也即以 cb 为后缀的条件 FP 树为空。

以 fb 为后缀的条件 FP 树的构造步骤如下：以节点 b 的 FP 树为基础，考虑以 fb 为后缀的前缀路径，如图 6-7（e）所示。处理 f 的前缀路径后，只发现项集{f,b}是频繁的，也即以 fb 为后缀的条件 FP 树为空。

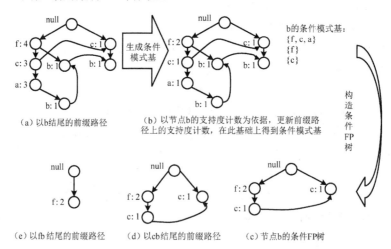

图 6-7　使用 FP 增长算法发现以 b 结尾的频繁项集的例子

6.3.3　FP–growth 算法

FP 树算法[3,4]能够在不生成候选项的情况下，完成 Apriori 算法的功能。其基本的数据结构，包含一棵 FP 树和一个项头表，每个项通过一个节点链指向它在树中出现的位置，基本结构如图 6-5 所示。需要注意的是，项头表需要按照支持度递减排序，在 FP 树中高支持度节点只能是低支持度节点的祖先节点。

1．FP 树算法相关概念

条件模式基：是包含 FP 树中与后缀模式一起出现的前缀路径的集合。也就是同一个频繁项在 FP 树中的所有节点的祖先路径的集合。如图 6-7（b）所示，节点 b 在 FP 树中一共出现了 3 次，其祖先路径分别是{f,c,a:1}、{f:1}和{c:1}。这 3 个祖先路径的集合就是频繁项 b 的条件模式基。

条件树：是将条件模式基按照 FP 树的构造原则形成的一个新的 FP 树。图 6-7（c）所示为节点 b 的条件 FP 树。

2．FP 树算法步骤

（1）构造项头表：扫描一遍数据库，得到频繁项的集合 F 和每个频繁项的支持度。把 F 按支持度递减排序，记为 L。

（2）构造原始 FP 树：把数据库中每个事务的频繁项按照 L 中的顺序进行重排。并按照重排之后的顺序把每个事物的每个频繁项插入以 null 为根节点的 FP 树中。如果插入时频繁项节点已经存在了，则把该频繁项节点支持度加 1；如果该频繁项节点不存在，则创建支持度为 1 的节点，并把该节点链接到项头表中。

（3）调用 FP-growth(Tree,null)开始进行挖掘。伪代码如下：

Procedure FP_growth(Tree, a)
if Tree 含单个路径 P then
　　　　for 路径 P 中节点的每个组合（记作 b）
　　　　产生模式 $b \cup a$，其支持度 support=b 中节点的最小支持度；
else
　　　　for each a_i 在 Tree 的头部（按照支持度由低到高顺序进行扫描）{
　　　　产生一个模式 $b=a_i \cup a$，其支持度 support=a_i.support；
　　　　构造 b 的条件模式基，然后构造 b 的条件 FP 树；
　　　if Tree 不为空 then
　　　调用 FP-growth (Tree,b)；}

FP-growth 函数是整个算法的核心，FP-growth 函数的输入：Tree 是原始的 FP 树或者是某个模式的条件 FP 树，a 是模式后缀（在第一次调用时 a=null，在之后的递归调用中 a 是模式后缀）。FP-growth 函数的输出：在递归调用过程中输出所有的模式及其支持度。每一次调用 FP-growth 输出结果的模式中一定包含 FP-growth 函数输入的模式后缀。

FP-growth 算法是一种常被用来进行关联分析、挖掘频繁项的算法。与 Apriori 算法相比，FP-growth 算法采用前缀树的形式来表征数据，减少了扫描事务数据库的次数，通过递归地生成条件 FP 树来挖掘频繁项。文献[1]详细分析了这一过程。事实上，面对大数据量时，FP-growth 算法生成的 FP 树非常大，无法放入内存，挖掘到的频繁项也可能呈指数级规模。

6.4 其他关联规则算法

除常用的 Apriori 算法和 FP-growth 算法外，很多专家学者在此基础上进行了拓展和研究，提出了很多其他的关联规则算法。本节主要介绍约束性关联规则、增量式关联规则和多层关联规则。

6.4.1 约束性关联规则

关联规则挖掘最典型的算法是 Apriori、FP 树或 Elcat 的改良算法[4-6]，但这 3 类算法在挖掘中如果没有用户的参与和控制，就会产生大量冗余无价值的关联规则，使挖掘缺乏针对性。在实际的应用中，如识别信用卡欺诈、发现忠诚和潜在客户，用户更希望挖掘出包含某些项的关联规则。另外，管理人员对不同商品的关注程度也不尽相同，他们通常对某些特定商品的销售，如新商品推广、高利润商品特别关注，而不是泛泛地发现全部商品的规则。这就需要分析者根据用户的信息需求，设定分析条件，然后对数据库中的数据进行分析，缩减关联规则的数量，快速挖掘出满足用户需求及有价值的信息，而不是在生成的大量冗余规则中自己去筛选需要的关联规则，因此，一类基于约束的关联规则挖掘被提出。

1. 相关概念及定义

设 $I=\{i_1, i_2, i_3, \cdots, i_n\}$ 是所有项的集合，D 是一个事务数据库，其中的每个事务 T 是一个项集，且 $T \subset I$。

定义：基于项约束条件 C 的关联规则就是形如 $X \rightarrow Y$ 的蕴涵式，其中 $X \subset I$，$Y \subset I$，$X \cap Y = \varnothing$，且 $X \rightarrow Y$ 成立的条件是：

（1）它具有支持度 s，即交易数据库中至少有 $s\%$ 的记录包含 $X \cup Y$；

（2）它具有置信度 c，即在交易数据库中包含 X 的记录至少有 $c\%$ 同时包含 Y；

（3）它必须满足项约束条件 C。

项约束条件 C 是由用户指定的项目构成的子集，即 $C = a_{i1} \wedge a_{i2} \wedge \cdots \wedge a_{im}$，$a_{ij} \in I$。

对于给定的事务数据库和项约束条件 C，约束性关联规则就是发现所有满足用户设定的最小支持度阈值（minsup）、最小置信度阈值（minconf）和项约束条件 C 的关联规则。

2. 相关算法及改进

MultipleJoins、Recorder 和 Direct 算法[7,8]是最早提出的项约束算法，这些算法在生成频繁项集的过程中，利用项约束条件对项集进行筛选，得出关联规则。在此基础上，后来的研究者利用频繁项集和非频繁项集的性质，将项约束条件划分为单调性约束、反单调性约束及简洁约束等几类，运用递归的思想进行剪枝得出所需的频繁项集，如 ECLAT[9]、AMMC[10]、FICA[11]、CSAR[12]等算法。随着项约束算法研究的深入，更多的约束方法和思想加入了项约束算法中，如 DFTFH[13]、VCM[14]、MSEB[15]等算法。这些算法利用 FP 树或概念格的思想，采用垂直数据形式表示数据集和深度优先的挖掘策略得出关联规则[16,17]。此外，还有基于二进制约束的关联规则算法、基于权重和时序约束的关联规则算法[18,19]等。

6.4.2　增量式关联规则

在实际应用中，数据库不是静止的，它会随着数据记录的增加而不断地改变，而根据用户需要，常常要求发现的关联规则能反映数据库的当前状态，从而为决策支持、企业管理等提供理论依据。一个理想的 KDD（Knowledge Discovery in Database）系统既应该是高效率的，又应该是能够被有效维护的。衡量的标准就是开发一种有效的算法来更新知识，通过使用先前的知识，而不是重新运行一次挖掘过程。关于关联规则的更新维护问题在 KDD 系统中成为一个新的挑战。通常，先前发现的部分知识可能是无效的，余下的那部分可能仍然有效。而且新的知识不仅可能存在于已经被发现的知识中，也可能存在于已被更新的数据库中。事实上，在规则维护问题中发现新的知识是最困难和复杂的，那么在旧的数据库中的关联规则怎样高效地被更新的问题就成为每一个完善的数据挖掘系统应该考虑的问题。

关联规则增量式更新算法的核心就是如何利用已挖掘的关联规则，在变化了的数据库或参数上发现新的关联规则、删除失效的关联规则更新维护问题。这些算法高效的关键在于尽可能利用已有的挖掘结果来生成较小的候选项集。

1．相关概念及定义

根据实际应用需求，关联规则的更新问题可以分为以下几种情况。

（1）事务数据库不变，最小支持度发生变化时，关联规则的高效更新问题。

（2）最小支持度不变，一个事务数据集 d_1 添加到事务数据库 D 中时，如何生成最新事务数据库（$D \cup d_1$）中的关联规则。

（3）最小支持度不变，从事务数据库 D 中删除一个事务数据集 d_2（$d_2 \subset D$）后，如何高效地生成事务数据库 $D - d_2$ 中的关联规则。

至于其他情况，可由上述 3 种情况组合而成，因此，这 3 种情况是更新问题的基础和核心。

2．相关算法及改进

Cheung 等人[20]提出了 FUP 算法，在此基础上 Cheung 又提出了改进算法——FUP2 算法，可以处理数据集减少时的频繁项挖掘，而面向增量数据集时，该算法和 FUP 算法相似。UWEP 算法[21]与 FUP 算法类似，但此算法采用提前对原频繁项集剪枝的策略，在 k 频繁项集挖掘时，候选集在增量数据集上产生。而针对在每个时间节点，都有新数据产生的问题，文献[22]提出了 YAMI 算法。针对支持度减小时，频繁模式也将增加，文献[23]提出了 IUA 算法。周海岩[24]最早论证了 IUA 算法存在误剪枝问题，提出了改进算法——NEWIUA 算法。

以上这些算法都是基于 Apriori 算法提出的，还有一些算法则是基于 FP-growth 算法提出的。比较典型的有 Koh 等人[25]提出的 AFPIM 算法，对增加的数据集调整树的结构。朱玉全等人[26]提出基于 FP 树的、面向支持度变化的 FIUA1 算法和数据量增加的 FIUA2 算法。易彤等人[27]提出的 IFP-growth 算法整合了支持度变化和数据集变化情况，提出的 IFP 树在调整时通过调整子树来完成。IACAI 算法[28]采用提前缩减数据集的策略，即将不含任何频繁项的空事务提前剪去。

总体而言，在面向增量关联规则处理时，FP-growth 改进算法的性能要比 Apriori 改进算法的性能好，但是操作远比后者烦琐。

6.4.3 多层关联规则

现实生活中的许多概念之间存在着层次性。例如，IBM 笔记本电脑是笔记本电脑的一种，笔记本电脑又是计算机的一种等，我们可以把这些相关的概念组织起来形成一棵概念层次树，这就为我们利用概念层次树进行多层关联规则挖掘提供了可行性。

同时，对于很多的应用来说，由于数据库中数据的稀疏性（如超级市场的销售数据库中有上万种不同的商品），在原始数据上进行单层关联规则挖掘很难发现一些有价值的关联规则。当引入概念层次树后就可以在较高的层次上进行挖掘，在多个概念层的项之间找有趣的关联比仅在原始层数据之间更容易。

在实际应用中，某些用户可能会要求在概念层次树的较高层进行挖掘，以便能够发现普遍意义上的知识，单层关联规则挖掘只能在原始数据上进行，显然无法满足该要求；多层关联规则挖掘能够在概念层次树的每一层进行挖掘，因此能够满足该要求。

多层关联规则挖掘是基于概念分层进行关联规则的挖掘。概念层次结构通常使用概念层次树表示，是各种概念依据抽象程度不同而构成的一个层次结构。它将各层次的概念按从一般到特殊的顺序排列，树中高层概念是低层概念的概括，树根是概念可能取值的最一般的描述，树叶是概念的具体描述。中间节点是在抽象过程中产生的更宏观性的概念。我们称概念层次树的树根为树的第零层，树根的孩子节点属于第一层，依次向下分别称为第二层、第三层等。图 6-8 所示为药品概念层次树，该树是按照国家药品监督管理局公布的标准构建的。

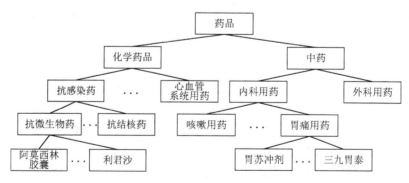

图 6-8　药品概念层次树

1．多层关联规则的定义

设 $I=\{i_1,i_2,\cdots,i_m\}$ 是由称为项（Item）的 i_k（$k=1,2,\cdots,m$）构成的集合，项的集合上的概括层次关系用概念层次树 T 表示，节点表示项或项的概括。若从节点 P 到 Q 之间有弧，则称 P 是 Q 的祖先（P 是 Q 的概括），Q 是 P 的子孙。祖先、子孙关系具有传递性，如果 B 是 D 的祖先，A 是 B 的祖先，则 A 是 D 的祖先。

定义 1：多层关联规则是形式为 $A\Rightarrow B$ 的蕴涵式，其中 $A\subset I$、$B\subset I$、$A\cap B=\varnothing$，且 B 中任意项均不是 A 中项的祖先。其支持度 support($A\Rightarrow B$)=support($A\cup B$)；置信度 confidence($A\Rightarrow B$)=support($A\cup B$)/support(A)×100％。

定义 2：多层关联规则挖掘是指给定一个事务数据库 D、项集合上的概念层次树 T、最小支持度阈值和最小置信度阈值，发现所有的强关联规则，而规则中的项可以位于 T 的任一层次。

以如图 6-8 所示的概念层次树为例，多层关联规则挖掘不但能够发现全部项位于同一概念层上的关联规则，如"抗感染药$\Rightarrow$内科用药"，还能发现跨层的关联规则，如"抗微生物药$\Rightarrow$咳嗽用药"。

定义 3：冗余频繁模式：设 A 是一个频繁模式，若其同时包含项 x 和 x 的祖先 y，则称 A 为冗余频繁模式。

2．多层关联规则挖掘步骤

给定一个事务数据库 D 和项集合上的概念层次树 T，多层关联规则挖掘的任务就是产生支持度和置信度分别大于用户给定的最小支持度阈值（minsup）和最小置信度阈值（minconf）的关联规则。

多层关联规则挖掘一般包含 3 个基本的步骤。

（1）根据事务数据库 D 和 D 上的概念层次树 T，挖掘出所有的频繁模式 FP=$\{X|X\subseteq I,$support(X)$\geqslant$minsup$\}$。

（2）由频繁模式产生强关联规则。由频繁模式产生强关联规则的方法如下。

① 对于每个频繁项集 t，产生 t 的所有非空子集。

② 对于 t 的每个非空子集 s，如果 support(t)/support(s)$\geqslant$minconf，则输出规则"$s\Rightarrow(t\text{-}s)$"。其中，minconf 是最小置信度阈值。

（3）从所有的多层关联规则中删除用户不感兴趣的、冗余的规则。

在这 3 个步骤中，第 2 步和第 3 步相对容易，多层关联规则挖掘的总体性能由第 1 步决定。

3．常用算法及改进

在用于多层关联规则挖掘的经典算法中，以 Cumulate 算法[29]和 ML-T2L1 算法[30]最为著名。Cumulate 算法能进行多层及跨层次频繁模式的挖掘，但该算法仅是将源数据放在同一层次级别上考虑的普遍化关联规则挖掘算法；ML-T2L1 算法采用自顶向下方式进行逐层挖掘，但不支持跨层次的挖掘。这两种算法都基于 Apriori 算法思想，因此它们都存在着与 Apriori 算法相同的缺陷。

MLAR-FP 算法[31]是以 FP-growth 算法为基础而构建的，通过把每个事务中每个项的全部祖先加入该事务中，并删除重复的祖先，从而保证算法能够发现多层关联规则。Adaptive-FP 算法[32]是基于 FP-growth 算法的多层多维频繁模式挖掘算法，采用了多支持度约束，但如果原始数据只是最低抽象层的项，则无法挖掘出隐藏在层间的关联规则。研究者们还提出了许多其他的改进算法，文献[33]提出了一种多支持度挖掘算法；文献[34]提出了一种加权的关联规则挖掘算法；文献[35]提出了基于遗传算法的多层关联规则改进算法；文献[36]提出了一种并行化挖掘多层关联规则的算法。

6.5 实战：购物篮关联规则挖掘

6.5.1 背景与挖掘目标

关联规则作为数据挖掘中一个重要的组成部分，能够有效地发现大量数据中相关属性集之间有趣的关联关系，从而为政策或规则的制定提供参考依据。近年来，关联规则分析已经被广泛应用于物流、零售、信用卡营销及风险管理等众多领域。

本案例通过 Python 语言，分别采用 Apriori 算法和 FP-growth 算法实现购物篮关联规则挖掘，有效地挖掘超市商品之间的关联关系，为商品捆绑销售、货架商品陈列等分析提供有用的信息。

6.5.2 分析方法与过程

本案例通过调用 Python 的 mlxtend 库，对购物篮数据进行关联规则分析。购物篮包含 fruitveg、freshmeat、dairy、cannedveg、cannedmeat、frozenmeal、beer、wine、softdrink、fish、confectionery 11 种商品。本案例数据源于大数据实验课程，对于原始数据的数据抽取、数据预处理、数据转换等步骤省略。

1．Apriori 算法实现

第 1 步：引入相应的函数库资源，读入完整数据，并进行数据的初步了解，如图 6-9 所示。

```
#引入 Pandas 库文件读取、Matplotlib 作图准备、NumPy 库科学计算、mlxtend 库模型集成、
#Seaborn 库统计制图
import pandas as pd
import matplotlib.pyplot as plt
import numpy as np
from mlxtend.frequent_patterns import apriori
import seaborn as sns
from mlxtend.frequent_patterns import association_rules, apriori
#读出文件数据，并展示
Scart = pd.read_csv(r'路径\ShopCT.csv')
Scart
```

	fruitveg	freshmeat	dairy	cannedveg	cannedmeat	frozenmeal	beer	wine	softdrink	fish	confectionery
0	0	1	1	0	0	0	0	0	0	0	1
1	0	1	0	0	0	0	0	0	0	0	1
2	0	0	0	1	0	1	1	0	0	1	0
3	0	0	1	0	0	0	0	1	0	0	0
4	0	0	0	0	0	0	0	0	0	0	0
...	...	...	...	...	...	...	...	...	...	...	...
995	0	0	0	1	0	0	0	0	0	0	0
996	0	0	0	0	0	0	0	0	0	1	0
997	0	1	0	0	0	0	0	0	0	0	0
998	1	0	0	0	0	0	0	1	0	0	1
999	0	0	1	0	0	0	0	0	1	0	1

1000 rows × 11 columns

图 6-9　查看 JupterLab 购物篮数据集

第 2 步：发现规则。首先，调用 Apriori 函数，获得频繁项集集合；其次，调用 association_rules 函数，获得关联规则集合；最后，按照置信度值降序排序并显示，如图 6-10 所示。

```
#进行 Apriori 分析，设置最小支持度阈值为 0.01，获得频繁项集集合
frequent_items_sum = apriori(Scart,min_support = 0.01,use_colnames= True)
#调用 association_rules 函数，设置最小提升度阈值为 1，获得关联规则集合
rules_sum = association_rules(frequent_items_sum,metric = "lift", min_threshold = 1)
#按照置信度值降序排序关联规则集合，并显示
rules_sum.sort_values('confidence',ascending = False, inplace = True)
rules_sum
```

	antecedents	consequents	antecedent support	consequent support	support	confidence	lift	leverage	conviction
1535	(cannedveg, beer, freshmeat, cannedmeat)	(frozenmeal)	0.011	0.302	0.011	1.000000	3.311258	0.007678	inf
1565	(frozenmeal, freshmeat, fish, beer)	(cannedveg)	0.010	0.303	0.010	1.000000	3.300330	0.006970	inf
1534	(frozenmeal, beer, freshmeat, cannedmeat)	(cannedveg)	0.011	0.303	0.011	1.000000	3.300330	0.007667	inf
1419	(frozenmeal, beer, fruitveg, cannedmeat)	(cannedveg)	0.010	0.303	0.010	1.000000	3.300330	0.006970	inf
1623	(frozenmeal, beer, fish, cannedmeat)	(cannedveg)	0.012	0.303	0.012	1.000000	3.300330	0.008364	inf
...	...	...	...	...	...	...	...	...	...
1196	(cannedveg)	(wine, fish, cannedmeat)	0.303	0.018	0.010	0.033003	1.833517	0.004546	1.015515
640	(cannedveg)	(fruitveg, freshmeat, beer)	0.303	0.015	0.010	0.033003	2.200220	0.005455	1.018618
1298	(cannedveg)	(softdrink, wine, fish)	0.303	0.017	0.010	0.033003	1.941371	0.004849	1.016549
1060	(cannedveg)	(freshmeat, fish, beer)	0.303	0.016	0.010	0.033003	2.062706	0.005152	1.017584
1588	(cannedveg)	(frozenmeal, freshmeat, fish, beer)	0.303	0.010	0.010	0.033003	3.300330	0.006970	1.023788

1682 rows × 9 columns

图 6-10　JupterLab Apriori 算法处理结果

2．FP-growth 算法实现

第 1 步：引入相应的函数库资源，读入完整数据，并进行数据初步了解。

说明：展示结果在此省略，与图 6-9 一致。

```
#引入 Pandas 库文件读取、Matplotlib 作图准备、NumPy 库科学计算、mlxtend 库模型集成、
```

```
#Seaborn 库统计制图
import pandas as pd
import matplotlib.pyplot as plt
import numpy as np
from mlxtend.frequent_patterns import fpgrowth
import seaborn as sns
from mlxtend.frequent_patterns import association_rules, fpgrowth
#读出文件数据，并展示
Scart = pd.read_csv(r'路径\ShopCT.csv')
Scart
```

第 2 步：发现规则。首先，调用 fpgrowth 函数，获得频繁项集集合；其次，调用 association_rules 函数，获得关联规则集合；最后，按照置信度值降序排序并显示，如图 6-11 所示。

```
#进行 FP-growth 分析，设置最小支持度阈值为 0.01，获得频繁项集集合
frequent_items_sum = fpgrowth(Scart,min_support = 0.01,use_colnames= True)
#调用 association_rules 函数，设置最小提升度阈值为 1，获得关联规则集合
rules_sum = association_rules(frequent_items_sum,metric = "lift", min_threshold = 1)
#按照置信度值降序排序关联规则集合，并显示
rules_sum.sort_values('confidence',ascending = False, inplace = True)
rules_sum
```

	antecedents	consequents	antecedent support	consequent support	support	confidence	lift	leverage	conviction
1432	(beer, cannedmeat, fruitveg, frozenmeal)	(cannedveg)	0.010	0.303	0.010	1.000000	3.300330	0.006970	inf
338	(beer, freshmeat, fish, frozenmeal)	(cannedveg)	0.010	0.303	0.010	1.000000	3.300330	0.006970	inf
1502	(beer, cannedmeat, fish, frozenmeal)	(cannedveg)	0.012	0.303	0.012	1.000000	3.300330	0.008364	inf
336	(beer, freshmeat, fish, cannedveg)	(frozenmeal)	0.010	0.302	0.010	1.000000	3.311258	0.006980	inf
444	(beer, freshmeat, cannedmeat, cannedveg)	(frozenmeal)	0.011	0.302	0.011	1.000000	3.311258	0.007678	inf
...	...	...	...	...	...	...	...	...	...
1175	{cannedveg}	(softdrink, fish, wine)	0.303	0.017	0.010	0.033003	1.941371	0.004849	1.016549
1455	{cannedveg}	(beer, cannedmeat, fruitveg, frozenmeal)	0.303	0.010	0.010	0.033003	3.300330	0.006970	1.023788
307	{cannedveg}	(beer, freshmeat, fruitveg)	0.303	0.015	0.010	0.033003	2.200220	0.005455	1.018618
1233	{cannedveg}	(confectionery, softdrink, wine)	0.303	0.030	0.010	0.033003	1.100110	0.000910	1.003106
261	{cannedveg}	(freshmeat, frozenmeal, confectionery)	0.303	0.014	0.010	0.033003	2.357379	0.005758	1.019652

1682 rows × 9 columns

图 6-11　JupterLab FP-growth 算法处理结果

6.5.3　总结

通过以上分析，我们可以帮助超市卖场推荐堆头，或者捆绑商品的组合，再或者近距离货架摆放策略，如 beer 和 cannedveg、frozenmeal、wine、fruitveg 等摆放在一起，或者 beer 和 fruitveg、fish、frozenmeal、cannedveg 等组合陈列，再或者 cannedveg 和 beer、cannedmeat、fish 等捆绑销售。

习题

1．给出一个小例子表明强关联规则中的项实际上可能是负相关的。

2．假定大型事务数据库 DB 的频繁项集已经存储，讨论：如果新的事务集 Δ DB 加入，在相同的最小支持度阈值下，如何有效地挖掘全局关联规则？

3．考虑下面的频繁 3 项集的集合：{1,2,3}、{1,2,4}、{1,2,5}、{1,3,4}、{1,3,5}、{2,3,4}、{2,3,5}、{3,4,5}，假定数据集中只有 5 个项，列出 Apriori 算法的候选产生过程得到的所有候选 4 项集，以及剪枝后剩下的所有候选 4 项集。

4．下表为某超市事务数据，其中 hot dog 表示含热狗的事务，$\overline{\text{hot dog}}$ 表示不包含热狗的事务，hamburger 表示包含汉堡包的事务，$\overline{\text{hamburger}}$ 表示不包含汉堡包的事务。

	hot dog	$\overline{\text{hot dog}}$	Σrow
hamburger	2000	500	2500
$\overline{\text{hamburger}}$	1000	1500	2500
Σcol	3000	2000	5000

假设最小支持度阈值 minsup=20%，最小置信度阈值 minconf=70%，试问热狗和汉堡包的关联性如何？

参考文献

[1] HAJEK P, HAVEL I, CHYTIL M. The GUHA Method of Automatic Hypotheses Determination[J]. Computing, 1966, 4(1): 293-308.

[2] AGRAWAL R, SRIKANT R. Fast algorithms for mining association rules[C]. In proc. 1994 int. Conf. Very Large Data Bases (VLDB'94), Santiago, Chile, Sept. 1994: 488-499.

[3] 范明, 孟小峰. 数据挖掘: 概念与技术[M]. 北京: 机械工业出版社, 2001.

[4] PANG-NING T, MICHAEL S, VIPIN K. 数据挖掘导论（完整版）[M]. 范明, 范宏建, 译. 北京: 人民邮电出版社, 2011.

[5] 戴珂, 王占俊, 张仁平. 关联规则挖掘算法的改进和实现[J]. 后勤工程学院学报, 2008, 24（2）: 78-82.

[6] 张岳, 王洪国, 邵增珍, 等. 基于先验位运算的频繁项集挖掘[J]. 计算机应用研究, 2013, 20（9）: 2610-2612.

[7] 陶再平. 基于约束的关联规则挖掘[M]. 杭州: 浙江工商大学出版社, 2012.

[8] 张慧霞. 常用数据挖掘算法的分析对比[J]. 河南科技, 2014, 19: 22-23.

[9] 陈凤娟. 关联规则的 ECLAT 算法[J]. 消费电子, 2014, 1630-1633.

[10] 李广原, 杨炳儒, 周如旗. 一种基于约束的关联规则挖掘算法[J]. 计算机科学, 2012, 39（1）: 244-247.

[11] 陈晓云. 一种带约束条件的关联规则频繁集挖掘[J]. 计算机工程与应用，2013，2：205-208.

[12] 张钰，刘玉文. 基于约束的序列模式关联规则挖掘算法[J]. 太原师范学院学报，2015，14（1）：44-48.

[13] 付冬梅，王志强. 基于 FP-tree 和约束概念格的关联规则挖掘算法及应用研究[J]. 计算机应用与研究，2014，31（4）：1013-1019.

[14] 姚全珠，李如琼，王美君. 项约束先过滤的最大频繁项集挖掘算法[J]. 计算机工程，2012，38（4）：73-75.

[15] 李英杰. 项约束频繁项集挖掘的新方法[J]. 计算机工程与应用，2009，45（3）：161-164.

[16] 赵佳璐，杨俊，韩晶，等. 基于事务 ID 集合的带约束的关联规则挖掘算法[J]. 计算机工程与设计，2013，34（5）：1663-1667.

[17] 方刚. 一种快速挖掘约束性关联规则的算法[J]. 计算机应用与软件，2009，35（7）：268-270.

[18] 赵北松，张争龙，李星毅. 一种基于时态约束的加权关联规则挖掘算法[J]. 福建电脑，2013，5：88-90.

[19] 张令杰，徐维祥. 基于时态约束的关联规则挖掘算法[J]. 计算机工程，2012，38（5）：50-52.

[20] CHEUNG D W, HAN J, NG V T, et al. Maintenance of discovered association rules in Large Databases: an incremental updating techniques[C]. Proc. of the 12th Int. Conf. on Data Engineering (ICDE' 96), 1996: 106-114.

[21] FENG Y C, FENG J L. Incremental updating algorithms for mining association rules[J]. Journal of Software, 1998, 9(4): 62-67.

[22] AYAN N F, TANSEL A U, ARKUN E. An efficient algorithm to update large item sets with early pruning[C]. Proc. of the 5th Int. Conf. on Knowledge Discovery and Data Mining (KDD' 99), 1999: 288-291.

[23] YAFI E, HEGAMI A, ALAM A, et al. YAMI: Incremental mining of interesting association patterns[J]. International Arab Journal of Information Technology(IAJIT), 2012, 9: 504-510.

[24] ZHou H Y. Data mining and incremental updating on association rules[J]. Journal of Software, 1999, 10(10): 1078-1084.

[25] KOH J L, SHIEH S F. An efficient approach for maintaining association rules based on adjusting FP-tree structures[C]. Proc. of the 9th Int. Conf. on Database Systems for Advanced Applications (DAS-FAA' 03), 2003: 418-424.

[26] ZHU Y Q, SUN Z H, JI X J. Incremental updating algorithm based on frequent pattern tree for mining association rules[J]. Chinese Journal of Computers, 2003, 26(1): 91-96.

[27] YI T, XU B W, WU F T. A FP-Tree based incremental updating algorithm for mining association rules[J]. Chinese Journal of Computers, 2004, 27(5): 703-710.

[28] KARIM M R,HALDER S, JEONG B S, et al. Efficient mining frequently correlated，associated-correlated and independent patterns synchronously by removing null transactions[J]. Human Centric Technology and Service in Smart Space LNEE, 2012, 182: 93-103.

[29] PARTHASARATHY S, ZAKI M, OGIHARA M, et al. Incremental and Interactive Sequence Mining[C]//Proc. of the 8th Int'l Conf. on Information and Knowledge Management. 1999.

[30] ZAKI M J. SPADE: An Efficient Algorithm for Mining Frequent Sequences[J]. Machine Learning, 2001, 42(1): 31-60.

[31] 朱嗣珍. 基于 FP-tree 的多层关联规则挖掘算法的研究[D]. 西安：西安科技大学，2011.

[32] MAO R Y. Adaptive-FP: An Efficient and Effective Method for Multi-level Multi-dimensional Frequent Pattern Mining[D]. Simon Fraser University, 2001.

[33] 王振宇，白石磊，熊范纶. 多最小支持度策略的关联规则挖掘方法[J]. 小型微型计算机系统，2002，23（8）：971-973.

[34] 李成军，杨天奇. 一种改进的加权关联规则挖掘方法[J]. 计算机工程，2010，36（7）：55-57.

[35] 朱玉，张虹，孔令东. 基于免疫遗传算法的多维多层关联规则挖掘[J]. 计算机工程，2009，35（23）：181-186.

[36] 王秋华，王越，曹长修. 并行多层关联规则的挖掘算法研究[J]. 计算机应用，2006，26（2）：373-375.

第7章　集成学习

本章重点介绍集成学习。集成学习是数据挖掘算法的一种，本质上是将多个基学习器通过有效融合集成为一个强学习器，从而提高泛化精度。

7.1　集成学习的概念

集成学习是将多个性能一般的基学习器集成为强学习器的方法，集成学习如何构建？集成学习有何优势？

7.1.1　集成学习的构建

集成学习是指在建立基学习器的基础上进行有效融合集成形成强学习器，其中包括3 个主要阶段性工作：一是基学习器的构建设计；二是基学习器的集成方法；三是基学习器结果的整合。集成学习算法的一般实现框架如图 7-1 所示。

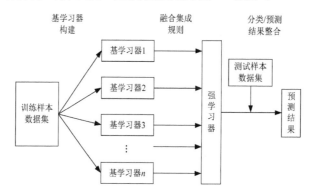

图 7-1　集成学习算法的一般实现框架

集成学习的两个主要工作一般可以划分为训练和检验两个阶段。训练阶段是训练形成集成模型，主要针对训练样本数据集，划分多个基学习器按照一定的融合集成规则形成一个强学习器；检验阶段是验证调整集成模型，主要针对测试样本数据集，对多个基学习器的预测结果按照一定的集成整合规则形成集成预测结果。

集成学习按照基学习器的类型异同，可以分为同质集成学习和异质集成学习。同质集成学习是指基学习器的类型为同一类学习器，如都是决策树的基分类器集成为强决策树，都是神经网络的基学习器进行集成，如典型的 Bagging 算法。异质集成学习是不同类型的基学习器的集成，如决策树与神经网络的集成，如叠加法（Stacking 算法）和元学习法（Meta Learning）[1]。根据基学习器的生成顺序，集成学习可以划分为串行组合方法、并行组合方法和混合拓扑组合方法，经典的集成学习方法 Boosting 及其改进的 AdaBoost、GBDT（Gradient Boosting Decision Tree）都是串行组合方法[2]，Bagging 及在此基础上的随机森林算法则是并行组合方法，两阶段集成学习（Two-Phases Ensernble Leaming，TPEL）是一种先串行后并行的混合拓扑组合方法[3]。根据基学习器的学习基础，集成学习可以划分为基于数据和基于属性的集成方法，其中 Bagging、AdaBoost 都是基于数据样本的集成方法。

7.1.2　集成学习的优势

集成学习的数学理论源于法国数学家 Marie Jean Antoine Nicolas de Caritat 和 Marquis de Condorcet 发表的论文《多数决策的概率理论应用分析》，提出了 Condorcet 陪审团理论。我国史书《资治通鉴》中讲到"兼听则明，偏听则暗"，古代谚语"三个臭皮匠，赛过诸葛亮"，都蕴含了集成学习的智慧。

1. 集成学习的有效性

集成学习将多个基学习器组合形成强学习器，除在预测精度上的提升外，其有效性还体现在统计、计算和表示 3 个方面[4]。

1）集成学习在统计上的有效性

对于学习问题的假设空间一般较大，并远远大于测试的已知假设空间范围，因此需要考虑在有限的测试空间，如何运用学习器达到在学习问题全部假设空间的效能。如果使用单一的学习器，会导致在已知假设空间范围内，为了达到很高的预测效能而导致过度拟合，但缺乏泛化能力，在学习问题的全部假设空间上表现一般，即单一学习器预测值与假设空间实际值偏离过大。通过结合多个相近效能的学习器，降低单一学习器的偏离问题，得到具有一定泛化能力的预测结构，从而在全部假设空间具有更好的预测效能。

2）集成学习在计算上的有效性

任何问题的学习器本质是给出假设空间上的学习函数，该函数能够为假设空间上所有点给出误差最小的问题解。由于假设空间一般比给出的示例数据范围大得多，根据已有测试数据集的最优解，一般会陷入局部极小点风险；最优解问题采用神经网络或决策树会陷入 NP 困局，因此使用多个相似效能学习器的结合，采用估算方法逼近最优解，是解决假设空间最优学习问题的方法。

3）集成学习在表示上的有效性

当学习问题的假设空间较大时，学习器依托的示例数据不能表示全部假设空间，很多真实存在的假设可能不存在示例假设中。使用单个学习器难以突破已给出的示例假设空间，利用多个学习器的结合，由于使用的假设空间不同，通过集成能够更好地逼近真实假设，从而能够在更大的真实假设空间发挥更好的学习效能。

集成学习有效性示意图如图 7-2 所示。

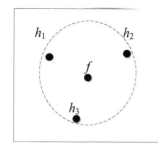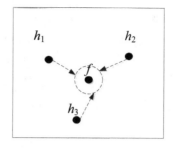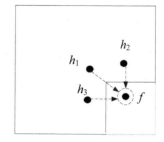

图 7-2　集成学习有效性示意图

2. 集成学习的准确性

在上述的集成学习有效性分析中，通常将各基学习器（也称弱学习器）默认为相互独立的，即认为相互多样性最强。当各基学习器存在关联时，会降低集成学习的效能，甚至集成学习预测精度低于基学习器的预测精度。

对于一个二分类问题 $h(x) \in \{1, -1\}$，假设预测目标真实值为 y，那么对于基学习器 $h_i(x)$，其分类错误的概率为：

$$\varepsilon = P\big[y \neq h_i(x)\big] \tag{7.1}$$

对于 N 个基学习器 $h_i(x)$，使用"大数表决"的原则，当超过一半的基学习器分类正确时，那么集成学习分类正确：

$$H(x) = \mathrm{sign}\left[\sum_{i=1}^{N} h_i(x)\right] \tag{7.2}$$

集成学习分类不正确的概率为：

$$\varepsilon = P\big[H(x) \neq y\big] = \sum_{k=0}^{\lfloor N/2 \rfloor} \binom{N}{k}(1-\varepsilon)^k \varepsilon^{N-k} \tag{7.3}$$

根据霍夫丁不等式，可以得到集成学习误差为：

$$\varepsilon \leqslant \exp\left[-\frac{1}{2}N(1-2\varepsilon)^2\right] \tag{7.4}$$

可以发现集成学习误差上限由基学习器数量 N 和基学习器误差 ε 决定，当基学习器数量 N 越多时，集成学习误差上限越小；当基学习器误差 $\varepsilon < 0.5$ 时，基学习器误差 ε 越小，集成学习误差上限越小。

这里看出来，基学习器一般为弱学习器，一般要求其分类或预测准确度应当高于随机猜测的分类器，即准确度高于 50%。

3. 集成学习的多样性

在上述的集成学习准确性分析中，我们认为各基学习器相互独立，即基学习器误差不存在相关影响，其误差概率独立，即：

$$P\big[H(x) \neq y\big] = \prod_{i=0}^{\lfloor N/2 \rfloor} P\big[h_i(x) \neq y\big] \prod_{i=0}^{N-\lfloor N/2 \rfloor} P\big[h_i(x) = y\big] \tag{7.5}$$

但是实际上集成学习中基学习器误差难以独立，即多个基学习器会在同一个（一批）样本上犯错。对于一个二分类问题，存在 3 个数据样本的数据集，构建 4 个不同基学习器用于对数据集进行分类，4 个基学习器在数据集上的分类效果如表 7-1 所示，其中"√"表示能正确分类，"×"表示不能正确分类。

表 7-1　4 个基学习器在数据集上分类效果

基学习器	数据集			正确率
	样本 1	样本 2	样本 3	
C_1	√	√	×	66.67%
C_2	×	√	√	66.67%
C_3	√	×	√	66.67%
C_4	×	√	√	66.67%

那么分析基学习器 C_1、C_2、C_3 和 C_4，选取其中 3 个基学习器分别进行集成，集成学习 EL$_1$={C_1,C_2,C_3}，EL$_2$={C_2,C_3,C_4}，观察 EL$_1$ 中的 C_1、C_2、C_3，两两之间的相似度为 33.33%，EL$_2$ 中的 C_2、C_3、C_4 中，C_2 与 C_4 的相似度为 100%，与 C_1 的相似度为 33.33%。

按照大数原则进行集成，EL$_1$ 在数据集的分类精度（正确率）为 100%，集成学习精度比基学习器精度都要高。然而，EL$_2$ 在数据集的分类精度（正确率）为 66.67%，与基学习器相当，集成学习并没有提高预测效果。

因此，通过本实例可以发现，集成学习中的多样性对集成学习精度有重要影响。

7.2　Bagging 算法与随机森林算法

Bagging 算法是指通过引导程序使用一个训练集的多个版本，即放回抽样，每一个数据集都来训练一个不同的模型，对训练模型通过整合输出形成一个最终的预测结果。

7.2.1　Bagging 算法基本思想

Bagging 算法（引导聚集算法），又称为装袋算法。Bagging 算法可与其他分类、回归算法结合，在提高其准确率、稳定性的同时，通过降低结果的方差，避免过拟合的发生。

Bagging 算法有很多种，其主要区别在于随机抽取训练子集的方法不同。

（1）如果抽取的数据集的随机子集是样例的随机子集，则称为 Pasting。

（2）如果样例抽取是有放回的，则称为 Bagging。

（3）如果抽取的数据集的随机子集是特征的随机子集，则称为随机子空间（Random Subspaces）。

（4）如果基学习器构建在对于样本和特征抽取的子集之上，则称为随机补丁（Random Patches）。

这里重点对有放回随机抽样的 Bagging 算法进行介绍，其原理示意图如图 7-3 所示。

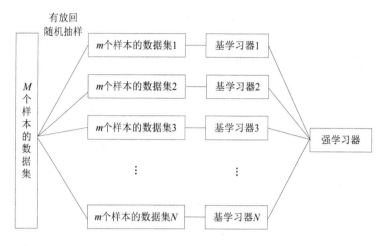

图 7-3　Bagging 算法原理示意图

对于 M 个样本的数据集，按照有放回抽样方式（Bootstrap Sample）随机抽取 m（$m \leqslant M$）个样本，经过 N 次抽样形成不同的数据集，每个数据集按照学习算法构建基学习器，最后按照结合策略形成强学习器，这种强学习器将基学习器的学习结果组合形成最终的学习结果。

有放回抽样方式就是从我们的训练集中采集固定个数的样本，但是每采集一个样本后，都将样本放回。也就是说，之前采集到的样本在放回后有可能继续被采集到。对于 Bagging 算法，一般会随机采集与训练集样本数 M 一样个数的样本 m，即设定 $m=M$。这样得到的采样集和训练集样本的个数相同，但是样本内容不同。如果我们对 m 个样本的训练集做 N 次随机采样，则由于随机性，N 个采样集各不相同。

对于 M 个样本的数据集中的某个样本，在某次有放回抽样中不被采集到的概率为 $1-\dfrac{1}{M}$，那么抽取 M 次形成的数据集中不包含该样本的概率为：

$$P = \left(1 - \frac{1}{M}\right)^{M} \tag{7.6}$$

当 $M \to \infty$ 时，某样本不会出现在数据集中的概率为：

$$P = \lim_{M \to \infty}\left(1 - \frac{1}{M}\right)^{M} = 1/\mathrm{e} \approx 0.368 \tag{7.7}$$

也就是说，对于 M 个样本的数据集，会存在 36.8% 的样本不会被抽取到，这类在随机抽样中抽不到的数据称为包外数据（Out Of Bag，OOB），可用作验证集对泛化性能进行"包外估计"。包外数据还有许多其他用途，例如，当基学习器是决策树时，可使用包外数据辅助剪枝，或用于估计决策树中各节点的后验概率，以辅助对零训练样本节点的处理；当基学习器是神经网络时，可使用包外数据辅助早期停止以减小过拟合风险。

Bagging 的组合策略比较简单，对于分类问题，通常使用简单投票法进行"大数表决"，得到最多票数的类别或者类别之一为最终的模型输出；对于回归问题，通常使用简单平均法，对 N 个基学习器得到的回归结果进行算术平均得到最终的模型输出。

7.2.2　Bagging 算法流程

Bagging 算法基本流程描述如下。

算法 7-1　Bagging 算法

输入：M 个样本的训练数据集 $D=\{(x_1,y_1),(x_2,y_2),\cdots,(x_m,y_m)\}$；

　　　基学习算法 ξ；

　　　训练次数

输出：$H(x)=\underset{y \in Y}{\arg\max}\sum_{t=1}^{T}\prod\left[h_t(x)=y\right]$

1. for $t=1,2,\cdots,T$ do
2. 　 $h_t=\xi(D,D_{bs})$
3. 　end for

其中，Bagging 算法过程是从 M 个样本的训练数据集 D 中按照有放回随机抽样 m（$m \leqslant M$）个样本形成数据集 D_{bs}，并以此数据集 D_{bs} 作为训练数据集，按基学习算法 ξ 构建基学习器 h_t，完成 T 轮后，构建形成 T 个基学习器，最后按照 $h_t(x)=y$ 的标准对 T 个基学习器进行组合，形成强学习器 $H(x)$。

Bagging 算法具有控制方差、性能高效、应用广泛等优点，通过多个基学习器在样本抽样上的多样性，实现集成上的方差变小，提升泛化能力；通过并行对训练数据集进行抽样构建基学习器，实现基学习器的并行构建，提升集成学习模型的构建效率，减少构建消耗时间；Bagging 算法将多个基学习器学习结果进行有效组合，可直接适用于分类问题和回归预测，具有广泛应用场景。

从"偏差-方差分解"的角度看，Bagging 算法主要关注降低方差，因此它在不剪枝决策树、神经网络等易受样本扰动的学习器上效用更为明显。

7.2.3　随机森林算法

随机森林（Random Forest，RF）算法是 Bagging 算法的一个扩展变体，是在以决策树为基学习器构建 Bagging 集成的基础上，在决策树的训练过程中进一步引入了随机属性选择。具体来说，传统决策树在选择划分属性时是在当前节点的属性集合 $A=\{a_1,a_2,\cdots a_d\}$（假定有 d 个属性）中按照最大增益、最大增益率或最小 Gini 系数等原则选择一个最优属性；而在随机森林算法中，对基决策树的每个节点，先从该节点的属性集合中随机选择一个包含 k 个属性的子集 $A_s=\{a_1,a_2,\cdots,a_k\}$（$k \leqslant d$），然后从这个子集中选择一个最优属性用于划分。这里的参数 k 控制了随机性的引入程度：若令 $k=d$，则基决策树的构建与传统决策树相同；若令 $k=1$，则随机选择一个属性用于划分；一般情况下，推荐值 $k=\log_2 d$ 或者 $\sqrt{d}$。

随机森林算法的原理示意图如图 7-4 所示。

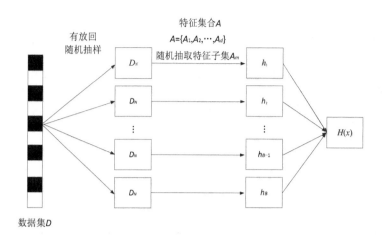

图 7-4　随机森林算法的原理示意图

随机森林算法基本流程描述如下。

算法 7-2　随机森林算法

输入：M 个样本的训练数据集 $D=\{(x_1,y_1),(x_2,y_2),...,(x_m,y_m)\}$；

　　　　基学习算法 ξ；

　　　　训练次数 B

输出：$H(x)=\underset{y\in Y}{\arg\max}\sum\limits_{t=1}^{B}\prod\left[h_t(x)=y\right]$

1. for b=1 to B：
2. 随机选择 N 个样本形成数据集
3. 在特征集 A 中选择 m 个特征属性
4. 在数据集中根据特征构建决策树
5. end for

对于分类问题，$H(x)=\text{majority vote}(h_t)_1^B$，即对 B 个基学习器 h_t 的分类结果按照"大数表决"确定集成分类结论。

对于回归问题，$H(x)=\dfrac{1}{B}\sum\limits_{b=1}^{B}h_t=\dfrac{1}{B}\sum\limits_{b=1}^{B}\xi(Z^*,A_m)$，即对 B 个基学习器 h_t 回归预测结果按照平均法确定集成回归结果。

随机森林算法实际上是一种特殊的 Bagging 算法，它将决策树用作 Bagging 中的模型。首先，用 Bootstrap 方法采样 N 个数据样本生成 B 个训练集；然后，对于每个训练集 Z^*，构造一棵决策树 h_t，在节点找特征进行分裂时，并不是对所有特征找到能使得指标（如信息增益、信息增益率、Gini 系数等）最优的，而是在特征中随机抽取一部分特征 A_m，在抽取特征 A_m 中间找到最优解作为节点划分条件。

随机森林算法结构简单，容易实现，计算开销小，并且在很多现实任务中展现出强大的性能，被誉为"代表集成学习技术水平的方法"。可以看出，随机森林算法对 Bagging 集成学习只做了小改动，但是与 Bagging 算法中基学习器的多样性仅通过样本扰动（通过对初始训练集采样）而来不同，随机森林算法中基学习器的多样性不仅来自样本扰动，还来自属性扰动，这就使得最终集成的泛化性能可通过个体学习器之间差异度的增加而进一步提升。

随机森林算法可以处理高维数据，模型的泛化能力较强，训练模型时速度快、并行化，可以处理不平衡数据，有包外数据作为验证数据集，对缺失值、异常值不敏感，模型训练结果准确度高，具有 Bagging 算法能够收敛于更小的泛化误差等优点。

当数据噪声比较大时，随机森林算法会产生过拟合现象。

7.3　Boosting 算法

Boosting 算法也是一种基于数据集重抽样的算法，与 Bagging 算法主要区别在于，需要动态调整训练样本中各数据权重，每一次迭代增加不能被正确学习的样本权重，相对地降低了能被正确学习的样本权重，从而提升在整个训练样本数据集上的学习正确率。

7.3.1　Boosting 算法流程

与 Bagging 算法不同，Boosting 算法第一次构建基学习器时给每一个训练数据样本赋予动态权重，增加分类错误样本权重。在下一次，基学习器采用新的样本权重进行随机抽样构建新的基学习器并以此类推构建多个基学习器，直到递进生成的基学习器精度不再明显提升或满足精度需求，最后这多个基学习器形成一个精度较高的强学习器。

为了控制集成学习模型复杂度，通过动态权重降低了高精度分类样本的权重，有效控制了最终学习器的样本数量，从而控制了集成学习模型复杂度。

为了提升集成模型的差异化，Boosting 算法是一种逐步递进的方法，每一个学习器都是前一个学习器通过调整样本权重的改进模型，不存在两个相同的基学习器。Boosting 算法问题在于，更多关注不能正确分类样本数据，对于边界样本会导致权重失衡，产生"退化问题"。

Boosting 算法的原理示意图如图 7-5 所示。

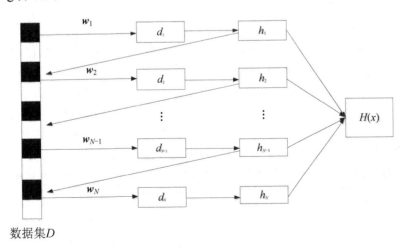

图 7-5　Boosting 算法的原理示意图

Boosting 算法最典型的是 Adaptive Boosting 算法，简称 AdaBoost 算法，其基本流程描述如下。

算法 7-3　AdaBoost 算法

输入：M 个样本的训练数据集 $D=\{(x_1,y_1),(x_2,y_2),\cdots,(x_m,y_m)\}$；

　　　基学习算法 ξ；

　　　初始样本权重向量 $w_1=\{1/M,1/M,\cdots\}$；

　　　训练次数 N

输出：集成学习器 $H=\sum_1^N a_i \cdot h_i$

1. for $i=1$ to N：
2. 使用权重向量 w_i 构建数据集 D_i
3. 基于数据集 D_i 构建基学习器 $h_i=\xi(D_i)$
4. 计算分类错误率 $e=\sum(h_i(x)\neq y)$
5. if $e\geqslant 0.5$，break
6. else 计算基学习器 h_i 的权重系数 $a_i=\dfrac{\ln(1-e)}{2e}$
7. if $h_i(x)=y$，更新该样本 x 权重 $w_{i+1}=[w_i\exp(-a_i)]/M$
8. else if $h_i(x)\neq y$，更新该样本 x 权重 $w_{i+1}=[w_i\exp(a_i)]/M$
9. end for

从"偏差-方差分解"的角度看，Boosting 算法主要提升基学习器的准确率，降低偏差，因此，Boosting 算法能基于泛化性能相当弱的学习器构建出很强的集成。

7.3.2　Boosting 系列算法

Boosting 算法包括以梯度提升为核心方法的系列算法，主要包括前面介绍的调整错分样本权重的 AdaBoost 算法、以决策树为基函数的 Boosting Tree 算法、利用损失函数的负梯度在当前模型的值作为回归问题提升树算法中残差的近似值的 GBDT 算法、大规模并行 Boosting Tree 的 XGBoost 算法。

1. Boosting Tree 算法

Boosting Tree 算法是以分类树或回归树为基本分类器的提升方法。该方法实际采用加法模型（基函数的线性组合）与前向分步算法。对分类问题决策树是二叉分类树，对回归问题决策树是二叉回归树。

对于二分类问题，提升树分类算法只需将 AdaBoost 算法中的基本分类器限制为二类分类树即可，这时的提升树分类算法可以说是 AdaBoost 算法的特殊情况。

对于回归问题，将样本空间 x 划分为互不相交的区域，并确定各区域输出常量 y，在前向分步算法时，使用损失函数（如平方误差函数）分析当前模型的误差，对样本拟合数据的计算残差，并通过回归树来拟合这个残差，直到残差达到预期目标为止。

2. GBDT 算法

GBDT（Gradient Boosting Decision Tree）又叫作 MART（Multiple Additive Regression Tree），是一种迭代的决策树算法，该算法由多棵决策树组成，在所有树的预测结果集成后得到结论，是 Boosting 系列算法之一。它在被提出之初就和支持向量机一起被认为是泛化能力较强的算法。

作为 GBDT 基学习器的决策树是回归树，而不是分类树，GBDT 用于回归预测，调整后也可以用于分类。

GBDT 的核心思想在于，每一棵决策树学的是之前所有决策树的结论和的残差，这个残差就是一个加预测值后能得真实值的累加量。我们利用平方误差来表示损失函数，其中每一棵回归树学习的是之前所有回归树的结论和的残差，拟合得到一个当前的残差回归树。其中残差是各样本上真实值和预测值的差，提升树是整个迭代过程生成的回归树的累加。

3．XGBoost 算法

XGBoost 是经过优化的分布式梯度提升库，旨在高效、灵活且可移植。XGBoost 是大规模并行 Boosting Tree 的工具，它是目前最快最好的开源 Boosting Tree 工具包之一，比常见的工具包快 10 倍以上。

XGBoost 算法和 GBDT 算法两者都是 Boosting 算法，除工程实现、解决问题上的一些差异外，最大的不同就是目标函数的定义。XGBoost 算法的改进是在求解损失函数极值时使用了牛顿法，将损失函数泰勒展开到二阶，另外在损失函数中加入了正则化项。训练时的目标函数由两部分构成，第一部分为梯度提升算法损失，第二部分为正则化项。

7.4　结合策略

典型集成学习描述了如何通过训练样本数据得到基学习器，下面我们关注集成学习的检验阶段，即如何将各基学习器的预测结果进行有效整合集成形成集成学习预测结果并进行检验。基学习器的整合方式可以分为 3 个层次，即决策层次输出、排序层次输出和度量层次输出。基学习器结果集成属于决策层次集成，一般包括两大类集成方法，即投票方法（Voting）和叠加方法（Stacking）。

7.4.1　投票方法

投票方法是指对各基学习器的分类结果按照某种原则进行投票表决，得到集成预测分类结果。投票方法可分为普通投票和贝叶斯投票两种。

普通投票方法可以分为均等投票和赋权投票两类，赋权投票是给投票专家赋予不同权重，均等投票则是以相同权重进行投票，可以将均等投票视作各专家投票权重 $w_i = 1/N$ 的特殊情况。根据应用背景需求，按投票原则普通投票方法又可以分为一票否决、一致表决、大数原则和阈值表决等。对于回归问题，可以通过平均值、加权求和、中位数、最大数等方式（见第 2 章）进行整合。

均等投票的集成学习为：$H = \sum_1^N \frac{1}{N} h_i$。

赋权投票的集成学习为：$H = \sum_1^N w_i h_i$。

贝叶斯投票是根据每个基学习器的历史分类表现通过贝叶斯定理赋予不同的权重，根据各基学习器的权重进行投票。由于不能覆盖各基学习器的所有样本空间，且不能正确给出各基学习器的先验概率，贝叶斯投票的效能不及普通投票的效能。

7.4.2 叠加方法

Stacking 算法是 1992 年 Worlpert 提出的 Stacked Generalization 的学习模型，对基学习器的学习结果进行再集成得到集成模型预测结果。往往采用 Leave-One-Out 的交叉验证（Cross Validation，CV）方法训练基学习器，将各基学习器的训练结果和原数据集 D 中的样本 x 综合起来，作为强学习器的输入训练实例，训练学习得到最终预测结果。

Stacking 算法的原理示意图如图 7-6 所示。

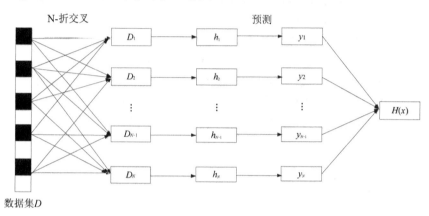

图 7-6　Stacking 算法的原理示意图

Stacking 算法既能集成各基学习器的训练结果，也能组合各种可能决定分类的相关信息，因此普遍认为其性能优于贝叶斯投票的性能。

7.5 多样性

根据 7.1.2 节分析，基学习器的准确性和相互之间的多样性，对于集成学习的泛化精度（泛化能力和预测精度）具有重要意义。基学习器的准确性高于随机猜想（精度高于 0.5）即可通过集成得到较好的预测效果，如何度量和构建基学习器之间的多样性则是提升集成学习泛化能力的重要途径和方式。

7.5.1 多样性的概念

集成学习多样性是指参与集成的基学习器之间的多样性。多样性是融合了基学习器的差异性、独立性和互补性的泛化概念，其中差异性主要体现在学习器的相互区别，独立性主要体现在学习器间的相互不关联程度，互补性体现在集成学习器中对全集的覆盖程度。

学习器的差异性主要是学习器在数据样本、特征属性和算法参数 3 个方面的差异性，本质是在训练和测试数据样本上具有的不同预测表现。

学习器的独立性用于描述对于同一测试样本数据一组（两个或多个）学习器的不关联程度，一般用分类错误概率的相关程度来描述。假设对于数据样本 D，存在两个学习器 A 和 B，那么在 D 上 A 分类错误概率为 $P(A)$，B 分类错误概率为 $P(B)$，如果 A 和 B 同时分类错误概率 $P(AB)=0$，则认为学习器 A、B 相互独立。

学习器的独立性本质上来讲是一种后验性能，体现于测试数据集上多个学习器同时分类错误的概率，因此在构造学习器时没有合适的度量方法。一般从两个途径度量独立性，一是通过对训练数据集使用交叉验证方法来度量学习器间独立性；二是一般认为学习器独立性和差异性密切相关，可以通过差异性来体现独立性。

学习器的互补性是指在全体测试数据集上任一样本数据均存在一个学习器能够正确予以分类。互补性体现在两个方面：一是能够涵盖整个测试数据样本集；二是对任一样本均能正确分类。

学习器的差异性源自集成学习中基学习器在数据抽样、特征选取和算法结构的不同，而独立性和互补性则是后验性能，是在集成学习的测试数据验证阶段计算得到的，虽然可以在训练数据集中通过交叉验证进行测算，但集成分类的泛化能力和过拟化问题不易控制。

因此，学习器差异性度量对构建集成优化具有指导意义，而学习器独立性和互补性度量则对集成预测性能具有验证作用。

7.5.2　多样性的作用

在 7.1.2 节的第三部分中，从一个典型案例感性认识了集成学习多样性对集成学习预测精度的重要影响。本节从 Error-Ambiguity 分解（误差-分歧分解）角度分析集成学习多样性与集成预测性能的关系。

一个集成模型的预测性能与模型复杂度、数据量、测试数据集泛化误差等均有关联，一般预测性能使用预测误差率及其衍生的精度、F 度量等进行衡量，这个误差率包含两个方面：一是在训练数据集上的训练误差；二是在测试数据集上的泛化误差。

在不考虑集成预测具体业务背景的基础上，集成分类的预测性能主要从预测误差率和泛化能力两个方面衡量，可从 Error-Ambiguity 分解角度进行分析。

假设样本 x 的分布概率为 $p(x)$，那么集成的泛化误差：

$$E = \int E(H) p(x) \mathrm{d}x = \int \left[g(x) - H(x) \right]^2 \mathrm{d}x \tag{7.8}$$

引入加权集成学习器 EH(x)，可取权重 w_i 为 $1/n$ 转为均值，那么

$$\begin{aligned}E &= \int \left[g(x) - h(x) \right]^2 \mathrm{d}x - \int \left[h(x) - \mathrm{EH}(x) \right]^2 \mathrm{d}x \\ &= \mathrm{Err}\left[h(x) \right] - \mathrm{Amb}\left[h(x) \right]\end{aligned} \tag{7.9}$$

式中，$\mathrm{Err}\left[h(x) \right]$ 为基学习器泛化误差的加权均值；$\mathrm{Amb}\left[h(x) \right]$ 为基学习器的加权分歧值，表征基学习器对于样本 x 上的分类不一致性。

那么，为了减少集成的泛化误差 E，应降低个体学习器误差，增加个体学习器间的

分类不一致性。

因此，从集成学习的 Bias-Variance 分解和 Error-Ambiguity 分解两个角度可以发现，增加集成学习中基学习器的多样性，能够提高集成预测精度，增强集成泛化能力。

由此可见，集成学习多样性是集成预测性能的重要影响因素之一。

7.5.3 多样性的度量

集成学习多样性的度量是度量集成学习中基学习器的多样性，即估算基学习器的多样化程度。

根据度量考查对象，多样性度量可以分为局部多样性度量和全局多样性度量。局部多样性度量主要是个体学习器两两之间的成对度量，全局多样性度量主要是对所有个体学习器在数据样本分类上展示出的多样性进行度量；根据度量的侧重方向，多样性度量可以分为差异度量、相似度量和独立度量；根据度量的依据来源，多样性度量可以分为统计学度量、信息学度量和软件工程学度量等。

目前，多样性度量方法主要是对样本数据集预测结果进行统计分析，分为局部多样性度量和全局多样性度量，其中局部多样性度量包括：①成对多样性度量即不合度量、相关系数、Q-统计量、k-统计量、双次失败度量等；②非成对多样性度量，即基于熵的度量、KW-方差度量、难度度量、广义多样性度量、一致失效多样性度量等。

1．成对多样性度量

成对多样性度量是度量两个基学习器之间的多样性。

对于给定的二分类问题数据集 D，存在两个基学习器 C_i、C_j，D 上某一个数据样本的分类情况如表 7-2 所示。

表 7-2　基学习器在测试数据集上的分类情况

	C_j 正确	C_j 错误
C_i 正确	N^{11}	N^{10}
C_i 错误	N^{01}	N^{00}

其中，N^{11} 是指在测试数据集上两个基学习器 C_i、C_j 都正确分类的样本数；N^{10} 是指在测试数据集上基学习器 C_i 正确分类，C_j 错误分类的样本数；N^{01} 是指在测试数据集上基学习器 C_i 错误分类，C_j 正确分类的样本数；N^{00} 是指在测试数据集上两个基学习器 C_i、C_j 都错误分类的样本数。

假设数据集 D 的数据样本数为 N，那么 $N=N^{11}+N^{10}+N^{01}+N^{00}$。

常见的成对多样性度量包括：

1）不合度量（Disagreement Measure）

$$\text{dis}_{ij} = \frac{N^{01} + N^{10}}{N} \tag{7.10}$$

不合度量 dis_{ij} 的取值范围为[0,1]，数值越大，多样性越好。

2）相关系数（Correlation Coefficient）

$$\rho_{ij}=\frac{N^{11}N^{00}-N^{01}N^{10}}{\sqrt{(N^{11}+N^{01})(N^{11}+N^{10})(N^{00}+N^{01})(N^{00}+N^{10})}} \tag{7.11}$$

相关系数 ρ_{ij} 的取值范围为[-1,1]，若 C_i、C_j 相互独立，则取值为 0；若正相关取值为正，则负相关取值为负。

3）Q-统计量（Q-Statistics）

$$Q_{ij}=\frac{N^{11}N^{00}-N^{01}N^{10}}{N^{11}N^{00}+N^{01}N^{10}} \tag{7.12}$$

Q-统计量 Q_{ij} 与 ρ_{ij} 的正负号符号相同，且 $|Q_{ij}|\leqslant|\rho_{ij}|$。

4）k-统计量（k-Statistics）

$$k_{ij}=\frac{p_1-p_2}{1-p_2} \tag{7.13}$$

式中，p_1 为基学习器 C_i 和 C_j 取得一致的概率；p_2 为基学习器 C_i 和 C_j 偶然达成一致的概率。p_1 和 p_2 的值可以根据表 7-2 的基学习器 C_i 和 C_j 分类情况进行估算。

$$p_1=\frac{N^{11}+N^{00}}{N} \tag{7.14}$$

表示基学习器 C_i 和 C_j 同时正确或同时错误分类的概率。

$$p_2=\frac{(N^{11}+N^{00})(N^{11}+N^{10})+(N^{10}+N^{00})(N^{01}+N^{00})}{N^2} \tag{7.15}$$

当 C_i 和 C_j 完全一致时，此时 p_1=1，p_2=0，k=1，此时多样性为 0。k 取值一般为正值。

5）双次失败度量（Double Failure Measure）

$$DF_{ij}=\frac{N^{00}}{N} \tag{7.16}$$

DF_{ij} 表示两个基学习器同时分类错误的概率，取值为[0,1]。在极端情况下，C_i 和 C_j 在数据集 D 上的所有样本分类错误，此时 DF_{ij}=1，此时正确率和多样性均达到最低。

2．非成对多样性度量

非成对多样性度量是对多个基学习器之间的多样性进行度量。

1）基于熵的度量

信息熵用于描述信息的不确定性，度量某特定信息的出现概率或离散随机事件的发生概率。采用信息熵对集成学习学习器多样性进行度量是多样性评价的重要手段。

利用信息熵来进行集成学习中的多样性度量，文献[5]介绍了一种运用信息熵来对 L 个学习器进行集成时的多样性度量：

$$E=\frac{1}{L}\sum_{j=1}^{N}\frac{1}{\left(L-\frac{L}{2}\right)}\min\left\{l(z_j),L-l(z_j)\right\} \tag{7.17}$$

对于任意样本 z_j，$l(z_j)$ 为分类正确的学习器数目，若学习器给出分类结果相同，则熵的多样性度量为 0；若 $\left\lceil\frac{L}{2}\right\rceil$ 个学习器分类正确，则熵的多样性度量为 1，此时学习器集成的多样性最好。

在此基础上，还有以分类输出矩阵 U 为研究对象，采用互补信息熵建立学习器集成多样性度量：

$$E = \frac{1}{L}\sum_{i=1}^{L}\frac{\left|[O_i]_R\right|}{|U|}\left(1-\frac{\left|[O_i]_R\right|}{|U|}\right) \tag{7.18}$$

$\left|[O_i]_R\right|$ 表示第 i 个学习器输出的在样本空间上的模糊关系 R 下的势。

2）KW-方差（Kohavi-Wolpert Variance）度量

KW-方差度量基于 Bias-Variance 分解对某数据样本 x_i 的方差。

$$\text{variance}_{x_i} = \frac{1}{2}\left[1-\sum_{i=1}^{N}p(y=w_i\,|\,x_i)\right] \tag{7.19}$$

只考虑预测结果，式（7.19）可简化为：

$$\text{KW} = \frac{1}{NL}\sum_{i=1}^{N}l(x_i)\big[L-l(x_i)\big] \tag{7.20}$$

当所有的 L 个基学习器对数据样本 x_i 都正确预测或都错误预测时，KW=0，即 L 个基学习器的多样性最差；当有 $L/2$ 个基学习器能够正确预测，而其余基学习器不能正确预测时，KW=1/4，此时 L 个基学习器的多样性最好。

3）难度（Difficulty）度量

难度度量表示对于数据样本 x，使用变量 X 表示在 L 个基学习器中能够对 x 正确分类或预测的基学习器数量，$X\in\{0,1/L,2/L,\cdots,1\}$，难度度量 θ 定义为 X 的方差，即：

$$\theta = \text{variance}(X) \tag{7.21}$$

难度度量 θ 的取值范围为[0,0.25]，难度度量 θ 的值越小，表明 X 的分布集中于 0.5，即存在 $L/2$ 个基学习器能够正确分类数据样本 x，此时在数据样本 x 上的 L 个基学习器的多样性最好。

4）广义多样性（Generalized Diversity，GD）度量

广义多样性度量使用变量 Y 表示数据样本 x 在 L 个基学习器上错误分类或预测的比例，那么 p_i 表示 $Y=i/L$ 的概率，即 $p_i=P\{Y=i/L\}$，$p(i)$ 表示 i 个基学习器在数据样本 x 上错误分类或预测的概率。

$$p(1) = \sum_{i=1}^{L}\frac{i}{L}p_i \tag{7.22}$$

$$p(2) = \sum_{i=1}^{L}\frac{i(i-1)}{L(L-1)}p_i \tag{7.23}$$

广义多样性度量表示为：

$$\text{GD} = 1-\frac{p(2)}{p(1)} \tag{7.24}$$

当 $p(1)=p(2)$ 时，表示基学习器在数据样本 x 上分错概率相同，不存在差异性（多样性），此时 GD=0；当 $p(2)=0$ 时，表示两个基学习器相互独立，不存在两个（或更多）基学习器同时分错的情况，此时集成学习多样性最好，GD=1。

因此，GD 的取值范围为[0,1]，数值越大，表示多样性越好。

5）一致失效多样性（Coincident Failure Diversity，CFD）度量

一致失效多样性度量表示多个基学习器在数据样本 x 上一致错误的概率，其中 p_i 表示 i 个基学习器错误分类或预测的概率，p_0 表示全部基学习器均能正确分类的概率。如果 $p_0=1$，此时各基学习器的预测精度达到 100%，但多样性度量为 0，即 CFD=0。

一致失效多样性度量表示为：

$$CFD = \begin{cases} 0, & p_0 = 1 \\ \dfrac{1}{1-p_0}\sum_{i=1}^{L}\dfrac{L-i}{L-1}p_i, & p_0 \neq 1 \end{cases} \tag{7.25}$$

因此，CFD 的取值范围为[0,1]，取值越大，多样性越好。

根据对成对多样性度量和非成对多样性度量的分析，集成学习多样性度量方法总结如表 7-3 所示。

表 7-3　集成学习多样性度量方法总结

多样性度量方法	符号	取值范围	度量方法类型	与多样性关系
不合度量	dis_{ij}	[0,1]	成对	正比
相关系数	ρ_{ij}	[−1,1]	成对	反比
Q-统计量	Q_{ij}	[−1,1]	成对	反比
k-统计量	k_{ij}	[0,1]	成对	反比
双次失败度量	DF_{ij}	[0,1]	成对	反比
基于熵的度量	E	[0,1]	非成对	正比
KW-方差度量	KW	[0,0.5]	非成对	正比
难度度量	θ	[0,0.25]	非成对	反比
广义多样性度量	GD	[0,1]	非成对	正比
一致失效多样性度量	CFD	[0,1]	非成对	正比

针对上述多样性度量方法研究，发现目前常用的多样性度量主要是验证性度量，通过个体学习器对测试数据集或训练数据集上的验证样本进行分类预测，并将结果进行计算度量，不同多样性度量方法之间具有相互联系。例如，不合度量（dis_{ij}）和 KW-方差度量（KW）之间可以建立关系式：

$$KW = \frac{L-1}{2L}dis_{ij} \tag{7.26}$$

除此之外，也可从其他角度运用熵对集成学习的多样性进行描述，可从两个学习器的分类结果按照 Q-统计量的基本原理构建多样性的熵度量；也可从信息论角度分析学习器间的互信息与集成误差间的关系，进而使用集成互信息扩展到集成多样性进行分析研究，并在此基础上分析集成中的多阶相关性。

7.5.4　多样性的构建

基学习器的多样性构建方法可以从数据、特征、结构和结合模式 4 个层面具体展开，主要可以在数据抽样、特征选择、基学习器算法构建和结合模式提高集成学习的多

样性。

集成学习多样性构建的层次架构如图 7-7 所示。

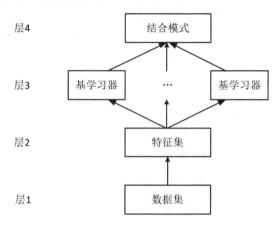

图 7-7　集成学习多样性构建的层次架构

集成学习多样性构建的具体方法如下。

（1）数据重抽样构建相异数据集。通过在训练数据集上的样本重抽样方法（如典型的 Bootstrap Sampling 方法）构建数据集，并使用敏感学习器（如 ID3、C4.5 等），从而构建出多样性的基学习器。采用这种多样性构建的集成学习算法包括 Bagging、AdaBoost 等算法，以及基于 Bagging 的改进算法 DECORATE。

（2）特征选择构建不同的特征子集。当数据集特征数较多时，如高维数据集，可以通过特征选择方法构建多个不同的特征子集，并据此构建多样性的基学习器。对于特征选择构建多样性基学习器，一般基学习器应当采用稳定的学习器，如贝叶斯分类器、聚类算法学习器等。

（3）构建不同结构的基学习器。对于同质学习器可以使用不同的算法参数，如分类树中的深度、剪裁条件等，聚类算法中距离、核等。对于异质学习器目前尚缺乏统一多样性度量和构建方法。

（4）采用动态的基学习器结合方法。与前述 3 种方法构建多样性的基学习器不同，动态结合方法是在集成学习的基学习器结合阶段，不使用等权重的基学习器结合策略，而使用类似 Stacking 的结合策略，根据集成学习预测效果反推来动态调整基学习器权重，使得不同基学习器在集成学习中权重不一，进而提高了集成学习的多样性。

7.6　实战案例

本节主要用 Python 实现 AdaBoost 算法，并通过鸢尾花（Iris）数据集中鸢尾花的 2 种属性与种类对 AdaBoost 模型进行训练，并运用训练好的 AdaBoost 模型，对未知的鸢尾花进行分类。

7.6.1 鸢尾花数据集

鸢尾花数据集是一个经典数据集，在统计学习和机器学习领域都经常被用作示例。该数据集内包含 3 类共 150 条记录，每类各 50 条记录，每条记录都有 4 项特征：花萼长度、花萼宽度、花瓣长度、花瓣宽度，可以通过这 4 个特征预测鸢尾花属于是山鸢尾（Iris-setosa）、变色鸢尾（Iris-versicolor）和弗吉尼亚鸢尾（Iris-virginica）中的哪一品种。鸢尾花特征示意图如图 7-8 所示。

图 7-8　鸢尾花特征示意图

鸢尾花数据集各特征属性和目标属性说明如表 7-4 所示。

表 7-4　鸢尾花数据集各特征属性和目标属性说明

列名	说明	类型
SepalLength	花萼长度	float
SepalWidth	花萼宽度	float
PetalLength	花瓣长度	float
PetalWidth	花瓣宽度	float
Class	类别：0—山鸢尾，1—变色鸢尾，2—弗吉尼亚鸢尾	int

鸢尾花数据集中有两个属性：iris.data 和 iris.target。data 是一个矩阵，每一列代表了花萼或花瓣的长宽，一共 4 列，每一行代表某个被测量的鸢尾花。使用 Python 绘制 data-target 的散点图，如图 7-9 所示。

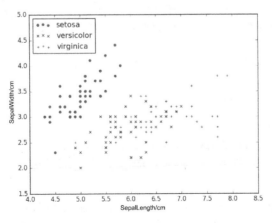

图 7-9　鸢尾花数据集散点图

7.6.2　集成学习算法

scikit-learn 库简称 sklearn，是一个由 Python 第三方提供的非常强力的机器学习库，包含了从数据预处理到训练模型的各个方面。在数据挖掘等实战中使用 sklearn 可以极大地节省编写代码的时间及减少代码量，使我们有更多的精力去分析数据分布，调整模型和修改超参。sklearn 集成学习有一些特别著名的集成学习算法，包括 Bagging 算法、随机森林算法、Boosting 算法和 Stacking 算法。

1．Bagging 算法

sklearn 中的 sklearn.ensemble.BaggingClassifier（分类）可以实现 Bagging 算法。

```
sklearn.ensemble.BaggingClassifier(base_estimator=None, n_estimators=10, max_samples=1.0, max_features=1.0, bootstrap=True, bootstrap_features=False, oob_score=False, warm_start= False, n_jobs=None, random_state=None, verbose=0)
```

参数说明：

n_estimators：基学习器的数量。

max_samples：每个基学习器中的样本个数或样本个数占所有训练集样本个数的比例。如果该参数是整型的，则表示样本个数；如果该参数是 float 型的，则表示样本个数占所有训练集样本个数的比例。

bootstrap：是否采用有放回抽样，为 True 表示采用，否则为无放回抽样。默认为 True，如果想使用无放回抽样，只需要设置 bootstrap=False 即可。

n_jobs：并行运行的作业个数，为-1 时，并行运行的作业个数为处理器核的个数。

oob_score：为 True 时，对模型进行 out-of-bag 的验证，即在一个基学习器中，将未参与训练的样本数据（包外数据）用于验证，调用 print (bagging.oob_score_)输出。

2．随机森林算法

随机森林是一个元估计器，它适合数据集的各个子样本上的多个决策树分类器，并使用平均值来提高预测精度和控制过度拟合。sklearn 中使用 sklearn.ensemble.RandomForestClassifier 实现随机森林算法。

```
sklearn.ensemble.RandomForestClassifier(n_estimators=10, criterion='gini', max_depth=None, min_samples_split=2, min_samples_leaf=1, min_weight_fraction_leaf=0.0, max_features='auto', max_leaf_nodes=None, min_impurity_decrease=0.0, min_impurity_split=None, bootstrap=True, oob_score=False, n_jobs=1, random_state=None, verbose=0, warm_start=False, class_weight=None)
```

参数说明：

n_estimators：integer, optional (default=10)。整数，可选择的（默认值为 10），森林中决策树的个数。

criterion：string, optional (default='gini')。字符串，可选择的(默认值为“gini”)，衡量分裂质量的性能（函数）。受支持的标准是基尼不纯度的“gini”和信息增益的“entropy”（熵）。

max_features：int, float, string or None, optional (default='auto')。整数，浮点数，字符串或者无值，可选择的（默认值为“auto”），寻找最佳分割时需要考虑的特征数目。

max_depth：integer or None, optional (default=None)。整数或者无值，可选择的（默认值为 None），决策树的最大深度。如果值为 None，那么会扩展节点，直到所有的叶子是纯净的，或者直到所有叶子包含少于 min_samples_split 的样本。

min_samples_split：int, float, optional (default=2)。整数，浮点数，可选择的（默认值为 2），分割内部节点所需要的最小样本数量。

min_samples_leaf：int, float, optional (default=1)。整数，浮点数，可选择的（默认值为 1），需要在叶节点上的最小样本数量或样本占整个样本的比例。

min_weight_fraction_leaf：float, optional (default=0.0)。浮点数，可选择的（默认值为 0.0），一个叶节点所需要的权重总和（所有的输入样本）的最小加权分数。当 sample_weight 没有提供时，样本具有相同的权重。

max_leaf_nodes：int or None, optional (default=None)。整数或者无值，可选择的（默认值为 None），以最优的方法使用 max_leaf_nodes 来生长树。

min_impurity_split：float。浮点数，树早期生长的阈值。

n_jobs：integer, optional (default=1)。整数，可选择的（默认值为 1），用于拟合和预测的并行运行的工作（作业）数量。

bootstrap : boolean, optional (default=True)。布尔值，可选择的（默认值为 True），建立决策树时，是否使用有放回抽样。

oob_score：bool (default=False)。布尔值，（默认值为 False），是否使用袋外样本来估计泛化精度。

3．Boosting 算法

sklearn 中 AdaBoost 类库比较直接，就是 AdaBoostClassifier 和 AdaBoostRegressor 两个，从名字就可以看出 AdaBoostClassifier 用于分类，AdaBoostRegressor 用于回归。

在 sklearn 中使用 sklearn.ensemble.AdaBoostClassifier 实现 AdaBoost 算法。

```
sklearn.ensemble.AdaBoostClassifier(base_estimator=None, *, n_estimators=50, learning_rate=1.0, algorithm='SAMME.R', random_state=None)
```

参数说明：

base_estimator：基学习器，理论上可以选择任何一个分类或者回归学习器，不过需要支持样本权重。常用的一般是 CART 决策树或者神经网络 MLP。

n_estimators：基学习器数量，一般来说，若 n_estimators 太小，则容易欠拟合；若 n_estimators 太大，则又容易过拟合，一般选择一个适中的数值。默认是 50。

learning_rate：基学习器的权重缩减系数，取值范围为 0～1。对于同样的训练集拟合效果，较小的 learning_rate 意味着我们需要更多的基学习器迭代次数。通常我们用步长和迭代最大次数一起来决定算法的拟合效果。所以 n_estimators 和 learning_rate 这两个参数要一起调参。一般来说，可以从一个小一点的 learning_rate 开始调参，默认是 1。

algorithm：分类算法，可选 SAMME 和 SAMME.R。两者的区别是基学习器权重的度量，SAMME 使用分类器的分类效果作为基学习器权重，而 SAMME.R 使用对样本集分类的预测概率大小作为基学习器权重。由于 SAMME.R 使用概率度量的连续值，迭代一般比 SAMME 快，因此默认是 SAMME.R。

random_state：随机数种子设置，整数或无，默认为 None，用于在每次提升迭代中控制在每个 base_estimator 处给出的随机数种子。

4．Stacking 算法

由于 sklearn 并没有直接对 Stacking 的方法，我们使用 mlxtend 库实现 Stacking 算法。

```
mlxtend.classifier.StackingClassifier(classifiers, meta_classifier, use_probas=False, average_probas=False, verbose=0, use_features_in_secondary=False)
```

参数说明：

classifiers：基分类器，数组形式，[cl1, cl2, cl3]。每个基分类器的属性被存储在类属性 self.clfs_ 中。

meta_classifier：目标分类器，即将前面分类器合起来的分类器。

use_probas：bool (default: False)。如果设置为 True，那么目标分类器的输入就是前面分类输出的类别概率值而不是类别标签。

average_probas：bool (default: False)。用来设置上一个参数当使用概率值输出时是否使用平均值。

verbose：int, optional (default=0)。用来控制使用过程中的日志输出，当 verbose = 0 时，什么也不输出；当 verbose = 1 时，输出回归器的序号和名字；当 verbose = 2 时，输出详细的参数信息；当 verbose > 2 时，自动将 verbose 设置为小于 2。

use_features_in_secondary：bool (default: False)。如果设置为 True，那么最终的目标分类器就被基分类器产生的数据和最初的数据集同时训练；如果设置为 False，那么最终的目标分类器只会使用基分类器产生的数据训练。

7.6.3　集成学习在鸢尾花数据集上的应用

使用集成学习算法对鸢尾花数据集进行分类，首先使用 KNN 和决策树作为分类器进行分类，然后使用 Bagging 算法进行集成学习。

```
#导入算法包，使用 Bagging 算法
from sklearn import neighbors
from sklearn import datasets
from sklearn.linear_model import LogisticRegression
from sklearn.tree import DecisionTreeClassifier
from sklearn.neighbors import KNeighborsClassifier
from sklearn.ensemble import BaggingClassifier
from sklearn.ensemble import RandomForestClassifier
from sklearn.ensemble import AdaBoostClassifier
from sklearn import tree
from sklearn.model_selection import train_test_split
import numpy as np
import matplotlib.pyplot as plt
#导入鸢尾花数据集
iris = datasets.load_iris()
x_data = iris.data[:,:2]
```

```
y_data = iris.target
#画出模型分类图
def plot(model):
    #获取数据值所在的范围
    x_min, x_max = x_data[:, 0].min() - 1, x_data[:, 0].max() + 1
    y_min, y_max = x_data[:, 1].min() - 1, x_data[:, 1].max() + 1
    #生成网格矩阵
    xx, yy = np.meshgrid(np.arange(x_min, x_max, 0.02),
                         np.arange(y_min, y_max, 0.02))
    #ravel 与 flatten 类似，多维数据转一维。flatten 不会改变原始数据，ravel 会改变原始数据
    z = model.predict(np.c_[xx.ravel(), yy.ravel()])
    z = z.reshape(xx.shape)
    #等高线图
cs = plt.contourf(xx, yy, z)
#划分鸢尾花数据集为训练集和测试集
x_train,x_test,y_train,y_test = train_test_split(x_data, y_data)
#使用 KNN 算法进行分类
knn = neighbors.KNeighborsClassifier()
knn.fit(x_train, y_train)
#画 KNN 算法的分类图
plot(knn)
#样本散点图
plt.scatter(x_data[:, 0], x_data[:, 1], c=y_data)
plt.show()
#准确率
print("knn 准确率:",knn.score(x_test, y_test))
```

运行效果如图 7-10 所示。

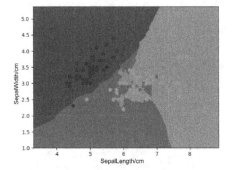

图 7-10　KNN 算法在鸢尾花数据集上的分类情况

输出结果如下：

knn 准确率: 0.7368421052631579

```
#使用决策树算法进行分类
dtree = tree.DecisionTreeClassifier()
dtree.fit(x_train, y_train)
```

```
#画图
plot(dtree)
#样本散点图
plt.scatter(x_data[:, 0], x_data[:, 1], c=y_data)
plt.show()
#准确率
print("DecisionTree 准确率:",dtree.score(x_test, y_test))
```

运行效果如图 7-11 所示。

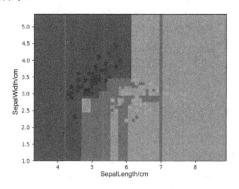

图 7-11　决策树算法在鸢尾花数据集上的分类情况

输出结果如下：

DecisionTree 准确率: 0.631578947368421

```
#以 KNN 算法为基学习器按照 Bagging 算法构建集成学习模型
bagging_knn = BaggingClassifier(knn, n_estimators=100)#使用 Bagging 算法训练 100 组 KNN 分类器
#输入数据，建立模型
bagging_knn.fit(x_train, y_train)
plot(bagging_knn)
#样本散点图
plt.scatter(x_data[:, 0], x_data[:, 1], c=y_data)
plt.show()
print("bagging of knn  准确率:",bagging_knn.score(x_test, y_test))
```

运行效果如图 7-12 所示。

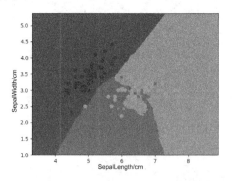

图 7-12　以 KNN 为基学习器的 Bagging 算法在鸢尾花数据集上的分类情况

输出结果如下：

bagging of knn 准确率: 0.7894736842105263

```
#以决策树算法为基学习器按照 Bagging 算法构建集成学习模型
bagging_tree = BaggingClassifier(dtree, n_estimators=100)#使用 Bagging 算法训练 100 组决策树分类器
#输入数据，建立模型
bagging_tree.fit(x_train, y_train)
plot(bagging_tree)
#样本散点图
plt.scatter(x_data[:, 0], x_data[:, 1], c=y_data)
plt.show()
print("bagging of dtree  准确率:",bagging_tree.score(x_test, y_test))
```

运行效果如图 7-13 所示。

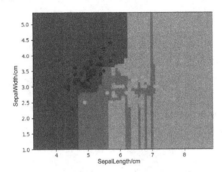

图 7-13　以决策树为基学习器的 Bagging 算法在鸢尾花数据集上的分类情况

输出结果如下：

bagging of dtree 准确率: 0.7105263157894737

```
#使用随机森林算法进行集成学习
RF = RandomForestClassifier(n_estimators=50)
RF.fit(x_train, y_train)
plot(RF)
plt.scatter(x_data[:, 0], x_data[:, 1], c=y_data)
plt.show()
print("RandomForest 准确率:",RF.score(x_test, y_test))
```

运行效果如图 7-14 所示。

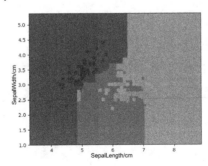

图 7-14　随机森林算法在鸢尾花数据集上的分类情况

输出结果如下：

RandomForest 准确率:0.6842105263157895

```
#使用 AdaBoost 算法进行集成学习
adaboost_model =
#决策树深度为 3，一共训练 10 个模型
AdaBoostClassifier(DecisionTreeClassifier(max_depth=3),n_estimators=10)
#训练 AdaBoost 模型
adaboost_model.fit(x_data, y_data)
plot(adaboost_model)
plt.scatter(x_data[:, 0], x_data[:, 1], c=y_data)
plt.show()
print("adaboost 准确率:",adaboost_model.score(x_test, y_test))
```

运行效果如图 7-15 所示。

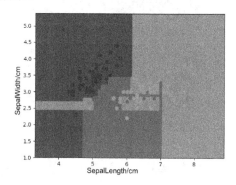

图 7-15　AdaBoost 算法在鸢尾花数据集上的分类情况

输出结果如下：

adaboost 准确率:0.7894736842105263

Stacking 算法需单独安装 mlxtend 库，使用 pip install mlxtend 完成。

```
from mlxtend.classifier import StackingClassifier
#定义 3 个不同的分类器
clf1 = KNeighborsClassifier(n_neighbors=1)
clf2 = DecisionTreeClassifier()
clf3 = LogisticRegression()
#定义 1 个次级分类器
lr = LogisticRegression()
sclf = StackingClassifier(classifiers=[clf1, clf2, clf3], meta_classifier=lr)
for clf, label in zip([clf1, clf2, clf3, sclf], ['KNN', 'Decision Tree', 'LogisticRegression',
'StackingClassifier']):
        scores = model_selection.cross_val_score(clf, x_data, y_data, cv=3, scoring='accuracy')
        print("Accuracy: %0.2f [%s]" % (scores.mean(), label))
```

输出结果如下：

Accuracy:%68.42 KNN

Accuracy:%63.15 Decision Tree

Accuracy:%52.31 LogisticRegression

Accuracy:%73.65 StackingClassifier

7.7　本章小结

集成学习是机器学习中的典型方法，本章重点介绍了集成学习的算法框架，分析典型集成学习算法，如 Bagging 算法、随机森林算法、Boosting 算法和 Stacking 算法等，并着重对如何提升集成学习多样性从作用、度量、构建 3 个层次进行了介绍。

习题

1．影响集成学习精度的主要因素包括哪些？

2．从方差与偏差的角度谈谈 Bagging 算法和 Boosting 算法的区别。

3．对于 Bagging 算法将基学习器从决策树更换为贝叶斯分类算法，是否可行？并分析原因。

4．随机森林算法是一种较优的集成学习方法，其多样性来源哪里？

5．谈一谈构建多样性集成学习的方法。

参考文献

[1] 张春霞，张讲社. 选择性集成学习算法综述[J]. 计算机学报，2011，34（8）：1399-1408.

[2] 陶晓玲，亢蕊楠，刘丽燕. 基于选择性集成的并行多分类器融合方法[J]. 计算机工程与科学，2018，281（5）：27-32.

[3] 文斌，刘椿年，钟宁. 基于两阶段集成学习的分类器集成[J]. 北京工业大学学报，2010，36（3）：4140-419.

[4] ZHOU Z H. Ensemble Methods [M]. London:Chapman and Hall/CRC, 2012.

[5] 赵军阳，韩崇昭，韩德强，等. 采用互补信息熵的分类器集成差异性度量方法[J]. 西安交通大学学报，2016，50（2）：13-19.

第 8 章　推荐系统

推荐系统（Recommendation System，RS）是互联网时代的一种信息检索工具，自从 20 世纪 90 年代以一个独立的概念推出以来，至今已经取得了长足的进步。如今，推荐系统已经成为一门独立的学科，在学术研究和工业应用中取得了很多成果，特别是在社交网站、电子商务、影音娱乐等领域，推荐系统已经成为必不可少的工具。

8.1　推荐系统概述

8.1.1　什么是推荐系统

推荐系统也称为个性化推荐系统。它本质上是一种信息过滤系统，通过一定的算法在海量数据中过滤掉用户不太可能产生行为的物品，从而为用户推荐所需要的物品。

1. 推荐系统的产生

推荐系统的发展源于一个很简单的现象：人们在日常工作和决策时经常采用找朋友聊聊、从可信的第三方获取信息、在互联网上咨询、凭直觉或索性随大流等方法获得建议。例如，当要选择一本书时，通常依靠朋友的推荐；当想出去度假时，经常通过互联网咨询相关的旅游攻略来确定度假地点和方式；当选择观看的影片时，人们倾向于阅读并依赖影评家的评论。然而，上述方法带来的决策并不那么有效，大多数情况下，花费了大量的时间和金钱，结果总是让人半信半疑。例如，推销员大献殷勤的建议并不那么有用；凭感觉跟着邻居或好友投资，却没有真正给我们带来收益；无休止地花费时间在互联网上会导致困惑，却不能做出迅速而正确的决定。

随着 Web 技术的发展，每天都有大量的图片、博客、视频发布到网上。一方面，内容的创建和分享变得越来越容易；另一方面，互联网信息的爆炸式增长和种类的纷繁复杂使得人们找到他们需要的信息、做出最恰当的选择是非常困难的。这种选择多样性不但没有产生经济效益，反而降低了用户满意度。传统的搜索技术是一个相对简单的、帮助人们找到信息的工具，也广泛地被人们使用，但搜索引擎并不能完全满足用户对信息发现的需求，原因之一是用户很难用恰当的关键词描述自己的需求，原因之二是基于关键词的信息检索在很多情况下是不够的。推荐系统的出现，使用户获取信息的方式从简单的、目标明确的、数据的搜索转换到更高级、更符合人们使用习惯的、上下文信息更丰富的信息发现。

近年来，推荐系统被证明是一种解决信息过载问题的有效工具。从根本上来讲，推荐系统是通过为用户指引该用户陌生的新物品来解决信息过载现象的，这些新物品或许与该用户当前的需求有关。针对用户每一个清晰表达的请求，根据不同的推荐方法和用户所处的环境和需求，推荐系统利用存储在自定义数据库的关于用户、可用物品，以及先前交易的数据和各种类型的其他知识产生推荐内容。然后用户可以浏览推荐的内容，用户可能接受也可能不接受推荐，也可能马上或者过一段时间提供隐式或者显式的反馈，所有这些用户的行为和反馈都可以存储在推荐数据库，并且可用于下一次用户和系统相互作用时产生新的推荐。

2. 推荐系统和搜索不同的地方

推荐系统和搜索不同的地方在于：搜索是带有目的性的，结果和用户的搜索词有很大的关系；推荐系统则不具有目的性，个性化的推荐系统往往依赖于丰富的用户行为数据。

因此，在很多情况下，推荐系统都作为一个应用存在于各类产品中。在互联网时代，可以在各类产品中看到推荐系统，包括但不局限于电子商务、社交、娱乐、阅读、服务等类型产品中。

从不同角度，推荐系统可以分为不同的类型。从用户的角度，根据是否为不同的用户推荐不同的数据，推荐系统可以分为基于大众行为的推荐系统和个性化推荐系统；从推荐系统的数据源角度，根据不同的数据源以发现数据相关性，推荐系统可以分为基于人口统计学的推荐系统、基于内容的推荐系统、协同过滤的推荐系统；根据推荐模型的建立方式，推荐系统可以分为基于物品和用户本身的用户-物品评价模型推荐系统、基于关联规则的推荐系统、基于模型的推荐系统。随着基于互联网的电商网站、主题社交网站（如豆瓣、网易云音乐）的迅猛发展，基于标签、基于上下文和基于点击率预估的算法也变得越来越重要。本章重点介绍基于内容的推荐、协同过滤推荐和基于标签的推荐。

8.1.2　推荐系统评测指标

评测指标可用于评价推荐系统各方面的性能。这些指标有些可以定量计算，有些只能定性描述，有些可以通过离线实验计算，有些需要通过用户调查获得，还有些只能在线评测。其中，推荐系统的预测准确度和覆盖率评测的研究较为成熟。最近十多年，研究人员在用户满意度、多样性、新颖性、惊喜度、信任度、实时性和健壮性等方面展开研究。下面在简要介绍用户满意度等评测指标之后，着重介绍预测准确度和覆盖率。

用户满意度：用户作为推荐系统的重要参与者，用户满意度是评测推荐系统的最重要指标。但是，用户满意度无法离线计算，只能通过用户调查或者在线实验获得。用户调查获得用户满意度主要通过调查问卷的形式。在在线系统中，用户满意度主要通过一些对用户行为的统计得到。例如，在电子商务网站中，用户如果购买了推荐的商品，就表示他们在一定程度上满意。因此，我们可以利用购买率度量用户满意度。此外，一些网站会通过设计用户反馈界面收集用户满意度。更一般的情况下，我们可以用点击率、用户停留时间和转化率等指标度量用户满意度。

多样性：用户的兴趣是广泛的，在一个视频网站中，用户可能既喜欢看《千与千寻》一类的动画片，也喜欢看成龙的动作片。那么，为了满足用户广泛的兴趣，推荐列表需要能够覆盖用户不同的兴趣领域，即推荐结果需要具有多样性。多样性推荐列表的好处用一句俗语表述就是"不在一棵树上吊死"。一般来说，在较长的时间跨度中用户的兴趣是一样的，但在用户访问推荐系统的某个时刻，其兴趣往往是单一的。如果推荐列表只能覆盖用户的一个兴趣点，而这个兴趣点不是用户这个时刻的兴趣点，那么推荐列表就不会让用户满意。反之，如果推荐列表比较多样，覆盖了用户绝大多数的兴趣点，那么就会增加用户找到感兴趣物品的概率。因此给用户的推荐列表也需要满足用户广泛的兴趣，即具有多样性。多样性描述了推荐列表中物品两两之间的不相似性。因此，多样性和相似性是对应的。

新颖性：新颖的推荐是指给用户推荐那些他们以前没有听说过的物品。评测新颖性的最简单方法就是利用推荐结果的平均流行度，因为越不热门的物品越可能让用户觉得新颖。因此，如果推荐结果中物品的平均热门程度较低，那么推荐结果就可能有比较高的新颖性。但是，用推荐结果的平均流行度度量新颖性比较粗略，因为不同用户不知道的东西是不同的。因此，要准确地统计新颖性需要做用户调查。

惊喜度：惊喜度是最近这几年推荐系统领域最热门的话题之一。但什么是惊喜度，惊喜度与新颖性有什么区别，是首先需要弄清楚的问题。如果推荐结果和用户的历史兴趣不相似，但却让用户觉得满意，那么就可以说推荐结果的惊喜度很高，而推荐的新颖性仅仅取决于用户是否听说过这个推荐结果。目前并没有什么公认的惊喜度指标定义方式。上面提到，令用户惊喜的推荐结果是和用户历史上喜欢的物品不相似，但用户却觉得满意的推荐。那么，定义惊喜度首先需要定义推荐结果和用户历史上喜欢的物品的相似度，其次需要定义用户对推荐结果的满意度。

信任度：人们通常对值得信任的朋友给出的建议更重视；相反地，一个经常满嘴跑火车的朋友给出的建议可能不会被采纳。对于基于机器学习的自动推荐系统，同样存在信任度的问题，如果用户信任推荐系统，那么就会增加用户和推荐系统的交互。特别是在电子商务推荐系统中，让用户对推荐结果产生信任是非常重要的。度量推荐系统的信任度只能通过问卷调查的方式，询问用户是否信任推荐系统的推荐结果。

实时性：在很多网站中，因为物品（新闻、微博等）具有很强的时效性，所以需要在物品还具有时效性时就将它们推荐给用户。例如，给用户推荐昨天过时的新闻显然不如给用户推荐今天刚刚发生的新闻。因此，在这些网站中，推荐系统的实时性就显得至关重要。

健壮性：具有经济效益的算法系统常常会受到攻击，以搜索引擎为例，如果某个商品成为热门搜索词的第一个搜索结果，将会带来极大的商业利益，因此，搜索引擎的作弊和反作弊斗争异常激烈。目前，推荐系统也遇到了同样的作弊问题，而健壮性（Robustness，鲁棒性）指标衡量了一个推荐系统抗击作弊的能力。

1．预测准确度

预测准确度是最重要的推荐系统离线评测指标，其度量一个推荐系统或者推荐算法预测用户行为的能力。该指标可以通过离线实验计算，方便了很多学术界的研究人员研究推荐算法。

在计算该指标时需要有一个离线的数据集，该数据集包含用户的历史行为记录。将该数据集通过时间分成训练集和测试集。通过在训练集上建立用户的行为和兴趣模型预测用户在测试集上的行为，并计算预测行为与测试集上实际行为的重合度作为预测准确度。

由于离线的推荐算法有不同的研究方向，下面将针对不同的研究方向介绍预测准确度指标。

1）评分预测

很多提供推荐服务的网站都有一个让用户给物品打分的功能。如果知道了用户对物品的历史评分，就可以从中获得用户的兴趣模型，并预测该用户在将来看到一个他没有评过分的物品时，会给这个物品评多少分。预测用户对物品评分的行为称为评分预测。

评分预测的预测准确度一般通过均方根误差（RMSE）和平均绝对误差（MAE）计算。设 T 为用户-物品评价矩阵。对于测试集中的一个用户 u 和物品 i，令 r_{ui} 是用户 u 对物品 i 的实际评分，而 $\hat{r}_{ui}$ 是推荐算法给出的预测评分，那么 RMSE 的定义为：

$$\mathrm{RMSE}=\sqrt{\frac{\sum_{u,i\in T}(r_{ui}-\hat{r}_{ui})^2}{|T|}} \tag{8.1}$$

MAE 采用绝对值计算预测误差，它的定义为：

$$\mathrm{MAE}=\frac{\sum_{u,i\in T}|r_{ui}-\hat{r}_{ui}|}{|T|} \tag{8.2}$$

关于 RMSE 和 MAE 这两个指标的优缺点，Netflix 认为 RMSE 加大了对预测不准的用户物品评分的惩罚（平方项的惩罚），因而对系统的评测更加苛刻。研究表明，如果评分系统是基于整数建立的（用户给的评分都是整数），那么对预测结果取整会降低 MAE 的误差精度。

评分预测一直是推荐系统研究的热点，绝大多数推荐系统的研究都是基于用户评分数据的评分预测。这主要是因为，一方面，推荐系统的早期研究组 GroupLens 的研究主要就是基于电影评分数据 MovieLens 进行的；另一方面，Netflix 大赛也主要面向评分预测问题。因而，很多研究人员都将研究精力集中在优化评分预测的 RMSE 上。

2）TopN 推荐

网站在提供推荐服务时，一般是给用户一个个性化的推荐列表，这种推荐叫作 TopN 推荐。TopN 推荐的预测准确率一般通过准确率（Precision）和召回率（Recall）度量。

令用户集合为 U，$R(u)$ 是根据用户在训练集上的行为给用户的推荐列表，而 $T(u)$ 是用户在测试集上的行为列表。那么，推荐结果的召回率定义为：

$$\mathrm{Recall}=\frac{\sum_{u\in U}|R(u)\cap T(u)|}{\sum_{u\in U}|T(u)|} \tag{8.3}$$

推荐结果的准确率定义为：

$$\mathrm{Precision}=\frac{\sum_{u\in U}|R(u)\cap T(u)|}{\sum_{u\in U}|R(u)|} \tag{8.4}$$

有的时候，为了全面评测 TopN 推荐的准确率和召回率，一般会选取不同的推荐列表长度 N，计算出一组准确率/召回率，然后画出准确率-召回率曲线。

2．覆盖率

覆盖率（Coverage）描述一个推荐系统对物品长尾效应（Long Tail Effect）的发掘能力。长尾效应描述了一种物品需求现象：大多数的用户需求会集中在流行的少量物品，而个性化的、零散的物品需求往往分散在大部分物品中，从而在需求曲线上面形成一条长长的尾巴。长尾效应指的是将所有非流行的物品需求加起来则会形成一个比流行物品还大的需求。很多研究发现，互联网上的物品都呈现长尾分布，即热门的物品总是少数，其他物品的热门程度呈曲线下降，有很多冷门物品。推荐系统的覆盖率是系统为所有用户推荐的全部物品数量与网站中所有物品数量的比值。

覆盖率有不同的定义方法，最简单的定义是推荐系统能够推荐出来的物品占总物品集合的比例。假设系统的用户集合为 U，物品集合为 I，推荐系统给每个用户推荐一个长度为 N 的物品列表 $R(u)$，那么推荐系统的覆盖率可以通过下面的公式计算：

$$\text{Coverage}=\frac{|U_{u\in U}R(u)|}{|I|} \tag{8.5}$$

从上面的定义可以看到，覆盖率是一个内容提供商会关心的指标。以图书推荐为例，出版社可能会很关心它们的书有没有被推荐给用户。覆盖率为 100%的推荐系统可以将每个物品都至少推荐给一个用户。此外，从上面的定义也可以看到，热门排行榜的推荐覆盖率是很低的，它只会推荐那些热门的物品，这些物品在总物品中占的比例很小。一个好的推荐系统不仅需要有比较高的用户满意度，也需要有较高的覆盖率。

但是上面的定义过于粗略。覆盖率为 100%的系统可以有无数的物品流行度分布。为了更细致地描述推荐系统发掘长尾的能力，需要统计推荐列表中不同物品出现次数的分布。如果所有的物品都出现在推荐列表中，且出现的次数差不多，那么推荐系统发掘长尾的能力就很好。因此，可以通过研究物品在推荐列表中出现次数的分布描述推荐系统挖掘长尾的能力。如果这个分布比较平，那么说明推荐系统的覆盖率较高，而如果这个分布较陡峭，那么说明推荐系统的覆盖率较低。在信息论和经济学中有两个著名的指标可以用来定义覆盖率。第一个指标是信息熵：

$$H=-\sum_{i=1}^{n}p(i)\log_2 p(i) \tag{8.6}$$

式中，$p(i)$是物品 i 的流行度除以所有物品流行度之和。

一般来说，覆盖率越高的推荐系统，信息熵越大。

第二个指标是 Gini 系数（Gini Index）：

$$G=\frac{1}{n-1}\sum_{j=1}^{n}(2j-n-1)p(i_j) \tag{8.7}$$

式中，i_j 是按照物品流行度 $p(\cdot)$ 从小到大排序的物品列表中第 j 个物品。Gini 系数反映了热门物品与冷门物品的比值，一般来说，覆盖率越高的系统，Gini 系数越接近于 0。

8.1.3　推荐系统中的冷启动

如何在没有大量用户数据的情况下设计个性化推荐系统并让用户对推荐结果满意从而愿意使用推荐系统，就是冷启动问题。

1．冷启动的分类

冷启动主要分为 3 类：用户冷启动、物品冷启动和系统冷启动。

用户冷启动：解决的是如何给新用户做个性化推荐的问题。当一个新用户进入网站或 App 时，由于系统之前没有任何关于该用户的历史行为数据，无法对用户进行兴趣建模，从而无法为该用户进行个性化推荐。

物品冷启动：解决的是如何将新加入系统的物品推荐给可能对其感兴趣的用户。物品冷启动在新闻网站等时效性很强的网站中非常重要。新物品没有任何被动行为，在系统中所占的权重几乎为 0，这会导致在对商品排序或进行协同过滤推荐时该物品无法出现在推荐列表中。

系统冷启动：解决的是在一个新系统中没有用户，也没有用户行为，只有物品信息时，如何给用户进行个性化推荐的问题。例如，如何在一个新开发的网站上设计个性化推荐，从而在网站刚发布时就让用户体验到个性化推荐服务。

2．冷启动的几种实现方法

1）基于热门数据推荐实现冷启动

热门数据是指（某类）物品按照一定规则进行排序得到的排名靠前的数据。热门数据反映的是大众的偏好，但受外界影响因素较大。例如，某电商网站上的一个商品推广广告，可能会使该商品在很短的时间内热度飙升；某新闻网站中的一条娱乐新闻，其热度容易受舆论和明星效应的影响。

虽然热门数据不能够准确地传达出用户偏好，但在某种程度上也是用户群体中大部分人的短期兴趣点。将热门数据作为解决用户冷启动的推荐数据，"个性化"地展示给用户，用户在这些数据中产生行为之后，再进行个性化推荐。

热门数据排行榜在实际场景中应用十分广泛。例如，当用户新到达一个地方，打开某生活服务 App 的美食频道后，附近的商家就会默认以热度排序展示给用户。另外一个关于热门数据推荐的典型的例子是微博的"热搜"，无论首次访问用户还是已经有大量历史行为的用户，他们看到的热搜内容是一致的，虽然这里并没有进行个性化展示，但依旧能够保证用户在该频道的活跃程度。这也间接证明了热门数据在推荐系统中的有效性和必要性。

2）利用用户注册信息实现冷启动

用户注册信息是指用户在新注册一个系统时所填写的信息。这些信息是联系新用户和系统的关键，也是系统获取的用户直接信息。

当一个新用户注册某个网站时，系统并不知道该用户喜欢什么物品，系统可以基于热门数据推荐为用户进行商品推荐。但如果系统能在用户进行注册时获取一些信息，则可以根据这些信息为用户进行商品推荐。例如，系统如果知道该用户来自西南，那么就可以给他推荐一些西南地区的热门物品；如果知道该用户是来自西南的女性朋友，那么就会在地域的约束条件内，再给她推荐一些适合女性使用的物品。

3）利用用户上下文信息实现冷启动

在实际的业务场景中，用户的上下文信息所构造的特征维度更加丰富，如用户使用的设备信息、用户所处的时间地域信息等。

设备信息主要是用户进行浏览的载体（如手机、平板电脑、计算机等）的信息。不同设备所携带的信息是不一样的。例如，手机或平板电脑的操作系统分为 iOS、Andriod 等；计算机的操作系统分为 Windows、macOS、UNIX 等，手机和计算机品牌更是多种多样，不同设备的分辨率、屏幕尺寸、价格也是不一样的。不同设备下用户的偏好也是不一样的。例如，iOS 系统的用户可能是一个"苹果粉"，那么在冷启动时就可以推荐一些与苹果相关的产品，为了提升推荐系统的丰富度，也可以推荐一些手机数码类别的商品。再如，用户是用 UNIX 系统进行商品浏览的，那么该用户有可能是 IT 工作者，可以给该用户推荐一些数码、技术书籍等商品。

时间和地域信息是推荐系统中比较重要的信息，针对冷启动，时间和地域是怎样发挥它们的作用呢？时间可以是节假日、季节、周末等。地域可以是省区市、经纬度等，也可以是逻辑上的区域划分（如中关村软件园、商务中心区、海滨城市等）。当一个新用户来访时，通过对其建立时间和地域上的映射来为用户召回相关的商品并进行推荐。

4）利用第三方数据实现冷启动

目前很多 App 支持第三方账户登录。通过第三方的授权登录，系统可以获取到用户在第三方平台上的相关信息（包括用户本身的属性信息和朋友关系信息），从而可以使用协同过滤算法计算出用户可能感兴趣的商品，进而解决用户的冷启动问题，为用户推荐个性化的内容。

5）利用用户和系统之间的交互实现冷启动

前面介绍的几种冷启动处理方式都是系统主观意识上的揣测，并不能真正代表用户的兴趣，通过用户与系统之间的交互可以获取用户主观意义上的兴趣偏好。

交互，即用户对系统的推荐结果做出反馈，或者系统通过一定的方式向用户进行兴趣征集。交互不仅在冷启动方面有着比较重要的作用，在推荐系统的结果反馈中也有着很重要的作用。

例如，当用户新注册某个 App 时，系统会引导用户选择感兴趣的频道和话题，进而在首页的推荐频道中为用户提供个性化推荐。这个例子中，在产品设计之初就考虑到用户冷启动的问题，其中的交互行为也是一种非常典型的用户交互行为。

6）利用物品的内容属性实现冷启动

上述冷启动方法都是解决推荐系统中用户冷启动问题的，对于物品冷启动该怎么解决？物品冷启动要解决的问题是如何将新加入系统的物品推荐给对它感兴趣的用户。物品的冷启动在新闻、娱乐、资讯类网站中格外重要。由于新闻的生命周期较短，如果无法在短期内将其曝光给更多的用户，那么其本身的价值将大大减小。对于物品的冷启动，可以利用物品的内容属性将物品展示给尽可能符合其偏好的用户。

7）利用专家标注数据实现冷启动

很多推荐系统在刚开始建立时，既没有用户行为数据，也没有能用来准确计算物品相似度的物品信息。为了在刚开始就让用户获得良好的体验，很多系统都会采用专家标注数据。例如，Pandora 音乐电台启动一项"音乐基因组"的项目，该项目雇佣一批懂计算机的音乐人，听了几万名歌手的歌，并对这些歌从各个维度进行标注，最终他们提供了 450 多维的特征来区分不同的音乐，这些标签可以细化到一首歌是否有吉他的和弦、是否有架子鼓、主唱的年龄等。在得到这些维度的特征之后就可以利用基于内容的推荐算法进行相似度计算。

8.2 基于内容的推荐

基于内容的推荐的核心思想是挖掘用户曾经喜欢的物品，从而尝试去推荐类似的物品使用户满意。具体来说，基于内容的推荐系统通过分析一系列用户之前已评分的文档和（或）描述，从而基于用户已评分物品的特征建立用户个人信息。在这里，我们将物品特征的描述称为"内容"。个人信息是用户兴趣的结构化描述并且被应用在推荐新的感兴趣的物品中。基于内容的推荐的处理过程是将用户个人信息的特征和物品的特征相匹配，结果就是用户对某个对象感兴趣程度的评价。

如图 8-1 所示，以电影推荐系统为例，首先，进行物品特征描述。这里只考虑电影的类型这一个特征（当然，只根据"类型"特征是不够的，可能还需要考虑电影的导演、主演等）。然后，通过电影的特征发现电影间的相似度，由于类型都是"爱情，浪漫"，电影 A 和 C 被认为是相似的电影；接下来，基于用户 A、B、C 之前对已评价的电影的特征建立用户的兴趣模型（用户-物品评价模型）；最后，实现推荐，对于用户A，他喜欢看电影 A，那么系统就可以给他推荐类似的电影 C。

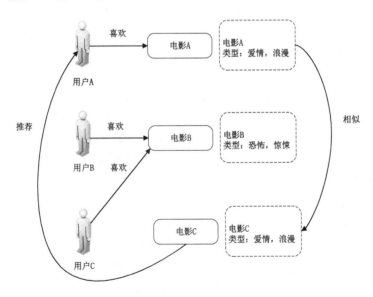

图 8-1 基于内容的推荐系统的典型例子

从上面的例子中可以看出，基于内容的推荐系统需要考虑物品特征描述，即物品表示；需要计算物品之间的相似性；对用户兴趣模型和物品相似性结果进行匹配，根据匹配结果进行推荐。本节下面的内容将围绕上述主题展开阐述。

这种基于内容的推荐机制的好处在于它能很好地建模用户的口味，能提供更加精确的推荐。但它也存在以下几个问题。

（1）需要对物品进行分析和建模，推荐的质量依赖于对物品模型的完整和全面程度。在现在的应用中我们可以观察到关键词和标签（Tag）被认为是描述物品元数据的一种简单有效的方法。

（2）物品相似度的分析仅仅依赖于物品本身的特征，这里没有考虑人对物品的态度。

（3）因为需要基于用户以往的喜好历史做出推荐，所以对于新用户有"冷启动"[①]的问题。

虽然这种方法有很多不足和问题，但它还是成功地应用在一些电影、音乐、图书的社交站点，有些站点还请专业的人员对物品进行基因编码，比如潘多拉，在一份报告中提到，在潘多拉的推荐引擎中，每首歌有超过 100 个元数据特征，包括歌曲的风格、年份、演唱者等。

8.2.1　物品表示

在基于内容的推荐系统中，我们必须为每个物品建立特征模型，用于代表该物品重要特征的一条或多条记录（物品表示）。在简单的情况下，物品的特征模型由一些很容易发现的特征组成。例如，在图书推荐系统的应用中，描述图书的特征有体裁、作者名、出版社、类型、价格、关键词等。当每个物品由一系列相同的属性表示，并且知道这些属性可能的取值时，该物品就被表示成了结构化数据。许多其他类型的物品可从可用数据中获得特征。例如，商品往往都有制造商所提供的有关商品的特征描述（如商品的规格尺寸、生产日期、技术指标等）。

但是，有一些其他类型的物品，其特征提取并非那么直观，特别是电子邮件或新闻。此外，一直以来，基于内容的推荐系统被用来过滤并推荐有意思的文本文档，如电子邮件、新闻消息或网页。在这一类应用中，基于内容推荐的标准方法不是去维护一列"元信息"特征（如图书的体裁、作者名等），而是使用一列出现在文档中的相关关键词，即文档表示成关键词的集合。本节重点介绍文本文档类物品的表示方法。

1. 布尔向量模型

一种非常简单的方法是将出现在所有文档的所有词语设为一个列表，然后用一个布尔向量描述每个文档：1 表示在文档中出现该词，0 表示该词没有出现在文档中。如果用户记录用一个相似的列表描述（1 表示对一个关键词感兴趣），那么通过计算兴趣和文档的重合程度就可以找到匹配的文档。这种方法存在的问题很明显。首先，直观来讲，不同的词语与文档主题的相关程度不同，出现次数多的词更适合描述一篇文档，而这种方法却假设每个词在文档中的重要程度相同。此外，用户记录和长文档的重叠概率会更大，推荐系统会更倾向于推荐长文档。

[①] 这里的冷启动是指用户冷启动，当新用户到来时，没有他的行为数据，所以也无法根据他的历史行为预测其兴趣，从而无法借此给他做个性化推荐。

2．TF-IDF 向量模型

为了解决简单布尔方法的缺陷，一种实际有用的做法是从文档中找出能够刻画主题的关键词。例如，有关足球（football）的文章当中往往会出现类似"ball"（球）、"forward"（前锋）、"midfield"（中场）、"back"（后卫）、"Corner"（角球）之类的词语。如果将文档分到确实是关于足球的主题类中，上述词语在文档中可能会十分频繁。然而，我们不能纯粹地用词语在文档中出现的频繁程度来断定该词语刻画了文档的主题类别。例如，在英文文档中，出现频繁的大部分词语都是类似"the"或者"and"的常见词（这些词通常都用于辅助表达但本身不携带任何意义，又称为停用词）。因此，英文文档在进行分类之前往往会先将上述停用词去掉。

在关键词确定之后，采用 TF-IDF 作为度量关键词语在文档中反复出现程度的指标。文本的相似性度量的知识点参见 2.4.4 节。文本文档可以通过 TF-IDF 转换成多维欧几里得空间中的向量。空间的维度对应文档中出现的关键词，也称为词（Term）或标记（Token）。给定文档在每维的坐标，由两个子量的乘积得出词频和逆向文档频率。

词频描述某个给定的词在一篇文档中出现的频繁程度（不考虑停用词的频率，假设重要的词语出现得更多）。考虑到文档长度，为了阻止更长的文档得到更高的相关度权值，必须进行文档长度的某种归一化。有几种方法都是可行的，一种相对简单的方法是将词出现的实际次数与文档中其他关键词出现的最多次数进行比较。

例如，对于文档 j 中的关键词 i，找出其归一化词频值 $TF(i, j)$。设 $freq(i, j)$ 是 i 在 j 中出现的绝对频率。给定关键词 i，令 OtherKeywords(i,j) 表示 j 中其他关键词集合。最大频率 maxOthers(i, j) 计算为 $\max(freq(z, j))$，$z \in$ OtherKeywords(i, j)。最后计算 $TF(i, j)$ 为：

$$TF(i,j) = \frac{freq(i, j)}{maxOthers(i, j)} \tag{8.8}$$

逆向文档频率是组合了词频后的第二个衡量值，旨在降低所有文档中几乎都会出现的关键词的权重。其思想为：稀有词相关性不小于频繁词相关性。也就是说，常见的词语对区分文档没有用，应该给那些仅出现在某些文档中的词更高的权值。设 N 为所有可推荐文档的数量，$n(i)$ 为关键词 i 出现在不同文档中的数量。关键词 i 的逆向文档频率为：

$$IDF(i) = \lg \frac{N}{n(i)} \tag{8.9}$$

文档 j 中关键词 i 的组合 TF-IDF 权值可以计算为上述两个子量的乘积：

$$TF\text{-}IDF(i, j) = TF(i, j) \times IDF(i) \tag{8.10}$$

因此，在 TF-IDF 模型中，文档不是表示为每个关键词的布尔向量，而是算出的 TF-IDF 向量。

【例 8-1】假定文档集中有 $2^{10} = 1024$ 篇文档，假定词语 i 在其中的 $2^8 = 256$ 篇文档中出现，则 $IDF(i) = \lg\left(\dfrac{2^{10}}{2^8}\right) \approx 0.6$。考虑文档 j，词语 i 在该文档中出现 20 次，同时，文档 j 中最大词频也为 20，则 $TF(i, j) = 1$，于是词语 i 在文档 j 中的 TF-IDF 得分为 0.6。假定

在文档 k 中，词语 i 出现 1 次，而文档 j 中的最大词频为 20，则 $TF(i,k)=1/20$，词语 i 在文档 k 中的 TF-IDF 得分为 0.03。

3．向量空间模型的改进及局限

TF-IDF 向量一般很大且稀疏。可以使用其他技术让它们更紧凑，并且从向量中删除不相关的信息。

（1）删除停用词和词干还原。一种直接的方法是删除所谓的停用词。在英文中这些词一般是介词和冠词，比如"a"、"the"或"on"，由于它们会出现在几乎所有文档中，因此可以从文档向量中删除。另一项常用的技术是词干还原或合并，目的是将相同词语的不同变形替换成它们共同的词干。例如，"stemming"可以替换成"stem"，"went"可以替换成"go"，诸如此类。

这些技术进一步减小了向量规模，与此同时，在用户记录中也用到词干来改进匹配过程。词干还原过程的实现方法包括：词形分析（如 Porter 的后缀拆分算法）和查词典法（如 WordNet）。尽管这种技术在原理上很强大，但仍然存在一些陷阱，比如词干还原只使用句法后缀拆分可能会增加匹配不相关文档的风险。举例来说，university 和 universal 的词干都是 univers，可能会意外地将一篇文档与用户记录匹配上。当分析有很多缩略语的技术文档或文本中有双关语时，还会出现其他问题。

（2）精简规模。另一种直接的方法是仅用 n 个信息量最大的词语来减少文档描述的规模，期望删除数据中的"噪声"。在 Syskill&Webert 系统中选择了 128 个信息量最大的词语（考虑到期望信息增益）。与此类似，Fab 使用了 100 个词语。由于 Syskill&Webert 系统应用于不同领域，所用词语的最优个数根据实验而定。结果显示，如果挑选的关键词个数太少（少于 50 个），一些重要的文档特征可能就会覆盖不到。另外，当包括了太多特征（如超过 300 个）时，文档模型中用到的关键词的重要性就很有限了，而且带来的噪声实际上会使推荐精确度变低。原则上，"特征选择"的复杂技术也可用于决定最有信息量的关键词。然而，除了会增加模型复杂度，人们对于这种基于学习的方法是否倾向于过拟合描述训练数据还颇有争议。此外，人们还提出使用外部词典知识来删除与该领域不相关的词语。实验表明，使用这种词典知识能持续提升精确度，尤其在只能得到很少的训练样本时。

（3）使用短语作为特征。短语比单个词语更能描述文本，用它来替换词有可能进一步提高描述的准确性。短语或组合词，比如"联合国"（United Nations）可以作为附加的维度转换到特征向量空间。可以通过查找人工定义的列表或采用统计分析技术来识别短语。

（4）向量空间模型的局限性。从文本中抽取个别关键词并赋权的方法有另外一个重要的局限：没有考虑到关键词的上下文，在某些情况下没有正确体现描述的"含义"。例如，关于西式牛排餐厅的文字描述可能会说"菜单上不会有素食者喜欢的食物"。在自动生成的特征向量中，"素食者"这个词最可能得到比预想更高的权值，结果会意外匹配到对素食餐厅感兴趣的用户。请注意，一般来说我们会假设出现在一篇文档中的词通常适合刻画文档，而很少在文档中出现"相反语境"。

8.2.2　物品相似度

基于内容的推荐系统的一般工作原理：评估用户还没看到的物品与当前用户过去喜欢的物品的相似度。这需要两类信息。首先是用户对以前物品的评分（"喜欢"或"不喜欢"）记录，这些评分可以通过显式的用户界面或者隐式地检测用户行为来获取，用户对物品的评分参见 8.2.3 节。其次是需要一个标准来衡量两个物品的相似度。本节介绍物品相似度的计算方法。物品相似度的计算方法一般采用余弦相似性来度量。

1. 基于 TF-IDF 向量空间文本相似度度量

基于 TF-IDF 向量空间文本相似度计算的处理流程如下。

（1）使用 TF-IDF 算法，找出两篇文章的关键词。

（2）每篇文章各去除若干关键词，合并成一个集合，计算每篇文章对于这个集合中的词的词频，得到两篇文章各自的词频向量。

（3）计算两个向量的余弦相似性，值越大，表示两篇文章越相似。

例如，给定两篇文章 A 和 B，文章 A 的词频向量 A 为(1,1,2,1,1,1,0,0,0)，文章 B 的词频向量 B 为(1,1,1,0,1,1,1,1,1)。采用余弦相似性计算文档相似度。

① 计算向量 A、B 的点积：
$$A \cdot B = 1×1+1×1+2×1+1×0+1×1+1×1+0×1+0×1+0×1 = 6$$

② 计算向量 A、B 的欧几里得范数，即$\|A\|$、$\|B\|$：
$$\|A\| = \sqrt{1^2+1^2+2^2+1^2+1^2+1^2+0^2+0^2+0^2} = 3$$
$$\|B\| = \sqrt{1^2+1^2+1^2+0^2+1^2+1^2+1^2+1^2+1^2} = \sqrt{8}$$

③ 计算相似度：
$$\cos(A,B) = \frac{A \cdot B}{\|A\| \times \|B\|} \approx 0.707$$

2. 数值特征的缩放变换

前面我们介绍了基于布尔向量的物品表示，以及针对文档类物品的 TF-IDF 向量的物品表示模型。在现实生活中，有很多物品的数值型特征不太容易通过布尔向量表示。例如，对于电影，我们可以采用参演的演员、电影的类型（惊悚、喜剧、悬疑）和电影平均评分等特征来描述。对于参演的演员、电影的类型，我们可以采用 0、1 向量来描述，如果某演员在电影中有出现，则对应元素设为 1；如果该电影不属于喜剧类型，则对应元素设为 0。但是，电影的平均评分这个特征是个实数。如果直接将平均评分作为特征的数值取值，则可能该值会主导相似度计算过程，也就是说，电影平均评分会作为一个重要的要素影响电影的相似度度量。因此，有必要对非布尔元素进行恰当的缩放变换。其方法是，对非布尔向量，加上未知的缩放因子。

【例 8-2】假定电影的特征只包括演员集合、电影类型集合和平均评级得分。考虑两部电影 A 和 B，分别包括 4 个演员（其中有两个演员分别出现在两部电影中），两种电影类型（电影 A 为喜剧，电影 B 为悬疑）。另外，电影 A 的平均评分为 3，电影 B 的平均评分为 4。因此，电影表示模型如表 8-1 所示。

表 8-1　电影表示模型（α 为缩放因子）

	演员 1	演员 2	演员 3	演员 4	喜剧	悬疑	平均评分
电影 A	0	1	1	1	1	0	3α
电影 B	1	1	0	1	0	1	4α

对平均评分加上缩放因子 α，在此基础上计算向量之间的夹角余弦。向量的点积为 $2+12\alpha^2$，而两个向量的欧几里得范数分别为 $\sqrt{4+9\alpha^2}$ 和 $\sqrt{4+16\alpha^2}$。因此，上述两个向量之间的夹角余弦为 $\dfrac{2+12\alpha^2}{\sqrt{16+100\alpha^2+144\alpha^4}}$。如果 α 取 1，结果为 0.868。如果 α 取 2，结果为 0.959，此时，两个向量比 α 取 1 时更加接近。如果 α 取 0.5，结果为 0.707，也就是说，两个向量看上去很不同。我们无法确定到底哪一个 α 取值更合理，但是通过本例，可以看出数值特征缩放因子的取值会影响最后物品相似度的决定。

8.2.3　用户对物品的评分

一般采用 $n \times m$ 阶用户–物品评价矩阵来表示用户对物品的评分。给定 n 个用户，$U=\{u_1,\cdots,u_n\}$ 代表用户集合，给定 m 个物品（产品），$P=\{p_1,\cdots,p_m\}$ 代表物品（产品）集合，则 $\boldsymbol{R}=\{r_{ij}\}$ 为 $n \times m$ 阶评价矩阵，其中 $i \in 1,\cdots,n$，$j \in 1,\cdots,m$。r_{ij} 的取值表示用户 i 对物品 j 的喜欢程度，即用户对物品的评分。

【例 8-3】表 8-2 给出了一个用户对电影的评价矩阵。该矩阵代表用户对电影的评级（1～5 级）结果。空白表示用户对当前电影没有评分。希望给用户 1 推荐与该用户过去喜欢的电影相似的电影。

表 8-2　用户–物品评价矩阵

	电影 A	电影 B	电影 C	电影 D
用户 1	4	?	2	3
用户 2	2	5		3
用户 3		3		5
用户 4	3		4	

从表 8-2 可以看出，用户 1 对电影 A 比较喜欢（其评分分值为 4），那么，他/她喜不喜欢电影 B 呢？给定电影 A 和电影 B 的表示模型为表 8-1，前面我们讨论过，缩放因子 α 不同的取值会影响电影 A 和电影 B 的相似度度量。在这里，如果用户 1 比较看重电影的平均评分，则 $\alpha=2$，电影 A 和电影 B 的相似度非常高。因此，可以给用户 1 推荐电影 B。

8.2.4　基于向量空间模型的推荐

基于内容的推荐通常描述成"推荐与用户过去喜欢的物品相似的物品"，因此，推荐系统的任务是基于用户记录来预测用户是否喜欢自己没见过或没用过的物品，也就是将物品特征和用户偏好匹配起来。本节介绍依赖向量–空间文档表示模型的最为常见的衡量物品特征和用户偏好匹配度（相似度）的方法。

1．最近邻

评估用户对某个文档感兴趣的程度，最初的方法是简单查找用户过去是否细化相似的文档。这需要两类信息：首先，需要用户对以前物品"喜欢/不喜欢"的评论记录，即用户偏好；其次，需要一个标准来衡量两个文档的相似度。在大多数公布的方法中，一般采用余弦相似性方法评估两个文档的向量是否相似。

预测未见物品 d 基于的想法是，让 K 个最相似的物品给 n 个候选物品"投票"。比如，如果 $K=5$，当前用户喜欢其中 4 个最相似的物品，系统可能会猜测物品 d 也被喜欢的概率相对很高。最终结果随着近邻 K 的规模而变。除此之外，还有几个其他变量也会变化，如评分的二元化、使用相似度阈值的最小值或根据相似度级别的投票权重。

个性化和移动新闻访问系统实现了这种 K 近邻法（KNN）。在这类系统中，KNN 方法用于对用户的短期兴趣建模，这对于新闻推荐应用领域尤其重要。一旦来了一条新消息，系统会在用户最近评论过的新闻报道中查询相似的新闻。由于只考虑上一次评论的新闻，这种方法能够很快适应并聚焦到用户的短期兴趣上，这些兴趣可能就会使用户继续阅读后续的新闻报道，直到最近发生的事件。与此同时，根据最近邻，也可以设置物品相似度的阈值上限，阻止系统向用户推荐那些很有可能已经看过的新闻。

在这类系统中，KNN 方法只是用以记录短期兴趣这个综合策略的一部分。系统会维护短期（瞬时）和长期兴趣的记录。之前介绍的短期记录允许系统提供给用户最近兴趣主题的信息。对于长期用户模型，系统会收集一段更长时间的信息（如几个月），也会通过限定那些在更大的文档集合中一直得到高 TF-IDF 值的词来识别最优信息量的词语。考虑到长期用户模型，预测用户是否对一个物品感兴趣依靠概率分类计数。

假设短期用户模型和长期用户模型的兴趣预测及推荐都已经确定，剩下的问题就是如何组合它们。前面介绍的系统选择了一个相当简单的策略：搜寻短期用户模型中的近邻；如果不存在这样的近邻，则使用长期用户模型。当然，其他的组合方法也可以。一种可能的选择是在线获取短期偏好，如询问兴趣主题，然后基于长期偏好的信息对匹配的物品排序。

总而言之，基于 KNN 的方法具有相对易于实现、可快速适应新近变化等优点。相比其他学习方法，它的优点还包括：只要有相对较少的评分数据就能够得到一定的推荐质量。然而，有关实验结果表明，纯粹 KNN 方法比其他更复杂的技术的预测精准度要低。

2．相关性反馈方法——Rocchio

另一个基于向量空间模型的方法是 Rocchio 的相关性反馈方法。该方法曾经应用于 20 世纪 60 年代后期开创性的信息检索系统 SMART。SMART 的特点是，用户不能只提交给系统基于关键词的查询词，还要反馈检索结果是否相关。有了反馈的帮助，系统能够从根本上扩展查询词，并改进下一轮检索的查询结果。

用于信息检索的 SMART 系统不会利用这样的额外信息，而是允许用户通过交互明确地给检索文档评分，也就是说，告诉系统它们是否相关。这个信息随后用于进一步优化检索结果。这种方法的基本原理在于，基于纯粹的查询词和相似度，但不提供任何反馈机制，检索质量会太过于依赖单个用户使用含有正确关键词的查询能力。用户定义的查询词经常仅由非常少而且可能多义的词语构成，网上典型的查询词平均仅由两个关键词构成。

这种方法用到的相关性循环反馈将会帮助系统改进并自动扩展查询词。其主要思想是，首先将评分文档划分成两组：D^+ 和 D^-，分别对应喜欢（感兴趣/相关）和不喜欢的文档；然后计算这些分类的初始（平均）向量。这个初始向量也可以被看作相关和不相关文档聚类的重心，如图 8-2 所示。

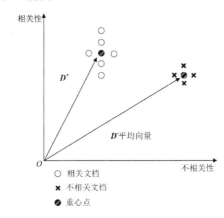

图 8-2　相关和不相关文档的平均向量

当前查询词 Q_i 像文档一样表示为多维单词向量，然后重复地增加相关文档的加权初始向量，并减去代表不相关文档的加权向量，这样逐步优化 Q_{i+1}。最终查询词向量将会移动到一组相关文档，正如图 8-3 说明的那样，得到反馈后，初始查询词向相关文档聚类移动。

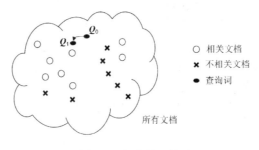

图 8-3　相关性反馈

调整 Q_i 到 Q_{i+1} 的计算公式定义如下：

$$Q_{i+1} = \alpha Q_i + \beta \left(\frac{1}{D^+} \sum\nolimits_{d^+ \in D^+} d^+ \right) - \gamma \left(\frac{1}{D^-} \sum\nolimits_{d^- \in D^-} d^- \right) \tag{8.11}$$

变量 α、β 和 γ 用于精细调整"移动"到相关性更强文档的过程。α 描述了上一个（或最初的）查询词是如何赋以权重的，β 和 γ 分别表示在每步改进中正反馈和负反馈的作用强度。根据 Buchley 等人的分析，合适的参数值是 8、16 和 4（或分别是 1、2 和

0.5）。这些发现表明正反馈比负反馈更有价值，甚至仅考虑正反馈会更好一些。

粗略一看，式（8.11）似乎很直观，算法也非常简单。但如文献[1]所述，这个公式并没有理论基础，也不能保证其效果或收敛性。

基于各种文档的实验评估显示，根据第一轮循环后的反馈能显著提升检索效果。后续的反馈循环只有一些微小的改善。文献[2]及文献[1]中的一项实验评估使用了相关性反馈机制的各种改进版本，包括分析了不同设置的效果。这在实际环境中也是一个好的想法：不使用 D^+ 和 D^- 中的所有单词，而是使用 IDF 衡量前 10 个或 20 个最相关词语计算新查询词，以免一个坏词抵消许多好词的收益。

总体来说，相关性反馈检索方法及它的变化版本可以用于很多领域。尽管很简单，但这种方法仍然能够在实际环境中很好地改进检索结果。主要的实际挑战同时是大多数基于内容方法所面临的挑战：①需要一定数量以前的物品评分来构建一个合理的用户模型；②在查询过程中需要用户交互。

第一点，可以通过隐式反馈的方式获取用户评分，部分实现自动化，比如将推荐文档解释成正面评分。这种假设在通常情况下是否正确（如用户读了一篇文章但很失望时如何处理），以及是否有其他技术可用于收集隐式反馈等问题仍然有待回答。

另一个获取用户明确反馈的方法是虚拟反馈（盲反馈）。其基本思想是，假设根据向量相似度来衡量，与查询词最匹配的前 n 个（如 10 个）文档是相关的。除非有明确的负反馈，一般不需要用到 D^- 集合（γ 设为 0）。

第二点，生成建议的过程需要用户交互。相比协同过滤方法完全自动生成推荐而言，这点一眼看上去似乎是个缺点。事实上，交互式地优化查询词也是收集用户真实偏好的一个新机会，可以帮助用户"学习"用哪些词汇检索才能满足自己的信息需求。其主要假设是用户能构造一个合适的初始查询词，该假设在考虑到学科术语、多语言翻译问题或只是词语拼写错误情况下可能不成立。

尽管各种评估表明显式反馈能提高检索效果，但现在的 Web 搜索引擎并不提供这种机制。Chakrabarti[3]提到过两点原因：首先，他认为上网的用户没有耐心，不愿对推荐给出明确的反馈；其次，第二轮查询词相比初始查询词多，性能方面问题也多，不能像初始的"双词"查询词那样很快返回结果。

一般来说，基于查询词的检索方法明显与 Web 搜索引擎非常相似，这就出现了一个问题：搜索引擎是否也是"基于内容的推荐系统"。到目前为止，热门搜索引擎提供商，如 Google 或 Yahoo!，并没有针对特定用户个性化搜索结果，但个性化搜索结果是一个正在增长的趋势。现在，我们也可以看到推荐领域的大多数竞争者已经开始在他们的服务平台上提供更多特性，一般包括个性化启动页、电子邮件服务访问入口、在线文档处理和文档管理等。用户以相同身份使用这些功能，这为更精确的个性化搜索结果提供了更多的机会。然而，有关如何基于这些信息计算个性化文档排序，尤其是把不同的相关度体系（如 PageRank 和文档-查询词相似度）如何组合在一起的研究报告还没有出现。

8.3 协同过滤推荐

协同过滤推荐是目前研究最多也是应用最成熟的个性化推荐技术，是与基于内容的推荐完全不同的一种推荐方法。基于内容的方法是使用被用户评过分的物品内容，协同过滤方法还取决于被其他用户评过分的物品内容。通过分析用户评价信息（评分）把有相似需求或品位的用户联系起来，用户之间共享对物品的观点和评价，这样就可以更好地做出选择。例如，当你在网上买衣服时，基于协同过滤的推荐系统会根据你的历史购买记录或浏览记录，分析出你的穿衣品位，并找到与你品位相似的一些用户，将他们浏览和购买的衣服推荐给你。

Typestry 是最早提出来的协同过滤推荐系统，用于过滤电子邮件，推荐电子新闻，由于其要求用户手丁输入查询条件，不牵涉到用户间的相似性计算，严格来讲，它只是一个信息检索系统，只是对检索结果根据其他用户的反馈进行筛选[4]，其他的协同过滤推荐系统有 GroupLens、NetPerceptions、Ringo、Firefly 等。

8.3.1 协同过滤的基本概念

1．协同过滤分类

协同过滤方法分为基于近邻的方法和基于模型的方法。基于近邻的方法是推荐系统中最基本的算法，该算法不仅在学术界得到了深入的研究，而且在业界得到了广泛的应用，这种基于近邻的方法又分为两类：一类是基于用户推荐；另一类是基于物品推荐。相应地，基于近邻方法的推荐系统也分为两类：一类是基于用户的协同过滤推荐系统，如 GroupLens、Bellcore video 和 Ringo，评估用户 u 对某个物品 i 感兴趣的程度，是通过利用对该物品 i 已做出的评价并且和该用户有相似评价习惯的其他用户（也叫作近邻）；一类是基于物品的协同过滤推荐系统，通过基于用户 u 给相似于 i 的物品评分来预测用户 u 对物品 i 的评分。所谓相似物品，是指被一些用户评价且具有相似特点的物品。基于近邻的方法是在预测中直接使用已有数据预测，而基于模型的方法是使用这些评分来学习预测模型。

2．用户-物品评价模型

基于内容的推荐依赖于物品特征（物品内容），与之不同的是，协同过滤依赖于用户对物品的评分。一般采用 $n \times m$ 阶用户-物品评价矩阵来表示用户对物品的评分。给定 n 个用户，$U=\{u_1,\cdots,u_i,\cdots,u_n\}$ 代表用户集合，给定 m 个物品（产品），$P=\{p_1,\cdots,p_j,\cdots,p_m\}$ 代表物品（产品）集合，则 $\boldsymbol{R}=\{r_{ij}\}$ 为 $n \times m$ 阶用户-物品评价矩阵，其中 $i \in 1 \cdots n$，$j \in 1,\cdots,m$。r_{ij} 的取值表示用户 u_i 对物品 p_j 的喜欢程度。

例如，表 8-3 显示了当前用户 Tom 和其他用户的评分数据，预测 Tom 是否喜欢他从未见过的物品 5。如果能预测出 Tom 非常喜欢这个物品，则将它列入 Tom 的推荐列表。在这里，评分项 r_{ij} 的取值定义为从 1（非常不喜欢）到 5（非常喜欢）。如果某个用户 i 没有为物品 j 评过分，则对应的评分项 r_{ij} 为空。例如，按 1~5 分的评分标准，Tom

给物品 1 评 5 分，说明他非常喜欢这个物品。同时，Tom 不了解物品 5，因此，Tom 对物品 5 的评分为空。

表 8-3　协同过滤推荐的用户-物品评价模型

	物品 1	物品 2	物品 3	物品 4	物品 5
用户 1（Tom）	5	3	4	4	null
用户 2	3	1	2	3	3
用户 3	4	3	4	3	5
用户 4	3	3	1	5	4
用户 5	1	5	5	2	1

如果采用基于用户的方法，则希望根据其他用户的评分来确定 Tom 是否喜欢他从未见过的物品 5，因此，需要寻找那些和 Tom 有着类似偏好的用户，然后用这组用户对物品 5 的评分来预测 Tom 是否喜欢这个物品。采用该方法的具体描述参见 8.3.2 节。

如果采用基于物品的方法，则希望根据 Tom 已经用过的物品评分来预测 Tom 是否喜欢物品 5。采用该方法的具体描述参见 8.3.3 节。

继续回到用户-物品评价模型上，首先会考虑如何得到用户对物品的评分，怎么表示评分；其次考虑实际的用户-物品评价模型会不会像表 8-3 那样几乎填满了的情况。通常来说，用户所评价/购买的物品在物品全集的比重不到 1%，因此，用户-物品评价模型常常是稀疏矩阵，这就产生了数据稀疏性问题。

1）关于评分

（1）获得评分的方法。

获得用户对物品的评分有两种方法：显式评分方法和隐式评分方法。显式评分，即系统要求用户明确评价物品；隐式评分，即反馈来自监控和分析用户的行为，不需要任何活跃用户的参加。

显式评分通过用户确切的评价来表明用户对一个物品相关或感兴趣的程度。主要有两种方式来得到显式的相关性反馈。

喜欢/不喜欢：利用一个简单的二元化评分刻度，将物品分成"相关的"或"不相关的"两大类。可以用布尔值 0 和 1 来分别表示"喜欢"和"不喜欢"。

评分：经常用来评价物品的一个离散的数值刻度。当然，标记化的评价也可以映射到数值刻度，例如，用户对网页的评价分为热门、一般、冷门，则可用 1、0、-1 分别表示"热门、一般、冷门。又比如，对电影的评价经常采用 1~5 级（其中 5 是最高级）。

隐式评分方法是基于对用户在某样物品上的特定行为进行相关性评分赋值，如保存、删除、印刷、收藏等。该方法的优点在于，无须用户直接参与，但是存在评分赋值偏差。例如，用户在进行上述操作时，中途被外界环境事件打断而使得操作没有完成，系统只能捕获到操作完成前的状态，从而无法捕捉到用户的真实想法。

（2）评分标准化。

用户对物品的评分实际上带有很大的主观性。例如，一些用户很苛刻，不轻易给喜欢的物品高分，或者有些用户比较宽厚，即使对物品不满意，也不会给极低的评分。为了降低主观因素的影响，需要对评分进行标准化。其中，均值中心化可以将个人的原始评分转换为更一般的整体评分标准。

均值中心化的思想是通过与平均分的比较来决定一个评分为正或者为负。在基于用户的推荐系统中，设 r_{ui} 为用户 u 对物品 i 的原始评分，r_u 为用户 u 评价的所有物品的平均分，则均值中心化评分 $h(r_{ui}) = r_{ui} - r_u$。

例如，在基于用户的推荐系统中对表 8-3 中的评分进行均值中心化，结果如表 8-4 所示。

表 8-4　基于用户推荐的、均值中心化后的用户-物品评价模型

	物品 1	物品 2	物品 3	物品 4	物品 5
用户 1（Tom）	1	−1	0	0	null
用户 2	0.6	−1.4	−0.4	0.6	0.6
用户 3	0.2	−0.8	0.2	−0.8	1.2
用户 4	−0.2	−0.2	−2.2	1.8	0.8
用户 5	−1.8	2.2	2.2	−0.8	−1.8

同样，基于物品来说，r_{ui} 的均值中心化评分可以为 $h(r_{ui}) = r_{ui} - \overline{r_i}$。其中 r_{ui} 为用户 u 对物品 i 的原始评分，$\overline{r_i}$ 为用户集合对物品 i 的平均评分。

2）稀疏矩阵

在前面例子用到的评价矩阵中，只有一个用户-物品组合没有评分。但在实际应用中，由于用户一般只会评价（或购买）少部分物品，评价矩阵一般都非常稀疏。

这种情况下的挑战是用相对较少的有效评分得到准确的预测。直接做法就是利用用户的附加信息，如性别、年龄、教育程度、兴趣等能够帮助分类用户的信息。因此，相似用户（近邻）集合不只是根据显式或隐式评分，也会根据评价矩阵的外部信息来分析。这些系统[5]利用了人口统计信息，以及已经不再"纯粹"的协同方法。这种方法也引出了新问题，比如如何获取额外信息，以及如何混合不同的分类器。尽管如此，在刚上线推荐服务的扩张阶段，这种技术对于获取协同方法所需的大量关键用户还是有帮助的。

多年以来，人们提出过一些处理冷启动和数据稀疏问题的方法。我们在这里要详细讨论的例子是文献[6]提出的基于图的方法。其主要思想是利用假定用户品位的"传递性"，并由此增强额外信息矩阵。文献[7]提出一种相似的想法，以递归方式利用近邻关系。

考虑图 8-4 中的用户-物品关系，它由表 8-5 的二进制评价矩阵推导出。

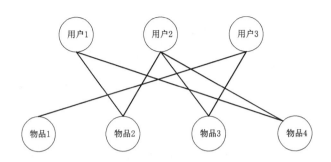

图 8-4　用户–物品关系

表 8-5　扩展激活方法的用户–物品评价矩阵

	物品 1	物品 2	物品 3	物品 4
用户 1	0	1	0	1
用户 2	0	1	1	1
用户 3	1	0	1	0

在矩阵中，0 不是一个显式的（差评）评分，而是一个缺失的评分。假设我们正在为用户 1 寻找推荐。根据标准的 CF 方法，用户 2 会被认为是用户 1 同伴，因为他们都购买了物品 2 和物品 4。物品 3 会被推荐给用户 1，因为最近邻用户 2 也买了或喜欢它。文献[6]将这种推荐问题看作图分析问题，推荐由用户和物品间的路径决定。在标准的基于用户或基于物品的 CF 方法中会考虑长度为 3 的路径，即物品 3 和用户 1 相关是因为它们之间存在一条 3 步路径（用户 1—物品 2—用户 2—物品 3）。由于这种长度为 3 的路径数量在稀疏评分数据中很少，因此这种思路也会考虑更长的路径（间接关联）计算推荐。例如，由于存在两条连接用户 1 和物品 1 的 5 步路径，利用长度为 5 的路径也可以推荐物品 1。

由于这些远距离关系的计算代价很高，文献[18]提出将评价矩阵转化为用户和物品的双向图，并使用一种称为扩展激活的特殊图搜索方法高效地分析图。对比标准的基于用户和基于物品的算法显示，基于间接关系的技术能显著地提高质量，尤其是在评分稀疏矩阵时。同样，相比标准的协同过滤技术，该算法对新用户的推荐也有明显的提升。然而当评价矩阵达到某种密度之后，相比标准算法的推荐质量也会有所下降。尽管如此，距离关系的计算代价仍然很高，现在还无法实际应用在大规模评分数据上。

文献[8]提出一种默认投票方式来处理稀疏矩阵评分数据。回想一下，标准的相似度方法只考虑那些当前用户适合用来比较的用户都评过分的物品。当数量很少时，评分碰巧相同或不同都会对相似度计算影响很大。因此这种思路就是给那些只有一两个用户评过分的物品（可能也会对一些附加的物品）赋以默认值，这样可以提高稀疏评分数据上的预测质量。这些人工默认投票就像一种缓冲机制，能够减少那些个别巧合因素对相似度的影响。

文献[9]还提出过其他解决稀疏矩阵的方法。由于研究人员发现大多数协同推荐只用到评分数据中的某部分特定信息（用户相似度或物品相似度），因此他们建议将这两种不同类型的相似度组合起来提高预测准确率。此外，他们还在预测函数中利用了先前方法没有考虑到的第三种信息，即相似用户给出的物品评分。通过一种概率机制将来自不同数据源的不同预测进行"融合"和平滑，其中第一组实验显示预测准确率得到提高，尤其是在处理稀疏评分数据时。

冷启动是稀疏问题的一个特例。其包括：①如何向还没给任何物品评分的新用户推荐；②如何处理从未被评过分或购买过的物品。这两类问题都可以通过混合方法来解决，即利用额外的外部信息[10]。对于新用户问题，其他策略也可能奏效。一种方法是在推荐之前要求用户给出最低限度数量的评分。在这种情况下，系统需要能够从信息论角度智能地获取具有最多信息量的物品评分[11]。Goldberg 等人提出的 Eigentaste 算法要求用户提供标准集合的评分也是一种类似的策略[12]。

8.3.2 基于用户的协同过滤

基于用户的协同过滤是推荐系统最早采用的一种方法之一[13]，它基于这样一个假设：预测用户 u 对新物品 i 的评分，可以利用和用户 u 兴趣相近且对物品 i 做了评分的用户。这些和用户 u 兴趣相近的用户称为近邻。

系统根据用户对不同物品的评分来计算用户之间的相似性，取相似系数最大的前 K 个用户作为目标用户的邻居，并根据近邻用户对物品的评价产生推荐。Sarwar 把算法分为 3 个主要的阶段：表示阶段（见 8.3.1 节的用户–物品评价模型）、近邻选择阶段、推荐产生阶段[14]。

1．近邻选择

衡量用户之间的相似性方法有余弦相似性、改进余弦相似性、Pearson 相关系数和 Spearman 秩相关系数或均方差。文献[15]的实验分析表明，对于基于用户的推荐系统来说，Pearson 相关系数比其他的方法更胜一筹。需要指出的是，Pearson 相关系数只是更适用于基于用户的推荐系统。对于基于物品的协同过滤推荐技术，余弦相似性方法比 Pearson 相关度量表现得更好。在这里，我们采用 Pearson 相关系数来确定相似用户集合。

给定 n 个用户，$U=\{u_1,\cdots,u_i,\cdots,u_n\}$ 代表用户集合，给定 m 个物品（产品），$P=\{p_1,\cdots,p_j,\cdots,p_m\}$ 代表物品（产品）集合，$R=\{r_{ij}\}$ 为 $n\times m$ 阶评价矩阵，其中 $i\in 1,\cdots,n$，$j\in 1,\cdots,m$。用户 a 和用户 b 的相似度 $\mathrm{sim}(a,b)$ 可以用式（8.12）来表示。符号 $r_{a,p}$ 代表用户 a 对物品 p 的评分，$\overline{r}_a$ 代表用户 a 的平均评分。符号 $r_{b,p}$ 代表用户 b 对物品 p 的评分，$\overline{r}_a$ 代表用户 b 的平均评分。用户 a 和 b 的相似性度量值为：

$$\mathrm{sim}(a,b)=\frac{\sum_{p\in P}(r_{a,p}-\overline{r}_a)(r_{b,p}-\overline{r}_b)}{\sqrt{\sum_{p\in P}(r_{a,p}-\overline{r}_a)^2}\sqrt{\sum_{p\in P}(r_{b,p}-\overline{r}_b)^2}} \tag{8.12}$$

由式（8.12）可以看出，Pearson 相关系数方法考虑到了用户评分标准并不相同这个事实，采用均值中心化方法对评分进行标准化，用户 a 对物品 p 的评分均值化为 $r_{a,p}-\overline{r}_a$，用户 b 对物品 p 的评分均值化为 $r_{b,p}-\overline{r}_b$。Pearson 相关系数取值为+1（强正相关）～-1（强负相关）。

例如，对于表 8-3 中的 Tom 来说，其和用户 2 的相似度计算如下（$\overline{r}_{\mathrm{Tom}}=\overline{r}_a=4$，

$\overline{r}_{\text{user2}} = \overline{r}_b = 2.4$ ）：

$$\text{sim(Tom, user2)} = \frac{(5-4) \times (3-2.4) + (3-4) \times (1-2.4) + \cdots + (4-4) \times (3-2.4)}{\sqrt{(5-4)^2 + (3-4)^2 + \cdots} + \sqrt{(3-2.4)^2 + (1-2.4)^2 + \cdots}} \approx 0.85$$

（8.13）

类似地，Tom 和其他用户，即用户 3、用户 4 和用户 5 的相似度分别为 0.70、0.00 和-0.79。从上述计算结果可以看到，用户 2 和用户 3 与 Tom 的历史评分行为比较相似。

采用评分均值中心化方法可以发现绝对评分值可能完全不同的两个用户之间具有较强的相似性。例如，尽管 Tom 和用户 2 的绝对评分值完全不同，但仍然可以发现评分值之间相当明显的线性相关性，进而得出二人相似的结论。

2．推荐产生

为了预测物品 5，需要考虑重视那些近邻的评分，以及如何评价他们的意见。在本例中，很明显地，将用户 2 和用户 3 作为近邻来预测 Tom 的评分。下面的公式考虑了最近似的 K 个近邻与用户 a 平均评分 $\overline{r}_a$ 的偏差，计算用户 a 对物品 p 的预测值：

$$\text{pred}(a, p) = \overline{r}_a + \frac{\sum_{b \in S(a,K) \cap N(p)} \text{sim}(a,b) \times (r_{b,p} - \overline{r}_b)}{\sum_{b \in K} \text{sim}(a,b)}$$

（8.14）

式中，$S(a,K)$ 是和用户 a 兴趣最相似的 K 个用户的集合；$N(p)$ 是对物品评过分的用户集合；$\text{sim}(a,b)$ 是用户之间的相似度；$\overline{r}_a$ 是用户 a 对其评过分的所有物品评分的平均值。

本例中，基于近邻用户 2 和用户 3 的评分预测 Tom 对物品 5 的评分为：

$$4 + \left(\frac{1}{0.87 + 0.7} \right) \times [0.85 \times (3-2.4) + 0.70 \times (5-3.8)] \approx 4.86$$

（8.15）

根据上述计算方法，可以得出 Tom 对所有未曾见过物品的预测评分，其中包括推荐列表中有最高预测值的那些物品。在本例中，把物品 5 放到推荐列表中是一个不错的选择。

一般来说，我们只选择那些与当前用户有正向关联、相似度高的所有用户（当然，这些用户已经为要预测的物品评过分），而不考虑所有的用户。如果考虑所有的用户，不仅会对计算时间带来负面影响，而且还会对推荐准确度造成影响，因为那些实际上不可比的用户评分也会加入计算。那么，到底选择多少个近邻用户较为合适（K 的取值应该为多少）？降低近邻集合规模的通常方法是为用户相似度定义一个具体的最小阈值，或者将规模大小限制为一个固定值，而且只考虑 K 个最近邻。Anand 和 Mobasher[16]及 Herlocker 等人讨论过这两种方法的潜在问题：如果相似度阈值过高，近邻规模就会很小，这就意味着很多物品没法预测（降低覆盖率）。相反，如果相似度阈值过低，近邻规模就不会显著降低。

K 值（近邻规模）的选择不会影响到可预测物品的覆盖率。然而这并未解决如何发现一个好 K 值的问题：当近邻个数 K 太大时，只有有限相似度的近邻会给预测带来额外的"噪声"；当近邻个数 K 太小（如文献[15]的试验中 K 小于 10）时，预测质量也可能会受到负面影响。对 MovieLens 数据集的分析发现，"在大多数实际情况下，20～50 个近邻似乎比较合理"[17]。在文献[17]中可以找到使用不同赋权和相似度方案，以及不同近邻规模的详细分析。

上面的例子是实际环境的理想化。在实际应用中，评分数据集通常非常大，而且包含了成千上万甚至百万级的用户和物品，因此，必须考虑计算复杂度。此外，评价矩阵通常非常稀疏，每个用户只对所有有效物品非常小的一个子集进行评分。最后我们给新用户推荐什么，该如何处理没有评分的新物品，这些问题都还不清楚。

8.3.3 基于物品的协同过滤

尽管基于用户的协同过滤方法已经成功地应用在不同领域，但在一些有着数以千万计用户和物品的大型电子商务网站上还是会存在很多严峻挑战。尤其是当需要扫描大量潜在近邻时，这种方法很难做到实时计算预测值。因此，大型电子商务网站经常采用一种不同的技术：基于物品的推荐。这种推荐非常适合做线下预处理，因此在评价矩阵非常大的情况下也能做到实时计算推荐[18]。

基于物品的方法的主要思想是利用物品间的相似度，而不是利用用户间的相似度来计算预测值。基于物品的方法对用户-物品评价矩阵的列向量（物品向量）进行操作，计算目标物品与其他物品之间的相似性，根据用户已评分物品来预测用户对目标物品的评分，把评分最高的前 N 个物品作为推荐结果输出。

仍然以表 8-2 为例，采用基于物品的方法来预测 Tom 对物品 5 的评分。首先，比较其他物品的评分向量，寻找与物品 5 相似评分的物品。如表 8-6 所示，表中第 6 列为物品 5 的评分（3、5、4、1），与物品 1（表中第 2 列）的评分（3、4、3、1）、物品 4（表中第 5 列）的评分（3、3、5、2）部分相似。Tom 给物品 1 评 5 分，给物品 4 评 4 分，基于物品的方法会按权重计算这些评分的平均值，从而预测 Tom 对物品 5 的评分会在 4 和 5 之间。

表 8-6 协同过滤推荐的用户-物品评价矩阵

	物品 1	物品 2	物品 3	物品 4	物品 5
用户 1（Tom）	5	3	4	4	null
用户 2	3	1	2	3	3
用户 3	4	3	4	3	5
用户 4	3	3	1	5	4
用户 5	1	5	5	2	1

那么，如何度量物品之间的相似性？如何根据邻近物品的评分来预测目标物品的分值？

1. 相似性度量

为了找到相似物品，需要定义一种相似性度量标准。在基于物品的方法中，余弦相似性由于效果精确，已经被证实是一种标准的度量体系。这种度量标准用两个 n 维向量之间的夹角来测算相似度。这种方法也被广泛用于信息检索和文本挖掘，用来比较两份文本文档，其中文档可以表示为词语的向量。

将两个物品 a 和 b 用对应的评分向量 $\boldsymbol{a}$ 和 $\boldsymbol{b}$ 来表示，其相似度可以定义如下：

$$\text{sim}(a,b)=\frac{\boldsymbol{a}\cdot\boldsymbol{b}}{|\boldsymbol{a}|\times|\boldsymbol{b}|} \tag{8.16}$$

符号·表示向量间的点积，$|\boldsymbol{a}|$ 表示向量的欧几里得长度，即向量自身点积的平方根。

物品 5 和物品 1 的余弦相似度可以计算为：

$$\text{sim}(p_5,p_1)=\frac{3\times3+5\times4+4\times3+1\times1}{\sqrt{3^2+5^2+4^2+1^2}\times\sqrt{3^2+4^2+3^2+1^2}}\approx0.99 \tag{8.17}$$

相似度值介于 0 和 1 之间，越接近 1，则表示越相似。

基本的余弦方法不考虑用户评分平均值之间的差异。改进的余弦方法能够解决这个问题，其做法是采用均值中心化方法对评分进行标准化。相应地，改进的余弦方法的取值在-1 到 1 之间，就像 Pearson 方法一样。

设 U 为所有同时给物品 a 和 b 评分的用户集，改进的余弦相似度计算如下：

$$\text{sim}(a,b)=\frac{\sum_{u\in U}(r_{u,a}-\overline{r}_u)(r_{u,b}-\overline{r}_u)}{\sqrt{\sum_{u\in U}(r_{u,a}-\overline{r}_u)^2}\sqrt{\sqrt{\sum_{u\in U}(r_{u,b}-\overline{r}_u)^2}}} \tag{8.18}$$

文献[18]利用 MovieLens 最小的数据集对余弦相似度、Pearson 相似度和改进的余弦相似度进行了对比，并将 MAE 作为评测指标。实验结果表明，改进后的余弦相似度进行基于物品的评分预测可以获得最优的 MAE。不过需要说明的是，在一个数据集上的实验并不意味着在其他数据集上能够获得相同的结果。均值中心化后的评价矩阵如表 8-7 所示。

表 8-7　均值中心化后的评价矩阵

	物品 1	物品 2	物品 3	物品 4	物品 5
用户 1（Tom）	1.00	−1.00	0.00	0.00	null
用户 2	0.60	−1.40	−0.40	0.60	0.60
用户 3	0.20	−0.80	0.20	−0.80	1.20
用户 4	−0.20	−0.20	−2.20	2.80	0.80
用户 5	−1.80	2.20	2.20	−0.80	−1.80

由表 8-7 的结果可知，物品 5 和物品 1 的改进的余弦相似度值为：

$$\text{sim}(p_5,p_1)=\frac{0.6\times0.6+0.2\times1.2+(-0.2)\times0.8+(-1.8)\times(-1.8)}{\sqrt{0.6^2+0.3^2+(-0.2)^2+(-1.8)^2}\times\sqrt{0.6^2+1.2^2+0.8^2+(-1.8)^2}}\approx0.80 \tag{8.19}$$

2．推荐产生

基于物品的方法在预测用户 u 对物品 p 的评分时，会参考用户 u 对与物品 p 相似的其他物品的评分，即：

$$\text{pred}(u,p)=\overline{r}_p+\frac{\sum_{j\in S(p,K)\cap N(u)}\text{sim}(j,p)\times(r_{u,j}-\overline{r}_j)}{\sum_{j\in S(p,K)\cap N(u)}\text{sim}(j,p)} \tag{8.20}$$

式中，$\overline{r}_p$ 是物品 p 的平均分；$S(p,K)$ 是与物品 p 最相似的 K 个物品的集合；$N(u)$ 是用

户 u 评过分的物品的集合；$\text{sim}(j, p)$ 是物品之间的相似度；$\overline{r_j}$ 是物品 j 的平均分。

就像在基于用户的方法中，基于物品的近邻集合的规模也会受限于一个固定值。也就是说，不是所有的近邻都会拿来做预测。

3. 基于物品过滤的数据预处理

传统的基于用户协同过滤的主要问题是：算法不能很好地适应大规模用户和物品数据。例如，给定 M 个用户和 N 个物品，在最坏的情况下，由于大多数用户只评分或购买了非常少量的物品，实际复杂度非常低。尽管如此，当用户的数量 M 达到几百万，线上环境要求必须在极短的时间内返回结果时，实时计算预测值仍然不可行。为了不牺牲推荐精准度的情况下在大规模电子商务网站上应用基于物品的推荐算法，人们通常选择离线计算数据。其想法是事先构建一个物品相似度矩阵，描述所有物品两两之间的相似度。在运行时，通过确定与物品 p 最相似的物品并计算用户 u 对这些近邻物品评分的加权总和来得到用户 u 对物品 p 的预测评分。近邻数量受限于当前用户评过分的物品数量。由于这样的物品数量一般都比较少，因此计算预测值可以在线上交互应用允许的短时间内完成。

考虑到内存需求，N 个物品的相似度矩阵理论上会有 N^2 项。但实际上项数会极低，而且还可以采取进一步的方法降低复杂度。可选的方案有仅考虑那些与其他物品同时评分值最小的物品，或者对每个物品只记录有限的近邻。然而这种方法会增加无法预测某个特定物品的风险。

原则上，这种离线预计算近邻的方法对基于用户的方法也适用。但在实际情况下，两个用户评分重叠的情况非常少见。这就意味着一些其他的评分值可能影响到用户间的相似度。相对用户相似度而言，物品相似度更稳定，这种预处理计算不会过于影响预测准确度[18]。

除这些所谓基于模型的方法中采用不同预处理技术外，还可以仅利用评价矩阵中的某一部分以降低计算复杂度。一种基本技术是二次采样，这种技术可以随机选取数据的子集，或者忽略那些仅有非常少量评分或仅包含非常热门物品的用户记录。文献[19]也提出过一种更加高级且基于信息论的技术用于过滤最"相关"用户。一般来说，可以用这些技术加速计算，但由于推荐用到的信息少了，系统做出精确预测的能力可能会下降。更多基于模型和基于预处理的方法以减少复杂度和维度的内容将会在 8.3.4 节讨论。

8.3.4 隐语义模型和矩阵因子分解模型

隐语义模型（Latent Factor Model，LFM）是近几年来推荐系统领域最为热门的研究话题之一，它的核心思想是通过隐含特征联系用户兴趣和物品。我们以图书推荐为例，简略地谈谈隐语义模型方法与基于用户的方法和基于物品的方法的区别。

基于用户的方法，首先需要找到看了相同书的其他用户（兴趣相似的用户），然后给他们推荐那些用户喜欢的书。

基于物品的方法，需要给用户推荐与他们已经看过的书相似的书，比如某个读者看了很多机器学习方面的书，可以给他推荐数据挖掘或者模式识别方面的书。

还有一种方法，可以对物品的兴趣进行分类。对于某个用户，首先得到他的兴趣分类，然后从分类中挑选他可能喜欢的物品。对于这种方法，需要解决以下 3 个问题：如何对物品进行分类？如何确定用户对哪些类的物品感兴趣，以及感兴趣的程度？如何对于一个给定的类，选择哪些属于这个类的物品给用户，以及如何确定这些物品在一个类中的权重？其中，对物品分类这个问题，采用传统的人为分类方法会有很多缺点。例如，假定找编辑给图书分类，存在着以下缺点：编辑的意见不能代表各种用户的意见，编辑很难控制分类的力度；编辑很难给一个物品多个分类；很难确定一个物品在该分类中的权重。为了解决上面的问题，研究人员提出从数据出发，自动地找到那些类，然后进行推荐。这种技术就是隐语义分析技术。该技术从诞生到现在，产生了很多著名的模型和方法，如隐含类别模型（Latent Class Model，LCM）、隐语义模型、pLSA 模型、LDA、Topic Model、Matrix Factorization、Factorized Model。这些名词在本质上都是隐语义分析这一思想体系的不同扩展。在推荐系统领域，提得最多的就是隐语义模型和矩阵因子分解模型（矩阵因子分解模型是隐语义模型的一种）。

隐语义模型试图通过描述产品和用户两种实体在因子上的特征来解释评分，而这些因子是根据用户的反馈自动推断出来的。用隐语义模型来进行协同过滤的目标是揭示隐藏的特征，这些隐藏的特征能够揭示观测到的评分。该模型的一些实例包括 pLSA 模型、神经网络模型、隐式 Dirichlet 分配模型，以及由用户-物品评价矩阵的因子分解推导出的模型，也叫作基于 SVD（Singular Value Decomposition，奇异值分解）的模型。最近，矩阵因子分解模型由于其准确性和稳定性得到越来越多人的青睐。

在信息检索领域，SVD 是为了识别隐语义变量而发展起来的。然而，由于大部分评分值的缺失，把 SVD 应用到协同过滤领域的显式评分问题变得相对困难。当矩阵的信息不完整时，传统的 SVD 是不能被定义的。而且，简单地仅仅使用很少的已知信息将很容易导致过拟合现象。早期的研究依赖于填充方法，即填充一些用户-物品评价矩阵的缺失值以使该矩阵变得稠密。然而，由于填充方法极大地增加了数据量，所以代价非常大。除此之外，填充不准确也会使数据变得倾斜。因此，最近的研究根据观察到的评分直接建模，并通过充分的正则化模型来避免过拟合。

在本节中，我们阐述几种矩阵因子分解技术，这些技术的准确性随其复杂度升高而增加。我们首先讲述 SVD 模型，然后讲述 SVD++模型，该模型整合了用户反馈的其他信息来提高预测准确性，最后介绍时间敏感的因子模型，这类模型适用于用户爱好随时间而变化的情况。

1. SVD

1）传统的 SVD

如何补全一个矩阵？需要找一种对矩阵扰动最小的补全方法。什么才算是对矩阵扰动最小？一般认为，如果补全后矩阵的特征值和补全前矩阵的特征值相差不大，则扰动比较小。因此，最早的矩阵因子分解模型就是从 SVD 模型开始的。

给定 n 个用户，$U=\{u_1,\cdots,u_i,\cdots,u_n\}$ 代表用户集合，给定 m 个物品（产品），$P=\{p_1,\cdots,p_j,\cdots,p_m\}$ 代表物品（产品）集合，$R=\{r_{ij}\}$ 为 $n\times m$ 阶用户-物品评价矩阵，其中

$i \in 1,\cdots,n,\ j \in 1,\cdots,m$。$r_{ij}$ 的取值表示用户 u_i 对物品 p_j 的喜欢程度。

首先，需要对评价模型中的缺失值进行简单的补全，比如用全局平均值，或者用户/物品平均值补全，得到补全后的矩阵 R'。其次，采用 SVD，将 R' 分解成如下形式：

$$R'=U^\mathrm{T}SV$$

式中，U 是 $k\times n$ 正交矩阵；V 是 $k\times m$ 正交矩阵；S 是 $k\times k$ 对角矩阵，对角线上的每一个元素都是矩阵的奇异值。为了对 R' 进行降维，可以取最大的 f 个奇异值组成对角矩阵 S_f，并且找到 f 个奇异值中每个值在 U、V 矩阵中对应的行和列，得到 U_f 和 V_f，从而可以得到一个降维后的评价矩阵：

$$R'_f = U_f^\mathrm{T}S_fV_fR'$$

$R'_f(u,i)$ 就是用户 u 对物品 i 评分的预测值。

早期的 SVD 很难在实际系统中应用，其原因如下。

（1）该方法首先需要用一个简单的方法补全稀疏评价矩阵。一般来说，推荐系统的评价矩阵中有 95%以上都是缺失的。一旦不全，评价矩阵就变成稠密矩阵，从而需要很大的空间来存储评价矩阵。这种空间需求在实际系统中是不能接受的。

（2）该方法依赖的 SVD 方法的计算复杂度很高，特别是在稠密的大规模矩阵上更是非常慢。一般来说，SVD 用于 1000 维以上的矩阵就非常慢，实际系统中有成上千万的用户和物品，因此根本不适用于实际系统。

由于上述原因，SVD 方法在开始没有得到广泛关注。

2）LFM

2006 年，Netflix Prize 开始后，Simon Funk 在博客上公布了一个算法（简称为 Funk-SVD），引爆了学术界对矩阵分解类方法的关注。后来，Netflix Prize 的冠军 Koren 称 Funk-SVD 为隐语义模型（Latent Factor Model，LFM）。

从矩阵分解的角度来看，先把评价矩阵 R 分解为两个低维矩阵相乘：

$$\hat{R} = P^\mathrm{T}Q$$

式中，P 为 $f\times n$ 矩阵；Q 为 $f\times m$ 矩阵。每一个用户都与一个 f 维向量 $p_u \in R^f$ 相关，每一个物品 i 都与一个 f 维向量 $q_i \in R^f$ 相关。给定一个用户 u，向量 p_u 的维度值代表了用户对这些因子的偏好程度。例如，某用户对搞笑因子的偏好程度为 1，而对恐怖因子的偏好程度为 0.1，这些值的大小反映了用户对这些因子的积极或消极的评价。给定一个物品 i，向量 q_i 的维度值代表了该物品拥有这些因子的程度。例如，某部电影的搞笑因子程度为 5，而恐怖因子程度为 1。其取值大小反映了物品拥有这些因子的积极或者消极程度。点积 $q_i^\mathrm{T}p_u$ 记录了用户和物品之间的交互，也就是用户对物品的总体感兴趣度。

用户 u 对物品 i 的评分的预测值：

$$\hat{\gamma}_{ui} = \sum_f p_{uf}q_{if}$$

式中，$p_{uf} = P(u,f)$；$q_{if} = Q(i,f)$。

如何得到矩阵 P 和 Q？Simon Funk 的思想很简单，可以直接通过训练集的观察值利用最小化 RMSE 学习矩阵 P、Q。Simon Funk 认为，既然我们用 RMSE 作为评测指标，如果能找到合适的矩阵 **P**、**Q** 来最小化训练集的预测误差，那么应该也能最小化测试集的预测误差。因此，定义损失函数为：

$$C(p,q) = \sum_{(u,i)\in T}\left(\gamma_{ui} - \sum_{f=1}^{F}p_{uf}q_{if}\right)^2$$

式中，T 为训练集合。

直接优化上面的损失函数可能会导致学习的过拟合，因此还需要加入防止过拟合项 $\lambda(\|\boldsymbol{q}_i\|^2 + \|\boldsymbol{p}_u\|^2)$，其中 λ 是正则化参数，从而得到：

$$C(p,q) = \sum_{(u,i)\in T}\left(\gamma_{ui} - \sum_{f=1}^{F}p_{uf}q_{if}\right)^2 + \lambda(\|\boldsymbol{q}_i\|^2 + \|\boldsymbol{p}_u\|^2) \tag{8.21}$$

想要最小化上面的损失函数，可以利用交替最小二乘法（Alternating Least Squares，ALS）或者随机梯度下降法来实现。

1）ALS

ALS 是统计分析中常用的逼近计算的一种算法，其交替计算结果使得最终结果尽可能地逼近真实结果。在这里，ALS 就是通过交替固定 $\boldsymbol{p}_u$ 来计算 $\boldsymbol{q}_i$，再固定 $\boldsymbol{q}_i$ 来计算 $\boldsymbol{p}_u$。当其中一个是常量时，最优化问题变成了二次的，就可以优化求解。这样交替迭代进行下去，直到取得 $C(p,q)$ 的最优解。因为每步迭代都会降低误差，并且误差是有下界的，所以 ALS 一定会收敛。但由于问题是非凸的，ALS 并不保证会收敛到全局最优解。但在实际应用中，ALS 对初始点不是很敏感，因此，是否全局最优解造成的影响并不大。Spark MLlib 的基础推荐算法是 ALS。

2）随机梯度下降法

随机梯度下降法首先通过求参数的偏导数找到最速下降方向，然后通过迭代法不断地优化参数。上面定义的损失函数中有两组参数 p_{uf} 和 q_{if}，最速下降法需要首先对它们分别求偏导数，可以得到：

$$\frac{\partial c}{\partial p_{uf}} = -2q_{if}\cdot e_{ui} + 2\lambda p_{uf}$$

$$\frac{\partial c}{\partial q_{if}} = -2p_{uf}\cdot e_{ui} + 2\lambda q_{if}$$

然后根据随机梯度下降法，将参数沿着最速下降方向向前推进，因此可以得到如下递推公式：

$$p_{uf} = p_{uf} + \alpha(q_{if}\cdot e_{ui} - \lambda p_{uf})$$

$$q_{if} = q_{if} + \alpha(p_{uf}\cdot e_{ui} - \lambda q_{if}) \tag{8.22}$$

式中，α 是学习速率，它的取值需要通过反复试验获得。

LFM 提出后获得了很大的成功，后来很多著名的模型都是通过对 LFM 进行改进而获得的。下面我们介绍加入偏置项后的 LFM。

3）加入偏置项后的 LFM

回顾上面提到的 LFM 预测公式：$\hat{\gamma}_{ui} = \sum_{f}p_{uf}q_{if}$，该预测公式通过隐类将用户和物品联系在一起。然而在一些实际情况下，一个评分系统有些固有属性和用户物品无关，用户也有些属性和物品无关，此外，物品也有些属性和用户无关。因此，Netflix Prize 提出了另一种 LFM，其预测公式如下：

$$\hat{\gamma}_{ui} = \mu + b_u + b_i + \boldsymbol{p}_u^{\mathrm{T}} \boldsymbol{q}_i \tag{8.23}$$

该公式中新加了三项参数 μ、b_u、b_i，其中：

μ：训练集中所有记录的评分的全局平均数。在不同网站中，因为网站定位和销售的物品不同，网站的整体评分分布也会显示出一些差异。有些网站中的用户喜欢打高分，而另一些网站中的用户喜欢打低分。全局平均数可以表示网站本身对用户评分的影响。

b_u：用户偏置项。该项表示用户评分习惯中和物品没有关系的因素。比如有些用户比较苛刻，对什么东西要求都很高，那么他的评分就会偏低，而有些用户比较宽容，对什么东西都觉得不错，那么他的评分就会偏高。

b_i：物品偏置项。这一项表示物品接受的评分中和用户没有什么关系的因素。比如有些物品本身质量就很高，因此获得的评分相对就较高，而有些物品本身质量就很差，因此获得的评分相对就较低。

增加的 3 个参数中，只有 b_u 和 b_i 是要通过机器学习训练出来的。

因此，损失函数表示为：

$$C(p,q) = \sum_{(u,i) \in T} (\gamma_{ui} - \mu - b_u - b_i - \boldsymbol{p}_u^{\mathrm{T}} \boldsymbol{q}_i)^2 + \lambda(b_u^2 + b_i^2 + \| \boldsymbol{p}_u \|^2 + \| \boldsymbol{q}_i \|^2)$$

为了学习模型中的参数，也就是 b_u、b_i、$\boldsymbol{p}_u$、$\boldsymbol{q}_i$，我们可以最小化以下正则化的平方误差：

$$\min_{b^*,q^*,p^*} \sum_{(u,i) \in T} (\gamma_{ui} - \mu - b_u - b_i - \boldsymbol{p}_u^{\mathrm{T}} \boldsymbol{q}_i)^2 + \lambda(b_u^2 + b_i^2 + \| \boldsymbol{p}_u \|^2 + \| \boldsymbol{q}_i \|^2)$$

λ 控制了正则化程度，一般通过交叉验证来获得。最小化过程仍然是通过随机梯度下降法或 ALS 来实现的。

一种简单的随机梯度下降优化算法是由 Simon Funk 推广的并在其他研究者中得到成功的实践。该算法对训练数据中的所有评分做循环。对于给定的评分 γ_{ui}，其预测评分记为 $\hat{\gamma}_{ui}$，相关的预测误差记为 $e_{ui} \overset{\text{def}}{=} \gamma_{ui} - \hat{\gamma}_{ui}$。对于给定的训练样例 γ_{ui}，我们通过朝着与梯度相反的方向移动来修正参数，如下所示：

$$b_u \leftarrow b_u + \gamma(e_{ui} - \lambda_4 \cdot b_u)$$
$$b_i \leftarrow b_i + \gamma(e_{ui} - \lambda_4 \cdot b_i)$$
$$\boldsymbol{q}_i \leftarrow \boldsymbol{q}_i + \gamma(e_{ui} \cdot \boldsymbol{p}_u - \lambda_4 \cdot \boldsymbol{q}_i)$$
$$\boldsymbol{p}_u \leftarrow \boldsymbol{p}_u + \gamma(e_{ui} \cdot \boldsymbol{q}_i - \lambda_4 \cdot \boldsymbol{p}_u)$$

当在 Netflix 数据上评估方法时，使用下面的参数值：$\gamma = 0.005$，$\lambda_4 = 0.02$。

2. SVD++

SVD 模型没有显式地考虑用户的历史行为对用户评分预测的影响。Koren[20]提出把具有用户历史评分的物品加入 LFM 中，新的模型称为 SVD++。

考虑隐式反馈信息可以增加预测精确度，这些隐式反馈信息提供了用户爱好的额外指示。这对于那些提供了大量隐式反馈但是仅仅提供少量显式反馈的用户尤为重要。正如之前解释的那样，即使在独立的隐式反馈缺失时，我们也可以通过考虑用户评分的物品来得到用户兴趣的信息，而无须考虑这些物品的评分值。这样就出现几种根据用户评分的物品来对用户的某个因子（用户对某个因子的喜好程度，比如电影评分记录中用户对喜剧电影的喜爱程度因子）建模的方法。其中，SVD++方法能够提供比 SVD 方法更高的准确度。

为了达到这个目的，增加第二个物品因子集合，即为每一个物品 i 关联一个因子向量 $\boldsymbol{y}_i \in \boldsymbol{R}^f$。这些新的物品因子根据用户评分的物品集合来描述用户的特征。确切的模型如下：

$$\hat{\gamma}_{ui} = \mu + b_i + b_u + \boldsymbol{q}_i^{\mathrm{T}}\left(\boldsymbol{p}_u + |R(u)|^{-\frac{1}{2}} \sum_{j \in R(u)} \boldsymbol{y}_i\right) \tag{8.24}$$

式中，集合 $R(u)$ 包含用户 u 评分的所有物品。

现在，用户 u 的因子偏好程度被建模为 $\boldsymbol{p}_u + |R(u)|^{-\frac{1}{2}} \sum_{j \in R(u)} \boldsymbol{y}_i$，正如式（8.24）一样，使用用户 u 的因子偏好程度 $\boldsymbol{p}_u$，这个向量从已知的显式评分记录学习得到。该向量由 $|R(u)|^{-\frac{1}{2}} \sum_{j \in R(u)} \boldsymbol{y}_i$ 这一项做补充，这一项是从隐式反馈的角度出发的。由于 $\boldsymbol{y}_i$ 在 0 的附近取值（根据正则化），为了在观察值 $|R(u)|$ 的整个范围内稳定其方差，我们用 $|R(u)|^{-\frac{1}{2}}$ 来对其和做规范化。

模型的参数是通过采用随机梯度下降法最小化相关联的正则化平方误差函数而取得的。方法是在所有评分值已知的集合 K 上做循环，计算：

$$b_u \leftarrow b_u + \gamma(e_{ui} - \lambda_5 \cdot b_u)$$
$$b_i \leftarrow b_i + \gamma(e_{ui} - \lambda_5 \cdot b_i)$$
$$\boldsymbol{q}_i \leftarrow \boldsymbol{q}_i + \gamma\left[e_{ui} \cdot (\boldsymbol{p}_u + |R(u)|^{-\frac{1}{2}} \sum_{j \in R(u)} \boldsymbol{y}_i) - \lambda_6 \cdot \boldsymbol{q}_i\right]$$
$$\boldsymbol{p}_u \leftarrow \boldsymbol{p}_u + \gamma(e_{ui} \cdot \boldsymbol{q}_i - \lambda_6 \cdot \boldsymbol{p}_u)$$
$$\forall j \in R(u): \boldsymbol{y}_i \leftarrow \boldsymbol{y}_i + \gamma(e_{ui} \cdot |R(u)|^{-\frac{1}{2}} \cdot \boldsymbol{q}_i - \lambda_6 \cdot \boldsymbol{y}_i)$$

当在 Netflix 数据上评估方法时，使用下面的参数值：$\gamma = 0.007$，$\lambda_5 = 0.005$，$\lambda_6 = 0.015$。而且最好是在每一次迭代后减少步长（也就是 γ）至原来的 9/10，迭代过程会持续 30 次迭代直至收敛。

通过使用额外的物品因子集合，可以把几种类型的隐式反馈同时引入模型中。例如，如果一个用户 u 对 $N^1(u)$ 中的一些物品有某种类型的隐式偏好（如她租借了它们），对 $N^2(u)$ 中的物品有另一种不同类型的偏好（如她检索过它们），可以使用下面的模型：

$$\hat{\gamma}_{ui} = \mu + b_i + b_u + \boldsymbol{q}_i^{\mathrm{T}}(\boldsymbol{p}_u + |N^1(u)|^{-\frac{1}{2}} \sum_{j \in N^1(u)} \boldsymbol{y}_i^{(1)} + |N^2(u)|^{-\frac{1}{2}} \sum_{j \in N^2(u)} \boldsymbol{y}_i^{(2)}) \tag{8.25}$$

每种隐式反馈信息的相对重要性将通过对模型参数各自值的设定由算法自动学习

得到。

3．时间敏感的因子模型

矩阵因子分解方法能很好地对时间效应建模，这样可以提高预测结果的准确度。通过把评分分解为不同的项，可以分别处理不同方面的时序影响。尤其是可以定义下面随时间变化的因子：①物品偏置 $b_i(t)$；②用户偏置 $b_u(t)$；③用户偏好 $p_u(t)$。

1）随时间变化的物品偏置 $b_i(t)$

我们首先确定如何选择随时间变化的物品偏置 $b_i(t)$。我们发现完全可以把物品偏置分割为不同的时间段来计算，而每一个时间段都用一个常数表示物品偏置。把时间轴划分到不同的时间段时，既希望时间粒度较细（时间段较短），又需要每个时间段包含足够的评分记录（时间段较长），这就需要权衡。对电影评分数据来说，在相同准确度条件下，可选择的时间段大小的范围非常宽泛。在具体的实现中，每个时间段对应大约连续十周的评分数据，需要 30 个时间段来跨度数据集中的所有天数。天数 t 关联着一个整数 $\mathrm{Bin}(t)$（在数据集中，取值为 1～30），于是电影偏置就被分为一个固定部分和一个随时间变化的部分。

$$b_i(t) = b_i + b_{i,\mathrm{Bin}(t)} \tag{8.26}$$

2）随时间变化的用户偏置 $b_u(t)$

尽管把参数分时间段取值在物品偏置上很好，但是很难推广到用户偏置的计算上。一方面，我们希望对用户采用精细的时间粒度，用于发现非常短时间的时间效应。另一方面，我们不可能获得每个用户足够的评分数据，用于对独立的时间段做出可靠的估计。我们可以考虑用不同的函数形式来参数化随时间变化的用户行为，当然每个函数形式的复杂度和准确度都不同。

一个简单的建模选择是使用一个线性函数来模拟用户偏置可能的渐变过程。对每个用户 u，定义该用户评分日期的均值为 t_u。现在，若用户 u 在 t 天的时候评价了一部电影，则与该评分相关的时间偏置定义为：

$$\mathrm{dev}_u(t) = \mathrm{sign}(t - t_u) \cdot |t - t_u|^\beta \tag{8.27}$$

式中，$|t - t_u|$ 是日期 t 和 t_u 间隔的天数。我们通过交叉验证来设置 β 的值，这里采取 $\beta = 0.4$。我们为每个用户引入一个单独的新参数 α_u。这样便得到了第一个与时间相关的用户偏置：

$$b_u^{(1)}(t) = b_u + \alpha_u \cdot \mathrm{dev}_u(t) \tag{8.28}$$

这个用来近似随时间变化的用户行为的简单线性模型需要为每一个用户 u 学习两个参数：β_u 和 α_u。

我们也可采用曲线来进行更灵活的参数化。假设用户 u 有 n_u 条评分记录，指定 k_u 个时间点 $\{t_1^u, \cdots, t_{k_u}^u\}$，这些时间点把用户评分记录日期进行了均匀的划分，并且作为控制点控制着下面的函数：

$$b_u^{(2)}(t) = b_u + \frac{\sum_{l=1}^{k_u} e^{-\sigma |t - t_l^u|} b_{t_l}^u}{\sum_{l=1}^{k_u} e^{-\sigma |t - t_l^u|}} \tag{8.29}$$

参数 $b_{t_i}^u$ 与控制点（也叫作核）相关，它们从数据中自动学习得到。这样用户偏置就由这些参数的时间加权组合组成。控制点的个数 k_u 用于调和算法灵活性和计算效率。在这里设 $k_u = n_u^{0.25}$，使其随着可用的评分记录增加而增加。σ 决定了曲线的平滑度，通过交叉验证将其值设为 0.3。

目前为止，我们讨论了用户偏置建模时采用平滑函数，这些平滑函数非常适合模拟观念逐渐转变的时间效应情景。然而，在很多应用中，有很多在某一天或某段时间会发生瞬间变化的突变情形。例如，在电影评分数据集中，我们发现某个用户给出的众多评分值往往集中在一个单一的值。这样的结果跨度只在某一天之内。这个结果或许反映了用户当天的心情，或许是受到每个其他用户评分的影响，或许是用户评分标准的真实变化。为了处理这种短时间存在的影响，可以为用户和时间（这里以天为单位）指定一个参数用于反映特定天的变化。在协同过滤中有关基准测试时序建模的更多知识，请参见文献[21]。

3）随时间变化的用户偏好 $P_u(t)$

上面讨论了时间因子对物品偏置、用户偏置的影响。接下来，我们讨论时间效应对用户偏好的影响。例如，"心理惊悚片"类型的影迷或许一年后变成"罪案片"的影迷。类似地，人们会改变他们对特定导演和演员的看法。这类演进通过把用户因子（向量 p_u）作为时间的函数来建模。再一次，我们需要在面临用户评分的内置稀疏性的困境下，以每天这样的精细时间粒度来对这些变化建模。事实上，这些时间效应是最难捕获到的，因为用户偏好并不像主要影响（用户偏置）那样明显，而是被分割成了许多因素。

与处理用户偏置的方式类似，我们对用户偏好的每一个组成成分建模，即 $\boldsymbol{p}_u(t)^{\mathrm{T}} = (p_{u1}(t), \cdots, p_{uf}(t))$。在电影评分数据集中，我们发现以下建模是有效的：

$$p_{uk}(t) = p_{uk} + \alpha_{uk} \cdot \mathrm{dev}_u(t) + p_{uk,t}, \quad k=1, \cdots, f \qquad (8.30)$$

式中，p_{uk} 表示因子的不变部分；$\alpha_{uk} \cdot \mathrm{dev}_u(t)$ 表示对可能随时间线性变化的参数来扩展 SVD 因子模型。得到的扩展模型记为 timeSVD++，且预测规则如下所示：

$$\hat{\gamma}_{ui} = \mu + b_{i(t_{ui})} + b_{u(t_{ui})} + \boldsymbol{q}_i^{\mathrm{T}} \left(\boldsymbol{p}_{u(t_{ui})} + |R(u)|^{-\frac{1}{2}} \sum_{j \in R(u)} \boldsymbol{y}_i \right)$$

随时间变化的参数 $b_i(t)$、$b_u(t)$ 和 $\boldsymbol{p}_u(t)$ 前面有精确的定义。学习过程通过使用随机梯度下降法最小化数据集上相关的平方误差函数来完成。整个过程与原始的 SVD++算法类似。每一次迭代的时间复杂度仍然与输入大小呈线性关系，而运行时间大概是 SVD++算法的 2 倍，原因是更新时序参数需要额外的花费。重要的是，收敛速度并没有受时序参数化的影响，大概经历 30 次迭代后该算法就会收敛。

8.4　基于标签的推荐

标签系统的传统用法是，在一些网站中，用户会为自己感兴趣的对象打上一些标签，如豆瓣、网易云音乐、Last.fm 等。这些社会化标签是资源的分类工具，也是用户个人偏好的反映，因此社会化标签为推荐系统获得用户偏好提供了一个新的数据来源。之所以说"传统"，是因为这些标签是用户主观意愿的表达，是主动行为。但是，有些电商网站也会客观地对用户或商品打标签，如对一个经常网购数码产品的用户打上一个"数码达人"的标签，以便后继给该用户推荐数码类商品。

以网易云音乐为例，打开网易云音乐 App 中的歌单，可以看到所有的标签，包括语种、风格、场景、情感、主体五大类，每类下边又包含若干小类，如图 8-5 所示。

图 8-5　歌单标签示例

歌曲标签的来源一般有两个：专业音乐人打的标签、音乐所属歌单的标签。当用户创建一个歌单时，会为歌单打标签，这些标签所表达的正是歌单下歌曲的类别信息。歌单是用户主观创造的，在一定程度上表达了用户的偏好信息。这些标签便是连接用户和歌曲的重要因素。

基于标签的推荐可解决冷启动问题：新用户下载 App 后，选取感兴趣的关注标签，系统可自动推送筛选，如豆瓣的电影标签和书籍标签、网易云音乐的音乐标签、bilibili视频标签等。

用户主观意愿的打标签显然无法满足目前的需求，目前，生成用户或者物品的标签内容主要涉及数据标注和关键词提取两项技术。

8.4.1　数据标注与关键词提取

1. 数据标注

数据标注是指利用人工或 AI（人工智能）技术对数据（文本、图像、用户或物品）

进行标注。常见的标注方法如下。

分类标注：打标签，常用在图像、文本中。一般是指从既定的标签中选择数据对应的标签，得到的结果是一个封闭的集合。

拉框标注：常用于图像识别中。例如，有一张环路上的行车照片，从中框出所有的车辆。

区域标注：常用于自动驾驶中。例如，从一张图片中标出公路对应的区域。

其他标注：除上述常见的标注类型外，还有许多个性化需求。例如，自动摘要、用户或商品的标签（因为其中总有一些未知标签，当然也可以看成多分类）。

数据标注的一般步骤如下。

（1）确定标注标准：设置标注样例和模板（如标注颜色时对应的比色卡等）。对于模棱两可的数据，制定统一的处理方式。

（2）确定标注形式：标注形式一般由算法人员确定。例如，在垃圾问题识别中，垃圾问题标注为 1，正常问题标注为 0。

（3）确定标注方法：可以使用人工标注，也可以针对不同的标注类型采用相应的工具进行标注。

2．关键词提取

关键词是指能够反映文本语料主体的词语或短语。在不同的业务场景中，词语和短语具有不同的意义。例如，从电商网站商品标题中提取标签时，词语所表达的意义就比较突出；从新闻类网站中生成新闻摘要时，短语所表达的意义就比较突出。

关键词提取和数据标注一样，都是为了得到一些标签或属性特征。关键词提取从最终的结果反馈来看，可以分为两类：①关键词分配，给定一个指定的词库，选取和文本关联度最大的几个词作为该文本的关键词；②关键词提取，没有指定的词库，从文本中抽取代表性词作为该文本的关键词。不管通过哪种方式生成，关键词都是对短文本所传达含义的抽取概述，都直接反映了短文本所传达的属性或特征。

TF-IDF（Term Frequency-Inverse Document Frequency）算法可用于关键词提取，从而生成相应的标签。TF-IDF 是一种用于资讯检索与文本挖掘的常用加权技术。TF-IDF 算法的主要思想是：如果某个词或短语在一篇文章中出现的频率高，并且在其他文章中很少出现，则认为此词语或短语具有很好的类别区分能力，适合用来分类。

8.4.2　标签分类

在推荐系统中，不管是数据标注还是关键词提取，其目的都是得到用户或物品的标签。但是在不同场景下，标签的具体内容是不定的。例如，同样是分类标注，新闻的类别中可以有军事、科技等，但音乐的类别中就很少会涉及军事或科技。

对于社会化标签在标识项目方面的功能，Golder 和 Huberman 将其归纳为以下 7 种。

- 标识对象的内容。此类标签一般为名词，如"IBM""音乐""房产销售"等。
- 标识对象的类别。例如，标识对象为"文章""日志""书籍"等。
- 标识对象的创建者或所有者。例如，博客文章的作者署名、论文的作者署名等。

- 标识对象的品质和特征。例如，"有趣""幽默"等。
- 用户参考用到的标签。例如，"myPhoto""myFavorite"等。
- 分类提炼用的标签。用数字化标签对现有分类进一步细化，如一个人收藏的技术博客，按照难度等级分为"1""2""3""4"等。
- 用于任务组织的标签。例如，"to read""IT blog"等。

当然以上 7 种类别标签是一个通用框架，在每个具体的场景下会有不同的划分。

8.4.3 基于标签的推荐系统原理

标签是用户描述、整理、分享网络内容的一种新的形式，同时反映出用户自身的兴趣和态度。标签为创建用户兴趣模型提供了一种全新的途径。

1. 标签评分算法

用户对标签的认同度可以使用二元关系表示，如"喜欢"或"不喜欢"；也可以使用"连续数值"表示喜好程度。

二元表示方法简单明了，但精确度不够，在对标签喜好程度进行排序时，也无法进行区分。所以，这里选用"连续数值"来表示用户对标签的喜好程度。

为了计算用户对标签的喜好程度，需要将用户对物品的评分传递给这个物品所拥有的标签，传递的分值为物品与标签的相关度。

1）用户对标签的喜好程度

例如，如图 8-6 所示，用户 u 对艺术家 A 的评分为 5 星，对艺术家 B 的评分为 3 星，对艺术家 C 的评分为 4 星。

艺术家 A 与标签 1、2、3 的相关度分别为 0.6、0.8、0.4。

艺术家 B 与标签 1、2、3 的相关度分别为 0.3、0.6、0.9。

艺术家 C 与标签 1、2、3 的相关度分别为 0.5、0.7、0.6。

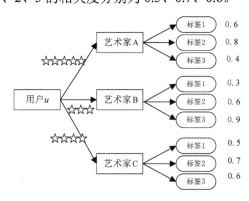

图 8-6　艺术家标签

对应的用户 u 对标签 t 的喜好程度计算公式为：

$$\text{rate}(u,t) = \frac{\sum_{i \in I_u} \text{rate}(u,i) \times \text{rel}(i,t)}{\sum_{i \in I_u} \text{rel}(i,t)} \tag{8.31}$$

式中，rate(u,t) 表示用户 u 对标签 t 的喜好程度；rate(u,i) 表示用户 u 对艺术家 i 的评分。rel(i,t) 表示艺术家 i 与标签 t 的相关度。

根据式（8.31）计算出用户 u 对标签 1 的喜好程度为：

$$(5\times0.6+3\times0.3+4\times0.5)/(0.6+0.3+0.5)\approx4.21$$

同理可以计算出用户 u 对标签 2 的喜好程度为 4.10，对标签 3 的喜好程度为 3.74。

2）优化用户对标签的喜好程度

如果一个用户的评分行为较少，那么就会导致预测结果存在误差。例如：若用户 u 只对艺术家 A 有行为，则用户 u 对标签 1、2、3 的喜好程度分别为 5、5、5；若用户 u 只对艺术家 B 有行为，则用户 u 对标签 1、2、3 的喜好程度分别为 3、3、3。

对比观察可以看出误差还是蛮大的，那么该如何改进呢？为减小评分行为较少时引起的预测误差，这里引入平滑因子，对应的计算公式为：

$$\text{rate}(u,t)=\frac{\sum_{i\in I_u}\text{rate}(u,i)\times\text{rel}(i,t)+\overline{r_u}\times k}{\sum_{i\in I_u}\text{rel}(i,t)+k} \tag{8.32}$$

式中，k 为平滑因子；$\overline{r_u}$ 为用户 u 的所有评分的平均值。

根据式（8.32）计算出用户 u 对标签 1 的喜好程度为：

$$(5\times0.6+3\times0.3+4\times0.5+4\times1)/(0.6+0.3+0.5+1)=4.125$$

同理，可以计算用户 u 对标签 2 和标签 3 的喜好程度分别为 4.06 和 3.83。对比式（8.31）的计算结果可以看出，在保证整体排序一致的情况下，式（8.32）加入了 k 平滑。

这里讨论的是用户对标签的喜好程度，所传达的是用户主观意见，即从用户角度进行分析。但是一个标签被用户标记的次数越多，说明用户对该标签的依赖程度越大。因此，可以从用户对标签的依赖程度角度来对标签评分算法进行改进。

2．标签评分算法的改进

1）用户对标签的依赖程度

这里使用 TF-IDF 算法计算每个标签的权重，用该权重来表达用户对标签的依赖程度。每个用户标记的标签对应的 TF 值的计算公式为：

$$\text{TF}(u,t)=\frac{n(u,t)}{\sum_{t_i\in T}n(u,t_i)} \tag{8.33}$$

式中，$n(u,t_i)$ 表示用户 u 使用标签 t_i 标记的次数；分母部分表示用户 u 使用所有标签标记的次数和；TF(u,t) 表示用户 u 使用标签 t 标记的频率，即用户 u 对标签 t 的依赖程度。

2）优化用户对标签的依赖程度

在社会化标签的使用网站中存在"马太效应"，即热门标签由于被展示的次数较多而变得越来越热门，而冷门标签也会变得越来越冷门。大多数用户标注的标签都集中在一个很小的集合内，而大量长尾标签则较少有用户使用。

事实上，较冷门的标签才能更好地体现用户的个性和特点。为了抑制这种现象，更好地体现用户的个性化，这里使用逆向文件频率（IDF）来对那些热门标签进行数值惩罚。

每个用户标记的标签对应的 IDF 值的计算公式为：

$$IDF(u,t) = \lg \frac{\sum_{u_i \in U} \sum_{t_j \in T} n(u_i,t_j)}{\sum_{u_i \in U} n(u_i,t) + 1} \tag{8.34}$$

式中，分子表示所有用户对所有标签的标记计数和；分母表示所有用户对标签 t 的标记计数和；$IDF(u,t)$ 表示标签 t 的热门程度，即一个标签被不同用户使用的概率。

对于一个标签而言，如果使用过它的用户数量很少，但某一个用户经常使用它，说明这个用户与这个标签的关系很紧密。

3）用户对标签的兴趣度

综合式（8.33)和式（8.34），用户对标签的依赖程度为：

$$TF\text{-}IDF(u,t) = TF(u,t) \cdot IDF(u,t) \tag{8.35}$$

在之前分析了用户对标签的主观喜好程度，根据用户对标签的依赖程度，综合可以得到用户对标签的兴趣度为：

$$Pre(u,t) = rate(u,t) \cdot TF\text{-}IDF(u,t) \tag{8.36}$$

3. 标签基因

标签基因是 GroupLens 研究组的一个项目。

在社会化标签系统中，每个物品都可以被看作与其相关的标签的集合，rel(i,t)以从 0（完全不相关）到 1（完全正相关）的连续数值衡量一个标签与一个物品的符合程度。

例如，图 8-6 中：rel(艺术家 A,标签 1)=0.6；rel(艺术家 A,标签 2)=0.8；rel(艺术家 A,标签 3)=0.4。

采用标签基因可以为每个艺术家 i 计算出一个标签向量 **rel**(i)，其元素是 i 与标签集合 T 中所有标签的相关度。这里，**rel**(i)相当于以标签为基因描绘出了不同物品的基因图谱。形式化的表达如下：

$$\mathbf{rel}(i) = [rel(i,t_1), rel(i,t_2), \cdots, rel(i,t_p)], \quad \forall t_k \in T \tag{8.37}$$

例如，图 8-6 中，艺术家 A 的标签基因为：**rel**(艺术家 A)=[0.6,0.8,0.4]。

选用标签基因来表示标签与物品的关系有以下 3 个原因。

（1）它提供了从 0 到 1 的连续数值。

（2）关系矩阵是稠密的，它定义了每个标签 $t \in T$ 与每个物品 $i \in I$ 的相关度。

（3）它是基于真实数据构建的。

4. 用户兴趣建模

根据训练数据，可以构建所有商品的标签基因矩阵 T_i 和用户最终对标签的兴趣度矩阵 T_u，则用户对商品的可能喜好程度为：

$$\boldsymbol{T}(u,i) = \boldsymbol{T}_u \boldsymbol{T}_i^{\mathrm{T}} \tag{8.38}$$

式中，T_u 为用户 u 对所有标签的兴趣度矩阵（1 行 m 列，m 为标签个数）；T_i^{T} 为所有商品的标签基因矩阵 T_i 的转置矩阵（m 行 n 列，m 为标签个数，n 为商品个数）；$T(u,i)$ 为用户 u 对所有商品的喜好程度矩阵（1 行 n 列，n 为商品个数）。

最终从计算结果中选取前 K 个推荐给用户。

8.5　实战：搭建一个电影推荐系统

本实例通过 Python 语言，对处理后的电影数据进行热度值计算和电影相似度计算，同时可以对某条电影内容根据用户需求进行类别推荐。通过本实例操作，帮助读者了解推荐系统的实现原理。

8.5.1　数据准备与导入

1．数据准备

本实例所使用的数据集采集于豆瓣电影，电影与演员数据收集于 2019 年 8 月上旬，影评数据（用户、评分、评论）收集于 2019 年 9 月初，部分原始数据示例如图 8-7 所示。

电影编号	电影名称	类型	剧情简介
26670818	情定河州	剧情/爱情	电影《情定临夏天使然》讲述夏新一代青年人发奋图强、借助国家"一带一路"倡议
25815002	我不是李小龙	动作/爱情	桀骜不驯的如龙武功高强，在一场比赛中，被打成重伤，被诊令不能再用功夫。女
26695995	绿毛水怪	爱情	王小波经典中篇小说《绿毛水怪》将改编电影。《绿毛水怪》是王小波早期手稿作品
26266621	看不见的脸	悬疑	日本推理作家东野圭吾的小说在其本国不断被搬上大银幕，如今，中国电影公司也
26647079	你无法抵达的时间	科幻	科幻作家潘海天创办的上海竺灿文化有限公司先后开始了三个项目，潘海天本人的《
26528269	行星绿谷	剧情/科幻/动画	《行星绿谷》（Planet Green Valley）是上海欧映文化传播有限公司投资制作的科幻动
26386532	小情歌	喜剧/爱情	歌曲改编电影依然没完没了，继《小苹果》《栀子花开》《一生有你》《睡在我上铺
26754627	山海经之小人国	动画/儿童/冒险	根据中国古代神话故事《山海经》所记载的周饶小人国传说改编而成的3D动画电影《
11516763	羊毛战记	动作/科幻	二十世纪福斯影业将把超人气科幻小说《羊毛战记》（Wool）搬上大银幕，《银河抖
6521915	事出有姻	剧情	中喜两国首部合拍电影的《事出有姻》筹备三年终于在成都正式开机，黄海波也将牵
26828028	喜剧王	喜剧/爱情	油嘴滑舌的二大大（崔笛饰）相亲遇见白富美莎莎（刘洋影子饰），对其一见倾心，
22963915	牛马牛弟	喜剧/动画/冒险	主要讲述了刘德华的两个"儿子"安逗和黑仔为保护家园，齐心协力共同对抗外来
10766240	疯狗和英国人	喜剧/同性	Noel Coward steps in to replace Liberace at a Las Vegas cabaret in 1955.
26369807	在北极说爱你	剧情/爱情	北京IT民工杜晓鸭上当买了加拿大"别墅"，与白富美留学生夏晓婶在印第安人小镇不拘

图 8-7　部分原始数据示例

由于原始数据只包含了电影编号、电影名称、类型和剧情简介，不利于进行后续的计算，因此，在原始数据的基础上，增加了时间、浏览次数和跟帖次数这几个字段，处理后的数据示例如图 8-8 所示。

电影编号	时间	浏览次数	跟帖次数	电影名称	类型	剧情简介
26670818	2018年	436	15	情定河州	剧情/爱情	电影《情定临夏天使然》讲述夏新一代青年人发奋图强、借助国家"一带一路"倡议
25815002	2019年	429	13	我不是李小龙	动作/爱情	桀骜不驯的如龙武功高强，在一场比赛中，被打成重伤，被诊令不能再用功夫。女
26695995	2010年	224	15	绿毛水怪	爱情	王小波经典中篇小说《绿毛水怪》将改编电影。《绿毛水怪》是王小波早期手稿作品
26266621	2011年	200	20	看不见的脸	悬疑	日本推理作家东野圭吾的小说在其本国不断被搬上大银幕，如今，中国电影公司也在
26647079	2010年	458	23	你无法抵达的时间	科幻	科幻作家潘海天创办的上海竺灿文化有限公司先后开始了三个项目，潘海天本人的《
26528269	2014年	150	9	行星绿谷	剧情/科幻/动画	《行星绿谷》（Planet Green Valley）是上海欧映文化传播有限公司投资制作的科幻动
26386532	2012年	322	7	小情歌	喜剧/爱情	歌曲改编电影依然没完没了，继《小苹果》《栀子花开》《一生有你》《睡在我上铺
26754627	2010年	47	13	山海经之小人国	动画/儿童/冒险	根据中国古代神话故事《山海经》所记载的周饶小人国传说改编而成的3D动画电影《
11516763	2012年	366	18	羊毛战记	动作/科幻	二十世纪福斯影业将把超人气科幻小说《羊毛战记》（Wool）搬上大银幕，《银河抖
6521915	2011年	148	7	事出有姻	剧情	中喜两国首部合拍电影的《事出有姻》筹备三年终于在成都正式开机，黄海波也将牵
26828028	2012年	471	4	喜剧王	喜剧/爱情	油嘴滑舌的二大大（崔笛饰）相亲遇见白富美莎莎（刘洋影子饰），对其一见倾心，
22963915	2013年	180	20	牛马牛弟	喜剧/动画/冒险	主要讲述了刘德华的两个"儿子"安逗和黑仔为保护家园，齐心协力共同对抗外来
10766240	2013年	443	4	疯狗和英国人	喜剧/同性	Noel Coward steps in to replace Liberace at a Las Vegas cabaret in 1955.
26369807	2017年	207	13	在北极说爱你	剧情/爱情	北京IT民工杜晓鸭上当买了加拿大"别墅"，与白富美留学生夏晓婶在印第安人小镇不拘
26333212	2014年	490	4	年少轻狂时	剧情/传记/犯罪	Just about to leave school with everything going for her, Angie falls pregnant. Left to ra
21937454	2010年	59	27	孙悟空之火焰山	动作	曾经打造《大闹天宫》的上海美术电影制片厂正式宣布，影院 动画《孙悟空之火焰山
27013218	2010年	448	15	猎鹰行动	动作	圣诞夜的温哥华机场，海关安检发现一名携带"卡苏太尼"新型毒品的中国人，杰森（杰
26996825	2010年	398	2	狼人突击队	动作	星空经典影业发布会上公布其余4部电影项目。动作片[狼人突击]中郑建国执导，陈虎
3041297	2011年	469	4	阿努比斯	动画	《Anubis》改编自Bruce Zick的小说，这是一个木乃伊因诅咒而苏醒
25845398	2011年	172	27	玉女胜典	爱情	杨恭如重返大银幕 启航之作《玉女胜典》。想当年，在电影《风云》里崭露头角的杨
26389464	2010年	272	3	印画	剧情/喜剧	徐朗为了找到合伙人，带着律师、会计等四人小团队前往印度。从孟买到新德里，一
26772465	2018年	152	2	阿凡达5：追寻伊娃	动作/科幻/冒险	《阿凡达》续集上映时间公布：2020年12月18，2021年12月17，2024年12月20，20
27195754	2015年	459	30	未定名新星球大战三	动作/科幻	星球大战新三部曲
26694926	2012年	181	9	狼行者	动画	讲述了11岁女孩罗芬的神奇经历。罗芬作为一个年轻的学徒猎人，她和父亲一起来到
27666571	2010年	361	20	未确认银翼杀手续集	科幻	《银翼杀手》和《银翼杀手2049》的编剧汉普顿·范彻日前接受了Discussing Film的专
26337064	2010年	755	26	三体2	科幻	《三体》第一部科幻电影尚未出炉，可靠消息称，出品方游族影业近期已经正式定
26748045	2010年	306	25	公主日记3	喜剧/爱情/家庭	《公主日记3》系列原著作者梅格·凯博特近日表示，他们可以着手拍摄《公主日记3》
26373166	2012年	72	20	游戏扭转者	动作/犯罪	《游戏扭转者》则属于动作犯罪类型，讲述一对矛盾父子组成游戏搭档登有无情的速度

图 8-8　处理后的数据示例

8.5.2 电影热度值计算

1. 计算公式

在处理后的数据中，为每部电影计算一个热度值，为后续的"热度榜"和"为你推荐"模块做电影排序使用。电影热度值计算公式如下：

$$hotValue = seeValue \times 0.45 + disNum \times 0.54 - difYears \times 0.01$$

式中，seeValue 表示某部电影被浏览的次数；disNum 表示某部电影被评论的次数；difYears 表示电影年份和目前年份的时间差（以年份为准）。

0.45、0.54 和 0.01 分别为对应的权重值。

2. 实现代码

计算电影热度值的代码如下：

```python
import xlrd
import datetime
sheet=xlrd.open_workbook('movies-pre.xls','r').sheets()[0]
calfile=open('hotcaldata_movies.xls','w')
for row in range(1,sheet.nrows):
    result=[]
    base_year=datetime.date.today().year
    line=sheet.row_values(row,start_colx=0,end_colx=None)
    old_year=str(line[2])[0]
    diff = int(base_year)-int(old_year)
    hot_value = float(line[3]) * 0.45 + float(line[4]) * 0.54 - diff * 0.01
    result.append(str(line[0])+'\t')
    result.append(str(line[1])+'\t')
    result.append(str(hot_value)+'\n')
    calfile.writelines(result)
print("电影热度值计算完毕,写结果 ...")
calfile.close()
```

3. 结果分析

打开运行结果文件，可以看到计算结果，如图 8-9 所示，第一列是电影编号，第二列是电影类型，第三列是对应的电影热度值，可以看到电影热度值之间的差异是很明显的，值越高，说明这部电影的热度越高。需要注意的是，程序中的权重值可以根据实际情况进行改变。

26670818	剧情/爱情	124.43
25815002	动作/爱情	30.02
26695995	爱情	45.23
26266621	悬疑	194.09
26647079	科幻	155.48
26528269	剧情/科幻/动画	11.12
26386532	喜剧/爱情	45.32
26754627	动画/儿童/冒险	102.65
11516763	动作/科幻	48.65
6521915	剧情	145.31
26828028	喜剧/爱情	155.21
22963915	喜剧/动画/冒险	11.57
10766240	喜剧/同性	127.04
26369807	剧情/爱情	109.04
26333212	剧情/传记/犯罪	211.1

图 8-9 电影热度值计算结果

8.5.3 电影相似度计算

电影相似度计算的目的是计算不同的两部电影之间的相似程度，这是电影分类的基础。本实验中的相似度计算主要通过关键词的重合度来考量电影相似度。本实验的数据都是在 8.5.1 节中预处理后的数据上得到的结果。

实现思路是：使用 Python 的 jieba 分词包对每部电影的剧情简介做分词处理，因为电影的剧情简介是电影内容的高度概括，电影的剧情简介重合度越高，说明电影本身的内容相似度越大。

1. 基础数据准备

```python
import xlrd
#加载数据
def loadData():
    news_dict = dict()
    #使用 xlrd 加载 xlsx 格式文件，返回一个 table 对象
    table = xlrd.open_workbook('movies-pre.xls','r').sheets()[0]
    # 遍历每一行
    for row in range(1,table.nrows):
        #将每一列返回为一个数组
        line = table.row_values(row, start_colx=0, end_colx=None)
        print(line)
        new_id = int(line[0])
        news_dict.setdefault(new_id,{})
        news_dict[new_id]["tag"] = line[1]
        news_dict[new_id]["title"] = line[5]
        news_dict[new_id]["content"] = line[-1]
    return news_dict
print(loadData())
```

运行结果：部分运行结果如图 8-10 所示，针对每部电影，我们提取出了唯一编号、电影名称、剧情简介，为下一步进行分词提供基础数据。

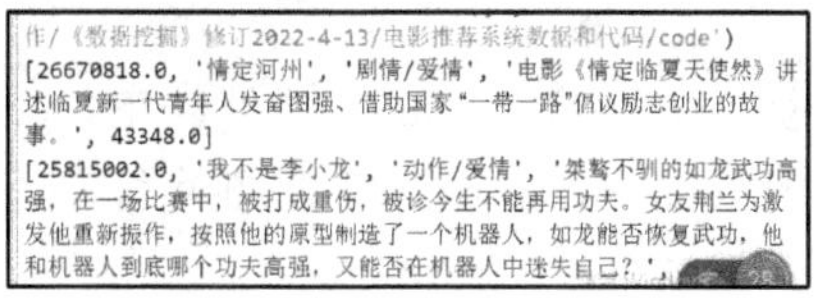

作/《数据挖掘》修订2022-4-13/电影推荐系统数据和代码/code')
[26670818.0, '情定河州', '剧情/爱情', '电影《情定临夏天使然》讲述临夏新一代青年人发奋图强、借助国家"一带一路"倡议励志创业的故事。', 43348.0]
[25815002.0, '我不是李小龙', '动作/爱情', '梁警不驯的如龙武功高强，在一场比赛中，被打成重伤，被诊今生不能再用功夫。女友树兰为激发他重新振作，按照他的原型制造了一个机器人，如龙能否恢复武功，他和机器人到底哪个功夫高强，又能否在机器人中迷失自己？',

图 8-10　数据提取部分示例

2. 提取电影内容简介的关键词

```python
#调用 jieba 分词获取每部电影的关键词
def getKeyWords(stype):
    news_key_words = list()
    news_dict=loadData() #调用 loadData 函数
    #加载停用词表
    file=open("stop_words.txt",'r')
    stop_words_list = [line.strip() for line in file.readlines()]
    for new_id in news_dict.keys():
        if stype == 1:
            # allowPOS 提取地名、名词、动名词、动词
            keywords = jieba.analyse.extract_tags(
                    news_dict[new_id]["title"] +news_dict[new_id]["content"],
                    topK=10,
                    withWeight=False,
```

```
                    allowPOS=('ns', 'n', 'vn', 'v')
                )
                news_key_words.append(str(new_id) + '\t' + ",".join(keywords))
        elif stype == 2:
                # cut_all :False 表示精确模式
                keywords=jieba.cut(news_dict[new_id]["content"],cut_all=False)
                kws = list()
                for kw in keywords:
                    if kw not in stop_words_list and kw != " " and kw != " ":
                        kws.append(kw)
                news_key_words.append(str(new_id) + '\t' + ",".join(kws))
        else:
                print("请指定获取关键词的方法类型<1:TF-IDF 2:标题分词法>")
    return news_key_words
if __name__ == "__main__":
    # 关键词提取方式 _type = 1：以 title+content 使用 jieba 的 extract_tags 进行关键词提取
    #_type = 2：以 title 进行分词处理作为关键词
    fp=open("keywords.xls","w")
    _type = 2
    keyWords=getKeyWords(_type)
    #print(keyWords)
    for line in keyWords:
        fp.writelines(line+'\n')
    print("\n 关键词获取完毕,数据写入 keywords.txt")
    fp.close()
```

运行结果：在上述代码中，使用 jieba 中文分词包，对于 jieba 的使用，读者可以参考其他资料，程序中分词类型选择的 stype=2，只对标题进行了分词，运行结果如图 8-11 所示。

26670818	电影,情定,夏天,焕然,讲述,临夏,新一代,青年人,发奋图强,借助,国家,一带,一路,战略,励志,创业,故事
25815002	桀骜不驯,如龙,武功,高强,一场,比赛,中,打成,重伤,被诊,今生,再用,功夫,女友,荆兰为,激发,振作,原型,制造,机器人,如龙,恢复,武功,机器人
26695995	王小波,经典,中篇小说,绿毛,水怪,改编,电影,绿毛,水怪,王小波,早期,手稿,作品,天马行空,想象,极具,魔幻,色彩,情感,脉络,独树一帜,批评
26266621	日本,推理,作家,东野,圭吾,小说,本国,搬上,大,银幕,中国,电影,公司,推理小说,领域,跃跃欲试,日本,当代,小说家,夏树静子,名作,看不见,
26647079	科幻,作家,潘,海天,创办,上海,竺灿,文化,有限公司,三个,项目,潘,海天,王二,大爷,战争,著名,科幻,作家,王晋康,长篇小说,逃出,母,宇宙,青
26528269	行星,绿谷,Planet,Green,Valley,上海,欧映,文化,传播,有限公司,投资,制作,科幻,动画电影,讲述,未来,人类,开发,探索,宇宙,故事
26386532	歌曲,改编,电影,依然,没完没了,继,小苹果,栀子花,开,一生,睡,上铺,兄弟,听,演唱会,苏打,绿,情歌,搬上,大,银幕,影片,合一,影业,出品
26754627	中国,古代,神话故事,山海经,记载,周饶,小人国,改编,而成,3D,动画电影,山海经,小人国
11516763	二十世纪,福斯,影业,超人气,科幻,小说,羊毛,战记,Wool,搬上大,银幕,银河,护卫队,惊奇,队长,编剧,尼科尔,帕尔曼,该片,执笔,剧本,科幻,大
6521915	中意,两,国,首都,合拍,电影,事出,有姻,筹备,三年,终于,成都,正式,开机,黄海波,牵手,意大利,女星,古欣,娜塔,联手,演绎,一段,跨国,恋情,电
26828028	油嘴滑舌,崔笛,饰,相亲,遇见,白富,美莎莎,刘洋,影子,饰,一见倾心,迎娶,白富,美,接受,莎,莎,提出,考验,一夜,之间,12,小时,之内,亲吻,类型
22963915	讲述,刘德华,两个,儿子,安逗,黑,仔为,保护,家园,齐心协力,对抗,外来,敌人,冒险,感人,故事
10766240	Noel,Coward,steps,in,to,replace,Liberace,at,a,Las,Vegas,cabaret,in,1955
26369807	北京,IT,民工,杜晓驹,上当,买,加拿大,别墅,白富,美,留学生,夏晓珊,即将,安人,小镇,不期而遇,俩,在世界上,干净,北极,谈,一场,干净,恋爱
26333212	Just,about,to,leave,school,with,everything,going,for,her,Angie,falls,pregnant,Left,to,raise,her,child,with,only,her,grandmother,her,life,is
21937454	打造,大闹天,宫,上海,美术电影,制片厂,正式,影院,动画,孙悟空,火焰山,正式,启动
27013218	圣诞夜,温暖,哥华,机场,海关,安检,发现,一名,携带,卡,苏太尼,新型,毒品,中国,杰森,太森,斯坦森饰,负责,十年,前,追缉,墨西哥,贩卖,枪支,中国
26996825	星空,盛典,影业,发布会,公布,部,电影,项目,动作片,猎人,突击,郑,建国,执导,陈虎,托尼,贾,主演,末,开机
3041297	福斯,公司,动画,新片,Anubis,改编自,Bruce,Zick,小说,讲,木乃伊,诅咒,意外,埃及,阴间,旅行,故事,2018,年,月,23,日,复活节,上映
25845398	杨恭如,重返,银幕,启航,之作,玉女,胜典,想当年,电影,风云,里,暂,露头角,杨恭如,奉,新一代,玉女,掌门,签约,新东家,杨恭如,归来,之作,选择
26389464	徐朗,找到,新,合伙人,律师,会计,四人,团队,前往,印度,孟买,新德里,泰姬陵,清真寺,四人,展开,一场,惊心动魄,取经,路,菩提树,最终,收获,计
26772465	阿凡,达,续集,上映,时间,公布,2020,年,12,月,18,2021,年,12,月,17,2024,年,12,月,20,2025,年,12,月,19
27195754	星球,大战,新,三部曲
26694926	讲述,11,岁,女孩,罗芬,神奇,经历,罗芬,年轻,学徒,猎人,父亲,来到,爱尔兰,消灭,一批,狼,改变,事情,发现,狼,行者,一连串,古怪,故事,发生

图 8-11　提取关键词结果示例

246

3. 计算两部电影之间的相似度

相似度的计算采用的是杰卡德相似系数，相似度计算的代码如下所示。

```
#加载关键词数据
def loadKeyWData(file):
        print("开始加载文件数据:%s" %file)
        news_tags = dict()
        #keywordsF=open(file, "r", encoding="utf-8")
        for line in file.readlines():
            try:
                newid, newtags = line.strip().split("\t")
                news_tags[newid] = newtags
            except:
                print("读取分词数据过程中出现错误,错误行为:{}".format(line))
                pass
        return news_tags
#计算相似度
def getCorrelation(news_tags):
        news_cor_list = list()
        for newid1 in news_tags.keys():
            id1_tags = set(news_tags[newid1].split(","))
            for newid2 in news_tags.keys():
                id2_tags = set(news_tags[newid2].split(","))
                if newid1 != newid2:
                    cor = ( len(id1_tags & id2_tags) ) / len (id1_tags | id2_tags)
                    if cor > 0.0:
news_cor_list.append([newid1+'\t',newid2+'\t',format(cor,".2f")+'\n'])
        return news_cor_list
if __name__ == "__main__":
    fp=open("CorrlationResult.xls","w")
    # 读取关键词文件
    keywordsfile = open("keywords.xls",'r')
    f_news_tags = loadKeyWData(keywordsfile)
    corrResult=getCorrelation(f_news_tags)
    print("\n 相似度计算完毕,数据写入 CorrlationResult.xls\n")
    for line in corrResult:
        fp.writelines(line)
keywordsfile.close()
fp.close()
```

运行结果如图 8-12 所示。

26670818	26528269	0.06
26670818	6521915	0.02
26670818	22963915	0.06
26670818	25845398	0.02
26670818	26373166	0.06
25815002	26369807	0.02
25815002	27013218	0.02
25815002	26389464	0.02
25815002	26748045	0.02
26695995	26266621	0.02
26695995	26647079	0.02
26695995	26386532	0.04
26695995	26754627	0.02
26695995	11516763	0.02
26695995	6521915	0.01
26695995	26996825	0.02
26695995	25845398	0.03
26695995	27666571	0.02
26695995	26337064	0.04
26695995	26748045	0.02
26695995	26743572	0.11
26266621	26695995	0.02
26266621	26647079	0.03
26266621	26386532	0.06
26266621	11516763	0.03
26266621	6521915	0.01
26266621	27013218	0.02

图 8-12　电影相似度结果示例

8.5.4　指定标签下的电影统计

指定标签下的电影统计是为用户选择标签后生成对应标签的电影内容而做准备的，这里用户可以选择的标签有：剧情、爱情、动作、悬疑、科幻、动画、喜剧。

程序代码：

```
def gettagKeyWords(stype):
    news_key_words = list()
    news_dict=loadData() #调用 loadData 函数
    #加载停用词表
    file=open("stop_words.txt",'r')
    stop_words_list = [line.strip() for line in file.readlines()]
    for new_id in news_dict.keys():
        if stype == 1:
            # allowPOS 提取地名、名词、动名词、动词
            keywords = jieba.analyse.extract_tags(
                    news_dict[new_id]["tag"] +news_dict[new_id]["content"],
                    topK=10,
                    withWeight=False,
                    allowPOS=('ns', 'n', 'vn', 'v')
            )
            news_key_words.append(str(new_id) + '\t' + ",".join(keywords))
        elif stype == 2:
```

```
            # cut_all =False  表示精确模式
            keywords=jieba.cut(news_dict[new_id]["tag"],cut_all=False)
            kws = list()
            for kw in keywords:
                if kw not in stop_words_list and kw != " " and kw != " ":
                    kws.append(kw)
            news_key_words.append(str(new_id) + '\t' + ",".join(kws))
        else:
            print("请指定获取关键词的方法类型<1:TF-IDF 2:标题分词法>")
    return news_key_words
if __name__ == "__main__":
    #关键词提取方式 _type = 1：以 title+content 使用 jieba 的 extract_tags 进行关键词提取
    #_type = 2：以 title 进行分词处理作为文章关键词
    fp=open("tagkeywords.xls","w")
    _type = 2
    keyWords=gettagKeyWords(_type)
    for line in keyWords:
        fp.writelines(line+'\n')
    print("\n 关键词获取完毕,数据写入 tagkeywords.txt")
    fp.close()
```

运行结果如图 8-13 所示。

剧情	26670818
爱情	26670818
动作	25815002
爱情	25815002
爱情	26695995
悬疑	26266621
科幻	26647079
剧情	26528269
科幻	26528269
动画	26528269
喜剧	26386532
爱情	26386532
动画	26754627
动作	11516763
科幻	11516763
剧情	6521915
喜剧	26828028
爱情	26828028

图 8-13　指定标签下电影统计结果示例

综上所述，通过本实例，对爬虫到的电影数据进行了热点计算、分词处理、相似度计算、按标签分类，实现了按照标签分类的要求，在用户选择某个标签的情况下，系统可以自动推荐相应的电影。

习题

1. 什么是推荐系统？简述推荐系统的发展历史。
2. 三台计算机 A、B 和 C 的数值特征如下表所示。

特征	A	B	C
处理器速度/GHz	3.06	2.68	2.92
磁盘大小/GB	500	320	640
内存大小/GB	6	4	4

可见，如果直接基于上述数值来定义每台计算机的向量，那么磁盘大小将主导相似度的计算结果。因此，分别用 1、α 和 β 作为处理器速度、磁盘大小和内存大小的缩放变换因子。

① 基于 α 和 β，计算三台计算机的每对向量之间的夹角余弦。

② 如果 $\alpha = \beta = 1$，上述向量的夹角余弦分别是多少？

③ 如果 $\alpha = 0.01$ 且 $\beta = 0.5$，上述向量的夹角余弦又分别是多少？

3. 4 个用户对 5 部电影的评价如下表所示。

	电影 A	电影 B	电影 C	电影 D	电影 E
用户 1	5	1		2	2
用户 2	1	5	2	5	5
用户 3	2	?	3	5	4
用户 4	4	3	5	3	

用户 3 需要决定是否租用他/她没看过的电影 B，一种方式是采用基于用户的推荐。

① 请采用 Pearson 系数来计算其他用户与用户 3 的相似度。

② 假定相似度大于 0.5 的用户作为用户 3 的近邻，请计算用户 3 对电影 B 的预测值。

另一种方式是采用基于物品的推荐。

③ 请采用改进的余弦相似性来确定电影 B 与其他电影的相似度。

④ 假定相似度大于 0.5 的电影作为电影 B 的近邻，请计算用户 3 对电影 B 的预测值。

参考文献

[1] PAZZANI M J, BILLSUS D. Content-based recommendation systems[J]. The Adaptive Web, Lecture Notes in Computer Science, 2007, 4321: 325-341.

[2] SALTON G, BUCKLEY C. Improving retrieval performance by relevance feedback[J]. Journal of the American Society for Information Science, 1990, 41(4):288-297

[3] CHAKRABARTI S. Mining the web: Discovering knowledge from hypertext data[M].

Science and Technology Books, 2002.

[4]　GOLDBERG D, NICHOLS D, OKI B M, et al. Using collaborative filtering to weave an information tapestry[J]. Communications of the ACM, 1992, 35(12): 61-70.

[5]　PAZZANI M J. A framework for collaborative, content-based and demographic filtering[J]. Artificial Intelligence Review, 1999, 13(5): 393-408.

[6]　HUANG Z, CHEN H, ZENG D. Applying associative retrieval techniques to alleviate the sparsity problem in collaborative filtering[J]. ACM Transactions on Information Systems, 2004, 22(1): 116-142.

[7]　ZhANG J, PU P. A recursive prediction algorithm for collaborative diltering recommender systems[C]. Proceedings of the 2007 ACM Conference on Recommender Systems (RecSys'07) (Minneapolis MN), ACM, 2007: 58-64.

[8]　BREEZE J S, HECKERMAN D, KADIE C M. Empirical analysis of predictive algorithms for collaborative filtering[C]. Proceedings of the 14th Conference on Uncertainty in Artificial Intelligence, Morgan Kaufmann, 1998: 43-52.

[9]　WANG J, VRIES A P, REINDERS M J T. Unifying used-based and item-based collaborative filtering approaches by similarity fusion[C]. Proceedings of the 29th Annual International ACM SIGIR Conference on Research and Development in Information Retrieval (SIGIR'06), ACM, 2006: 501-508.

[10]　ADOMAVICIUS G, TUZHILIN A. Toward the next generation of recommender systems: A survey of the state-of-the-art and possible extensions[J]. IEEE Transactions on Knowledge and Data Engineering, 2005, 17(6): 734-749.

[11]　RASHID A, ALBERT I, COSLEY D, et al. Getting to know you: Learning new user preferences in recommender systems[C]. Proceedings of the 7th International Conference on Intelligent User Interfaces, ACM, 2002: 128-134.

[12]　GOLDBERG K, ROEDER T, GUPTA D, et al. Eigentaste: A constant time collaborative filtering algorithm[J]. Information Retrieval, 2001, 4(2): 133-151.

[13]　RESNICK P, IACOVOU N, SUCHAK M, et al. Grouplens: An open architecture for collaborative filtering of netnews[C]. In proceedings of CSCW, 1994: 175-186.

[14]　SARWAR B, KARYPIS G, KONSTAN J, et al. Analysis of recommendation algorithms for e-commerce[C]. Proceedings of the 2nd ACM conference on Electronic commerce, 2000: 158-167.

[15]　HERLOCKER J L, KONSTAN J A. An Algorithmic Framework for Performing Collaborative Filtering[C]. Proceedings of the 22nd Annual International ACM SIGIR Conference, ACM Press, 1999: 230-237.

[16]　ANAND S S, MOBASHER B. Intelligent techniques for web personalization[C]. Lecture Notes in Computer Science, vol. 3169, Springer, Acapulco, Mexico, 2005: 1-36.

[17]　HERLOCKER J L, KONSTAN J A, RIEDL J. An empirical analysis of design choices in neighborhood-based collaborative filtering algorithms[J]. Information Retrieval, 2002,

5(4): 288-310.

[18] SARWAR B, KARYPIS G, KONSTAN J A, et al. Item-based collaborative filtering recommendation algorithms[C]. Proceedings of the 10th International Conference on World Wide Web(www'01) (HongKong), ACM 2001: 285-295.

[19] YU K, WEN Z, ESTER M, et al. Feature weighting and instance selection for collaborative filtering: An information-theoretic approach[J]. Knowledge Information Systems, 2003, 5(2): 201-224.

[20] KORENY. Factor in the Neighbors: Scalable and Accurate Collaborative Filtering[C]. ACM, 2010.

[21] RICCI F, ROKACH L, SHAPIRA B, et al. 推荐系统[M]. 李艳民，胡聪，吴宾，等，译. 北京：机械工业出版社，2016.

第9章　互联网数据挖掘

随着互联网和电子商务的飞速发展，海量数据沉淀在了各个行业领域。为了能够对它们有更加深入的了解和追踪，探究其规律，预测未来，做好充分的事前准备、精细的事中控制和准确的事后分析与评估，我们选取了其中较有代表性的 3 个典型内容（链接分析与网页排序、互联网信息抽取和日志挖掘与查询分析）进行探讨，完成了另一种意义的"数据挖掘"。

9.1　链接分析与网页排序

如何评价一个网页是精彩的？这类似于给学生的作品打分，通常都会包含几个维度，分别占一定权重，拥有一定标准，然后进行综合评判。客观而论，衡量网页是否精彩，既要考虑网页的人气（PageView/UniqueVisitor）、爬虫友好度等，同时要考虑页面内容、内部信息关联逻辑和页面与页面之间的关联关系（超链接），从而可以较全面地反映网页作品内容的质量情况和其在互联网内外的影响力（地位）。在 PageRank 出现之前，人们主要通过人气和评价来判断网页质量或价值高低，但因其容易被造假，不够客观，所以才有了新的研究成果，并投入应用于链接分析与网页排序。故而 PageRank 也被称为能对抗"欺骗"的 Web 网页重要性评价工具。

9.1.1　PageRank

众所周知，互联网上的网页页面上包含文本和指向其他页面的链接，为了处理搜索查询，搜索引擎收集并处理网页，提取它们的内容，指向或页面内的链接包含了大量的页面与查询相关程度的信息。在进行链接数据挖掘的过程中，好的分析人员应该将数据融入业务背景去思考问题，以避免贻笑大方。网站与网站之间的信息常常可以用发现、探索、分析、解决问题的需求逻辑来关联，网站内部的页面通常用业务间的逻辑来构建，而那些违背规律、违背常识的内容，会有其自身的目的，也是数据挖掘发现的有益线索。在纷繁复杂的网页之间找到它们内部的逻辑，反映页面信息来龙去脉、可靠性等，对应于数据挖掘的不同应用层次，而链接分析也正是在这样的背景下进入我们的视野。

PageRank 是一种非常有趣的网页分析排序算法，也是一个函数，由 Google（谷歌）CEO、公司创始人之一的 Larry Page 于 1998 年提出，其论文是我们的参考文献之一（高质量文献引用类似于高质量的网页链接），可以算作互联网数据挖掘的始祖。该算法用一个数字（PR 值）诠释互联网中结构复杂的网页，能够较好地评估网页的重要性、浏览者在任意给定时刻浏览该页面的概率或者说用户在搜索时希望返回这个页面的可能性大小。Google 公司把链接分析与网页排序变成了一个数学问题来求解。

图 9-1 简单显示了网页的入链和出链情况。入链，指的是指向某一网站或网页的超级链接。一个网站的入链的数量和质量是其在搜索结果中排序的重要依据。入链和出链都是通常意义上的链接，即对于同一个链接，对链接所在的网页来说，它是出链，对指向的网页来说，它是入链。

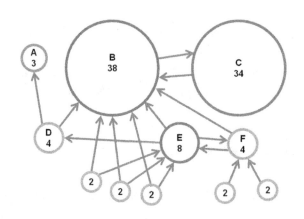

图 9-1　PageRank 工作原理[1]

Google 用入链的数量来体现哪个网站是浏览者更多关注的，且更重要的。显然 B 站点入链数量最多及受关注度最高，故其 PR 值最高，而 C 站点因为有 B 站点的高质量入链，其 PR 值相对于其他网站自然提升不少。

1．计算过程

网页 PR 值的计算采用了图论[2]和马尔可夫链预测方法。PR 值越高，也就意味着网页对于浏览者越重要，或者说网页质量得到了浏览者投票的更多认同感。理想的 PR 计算，是将互联网想象成一个有向图，其中网页是节点，而页面之间的链接抽象为有向边。马尔可夫链是指数学中马尔可夫性质的离散事件随机过程。该过程中，在给定当前知识或信息的情况下，过去（当前以前的历史状态）对于预测将来（当前以后的未来状态）是无关的。在马尔可夫链的每一步，根据概率分布，可以从一个状态变到另一个状态，也可以保持当前状态。状态的改变叫作转移，与不同的状态改变相关的概率叫作转移概率。随机漫步就是马尔可夫链的例子，Google 公司将互联网冲浪者的行为考虑成一个马尔可夫过程，并用矩阵计算来迭代出一个收敛的极限——唯一解 PR 值。图 9-2 给出一个微型 Web（网络）图，网络被想象成一个有向图，其中网页是节点，而页面到页面的链接被看成边，我们用它来阐释 PR 值计算过程。

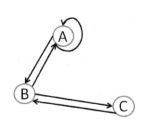

图 9-2　抽象的微型 Web（网络）图

图 9-2 中的 A、B、C 为网页，在图中它们是节点，黑色箭头是超链接，也是图中的边。A、B 网页有 2 条入链，C 网页有 1 条入链。一个随机冲浪者访问 A 网页，因入链分配，概率分别为 1/2，而 B 网页也可以通过 A、C 网页入链访问，由 A 网页链接带来 B 网页的访问概率为 1/2，通过 C 网页链接来访问 B 网页的概率为 1。于是我们可以得到这个网络的转移矩阵，来描述冲浪者每单击一次链接的访问行为。

$$M = \begin{pmatrix} 1/2 & 1/2 & 0 \\ 1/2 & 0 & 1 \\ 0 & 1/2 & 0 \end{pmatrix}$$

该转移矩阵 M 是浏览者一次活动所得的，从左到右、从上到下按照 A、B、C 来排序，且访问 A、B、C 网页下一步的概率可以用以上转移矩阵构造方程 $R=MR$ 求 R 值，判断页面重要性，R 值也是冲浪者从一个网页跳转到另一个网页的概率向量，是 PR 值的出处，式子代表矩阵计算。R 值会受到网页入链数量影响，同时根据马尔可夫随机漫步理论，随着访问次数不断迭代，该值会达到稳定概率分布。页面越重要，访问者停留在该页面的概率越大，R 值也越大，注意约束条件是各个页面概率之和应小于 1。

基于以上微型网络，当冲浪者不停地在网页上单击链接冲浪时，开始在 A、B、C 网页的概率分布分别是 1/3、1/3、1/3，经过随机跳转，n 次后停留在页面的概率趋于稳定：

$$\begin{bmatrix} R_A \\ R_B \\ R_C \end{bmatrix} = \begin{bmatrix} 1/3 \\ 1/3 \\ 1/3 \end{bmatrix}, \begin{bmatrix} 1/3 \\ 3/6 \\ 1/6 \end{bmatrix}, \begin{bmatrix} 5/12 \\ 1/3 \\ 3/12 \end{bmatrix}, \begin{bmatrix} 9/24 \\ 11/24 \\ 1/6 \end{bmatrix}, \cdots, \begin{bmatrix} 6/15 \\ 6/15 \\ 3/15 \end{bmatrix}$$

$$R_n = M \times R_{n-1} = M^n \times R_0$$

向量 R_n 表示冲浪者单击 n 次链接之后，停留在每个网页上的概率。R_{n-1} 是 $n-1$ 次访问后的对应页面的概率分布情况，R_0 表示初始打开某个网页的概率，它的取值不影响最终的 PR 值（有限马尔可夫链具有唯一的静态概率分布）。对上面的转移矩阵 M 进行幂迭代运算，一般 50 次左右，可以得到最终概率分布，即排序结果。

当网页数量很少时，PR 值差别不大，但在实际互联网上，因网页数以亿计，网页之间的重要性差别很大，有些网页的真实概率会比普通网页的概率高出几个数量级，且页面链接会更复杂，故 Google 采用了更科学合理的算法来计算 R 值（PR 值），以避免评价不准确和欺骗。

2. 程序实现

基于以上设计的微型 Web 图和 PageRank 经典算法方程[3,4]：

$$PR(A) = (1-d) + d\left(\frac{PR(T_1)}{C(T_1)} + \cdots + \frac{PR(T_n)}{C(T_n)}\right)$$

式中，A 表示待评价页面；d 是阻尼因素，也是一个概率，表示用户有 d 的概率浏览当前页面链接指向的下一个页面（意念转移，随机跳转），通常取值 0.85；$C(T_1)$ 到 $C(T_n)$ 表示 A 页面出链数量；$PR(T_1)$ 到 $PR(T_n)$ 表示入链 A 页面的 T_1 到 T_n 页面的 PR 值。

我们在单机版 Spark，本地 spark-shell 中用 Scala 程序，实现了 PageRank 运算。Apache Spark 是快速且通用的大数据处理引擎，它立足于内存计算，性能超过

Hadoop 百倍，其 graphx 工具是大规模并行图计算处理的利器。环境搭建流程和配置情况如图 9-3 所示。

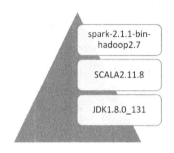

图 9-3　环境搭建流程和配置情况

（1）核心代码。

在 Spark 提供的 graphx 资料库中有 PageRank 算法及编程最佳实践信息供查阅，同时在 GitHub 官网和 spark example 中还提供了 PageRank 的 Scala 程序示例，供研习。

```scala
//初始化图形
val links = sc.parallelize(
  Array(
    ('A', Array('A','B')),      //A 页面出链
    ('B', Array('C')),          //B 页面出链
    ('C', Array('B'))           //C 页面出链
  )
)

//给每个页面赋 PR 初始值
var ranks = sc.parallelize(
  Array(
    ('A', 1.0),
    ('B', 1.0),
    ('C', 1.0)
  )
)

//循环迭代 50 次，直至 PR 值保持稳定
for(i <- 1 to 50){
        val joinRdd = links.join(ranks)
        val contribsRdd = joinRdd.flatMap{
            case(srcURL, (links, rank)) => links.map(destURL => (destURL, rank / links.size))
          }
        ranks = contribsRdd.reduceByKey(_ + _).mapValues(0.15 + _ * 0.85)
        ranks.take(3).foreach(println)
        println()
```

```
        }
```

（2）Scala 程序运行情况如图 9-4～图 9-7 所示。

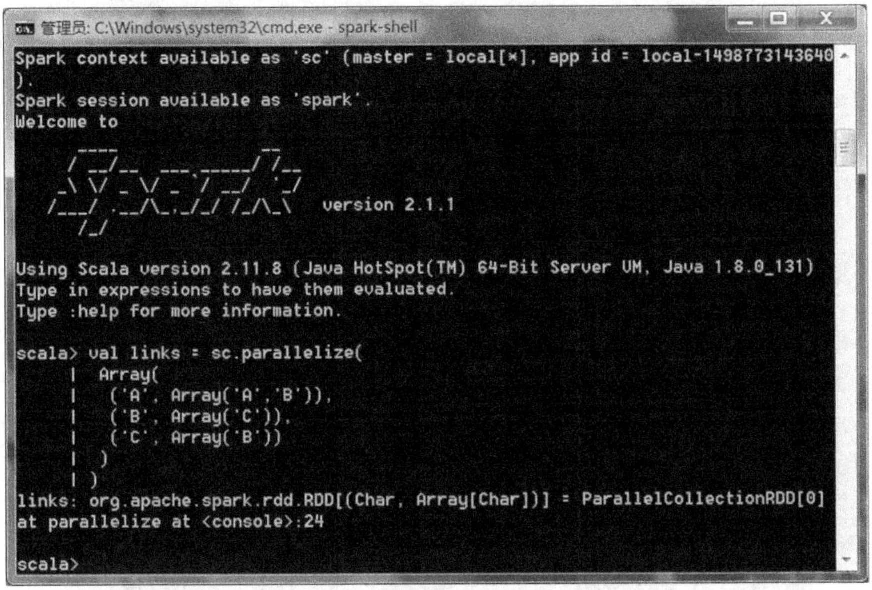

图 9-4　Scala 程序运行情况一

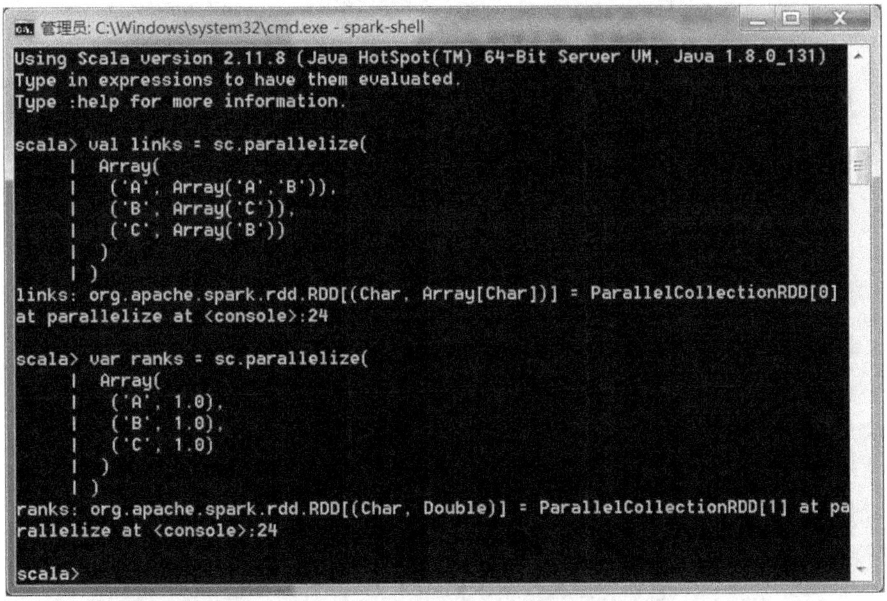

图 9-5　Scala 程序运行情况二

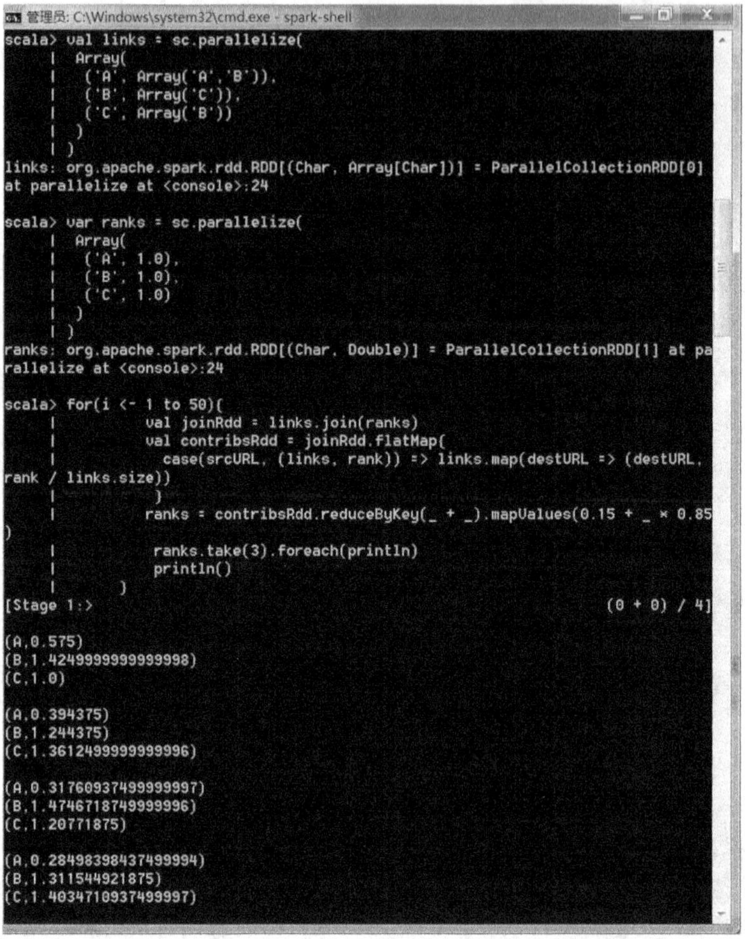

```
管理员: C:\Windows\system32\cmd.exe - spark-shell
scala> val links = sc.parallelize(
     |   Array(
     |     ('A', Array('A','B')),
     |     ('B', Array('C')),
     |     ('C', Array('B'))
     |   )
     | )
links: org.apache.spark.rdd.RDD[(Char, Array[Char])] = ParallelCollectionRDD[0]
at parallelize at <console>:24

scala> var ranks = sc.parallelize(
     |   Array(
     |     ('A', 1.0),
     |     ('B', 1.0),
     |     ('C', 1.0)
     |   )
     | )
ranks: org.apache.spark.rdd.RDD[(Char, Double)] = ParallelCollectionRDD[1] at pa
rallelize at <console>:24

scala> for(i <- 1 to 50){
     |           val joinRdd = links.join(ranks)
     |           val contribsRdd = joinRdd.flatMap{
     |             case(srcURL, (links, rank)) => links.map(destURL => (destURL,
rank / links.size))
     |           }
     |           ranks = contribsRdd.reduceByKey(_ + _).mapValues(0.15 + _ * 0.85
)
     |            ranks.take(3).foreach(println)
     |            println()
     |         }
[Stage 1:>                                                          (0 + 0) / 4]

(A,0.575)
(B,1.4249999999999998)
(C,1.0)

(A,0.394375)
(B,1.244375)
(C,1.3612499999999996)

(A,0.31760937499999997)
(B,1.4746718749999996)
(C,1.20771875)

(A,0.28498398437499994)
(B,1.311544921875)
(C,1.4034710937499997)
```

图 9-6　Scala 程序运行情况三

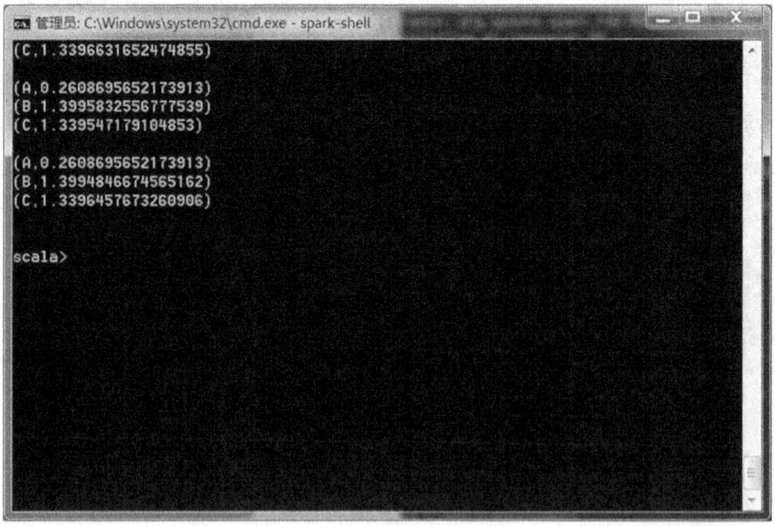

```
管理员: C:\Windows\system32\cmd.exe - spark-shell
(C,1.3396631652474855)

(A,0.2608695652173913)
(B,1.3995832556777539)
(C,1.339547179104853)

(A,0.2608695652173913)
(B,1.3994846674565162)
(C,1.3396457673260906)


scala>
```

图 9-7　Scala 程序运行情况四

3．网页排序

网页排序本质上是一种考评网页信息质量和重要性的方法——"算法"。当用户向搜索引擎想提交由一个或多个搜索关键词组成的查询时，每个搜索引擎都有自己的一个公式来确定结果的排名顺序，比如 Google 用了超过 200 个不同网页的属性来决定网页的线性排序。

首先至少包含查询中一个关键词的网页才会被考虑排序。一般情况下，如果某个网页不包含所有关键词，那么在通常的权重计算方法下，该网页很少有机会能进入首先呈现给用户的前 10 名。所有通过的网页会计算一个得分，得分中的一个重要因素就是 PR 值，其他因素还包括关键词是否在重要位置上出现，比如在网页头部或者在指向当前网页的链接上出现。

9.1.2　PageRank 的快速计算

在互联网中寻找网页重要性（PR 值）及排序，需要用到迭代进行矩阵-向量乘法计算，其中由于需要处理的数据规模极大，矩阵和向量的维度达到几百亿维，而我们又需要快速计算处理，因此在数据挖掘过程中 MapReduce 方法的实现原理和机制值得推荐。

MapReduce 方法可以被看成一种对数据的高效梳理方法，以避免杂乱而不好提取其信息价值。类似于我们手头有一堆发票，如果只管不理，还是价值一般的一堆发票。如何实现既"管"又"理"呢？当然需要对数据特征进行识别、提取和恰当的记录，如把发票中的时间、金额、开票项目、单号和抬头等一系列特征信息抽取出来，制成 Excel 表格，就可以更高效地进行快速梳理。而 MapReduce 的本质也是把一堆杂乱无章的数据按照某种特征归纳起来，然后处理并得到最后的结果。MapReduce 面对的是杂乱无章的、互不相关的数据，它解析每个数据，从中提取出 key 和 value(k,v)值，也就是提取了数据的特征[5]。经过 MapReduce 的 Shuffle 洗牌阶段之后，在 Reduce 阶段看到的都是已经归纳好的数据，在此基础上我们可以做进一步的处理以便得到相应的结果。MapReduce 工作流程如图 9-8 所示。

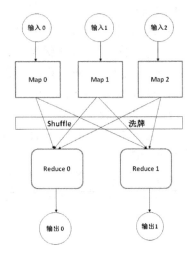

图 9-8　MapReduce 工作流程

由于互联网上的转移矩阵 M 非常稀疏，如果矩阵中所有元素都参与计算，则效率很低，所以我们可以对矩阵做进一步压缩处理。同时，迭代计算资源反复调用开销过大，会导致系统产生内存抖动。因此在计算 PR 值时，我们考虑只有非零元素参与计算，或者减少 Map 任务必须传给 Reduce 任务的数据量，以实现 PageRank 的快速计算。

对于 9.1.1 节所提及的转移矩阵，其紧凑表示如表 9-1 所示。

表 9-1　微型 Web 基于节点出链表示转移矩阵

源网页	出链数量	目标网页
A	2	A、B
B	2	A、C
C	1	B

以上表示方法和 9.1.1 节所提及的 M 转移矩阵表示方法在信息量上是等价的，但占用的存储空间更少。

9.1.3　面向主题的 PageRank

PageRank 目前拥有许多改进方法，面向主题就是其中之一。基于网页主题，在算法中加大它们的权重，调整随机冲浪者的行为方式，让有不同兴趣爱好的冲浪者停留于自己中意的主题网页之上。这种方法更加以人为本，且从计算资源管理的角度来说，更加高效。

面向主题的 PageRank 对数量不多的每个主题建立一个向量，该向量的 PR 值会偏向该主题。然后对用户按主题进行分类，虽然会丧失一部分计算精度，但是每个用户只需要存储一个很短而不是巨大的向量，自然简化了 PR 值计算的难度，实现了在计算精度和效用上的微妙平衡，同时还可以对抗链接作弊。

9.1.4　时间序列分析

前面所提及的链接分析与网页排序方法，考虑已有的互联网内容较多，对新加入的页面内容不够敏感，加之新生事物通常也不具备强大辐射能力，相较于传统排在前列的网页或站点，自然在短时间内 PR 值也不会有明显优势，入链少且质量不高，排序也不会有突出表现，除非进行营销赋能，这也是网络营销、搜索引擎优化（Search Engine Optimization，SEO）成为电子商务主要成本之一的原因。此外，本质保持不变的网页排序方法对新知识、新信息、新资讯的发现表现出浓厚的博弈色彩，虽然人们对最新的创造发明有着更多关注，但在时间维度中推陈出新，辞旧迎新，喜新厌旧也是人性，变化常在。Timed PageRank 是对此的一种改进。

不同于 Timed PageRank，以下所提及的设想是从另一个角度尝试一种新的网页排序预测探索，即在较短时期内，采用时间序列分析方法预知和挖掘可能会最新显现的互联网热点信息和网页，形成可视化排序预言。

1．时间序列分析方法

时间序列分析是一种广泛应用的数据分析方法，它研究的是加入了时间维度的数据变化，从而探索数据现象背后发展变化的规律性。时间序列分析利用的手段可以是直观简便的数据图、指标、模型等。而模型相对来说更具体、更深入，能更本质地了解数据的内在结构和复杂特征，以达到控制预测的目的。总的来说，时间序列分析方法包括确定性时序分析和随机性时序分析。

1）确定性时序分析

确定性时序分析是暂时过滤掉随机性因素（如季节因素、趋势变动）进行确定性分析的方法，其基本思想是使用一个确定的时间函数 $y=f(t)$ 来拟合时间序列，不同的变化采取不同的函数形式来描述，不同变化的叠加采用不同函数的叠加描述。具体可以分为趋势平均（自变量是时间，因变量是时间的函数）、最小二乘法（因变量观测点和因变量估计点的距离的平方和达到最小，拟合数据模型）、平滑指数法、分解分析法等。

2）随机性时序分析

随机性时序分析的基本思想是通过分析不同时刻变量的相关关系，揭示其相关结构，利用这种相关结构构建自回归、平滑平均、自回归滑动平均混合模型对未来时间序列进行预测。

无论采用哪种方法，时间序列的一般分析流程都基本固定，如图 9-9 所示。

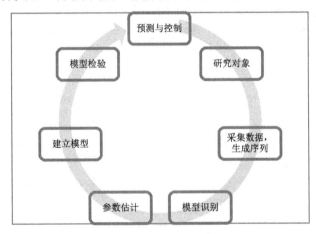

图 9-9　时间序列分析流程

2．时间序列网页排序

考虑到互联网信息量巨大，线上俨然是线下社会的衍生品且较为复杂，我们综合应用确定性分解分析法和随机性分析法来介绍和解读时间序列网页排序方法。

分解分析法是指将一个复杂的事物分解为多个比较简单的事物，将大的系统分解为具体的组成要素，从中分析可能存在的影响因素、风险及潜在损失的方法。例如，源于财务管理杜邦分析法中的价值动因树（见图 9-10）的分析方法就是以图解表示价值（结果）有哪些影响和形成因素，或对各种引起变动的因素进行分解分析，具体判断出哪些因素最可能导致价值变化[6]。

图 9-10　价值动因树示例

此处，我们可以首先将网页按关键词进行分类整理，然后收集其页面的创建、修改和删除时间，再收集内外部链接的创建、修改和删除时间，构建网页"新颖度"数据库，如图 9-11 所示，用分解分析法，揭示其相关关系模型。基于当前网页的过去一段时间的 PR 值，增加网页"新颖度"权重，不断调整测试权重值（影响力因子），训练关系模型，获得与时间关联紧密的 PR 值，最后根据 ARIMA 模型进行预测训练，在发现一定规律后，得到较科学的预测结果。

ARIMA 模型是时间序列模型中具有较强适应性的模型，通常用来处理非平稳时间序列，网页排序这种问题与经济学问题类似，通常不会是简单且严格平稳的，也不会完全无规律可循，故尝试用 ARIMA 模型来建立网页排序的时间序列模型[7]。模型的基本思想是：将预测对象随时间推移而形成的数据系列视为一个随机序列，用一定的数学模型来近似描述这个序列。这个模型一旦被识别后，就可以从时间序列的过去值及现在值来预测未来值。时间序列网页排序预测关联因素分解分析如图 9-11 所示。

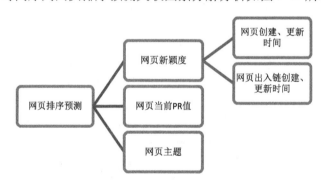

图 9-11　时间序列网页排序预测关联因素分解分析

9.1.5　排序背后的机理探讨

数据与控制的相辅相成是不可忽视的，由于其相互制约的强耦合关系，保证多维度服务成为一个普遍需求。在 PageRank 网页排序与反信息欺诈、舆情引导和事件演变趋势预测等应用场景中，如建立信任的投票，在需要应用数据挖掘技术同时需要有动态平衡思维。自香农对信息熵进行了定义，互联网领域针对信息、能量的测量也从未停止脚步。

而为了能够更好地满足简单应用信息的需求，专家们研发了更多的工具进行观察评测，如百度指数、微信指数、爬虫、RapidMiner、清博舆情监控大屏数据等。面对有时间戳的数据（时间序列），我们也需要关注提供这些数据的人，如他们（她们）的诉求、他们（她们）的想象力和创造力，当我们再次面对元宇宙、区块链这些新课题和新玩法时，有了更好的理解力和判断力。

图 9-12 展示的是百度指数需求图谱中区块链 2021 年 12 月的相关搜索热词，除了元宇宙与区块链本身存在的相关性，发现大家也在探寻其中存在的关联关系，这是很好的现象。

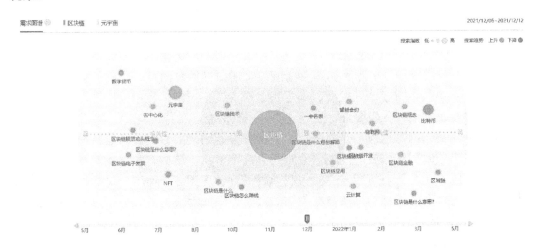

图 9-12　区块链百度指数需求图谱 202112

9.1.6　重新思考时间序列

PageRank 的本质是通过探究用户上网冲浪的客观规律，完成对网页信息的质量分类和排序，输出规则，顺便进行推荐，而为了防止作弊，规则自然不会一成不变。因此时间序列方法擅长分析和预测的价值得以发挥，增加搜索引擎优化（SEO）的确定性，此处可以窥见信息提供方和信息需求方互相之间的博弈，同时搜索引擎技术俨然创造了对信息进行公正评价、展示的第三方角色。用户看到的排名信息顺序不是时间流，而是经过智能化推荐的信息流，它们在算法模型规则的安排下产生。

时间序列通常是有时间标记的数据，便于进行精准的标注和记忆。佐以成熟的算法模型，博古通今的预测给我们的未来发展更好的指引，在金融股市预测、销售预测、天气预报领域有较成熟的应用。虽然按照时序模型要求收集数据复杂而又可能状况百出，但是秉持"认真玩"观念的我们，可以化繁为简，逆向思考一下，第三方评价在今后可信区块链平台上是否已经没有存在的必要？如此，创造未来，而不是单纯预测未来，"颠覆思维"让我们重新思考如何正确引导网络信息及大众的注意力，而不是在已经使用过的搜索排名规则上执着沉迷，只有这样我们才能在信息可信度、质量水平、新鲜度，甚至大历史的视野中幸运地找到不一样的钻石——创意。

9.2 互联网信息抽取

9.2.1 互联网信息深度挖掘概述

当前互联网上的信息品类繁多，各种各样，形成大数据的领域主要涉及电商、金融、医疗、电信、政务、交通和教育等，都与人们的吃、穿、住、用、行的日常生活密切相关。抽取信息的研究价值根本在于数据价值，或者称为信息、资讯，数据量越大，价值越大[8]。若进行细分，则我们需要厘清：①所研究的目的是否明确；②方法是否科学合适；③结果是否有了新的发现、满足需求或者具备一定的应用推广性。这也正是基于网页排序基础之上，我们要进行进一步展开研究的准备工作。

所有的网页、网站信息，包括链接，不管有没有明确的目的，却通常都有时限性特点，即创建完成时间、修改时间、删除时间等几个节点。这样有利于我们对数据信息的目的进行追踪，对进一步可能发生的关联问题进行合理预估。而这一目标与许多领域的研究目标一致：开发能够给出较精准预估的数学工具或者模型，然后给出准确的预测，从而给出正确的对策与踏实的决策。

9.2.2 典型应用模型构建

数据建模是数据使用的关键环节。

数学是我们对互联网数据进行挖掘的基础工具，而将互联网信息抽取问题转化成数学问题就成为自然而然的研究思路。在当前的数据挖掘领域成型的数学模型和方法有很多选择，有学者认为精度不够的模型、脱离业务背景的模型，会失去应用价值[9]。然而，在进行类似环比快速增长的电商趋势分析预测时，也可以采用定量预测回归分析（不同于定量预测中的时间序列分析），且不考虑业务场景，完全使用数学模型进行预测。这使得合适的数据挖掘模型选择与构建本身似乎成了首先要挖掘的"问题"。合适的模型挖掘和构建其实更像是在大数据背景下的统计预测与经典抽样统计之间的关联关系，方法没有对错，只有更合适的选择[10,11]。受主客观因素干扰，不同环境下对不同研究方法、工具的选择，以探求到更准确普适的客观规律及其描述为目标。牛顿经典力学向量子力学发展过程中也出现过类似的问题。

如何才能有效地将收集得来的大数据进行正确解读、推理、还原、预测、发现，甚至纠错，是我们找到经典应用模型的出发点和落脚点，这个同样在财务管理中可以找到一个经典模型——资产负债表，毕竟 CFO（首席财务官），后来发展成为 CEO（首席执行官）、CIO（首席信息官）的概率比一般企业员工大太多，因为他们很早以前就明白数据的价值、用数据说事和用数据辅助决策的战略意义，何况在大数据时代，"整体=样本"的条件下，机会更多。以下简单介绍其构建策略和方法。

图 9-13 展示的是资产负债表的经典应用模型：资产=负债+所有者权益。这个简单而不简约的公式，不是一个纯数学意义的函数，而是糅合了对企业"业务"的深刻理解，同时界定了我们所收集的数据的边界，从而可以加深我们对数据的理解和认识。从

某种意义上也增加了我们模型的预见能力，将无关紧要的噪声数据与其他有意义的信息分离出来。

图 9-13　资产负债表的经典应用模型

对具体问题构建有效的数据挖掘模型，主要需要有针对性，即要对问题所处的实际情况有深刻理解。这一过程，对获取相关数据、数据理解、还原业务场景、提升预测准确率、模型评估、改进模型等经典过程才有实质建设意义。换种说法就是，有多少问题，就应该有多少解决问题的方法和技术，并且方法和技术不能拘泥于固定的领域或者模式。

9.2.3　挖掘、存储与网络技术分析

不同形态的数据、不同的价值诉求，都要求不同的数据挖掘和分析方法。互联网数据挖掘、存储技术发展能加速积累数据、分析数据和服务数据的整个链条。

20 世纪 80 年代，世界出现了许多处理企业特定业务运营的信息系统，但其能够处理的信息大多是离散的，对经营管理决策意义并不大。较大变化出现在"数据仓库"产生之时。它让数据的存储和提取都产生了区别于关系数据库的方法。关系数据库的数据存储是运营性离散，关联维度有限，输出主要是数据查询。而数据仓库的输入则表现为接收来自多个不同系统产生的数据源（不同的运行平台、不同的编程语言、不同的物理位置），输出则不是简单的结构化存储，而表现为用 ETL 工具（如开源的 Kettle），以统一定义的格式对数据进行提取、清洗、转换、集成，最后加载进入数据仓库。其组织、存储数据的目的也不再是单纯地帮助记忆查看信息，而是为了对数据进行分析，进而支持决策。数据处理流程发生了根本性转变，同时使数据使用效率大幅度提高，为实现理性决策提供更多可能。

数据存储结构、数据处理流程发生了转变，数据分析方法也出现了突破。多维分析方法就此产生，使得富于变化的问题，在思维交叉、视角交叉和动态展示的更深、更广维度的支持下，呈现出有解可寻的状态。同步兴起于 20 世纪 80 年代的数据挖掘技术的发展，也为多维分析提供更多有益的落地方案。

在对数据存储和挖掘技术进行应用时，往往因为使用者目的不同，而呈现出不一样

的知识图谱及知识关联。关联规则在挖掘应用时，我们将其定义为"技术"；而在实际数据分析时，我们定义其为重要的"规律"和数据挖掘的"根本任务"；在研究时，我们称其为重要的"模型"，在机器学习中，我们称其为"算法"，名称不一而足，内涵也在不断丰富，然而更值得我们去弄清楚的，其实质应该是"智慧与智能"。自然基于此种类似多维分析的对关联规则定义的"数据挖掘"或分类，我们又会产生很多高效的算法、扩展及创新应用[12]。

这里，我们所指的数据挖掘技术主要包括关联规则、链接分析、决策树、神经网络、差别分析、概念描述和统计技术。而这些技术中关联规则、差别分析和概念描述在传统媒体数据挖掘中已经存在很长时间，而不是在互联网数据挖掘中新出现的。至于数据挖掘高级技术，如图挖掘、视频挖掘等则是在这些主要技术基础上发展起来的更具智慧的应用，数学是它们的共同重要基础。

9.2.4 数据信息采集管理

本节重点介绍数据的采集和管理。拥有丰富内涵和价值的数据从哪里来？得到它后，我们如何将其能量和价值进行转化以满足各种需求。每一块都可以作为一个专题进行论述。

如图 9-14 所示，通常来说，以上收集到的数据还只是粗糙的基础数据，再佐以业务逻辑，融入模型算法进行结构化处理或者非结构化关联关系挖掘，才是深层次的数据采集管理，最后进行可视化报表图形展示、还原与预测，则是管理的更高境界，有管亦有理[13]。或许我们可以预见在不久的将来，数据也能自己管理自己，这是管理的至高境界。

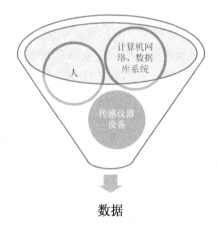

图 9-14　数据来源与采集

综上所述，虽然拥有某种目的，单纯把数据按照一贯的习惯和结构保存下来，再进行简单信息查阅，就不是真正意义的数据挖掘。真正意义的数据挖掘应该是在明确、有针对性的目标指引下，按照应用（场景还原、预测、对策、决策等）具体问题需求，设计组织好数据结构、合适的数据处理流程，结合有效的数据分析方法得到可落地管理方案，如此在需要用到数据时才可能提供其应有的价值[14]。

9.2.5　信息抽取方法与知识发现

1．信息抽取方法

传统意义的互联网信息抽取主要包括针对网上文本内容的语义挖掘、语义层次结构、属性名和值发现、一般关系提取，针对流数据（没有保存在数据库中，在网络上稍纵即逝的信息）、链接分析等，近些年互联网领域呈几何数递增的大数据内容也催生出相应的数据挖掘方法：监督学习，在机器学习中称为分类学习、归纳学习，类似于人的学习方式，从过去经验中提取知识来解决现实问题，并获得新能力。监督学习，通过发现数据的其他属性和类别属性之间的关联规律，并通过利用这些规律来预测未知数据实例的类别属性，通常表现为现实世界中的预测和分类问题，如判定某个患者是否患有某种疾病。当然有时候这种分类属性是缺失的，我们通过聚类来发现数据的相似性，并进行分组，故而聚类技术和关联规则挖掘通常都被看成是无监督学习的同义词。部分监督学习，由于在监督学习方法中，学习算法通过利用每个类别中的已标注数据来生成一个分类函数。它的问题在于需要大量已经标注（注释）的数据来保证学习的准确性，由于数据标注通常是手工完成的，所以这项工作费时费力成本很高，同时即使重复标注也不能完全避免标注错误，在部分监督学习中，不需要完全的指导，因此可以减少数据标注工作量。用大量的无标注数据与少量已经标注数据或者正例（不含反例），来提高学习质量或找到精确的分类器。

分类是数据挖掘中的一种非常重要的方法。分类的概念是在已有数据的基础上学会一个分类函数或构造出一个分类模型（我们通常所说的分类器）。该函数或模型能够把数据库中的数据记录映射到给定类别中的某一个，从而可以应用于数据预测。总之，分类器是数据挖掘中对样本进行分类的方法的统称，包含决策树、逻辑回归、朴素贝叶斯、神经网络等算法。

2．发现与场景再现

发现新知识是互联网数据挖掘运用能带给我们的美好希冀，而大数据视觉（可视化图形）盛宴，能给我们带来的不仅仅是新知、新关联规则（规律或经验），在大量信息基于业务集成的背后，能帮我们洞察的也可能是我们的盲点问题[15]。中国古语曾言——一图胜千言，如何能够做到？事实上很多时候我们也用数据、视觉元素、色彩、构图方法等还原了真实的场景，故而信息量非常大，作品十分有说服力。

如现藏于法国巴黎卢浮宫的名画《美杜莎之筏》。画家席里柯某种意义上在原有零散数据基础上进行专业且高质量的数据挖掘（收集）、分析、关键词提取、数据还原和数据可视化工作，也让更多人直观且系统地看见了 1819 年法国沉船事件原本不易被察觉的一面，拓展了大家的认知。

另外，数据挖掘中展示所用的视觉图片还能让我们发现更多数据的逻辑连接。图 9-15 展示了对 A、B 两位电子商务专业学生的文案任务的评分情况，爬虫随机抽样数据，图形化后可以洞察到学生们存在的共同长处：哲学思辨和网络营销意识较强，有一定视野但深度不够，最大问题表现为缺少翔实可靠的数据（收集），使其文案信息量不丰富，缺乏可信度[16]。而解决此类问题则是数据挖掘的价值所在，且同样适用于论文综述撰写准备工作，为知识体系提炼和知识库沉淀提供有益支撑。另外，数据挖掘中展示所用的视觉图片还能让我们发现更多问题（信息）。

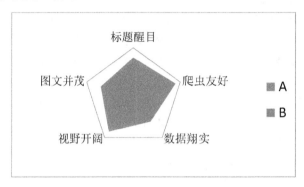

图 9-15　数据可视化的洞察力

3. 预测与解决方案

多维度数据抽取为预测、对策、决策提供了创新性的求解过程、求解方法和机会。预测本身会带给我们知识，而知识赋予我们智慧和洞见。预测通常为科学决策和规划服务，而聪明的决策除了依靠直觉和专家经验，还有一种更谦虚谨慎的态度就是集成学习，它是对互联网大数据挖掘应用的主要方法（机器学习内容之一），它的思路是在对新的实例进行分类时，把若干个分类器集成起来，通过对多个分类器的分类结果进行某种组合来决定最终的分类，以取得比单个分类器更好的性能。如果把单个分类器比作一个决策者的话，集成学习的方法就相当于多个决策者共同进行一项决策。我们姑且理解为头脑风暴式的"直觉+专家经验+综合决策"的大数据思维智慧。

预测和分类是机器学习互联网大数据应用的主要领域，而且分类也可以被看成是一种特殊预测问题。

周涛先生曾提出机器学习三板斧，如图 9-16 所示。很多行业中的问题，可以通过这三板斧的办法进行优化，产生可观的经济价值。它对发现新知、新关联也拥有至关重要的作用。

图 9-16　机器学习三板斧

这里 Bagging 是一种用来提高学习算法准确度的方法，这种方法通过构造一个预测函数系列，然后以一定的方式将它们组合成一个预测函数；Boosting 是一种用来提高弱分类算法准确度的方法，这种方法通过构造一个预测函数系列，然后以一定的方式将它们组合成一个预测函数。随机森林指的是利用多棵树对样本进行训练并预测的一种分类器，该分类器最早由 Leo Breiman 和 Adele Cutler 提出，并被注册成了商标。

随着数据挖掘技术、深度学习、机器学习、人工智能和大数据的发展演进，人类发现新知、预测未知、问题对策、复杂决策的能力将得到不断提升，因为计算机科学与技术打通了我们的知识领域[17-20]。图 9-17 显示了数据挖掘与计算机科学的密切联系。

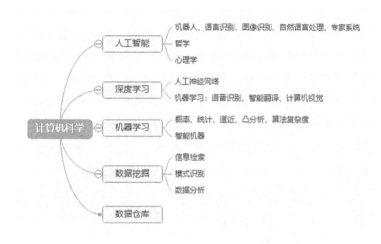

图 9-17　数据挖掘与计算机科学的密切联系

9.2.6　智能决策

智能决策是互联网数据挖掘的高层次应用，是一个交叉学科研究领域。它的目的是把信息感知（认知）、基于知识的决策和执行过程有机地统一起来，即通过基于业务理解的数据处理和分析产生数据模型、重复及非重复规则、知识库等，并能对不同应对方案进行预测、评估和选择。其方法包括决策树、贝叶斯决策、层次分析、数据包络分析、多目标决策、马尔可夫链决策等。

数据包络分析（Data Envelopment Analysis，DEA）是运筹学、管理科学与数理经济学交叉研究的一个新领域。它是根据多项投入指标和多项产出指标，利用线性规划的方法，对具有可比性的同类型单位进行相对有效性评价的一种数量分析方法。DEA 方法及其模型自 1978 年由美国著名运筹学家 A.Charnes 和 W.W.Cooper 提出以来，已广泛应用于不同行业及部门，并且在处理多指标投入和多指标产出方面，体现了其得天独厚的优势。

多目标决策是指对多个相互矛盾的目标进行科学、合理的选优，然后做出决策的理论和方法。它是 20 世纪 70 年代后迅速发展起来的管理科学的一个新的分支。与单一目标决策不同，多目标决策在多目标约束条件下进行选择决策，不仅需要大量信息和数据，更需要高效算法进行分析，如企业要转型升级既需要考虑能耗低，又需要考虑污染小，还需要保证效率高的解决方案，因此需要进行权衡取舍。

智能决策基于数据、信息、知识过滤提取，从而实现智慧高效决策的总体流程，如图 9-18 所示。

图 9-18　智能决策产生过程

智能决策本质上仍然是一个对抗熵增的过程。在进行相应的数据挖掘时，主动采集、整理数据，使其有序，从而降低信息混乱程度；同时保持对相应数据任务和细节变化敏感，建立科学合理的追踪系统，对其各种状态有着清晰的认识与把握；保持这一体系开放而不封闭，不断从外部获得新数据信息（能量），形成闭环和正向反馈，自然能够高效输出科学而智慧的决断。

9.2.7　行业案例研究

2016 年，天猫"双 11"第一单签收，发生在 00:13:19，由 EMS 派送，跨境电商第一单签收于 00:28:00，农村第一单签收于 01:25:01。如此高效率的配送是如何实现的呢？通常情况下，我们经常会遇到场景是商家有订单，却找不到最合适的物流配送团队，或者闲置的物流配送团队资源找不到有需求，又匹配的商家，这种信息不对称、资源极度浪费的情况。传统解决方案会考虑到运筹学，而互联网时代大数据运用，为我们提供了一种创新方法，对业务流程进行改良，充分解放生产力，提升业务处理效率。图 9-19 对比了传统物流配送流程与融入大数据分析的业务流程。传统配送在最后一公里时依次下单、找网点、打包、配送，而改良后物流配送通过大数据提前将就近（最合适，且最有可能）物流网点记录挖掘在案，在有订单敲门时直接打包、配送，有备无患，释放了烦琐的网点查询和订单数据匹配处理工作，使得大数据+仓配一体化物流配送体系得以形成，并成为突破最后一公里配送瓶颈的创新解决方案。此方法正应了中国的一句古话——凡事预则立，不预则废。

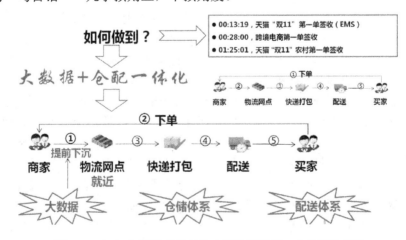

图 9-19　2016 年天猫"双 11"电商物流最后一公里制胜关键

　　2021 年，笔者有幸带队参加跨境电商运营比赛，经历这一过程对本段内容产生的感触更加深刻。为期短短 2 个月的比赛，从初赛所用的 Wish 平台，到决赛所用的亚马逊跨平台，从全球贸易海关编码 HS 码（来自《商品名称及编码协调制度的国际公约》），到各类物流价目表和潜力市场数据分析，大量的学习和数据处理任务需要在短时间内完成。

　　而在组织中越是高层管理，越需要处理丰富且大量的数据，完成高效率学习，越需要具备扎实的数据挖掘能力，去粗取精，去伪存真，提炼出知识智慧。跨境电商运营恰恰展现出这一特点，跨地域国家的贸易，不仅需要对纷繁复杂的数据进行统一，以提升沟通效率，同时需要让刚刚加入团队的新成员能够快速成为组织平台上的专业人士。跨境电商业务及其平台迅速崛起无疑在有组织的知识体系管理上既体现了数据挖掘的工作思路、专业和技术路线，也体现了咨询公司的"知识体系"组织管理能力，即按照知识、产生知识的设施、产生知识的员工、知识产生过程、知识产生环境五要素实施的管理办法，从而整体上提升大家的劳动生产率[21]。

　　下面就竞赛举办方提供的潜力市场数据 clothing 部分进行潜力市场数据挖掘，采用的是如图 9-20 所示的流程。类似于选西瓜决策树，我们用该思路挑选潜力市场。inp 代表数据输入，res 代表输出结果；灰色矩形框左右的连接点，out 代表数据输出，exa 代表样本数据，ori 代表原始数据，tra 代表训练数据，mod 代表模型，wei 代表权重，流程可以根据需求配置，并不是每一个输入/输出接口都会用到。

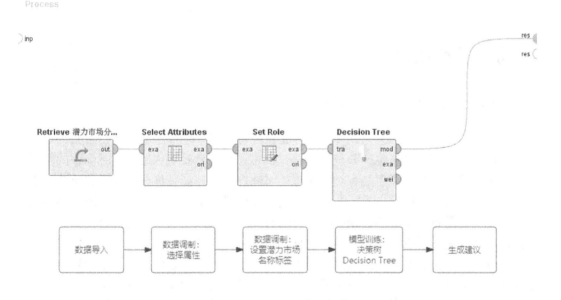

图 9-20　潜力市场数据挖掘过程

　　运行结果如图 9-21 所示，其对竞赛过程中学生选何种商品上架、为什么选该商品有较好的指导意义。

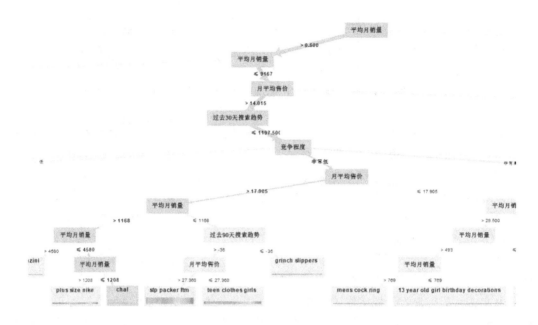

图 9-21　潜力市场挖掘结果：辅助商品上架出售选择决策

根据图 9-21 的决策树，综合考虑相关因素，可选择竞争程度非常低、月平均售价在 (14.015,17.905)、平均月销量在[1168,1208]的 chai 市场进行重点部署。此为针对静态数据的挖掘和分析结论之一，同时我们要注意针对比赛博弈过程中市场机会的变化进行不断优化。

9.3　日志挖掘与查询分析

9.3.1　互联网日志分析概述

日志是信息系统和信息化建设完成并正常运行之后，能够给相关单位带来的运行记录，方便维护、支持安全生产和查找问题。日志在管理者看来更像是有时间戳的台账，比起详尽更趋于冗余，而不是有时间标志的时间序列，还需要进一步取舍和清洗。但也不妨碍使用者在遇到问题之后，找到对应问题发生时间前后的系统日志，进行必要的排查和追踪。尽管日志记录的数据维度和详略有其特定格式要求，但也为我们找到问题发生的原因提供了不同视角的必要细节信息。在互联网形成之后，人们使用互联网，而形成的查询日志、浏览日志、内容数据和行为记录也被有意无意地保存下来，它们有的是服务和交互信息，保存在 Web 服务器端，有的是应用程序自身输出的记录，还有些在用户的浏览器中，它们为互联网信息挖掘，研究人们的行为提供丰富的素材。虽然对它们的研究主要属于事后追踪，亡羊补牢，但在如今的大数据思维（样本=总体）之下，挖掘它们对于新规律和新知识的发现仍然会有巨大贡献。同时如果从事搜索引擎优化（SEO）工程师工作，则必须掌握日志分析。图 9-22、图 9-23 给出了浏览日志和查询日志的产生过程，表 9-2 进行了两者的异同比较。

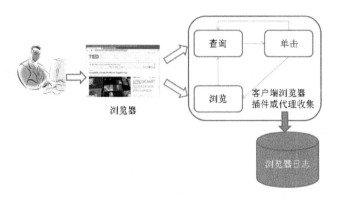

图 9-22　浏览日志的产生过程

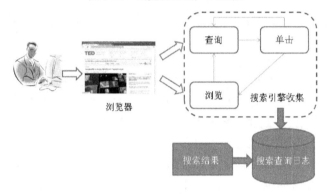

图 9-23　查询日志的产生过程

表 9-2　查询日志与浏览日志比较

项目	查询日志	浏览日志
相同点	日志信息包括用户 ID 和 IP 地址，查询，单击	
区别 1	搜索引擎收集数据	浏览器插件或代理收集数据
区别 2	包括搜索查询结果、位置和单击类型	无搜索查询结果
区别 3	无浏览器信息	包括浏览器信息

以上信息是进行日志挖掘应用的起点或者原点，而我们的目的是对日志挖掘信息进行应用。综上，图 9-24 的目标驱动了我们进行日志数据挖掘。

图 9-24　日志挖掘目标

9.3.2　挖掘分析技术方法

IT 运维的提前预警是互联网行业的一大痛点，特别是随着业务规模不断扩大，用户数不断增多，如何有效洞察系统毫无征兆的故障，给予数据挖掘一大用武之地。而日志数据挖掘是一个较好的问题解决切入点，海量日志、调用链分析和运维监控数据 AIOps（Gartner 提出的 AI+IT 运营数据分析）方法和相关算法的研究帮助我们提前发现、预防、定位、解决大规模业务服务的现网问题。其中基于 Google 的分布式链路追踪-Dapper 原理而搭建的 Kafka 调用链监视、蚂蚁金服的分布式链路跟踪系统等均在大规模网络运维实践中有较好的表现。以下我们还是以 Google 的 Dapper 原理介绍日志数据挖掘的基本技术方法。

在 Google 中最有名的"码农"之一是肯尼思·汤普森，他早年发明了 UNIX 操作系统，获得了图灵奖，进入 Google 时已经 63 岁，在 Google 期间他开始琢磨自己比较陌生的大数据问题，并随后发明了 Go 语言，专门处理海量日志[22]。当然作为信息处理的重要代表，日志数据挖掘也少不了数学基础、信息论和统计学的神助攻，此处又和高效算法、机器学习、人工智能"撞一个满怀"。通常日志不是我们太想去触碰的信息，因为其数量巨大而冗余，如果在系统中没有可视化提示，那么会让客户觉得服务不到位，而如果弹出提示过多，那么又会让客户觉得是在"扰民"，于是我们对系统日志的态度转变为"除非有问题发生，否则我们不会去理会"，然而这种迫不得已确实过于被动。而 Dapper 给了我们一个主动预防维护的好思路，如图 9-25 所示。

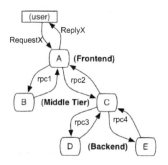

图 9-25　Dapper 方法过程

这个路径由用户的 X 请求发起，穿过一个简单的服务系统。用字母标识的节点代表分布式系统中的不同处理过程。

Dapper 是 Google 生产环境下的分布式跟踪系统，是一款用于解决互联网大规模不同质地、异构子系统集群的行为理解和性能分析的工具。不仅要大规模跟踪，还要同时做到低能耗、应用透明，这是 Dapper 设计的初心，也是一个不容易实现的难题，如果不实现系统的稳定运行，服务的高价值提供均会变成难题，所以难题必须解决。Dapper 最初只是作为一个自给自足的监控工具起步的，但最终进化成一个监控平台，这个监控平台催生出多种多样的监控工具，有些甚至已经不是由 Dapper 团队开发的。

Dapper 的跟踪架构像是内嵌在 RPC 调用的树形结构。然而，其核心数据模型不只

局限于特定的 RPC 框架，还能跟踪其他行为，如 Gmail 的 SMTP 会话、外界的 HTTP
请求、和外部对 SQL 服务器的查询等。从形式上看，Dapper 跟踪模型使用的是树形结
构、span 及 Annotation。

从 Dapper 的实现过程我们可以看出，它在与 Google 生产系统"耦合"与"解耦"
之间产生了微妙的平衡。对于日志数据采集，Dapper 的跟踪记录和收集管道的过程分为
3 个阶段。首先 span 数据写入本地日志文件中，然后 Dapper 的守护进程和收集组件把
这些数据从生产环境的主机中拉出来，最后写入 Dapper 的 BigTable 仓库中，图 9-26 和
图 9-27 展现了这一过程。

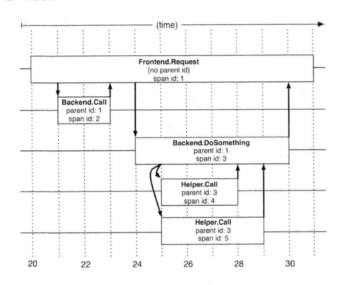

图 9-26　5 个 span 在 Dapper 跟踪树中短暂的关联关系

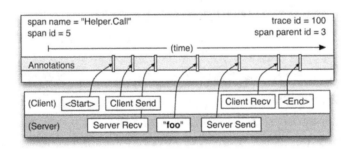

图 9-27　图 9-26 中一个单独的 span 细节图

9.3.3　工具比较

传统意义的日志分析包括已经工具化的，如 Awstats、Webblaize 用来统计分析 Web
服务器日志的程序，也有如嵌入代码方式的 Google Analytics、CNZZ 和百度统计等。随
着数据挖掘技术、深度学习、机器学习和大数据的发展演进，针对互联网中形成的超大
规模日志数据，挖掘方法也发生相应的改变，难度增大的日志挖掘因 Hadoop、Hive 的

出现变得简单。Hadoop 是 Apache 基金会下面的一套分布式系统，类似于 Google 的 GFS、MapReduce、BigTable 的开源产品，包括高度容错的分布式文件系统 HDFS、MapReduce 计算框架、HBase 等很多组件。目前，成千上万台机器的集群已经被证明可以使用，可以承担 PB 级别的数据。HBase 是一个按列存储的 NoSQL 分布式数据库，它提供的功能和接口都非常简单。Hive 目前是 Hadoop 的子项目，它可以让我们用 SQL 的接口来执行 MapReduce，还提供了 JDBC 和 ODBC 接口，把 Hadoop 包装成一个数据库来使用。

基于海量数据日志挖掘需求，监督学习方法、半监督学习方法和无监督学习方法被用来解决问题。监督学习方法主要基于过去和当前的查询行为来做出一个数值预测，这个数值预测可以是一种概率，也可以是一个有限的，可能出现的标签集合中的标签。而无监督学习方法并不要求标签，仅仅通过过去查询活动的隐藏信息来发现查询活动的聚类或通过过去查询活动来估计不同网页间的语义相关性，表 9-3 对监督学习技术和无监督学习技术的日志查询数据挖掘方法进行对比[23-26]。

表 9-3 日志查询数据挖掘方法

监督学习技术	无监督学习技术
查询分类	非上下文查询方法
基于传播的方法	上下文查询方法
利用支持向量机（SVM）来学习排序	基于关联规则技术

查询分类：根据一组预定义主题、类来对日志进行分类。

基于传播的方法：使用网络图链接结构来传播信息（查询内容、主题等），找到类似信息或分类。

利用支持向量机（SVM）来学习排序：学习为样本添加了排名，而不是分类，即排序学习，训练数据由查询、排名和 URL 集合组成，是更聪明的学习。

非上下文查询方法：对单独查询，而不是整个查询会话建模。聚类查询日志中的查询，然后用相同聚类中的查询作为彼此的查询建议。

上下文查询方法：对整个查询会话建模。不同于非上下文查询方法只注意个体查询，上下文查询方法关注整个会话，因为用户的信息查询需求可能会分布在整个会话中。故而不从一个查询推断，这是一种对完整会话建模的上下文敏感的方法。

基于关联规则技术：这是一种创新，Fonseca 等人基于不同查询在相同会话中共同出现的情况，使用关联规则挖掘查询之间相关性。这种方法类似于基于关联规则推荐和分类中使用的方法。

其他日志挖掘方法与上文所提及的查询日志分析方法类似，在此暂不赘述。

9.3.4 海量数据挖掘过程展现与分析

传统的日志挖掘，通常主要是指单个数据库中的数据挖掘。然而随着数据变得一个数据库存放不下，数据挖掘的方法不断日新月异，分析思考的维度不断变化。海量数据挖掘也成为可能，并能不断提升人们对复杂多变问题的解决能力，如预测、对策、决策，增加人类的智能。

其实海量数据挖掘过程（见图 9-28）与传统日志挖掘过程从宏观方法上讲，仍然类似，包括业务理解、数据收集、加工分析、数据可视化结果发现，按照此流程不断迭代，循环往复，最终使得视觉化的图景既具备广阔的视野，也融入了海量的信息，同时还非常精准，如地图。绘制地图，测绘收集数据本身是一个非常辛苦的过程，而再加工数据则是更加看似无法完成的工作，如果没有合适的方法、技术手段，就没有可能得到准确的图景，从而会导致后期的各种要用到它的领域发生严重问题和损失。

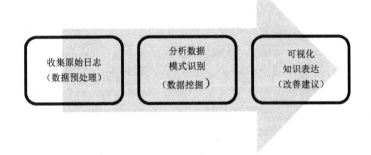

图 9-28　海量数据挖掘过程[27]

类似于侦探探案，对日志数据挖掘的过程充满了对数据的对比、细分和溯源。知识图谱认知过程的 3 个步骤也可以是很好的参考，如图 9-29 所示。

图 9-29　知识图谱认知过程

第 1 步，读取所有资料（邮件、文档、社交媒体文件等），将其结构化；第 2 步，从信息资料中再提取重要内容并和其他信息连接；第 3 步，通过推理连接的知识，利用机器学习方法找到最后的还原图画。

对于量大且较为稀疏（异常出现并不高频稠密，多数是冗余信息）的日志数据，要找到真正的规律和真相并不容易，尽管如此，随着世异时移，以及机器学习、人工智能、数据挖掘技术的发展，海量数据挖掘这项充满挑战的研究领域会迎来更多喜欢挑战的人、机器和智慧的探索。清晰的头脑+强有力的工具给这项不可能完成的任务的达成提供了更多可能。

9.3.5　行业应用举例

对顾客精准营销，是互联网领域、做电商的企业和各行各业都希望实现的。但是要想实现这种类似"我懂你"的营销，自然收集潜在顾客互联网行为的日志数据并进行分析是互联网数据挖掘的不错应用。已经有大量研究针对日志数据进行各种聚类探索分析，把潜在顾客分成了若干种"类型"——什么样的人，有什么样的需求。经典案例就如给顾客"画像"，也有某电商零售商根据顾客购买行为数据，比一位父亲更早知道他的女儿已经怀孕的事实。

难道传统非电商企业，就一直没有懂顾客成功的精准营销和经营吗？非也。类似用到长尾理论的长尾经营也一直在非电商企业经营中走心地进行着，只是未被察觉。例如，精准精分的顾客定位：生意只针对某种类型、某种嗜好、某种年龄的顾客；适合自己的商圈定位：企业只运营在某种类型、某种特点、某个范围的区域环境；出售自己懂的产品：不仅自己感兴趣，而且自己也使用、自己更会生产的产品。我们通常会认为这是更懂顾客，我们才做到了精准营销和经营，其实是我们更懂了自己。

以前的认识中总是觉得线上（电商）比线下（传统商业）更容易获取顾客的相关数据信息。但事实是新的问题也会层出不穷，比如移动终端和 PC 端哪个才是顾客本人，同一位顾客拥有多个手机号？业务场景还原，不使数据失真的难度陡然增加。但还原是深入洞察的根本，故而用海量日志数据去挖掘用户行为，目标依然具体可行，且是值得深入研究的领域。与俗语所讲"大处着眼，小处着手"所指相同，即具体到数据应用时，着手处切入点十分关键。

不仅仅是电商领域，金融、医疗、教育领域基于日志的用户行为分析，都能够给大家带来更多意想不到的便利和实绩。在南京理工大学信息化平台建设中，数据分析平台通过日志挖掘积极探索发现贫困学生，实现消费异常预警，帮助筛选贫困生，并主动给予他们暖心饭卡的创新性应用，如图 9-30 所示。

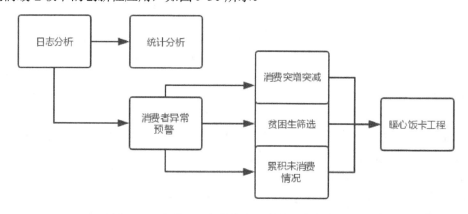

图 9-30　南京理工大学基于日志的用户行为分析

像在电商领域可以将人们浏览网页的单击路线和热点信息等进行记录，从而基于用户的使用行为提供个性化网站界面和精准的商品推荐。同样在教育领域，系统也可以将学习者的鼠标单击情况、停留时长、提问次数、参与讨论数量和相应的活动轨迹等全部记录在案，再基于这些数据进行挖掘并提供个性化的教育解决方案，学习行为数据化后也可以对学生进行更加精准的学习行为分析。这再次证明了信息关联产生的价值远大于孤立信息本身。

购物篮分析关联规则挖掘是购物记录数据挖掘的经典案例，图 9-31 中用
RapidMiner 根据超市数据集特点进行购物篮关联规则分析。其目的是判断购买了 A 商品
的顾客是否也购买了其他商品，可进行关联与聚类。

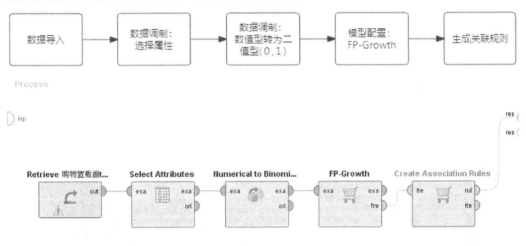

图 9-31　购物篮分析数据挖掘过程

以上数据处理过程为数据导入、选择购买商品数据子项、根据 FP-Growth 方法流程
进行数据类型转换、采用创建关联规则分析，可视化结果如图 9-32 所示。

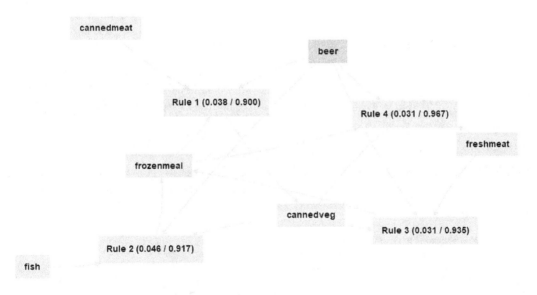

图 9-32　购物篮分析数据挖掘可视化图形

同理，学生参加了某社团后是否又参加了其他社团、某用户阅读某本书后是否阅读
了其他相关书籍等关联、聚类分析，可为相应工作的精准推荐指导提供一定的支持，也
是数据挖掘的相关场景。

下面根据 2018 年"双 11"大促前后一个月内天池数据集，对用户购买商品日志进

行简单分析，结果如图 9-33 所示。

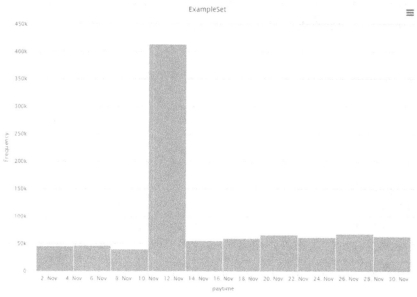

图 9-33　天池大数据 11 月日志数据挖掘

注：由于数据量巨大，需要准备足够算力的计算机进行挖掘工作，或者进行采样处理。

9.4　Python 实战案例

尽管前述的工具能够有效地可视化展示互联网数据挖掘的过程，拓宽我们的视野，但是要想更深入地锻炼由数据思维、逻辑思维和算法思维等组成的数据挖掘能力，采用 Python 语言分布编程实现是一种较好的选择。Python 语言近几年在数据挖掘领域应用热度不减，2021 年 9 月在 TIOBE 编程语言排行榜中直逼第一的 C 语言，仅差 0.16%，同时是数据处理领域的 No.1 语言，便于领域内人士高效沟通。接下来我们看一看十大经典数据挖掘算法中的 PageRank、CART 和日志数据挖掘等算法的 Python 应用实现，采用 Anaconda JupterLab 环境[28]。

9.4.1　PageRank Python 实现

以下基于 Google 论文中的数学模型进行 Python 实验测试。根据前述数学公式：

$$PR(A) = (1-d) + d\left(\frac{PR(T_1)}{C(T_1)} + \cdots + \frac{PR(T_n)}{C(T_n)}\right)$$

构造 Python 程序如下：

模拟互联网，构造多个网页，且存在链接关系，将该网络设为 G，构造随机跳转初始 N*N 的矩阵，这里先只考虑有向无权无环图，即边有方向，权重都一样，且没有自己到自己的边。N 表示节点数或者网页数，G[i][j] = 1 表示 i 到 j 有条边，teleport 表示冲浪者随机跳转。

第 1 步：引入 NumPy 库科学计算，random 库标准库产生并运用随机数。

```
import numpy as np
import random
#构造一个链接边数随机的网络，随机跳转初始矩阵 N 阶，G 为链路关系（简化构造，0-1 值矩阵，1 表示有边）
def create_data(N, alpha=0.5):
    G = np.zeros((N, N))   #生成 N*N 全零矩阵
    for i in range(N):
        for j in range(N):
            if i == j:
                continue
            if random.random() < alpha:
                G[i][j] = 1
    return G
G = create_data(3)
G
```

输出结果为：

```
array([[0., 1., 0.],
       [0., 0., 1.],
       [0., 0., 0.]])
```

```
#构造转置矩阵 M，C 为页面输出链接数
def GtoM(G, N):
    M = np.zeros((N, N))
    for i in range(N):
        C_i = sum(G[i])
        if C_i == 0:
            continue
        for j in range(N):
            M[j][i] = G[i][j] / C_i
    return M
M = GtoM(G, 3)
M
```

输出结果为：

```
array([[0., 0., 0.],
       [1., 0., 0.],
       [0., 1., 0.]])
```

```
#构造 PageRank 算法计算过程（矩阵运算），T 为遍历时间
def PageRank(M, N, T=200, eps=1e-6, d=0.85):
    R = np.ones(N) / N    #ones 函数生成 N*1 全 1 矩阵，此处值为 1/N
    teleport = np.ones(N) / N    #表示随机跳转
```

```
for time in range(T):
    R_new = (1-d)* teleport + d * np.dot(M, R)
    if np.linalg.norm(R_new - R) < eps:
        break
    R = R_new.copy()
return R_new
```

第 2 步：测试得出 PR 值。

```
#设置输入参数
PR = PageRank(M, 3, T=2000)
PR
#基于以上随机网络 PR 值结果
```

输出结果为：

```
array([0.05    , 0.0925  , 0.128625])
```

虽然 PageRank 算法在数学上并不复杂，但其进行网页受欢迎程度评价模型探索，并通过数学建模进行规律摸索，以及提炼这一复杂问题的数学解，进行抽象而精确的数学表达，这一高阶思维值得学习借鉴。

9.4.2 跨境电商运营潜在市场选择

2021 年 9—11 月，我们参加了由中国国际贸易促进委、商业行业委员会、中国国际商会商业行业商会、中国商业经济学会联合创办的"致教杯"跨境电商比赛。比赛方给到了潜力市场数据信息、物流服务相关数据信息作为服务支持。由于跨境贸易面向全球数据量巨大，学生们通常觉得很难驾驭，看不懂，更别说做科学准确的决策。针对以上问题，数据挖掘经典模型算法登场援助。参考南京大学周志华教授所著的《机器学习》，别称"西瓜书"，通过选西瓜的思路，我们进行有希望的潜在市场的选取，并生成模型。

将主办方给到的潜在市场数据集进行分析，选取我们感兴趣且熟悉的类别 clothing，并整理成典型的行数据集形式。在 Anaconda、JupyterLab 环境中调试，运行结果如图 9-34 所示。

	潜力市场	类目	竞争程度	平均月销量	月平均售价	月搜索量	过去30天搜索趋势	过去90天搜索趋势	市场机会分数	季节性	旺季月份
0	branzini	Clothing, Shoes & Jewelry	非常低	4961	28.79	150	14	5	9	非常低	NaN
1	ruffled one piece swimsuits for women	Clothing, Shoes & Jewelry	非常高	2017	43.33	150	4	1	5	中	六月
2	family guy socks	Clothing, Shoes & Jewelry	非常高	1092	18.44	214	-12	16	4	非常高	十二月
3	neil young t shirts	Clothing, Shoes & Jewelry	非常低	0	23.59	150	-20	-3	6	高	十二月
4	amazon	Clothing, Shoes & Jewelry	非常高	55907	23.13	877	-31	3	5	非常低	NaN
...	...	...	...	...	...	...	...	...	...	...	...
558	floral nike shoes women	Clothing, Shoes & Jewelry	非常低	274	119.13	170	5	13	8	非常低	NaN
559	staheekum mens slippers	Clothing, Shoes & Jewelry	非常高	645	32.96	150	-19	15	4	非常高	十二月
560	egirl rings	Clothing, Shoes & Jewelry	低	214	9.47	1112	-17	92	5	非常低	NaN
561	easter bunny costume adult	Clothing, Shoes & Jewelry	低	1158	92.01	51264	526	5296	8	高	三月
562	psychedelic hoodie	Clothing, Shoes & Jewelry	中	221	30.77	150	-31	21	6	非常高	十二月

563 rows × 11 columns

图 9-34　潜在市场数据查看

第 1 步：读入完整数据。

```
#引入 Pandas 程序库
import pandas as pd
#导入数据文件所在位置，并用 r 进行说明，在 Python 中 \ 是转义符，\u 表示其后是 UNICODE
#编码，因此路径\ p_market.csv 在这里会报错，在字符串前面加个 r（rawstring 原生字符串），
#可以避免 Python 与正则表达式语法的冲突
p_market = pd.read_csv(r'路径\p_market.csv')
#显示 p_market 数据
p_market
```

第 2 步：数据预处理。查看数据类型，将类目冗余数据等非数值数据均清洗舍去，以适应决策树模型参数需求。因为数据量较大，所以此处就不对 string 类型数据进行编码转换，大家可以自行挑战。运行结果如图 9-35 所示。

```
#类目数据删除
p_market = p_market.drop('类目',axis=1)
#查看 p_market 数据类型
p_market.dtypes
```

```
[12]:    潜力市场          object
         竞争程度          object
         平均月销量         int64
         月平均售价        float64
         月搜索量         int64
         过去30天搜索趋势      int64
         过去90天搜索趋势      int64
         市场机会分数        int64
         dtype: object
```

图 9-35　数据类型查看

第 3 步：决策树的构建。将"是否好的目标市场——潜力市场"，作为我们的预测对象。采用 CART "决策树"模型进行市场分类选择，找到最适合我们的上架商品类目，即潜力市场。因为与决策树规律类似，越是低层的树分支越需要考虑更多复杂的因素，正如信息量丰富的目标潜力市场挖掘，并将眼花缭乱的数据，借助计算机绘制成一目了然的可视化图并展示，辅助我们选择，当然市场销量是我们的首先特征。分类学习过程的本质是样本不确定性程度的减少（熵减过程），故应选择最小 Gini 系数的特征分裂。图 9-36 显示数值计算产生的决策树值和树枝情况。

```
#引入 sklearn 库中的决策树分类器
from sklearn import tree
#将处理好的 p_market 数据赋值给 X，将平均月销量数据赋值给 Y
X = p_market
Y = p_market.loc[:,'平均月销量']
#调用决策树分类器，输入 X、Y 参数生成决策树
clf = tree.DecisionTreeClassifier()
clf = clf.fit(X, Y)
#绘制决策树
tree.plot_tree(clf)
```

输出结果为：

```
[54]: [Text(20.05303173655087, 215.024, 'X[0] <= 0.5\ngini = 0.997\nsamples = 563\nvalue = [7, 1, 1, 5, 1, 9, 1, 1, 1, 2, 4, 3, 1\n2, 4,
1, 1, 3, 2, 1, 1, 2, 1, 1, 1, 1, 1\n1, 2, 1, 1, 3, 1, 1, 1, 1, 2, 1, 1, 2, 1\n2, 1, 3, 1, 1, 1, 2, 1, 1, 2, 1, 1, 1, 1\n1, 1, 1, 1,
1, 1, 1, 1, 2, 2, 1, 1, 1\n1, 1, 3, 1, 1, 1, 1, 2, 1, 3, 1, 1, 1, 1\n1, 1, 2, 1, 1, 1, 3, 2, 1, 2, 1, 2, 3, 2\n1, 1, 1, 1, 1, 1, 1,
1, 1, 1, 1, 1, 1, 2\n1, 1, 1, 1, 1, 1, 2, 1, 1, 1, 1, 1\n1, 1, 1, 1, 2, 1, 1, 1, 1, 3, 1, 1\n1, 1, 1, 1, 2, 1, 1, 2, 4,
1, 1, 1, 1, 1, 1\n1, 1, 1, 1, 2, 1, 1, 1, 1, 1, 2, 2\n2, 3, 1, 1, 1, 1, 1, 1, 1, 2, 1, 1\n1, 1, 1, 1, 1, 1, 1, 1, 2, 1, 1, 1,
1, 1\n3, 1, 1, 1, 1, 1\n1, 1, 1, 1, 1, 2, 1, 1, 2, 1\n2, 1\n1, 1, 1, 1, 1, 1, 1, 1, 1, 2\n
1, 1, 1, 1, 1, 1, 1, 1, 1, 1, 1\n2, 2, 1, 1, 2, 1, 1, 1, 1, 1, 2\n1, 1, 1, 2, 1, 1, 1, 1, 1, 1, 1\n1, 1,
1, 1, 1, 2, 2, 1, 2, 1, 1, 1, 1\n1, 1, 1, 2, 1, 1, 1, 1, 1, 1, 2\n1, 1, 1, 1, 1, 1, 1, 1, 1, 1, 1\n1, 1,
2, 1, 1, 1, 1, 1\n1, 1, 1, 1, 1, 1, 1, 1, 2\n1, 1, 1, 1, 1, 1, 1, 1, 1\n1, 1, 1, 1, 1, 1,
1, 1, 1]'),
    Text(18.67241317984984, 210.192, 'gini = 0.0\nsamples = 7\nvalue = [7, 0, 0, 0, 0, 0, 0, 0, 0, 0, 0, 0, 0, 0\n0, 0, 0, 0, 0,
0, 0, 0, 0, 0, 0, 0\n0, 0, 0, 0, 0, 0, 0, 0, 0, 0\n0, 0, 0, 0, 0, 0, 0, 0\n0, 0, 0, 0, 0, 0, 0, 0, 0, 0, 0, 0, 0,
0, 0, 0\n0, 0, 0, 0, 0, 0, 0, 0, 0, 0\n0, 0, 0, 0, 0, 0, 0, 0, 0, 0\n0, 0, 0, 0, 0, 0, 0, 0, 0, 0\n0, 0, 0, 0, 0, 0, 0, 0, 0
0\n0, 0, 0, 0, 0, 0, 0, 0, 0, 0\n0, 0, 0, 0, 0, 0, 0, 0, 0, 0\n0, 0, 0, 0, 0, 0, 0, 0, 0, 0\n0, 0, 0, 0, 0, 0, 0, 0\n0,
0, 0, 0, 0, 0, 0, 0, 0, 0\n0, 0, 0, 0, 0, 0, 0, 0, 0, 0\n0, 0, 0, 0, 0, 0, 0, 0, 0\n0, 0, 0, 0, 0, 0, 0, 0,
0, 0, 0, 0, 0\n0, 0, 0, 0, 0, 0, 0, 0, 0\n0, 0, 0, 0, 0, 0, 0, 0, 0, 0\n0, 0, 0, 0, 0, 0, 0, 0, 0, 0,
0, 0\n0, 0, 0, 0, 0, 0, 0, 0, 0, 0, 0, 0, 0]'),
......
```

以上是生成的决策树，包括 Gini 系数、样本数量和具体数值内容输出（顶点部分）。

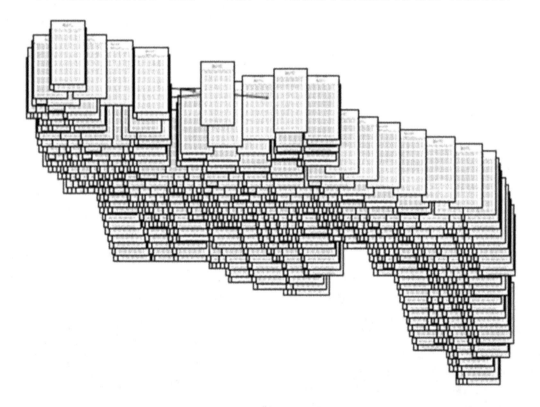

图 9-36　决策树（全景）输出

第 4 步：决策树可视化效果的查看。由于数据量大，产生的决策树比较大，所以需要一定的时间生成，也较繁复，故可以对可视化图和决策树进行进一步优化，输出结果如图 9-37 所示。

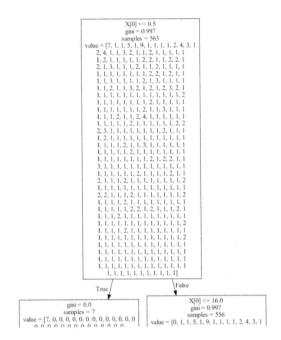

图 9-37　输出 pdf 决策树图文件

```
#引入 graphviz 工具
import graphviz
#将已经生成的决策树信息赋值给 dot_data 参数
dot_data = tree.export_graphviz(clf, out_file=None)
#将 dot_data 数据源绘制成图形
graph = graphviz.Source(dot_data)
#生成 pdf 文件 Pmarket
graph.render("Pmarket")
```

第 5 步：结果对比与优化。由于图 9-37 的结构复杂，我们可以用 2 层文本结构形式和 RapidMiner 相关文本结果进行对比。这种结构更加紧凑，无须太多外部库引入，面对大量数据，运算速度也高效可调节。决策树的文本输出结果如图 9-38 所示。图 9-39 所示为决策树的 RapidMiner 文本输出结果对比。

```
#从 sklearn 库引入决策树分类器和输出文本
from sklearn.tree import DecisionTreeClassifier
from sklearn.tree import export_text
#输出 2 层决策树
decision_tree = DecisionTreeClassifier(random_state=0, max_depth=2)
#配置参数，绘制决策树
decision_tree = decision_tree.fit(X, Y)
#输出，打印 pm 潜在市场决策树
pm = export_text(decision_tree)
print(pm)
```

```
|--- feature_0 <= 0.50
|   |--- class: 0
|--- feature_0 >  0.50
|   |--- feature_0 <= 16.00
|   |   |--- class: 15
|   |--- feature_0 >  16.00
|   |   |--- class: 23
```

图 9-38　决策树的文本输出结果

```
平均月销量 ≤ 0.500
|   月平均售价 > 44.880
|   |   月平均售价 > 68.840: gucci boots {branzini=0, ruffled one piece swimsuits for wome
|   |   月平均售价 ≤ 68.840: eagle eyes sunglasses for men {branzini=0, ruffled one piece
|   月平均售价 ≤ 44.880: neil young t shirts {branzini=0, ruffled one piece swimsuits for
```

图 9-39　决策树的 RapidMiner 文本输出结果对比

信息论是决策树的数学基础，用熵描述事件的不确定性。与熵一样，Gini 系数表征的也是事件的不确定性，将熵定义式中的"-logpi"替换为1-pi，Gini 系数都可用来度量数据集的纯度和决策树节点的纯度。Gini 系数省略了对数计算，运算量比较小，也比较容易理解，所以 CART 树选择使用 Gini 系数做特征选择。

有了以上决策树方法，给我们在经验基础和感性基础上的潜在市场选择增加了理性决策的新思路和方法。效果验证，虽然是首次参赛，同学们还是获得了较好的国赛成绩。

其他决策也可如法炮制。例如，是否出去打羽毛球，我们可以按照图 9-40 的思路进行选择。

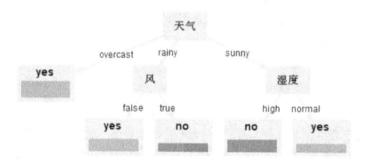

图 9-40　RapidMiner 决策树的图形输出结果

9.4.3　天池"双 11"日志数据挖掘示例

由于大规模日志数据挖掘需要性能优秀的计算机资源，我们此处进行天池"双 11"数据的简单处理。前期已经对 11 月 9 万条用户商品日志数据进行了占比分析，统计出每天商品购买订单的情况，共计约 3000 条。图 9-41 所示为数据大致情况预览。

```
#引入 Pandas 库、NumPy 库、seaborn 库、Matplotlib 库
import seaborn as sns
import matplotlib.pyplot as plt
import numpy as np
from scipy import stats,integrate
```

```
import pandas as pd
```

第 1 步：读取 11 月日志数据，熟悉数据。

```
d11l = pd.read_csv(r'路径\ d11log.csv')
d11l
```

图 9-41　数据大致情况预览

第 2 步：修改 paytime 数据类型为时间类型，如图 9-42 所示。

```
d11l['paytime']=pd.to_datetime(d11l['paytime'])
d11l.head()
```

	paytime	count
0	2018-11-29 14:10:00	1
1	2018-11-12 23:56:00	1
2	2018-11-05 21:01:00	2
3	2018-11-11 04:07:00	2
4	2018-11-11 08:11:00	6

图 9-42　修改 paytime 数据类型

查看数据类型，如图 9-43 所示。

```
d11l.dtypes
```

```
[4]: paytime      datetime64[ns]
     count               int64
     dtype: object
```

图 9-43　查看数据类型

第 3 步：从原数据集中提取出月份、日期和时段数据。新增月份列，因只有 11 月，故只提取出 11 月，如图 9-44 所示。

```
#月份列
d11l['month'] = d11l['paytime'].dt.month
d11l['month'] = d11l['month'].replace((11),('November'))
#日期列
```

287

```
d111['day'] = d111['paytime'].dt.day
d111['day'] =
d111['day'].replace((1,2,3,4,5,6,7,8,9,10,11,12,13,14,15,16,17,18,19,20,21,22,23,24,25,26,27,28,29,30),('1','2','3'
,'4','5','6','7','8','9','10','11','12','13','14','15','16','17','18','19','20','21','22','23','24','25','26','27','28','29','30'))
#时段列，根据时间呈现特点和分析所需的维度进行设计
d111['hour'] = d111['paytime'].dt.hour
hour_in_num = (0,1,2,3,4,5,6,7,8,9,10,11,12,13,14,15,16,17,18,19,20,21,22,23)
hour_in_obj = ('0-1','1-2','2-3','3-4','4-5','5-6','6-7','7-8','8-9','9-10','10-11','11-12','12-13','13-14','14-
15','15-16','16-17','17-18','18-19','19-20','20-21','21-22','22-23','23-24')
d111['hour'] = d111['hour'].replace(hour_in_num,hour_in_obj)
#删除 paytime 列
d111.drop('paytime',axis = 1,inplace = True)
d111
```

第 4 步：将月份列删除掉，如图 9-45 所示，进行统计绘图。

[8]:		count	month	day	hour
0		1	November	29	14-15
1		1	November	12	23-24
2		2	November	5	21-22
3		2	November	11	4-5
4		6	November	11	8-9
...		...	...	...	...
3012		1	November	1	19-20
3013		1	November	2	1-2
3014		1	November	6	10-11
3015		1	November	18	17-18
3016		1	November	27	18-19
3017 rows × 4 columns					

图 9-44　新增月份列

[9]:	count	day	hour
0	1	29	14-15
1	1	12	23-24
2	2	5	21-22
3	2	11	4-5
4	6	11	8-9
...	...	...	...
3012	1	1	19-20
3013	1	2	1-2
3014	1	6	10-11
3015	1	18	17-18
3016	1	27	18-19
3017 rows × 3 columns			

图 9-45　删除月份列

```
#按日期由小到大进行排序
d111 = d111.sort_values(by='day',ascending = True,na_position = 'first')
d111
#给定图片尺寸，设置 x 轴、y 轴、标签和图片标题等
plt.figure(figsize=(15,5))
sns.barplot(data = d111,x="day",y= "count")
#plt.xlabel=('Hour')
plt.xticks(rotation=45)
#plt.ylabel=('Tansction')
plt.title('Distribution')
plt.show()
#11 月购物日志显示购买分布情况
```

数据特征分布如图 9-46 所示。

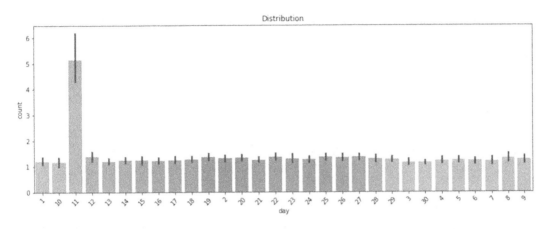

图 9-46 数据特征分布

与 9.3.5 节中 RapidMiner 显示分布情况一致，"双 11"当天生意最旺。图 9-46 中的黑线默认会出现在笔者执行 JupterLab 环境时。它是以均值为中心的置信区间，即误差线。那么还能不能提供更准确的备货建议呢？我们再进一步查看具体细分时区订单量表现。

```
#筛选"双 11"当天购物日志，从 3000 条数据中得到 404 条
d111_asc = d111[d111['day'] == '11'][['day','count','hour']]
d111_asc

#通过画图进一步研究其繁忙时段，看时间分布
plt.figure(figsize=(15,5))
sns.barplot(data = d111_asc,x="hour",y= "count")
plt.xticks(rotation=45)
plt.title('Distribution')
plt.show()
```

数据时段分布特征如图 9-47 所示。

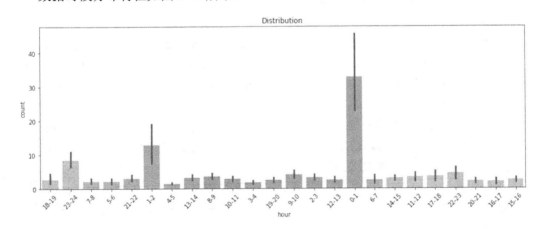

图 9-47 数据时段分布特征

从图 9-47 可以看出，"双 11"前一天的 23—24 时段、"双 11"当天的 0—1 和 1—2 时段订单量最多，平台和商家都应采取相应的措施保障系统性能、客户体验和服务质量稳定。

习题

1. 打包 PageRank 算法生成 Jar 包，并在 Spark 集群或单机上运行。

2. 互联网数据挖掘中对已有信息挖掘为什么既可以进行预测，也可以进行评估和控制？

3. 怎样理解大数据的预测洞察作用？

4. 什么是好问题（Deep Question）？良好的提问技巧能使我们在寻找答案（数据挖掘）的道路上事半功倍，离答案更近一步，为什么？

5. 如何在有限稀缺资源约束下最大限度地挖掘到有价值的关联数据？

6. 随着数据挖掘、机器学习、人工智能和大数据的不断发展，人类会变得越来越聪明，文理兼通不再会是一件很难落地的事情，为什么？

7. 为什么中国古语说"纲举目张"，它与数据挖掘中的哪些技术方法模型相关？

8. 知识之间的联系为什么比"死的知识"更重要？

9. 为什么中国古语说"一图胜千言"？

10. 读完本章你对中国文化中强调的"关系"有没有新的认识？

11. 中国古语所说的"物以类聚，人以群分"是如何总结出的？

12. 在 SEO 搜索引擎优化中，<a>标签有一个 nofollow 属性，它有哪些具体的设置方法，对 PR 值计算有怎样的影响？

参考文献

[1] JURE L，ANAND R，JEFFREY D U. 大数据：互联网大规模数据挖掘与分布式处理[M]. 2 版. 王斌，译. 北京：人民邮电出版社，2015.

[2] BERRY M J A, LINOFF G. Data Mining Techniques for Marketing, Sales and Customer Relationship Management [M]. 2nd edition. Wiley Computer Publishing, 2004.

[3] SERGEY B，LAWRENCE P. Anatomy of a large-scale hypertextual web search engine[C]. Proc. 7th Intl. World-Wide-Web Conference, 1998: 107-117.

[4] 王崤. 基于时间链接分析的页面排序优化算法研究[D]. 镇江：江苏大学，2008.

[5] PANG-NING T，MICHAEL S，VIPIN K. 数据挖掘导论（完整版）[M]. 范明，范宏建，译. 北京：人民邮电出版社，2011.

[6] 王纹，孙健. SAP 财务管理大全[M]. 北京：清华大学出版社，2005.

[7] 周英，卓金武，卞月青. 大数据挖掘：系统方法与实例分析[M]. 北京：机械工业出版社，2016.

[8] 刘鹏. 大数据[M]. 北京：电子工业出版社，2017.

[9]　马克斯·库恩. 应用预测建模[M]. 北京：机械工业出版社，2016.

[10]　车品觉. 决战大数据（升级版）：大数据的关键思考[M]. 杭州：浙江人民出版社，2016.

[11]　VIKTOR M S. 大数据时代：生活、工作与思维的大变革[M]. 盛杨燕，周涛，译. 杭州：浙江人民出版社，2013.

[12]　周涛. 为数据而生：大数据创新实践[M]. 北京：北京联合出版公司，2016.

[13]　黄成明. 数据化管理：洞悉零售及电子商务运营[M]. 北京：电子工业出版社，2014.

[14]　THOMAS D. 大数据分析·数据驱动的企业绩效优化、过程管理和运营决策[M]. 吴峻申，译. 北京：机械工业出版社，2015.

[15]　理查德·布莱斯. 图分析与可视化：在关联数据中发现商业机会[M]. 赵利通，译. 北京：机械工业出版社，2016.

[16]　RAJKUMAR V, PAUL F. 大数据营销分析与实战解析[M]. 北京：中国人民大学出版社，2016.

[17]　雷鸣. 海量互联网数据挖掘系统的设计与实现[D]. 上海：同济大学，2009.

[18]　施建强，刘晓平. 基于遗传算法的数据挖掘技术的研究[J]. 电脑与信息技术，2003（1）：9-14+36.

[19]　骆雄武，万小军. 基于后缀树的 Web 检索结果聚类标签生成方法[J]. 中文信息学报，2009，23（2）：83-88.

[20]　黄小江，万小军. 基于协同图排序的对比新闻自动摘要[J]. 北京大学学报（自然科学版），2013，49（1）：31-38.

[21]　张西振. 榕树型企业[M]. 北京：电子工业出版社，2021.

[22]　吴军. 计算之魂[M]. 北京：人民邮电出版社，2021.

[23]　WU X D, VIPIN K. Web 数据挖掘[M]. 2 版. 李文波，吴素妍，译. 北京：清华大学出版社，2009.

[24]　MEHMED K. 数据挖掘：概念、模型、方法和算法[M]. 2 版. 王晓海，译. 北京：清华大学出版社，2013.

[25]　BING L. 数据挖掘十大算法[M]. 余勇，译. 北京：清华大学出版社，2016.

[26]　西蒙·蒙策尔特. 基于 R 语言的自动数据收集：网络抓取和文本挖掘实用指南[M]. 吴今朝，译. 北京：机械工业出版社，2016.

[27]　周婷婷. 基于海量查询日志的数据挖掘及用户行为分析[D]. 北京：北京邮电大学，2012.

[28]　保罗·戴特尔. Python 程序设计：人工智能案例实践[M]. 王恺，王刚，于名飞，译. 北京：机械工业出版社，2021.

附录 A 大数据和人工智能实验环境

1．大数据实验环境

对于大数据实验而言，一方面，大数据实验环境安装、配置难度大，高校难以为每个学生提供实验集群，实验环境容易被破坏；另一方面，实用型大数据人才培养面临实验内容不成体系、课程教材缺失、考试系统不客观、缺少实训项目及专业师资不足等问题，实验开展束手束脚。

对此，云创大数据实验平台提供了基于 Docker 容器技术开发的多人在线实验环境，如图 A-1 所示。该平台预装了主流大数据学习软件框架——Hadoop、Spark、Kafka、Storm、Hive、HBase、ZooKeeper 等，可快速部署训练环境，支持多人同时在线实验，并配套实验手册、实验代码、实验数据，同步解决大数据实验配置难度大、实验入门难、缺乏实验数据等难题，可用于大数据教学与实践应用，如图 A-2 所示。

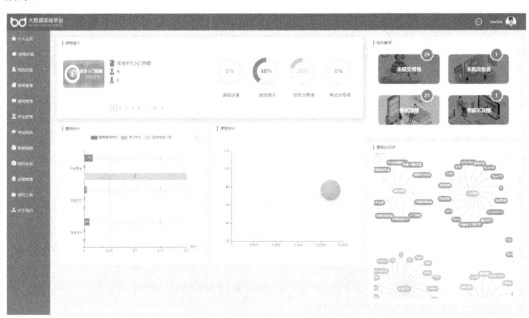

图 A-1　云创大数据实验平台

云创大数据实验平台具有以下优势。

1）实验环境可靠

云创大数据实验平台采用 Docker 容器技术，通过少量实体服务器资源虚拟出大量的实验服务器环境，可为学生同时提供多套集群进行基础实验训练，包括 Hadoop、Spark、Python 语言、R 语言等相关实验集群，集成了上传数据—指定列表—选择算法—数据展示的数据挖掘及可视化工具。

云创大数据实验平台搭建了一个可供大量学生同时完成各自大数据实验的集成环境。每个实验环境相互隔离，互不干扰，通过重启即可重新拥有一套新集群，可实时监控集群使用量并进行调整，大幅度节省了硬件和人员管理成本。

图 A-2　云创大数据实验平台架构

2）实验内容丰富

目前，云创大数据实验平台拥有 367+大数据实验，涵盖原理验证、综合应用、自主设计及创新等多层次实验内容，每个实验在线提供详细的实验目的、实验内容、实验原理和实验流程指导，配套相应的实验数据（见图 A-3），参照实验手册即可轻松完成实验，大大降低了大数据实验的入门门槛。

以下是云创大数据实验平台提供的部分实验。

- Linux 系统实验：常用基本命令、文件操作、sed、awk、文本编辑器 vi、grep 等。
- Python 语言编程实验：流程控制、列表和元组、文件操作、正则表达式、字符串、字典等。
- R 语言编程实验：流程控制、文件操作、数据帧、因子操作、函数、线性回归等。
- 大数据处理技术实验：HDFS 实验、YARN 实验、MapReduce 实验、Hive 实验、Spark 实验、ZooKeeper 实验、HBase 实验、Storm 实验、Scala 实验、Kafka 实验、Flume 实验、Flink 实验、Redis 实验等。

- 数据采集实验：网络爬虫原理、爬虫之协程异步、网络爬虫的多线程采集、爬取豆瓣电影信息、爬取豆瓣图书 Top250、爬取双色球开奖信息等。

- 数据清洗实验：Excel 数据清洗常用函数、Excel 数据分裂、Excel 快速定位和填充、住房数据清洗、客户签到数据的清洗转换、数据脱敏等。

- 数据标注实验：标注工具的安装与基础操作、车牌夜晚环境标框标注、车牌日常环境标框标注、不完整车牌标框标注、行人标框标注、物品分类标注等。

- 数据分析及可视化实验：Jupyter Notebook、Pandas、NumPy、Matplotlib、Scipy、Seaborn、Statsmodel 等。

- 数据挖掘实验：决策树分类、随机森林分类、朴素贝叶斯分类、支持向量机分类、K-means 聚类等。

- 金融大数据实验：股票数据分析、时间序列分析、金融风险管理、预测股票走势、中美实时货币转换等。

- 电商大数据实验：基于基站定位数据的商圈分析、员工离职预测、数据分析、电商产品评论数据情感分析、电商打折套路解析等。

- 数理统计实验：高级数据管理、基本统计分析、方差分析、功效分析、中级绘图等。

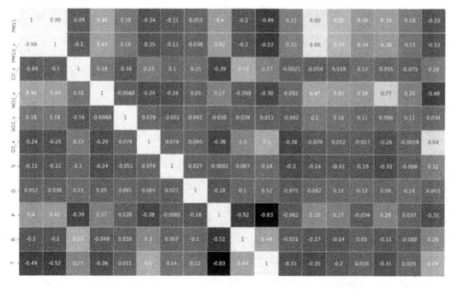

图 A-3　云创大数据实验平台部分实验图

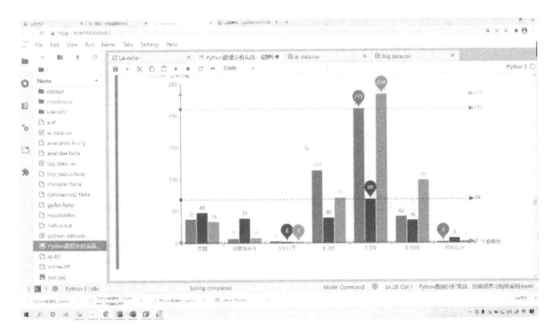

图 A-3　云创大数据实验平台部分实验图（续）

3）教学相长
- 实时掌握教师角色与学生角色对大数据环境资源的使用情况及运行状态，帮助管理者实现信息管理和资源监控。
- 平台优化了创建环境—实验操作—提交报告—教师打分的实验流程，学生在平台上完成实验并提交实验报告，教师在线查看每个学生的实验进度，并对具体实验报告进行批阅。
- 平台具有包含海量题库、试卷生成、在线考试、辅助评分等应用的考试系统，学生可通过试题库自查与巩固，教师可通过平台在线试卷库考查学生对知识点的掌握情况（其中客观题实现机器评分），使教师完成备课+上课+自我学习，使学生完成上课+考试+自我学习。

4）一站式应用
- 提供多种多样的科研环境与训练数据资源，包括人脸数据、交通数据、环保数据、传感器数据、图片数据等。实验数据做打包处理，为用户提供便捷、可靠的大数据学习应用。
- 平台提供由清华大学博士、中国大数据应用联盟人工智能专家委员会主任刘鹏教授主编的《大数据》《大数据库》《数据挖掘》等配套教材。
- 提供 OpenVPN、Chrome、Xshell 5、WinSCP 等配套资源下载服务。

2．人工智能实验环境

人工智能实验一直难以开展，主要有两方面原因。一方面，实验环境需要提供深度学习计算集群，支持主流深度学习框架，完成实验环境的快速部署，满足深度学习模型训练等教学实践需求，同时需要支持多人在线实验；另一方面，人工智能实验面临配置难度大、实验入门难、缺乏实验数据等难题，在实验环境、应用教材、实验手册、实验数据、技术支持等多方面亟需支持，以大幅度降低人工智能课程学习门槛，满足课程设计、课程上机实验、实习实训、科研训练等多方面的需求。

对此，云创大数据人工智能实验平台提供了基于 OpenStack 调度 KVM 技术开发的多人在线实验环境，如图 A-4 所示。平台基于深度学习计算集群，支持主流深度学习框架，可快速部署训练环境，支持多人同时在线实验，并配套实验手册、实验代码、实验数据，同步解决人工智能实验配置难度大、实验入门难、缺乏实验数据等难题，可用于深度学习模型训练等教学与实践应用，如图 A-5 所示。

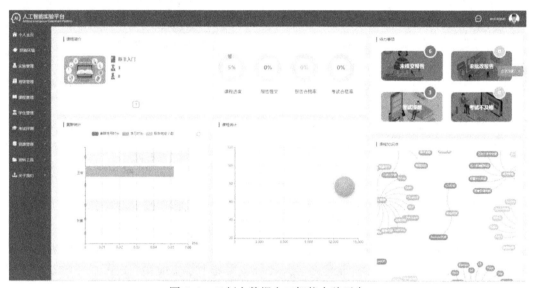

图 A-4　云创大数据人工智能实验平台

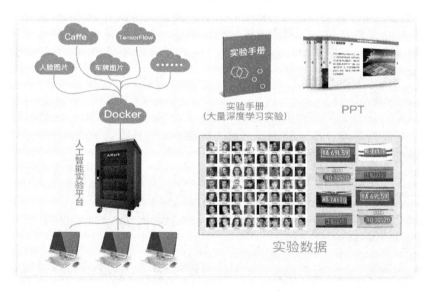

图 A-5　云创大数据人工智能实验平台架构

云创大数据人工智能实验平台具有以下优势。

1）实验环境可靠

- 平台采用 CPU+GPU 混合架构，基于 OpenStack 技术，用户可一键创建运行的实验环境，十分稳定，即使服务器断电关机，虚拟机中的数据也不会丢失。
- 同时支持多个人工智能实验在线训练，满足实验室规模使用需求。
- 每个账户默认分配 1 个 VGPU，可以配置一定大小的 VGPU、CPU 和内存，满足人工智能算法模型在训练时对高性能计算的需求。
- 基于 OpenStack 定制化构建管理平台，可实现虚拟机的创建、销毁和管理，用户实验虚拟机相互隔离、互不干扰。

2）实验内容丰富

目前实验内容主要涵盖了十个模块，每个模块具体内容如下。

- Linux 操作系统：深度学习开发过程中要用到的 Linux 知识。
- Python 编程语言：Python 基础语法相关的实验。
- Caffe 程序设计：Caffe 框架的基础使用方法。
- TensorFlow 程序设计：TensorFlow 框架基础使用案例。
- Keras 程序设计：Keras 框架的基础使用方法。
- PyTorch 程序设计：Keras 框架的基础使用方法。
- 机器学习：机器学习常用 Python 库的使用方法和机器学习算法的相关内容。
- 深度学习图像处理：利用深度学习算法处理图像任务。
- 深度学习自然语言处理：利用深度学习算法解决自然语言处理任务相关的内容。
- ROS 机器人编程：介绍机器人操作系统 ROS 的基础使用。

目前平台实验总数达到了 144 个，并且还在持续更新中。每个实验呈现详细的实验目的、实验内容、实验原理和实验流程指导。其中，原理部分涉及数据集、模型原理、代码参数等内容，以帮助用户了解实验需要的基础知识；步骤部分为详细的实验操作，参照手册，执行步骤中的命令，即可快速完成实验。实验所涉及的代码和数据集均可在平台上获取。

3）教学相长

- 实时监控与掌握教师角色与学生角色对人工智能环境资源的使用情况及运行状态，帮助管理者实现信息管理和资源监控。
- 学生在平台上实验并提交实验报告，教师在线查看每个学生的实验进度，并对具体实验报告进行批阅。
- 增加试题库与试卷库，提供在线考试功能，学生可通过试题库自查与巩固，教师通过平台在线试卷库考查学生对知识点的掌握情况（其中客观题实现机器评分），使教师完成备课+上课+自我学习，使学生完成上课+考试+自我学习。

4）一站式应用

- 提供实验代码及 MNIST、CIFAR-10、ImageNet、CASIA WebFace、Pascal VOC、SIFT Flow、COCO 等训练数据集，实验数据做打包处理，为用户提供便捷、可靠的人工智能和深度学习应用。

- 平台提供由清华大学博士、中国大数据应用联盟人工智能专家委员会主任刘鹏教授主编的《深度学习》《人工智能》等配套教材，内容涉及人脑神经系统与深度学习、深度学习主流模型和深度学习在图像、语音、文本中的应用等丰富内容。
- 提供 OpenVPN、Chrome、Xshell 5、WinSCP 等配套资源下载服务。

5）软硬件高规格

- 硬件采用 GPU+CPU 混合架构，实现对数据的高性能并行处理。
- CPU 选用英特尔 Xeon Gold 6240R 处理器，搭配英伟达多系列 GPU。
- 最大可提供每秒 176 万亿次的单精度计算能力。
- 预装 CentOS/Ubuntu 操作系统，集成 TensorFlow、Caffe、Keras、PyTorch 等行业主流深度学习框架。

专业技能和项目经验既是学生的核心竞争力，也将成为其求职路上的"强心剂"，而云创大数据实验平台和云创大数据人工智能实验平台从实验环境、实验手册、实验数据、实验代码、教学支持等多方面为大数据学习提供一站式服务，大幅度降低学习门槛，可满足用户课程设计、课程上机实验、实习实训、科研训练等多方面的需求，有助于大大提升用户的专业技能和实战经验，使其在职场中脱颖而出。

目前，致力于大数据、人工智能与云计算培训和认证的云创智学（http://edu.cstor.cn）平台已引入云创大数据实验平台和云创大数据人工智能实验平台环境，为用户提供集数据资源、强大算力和实验指导的在线实训平台，并将数百个工程项目经验凝练成教学内容。在云创智学平台上，用户可以同时兼顾课程学习、上机实验与考试认证，省时省力，快速学到真本事，成为既懂原理又懂业务的专业人才。